Paul Wenzel (Hrsg.)

Logistik mit SAP R/3®

Edition Business Computing
herausgegeben von Prof. Dr. Paul Wenzel

Die Reihe **Edition Business Computing** bietet Anwendern, Entscheidern, Beratern sowie Trainern und Dozenten praxisorientierte Leitfäden für den effizienten Einsatz systemintegrierter Software im Unternehmen.

Die Beiträge zeigen Beispiele und Lösungen zur Verbesserung betrieblicher Abläufe und zur Optimierung von Geschäftsprozessen. Es geht u. a. um Themen wie SAP R/3-Anwendungen, ABAP/4, SAP-MIS/EIS, Geschäftsprozeßoptimierung mit BAAN- und Navision-Systemen, Business Workflow, Internetapplikationen.

Besonderer Vorzug der Reihe ist die spezifische Verbindung von Betriebswirtschaft und Informatik in der angewandten Form einer praxisnahen Wirtschaftsinformatik, die sich als **unabhängig versteht gegenüber Firmen und Produkten** und nicht zuletzt dadurch praxisgerechte Hilfestellung anbieten kann.

Die ersten Titel der Reihe:

Geschäftsprozeßoptimierung mit SAP R/3®
hrsg. von Paul Wenzel

SAP R/3®-Anwendungen in der Praxis
hrsg. von Paul Wenzel

SAP Business Workflow® in der Logistik
von Ulrich Strobel-Vogt

Business Computing mit BAAN®
hrsg. von Paul Wenzel und Henk Post

Business Computing mit NAVISION®-Systemen
hrsg. von Paul Wenzel

Business Computing mit SAP R/3®
hrsg. von Paul Wenzel

Erfolge mit SAP Business Workflow®
von Ulrich Strobel-Vogt

Qualitätsmanagement mit SAP R/3® und ARIS®
von Harald Harings

Personalwirtschaft mit SAP R/3®
hrsg. von Paul Wenzel

Rechnungswesen mit SAP R/3®
hrsg. von Paul Wenzel

Vertrieb und Workflow mit SAP R/3®
hrsg. von Paul Wenzel

Betriebswirtschaftliche Anwendungen mit SAP R/3®
hrsg. von Paul Wenzel

Logistik mit SAP R/3®
hrsg. von Paul Wenzel

Vieweg

Paul Wenzel (Hrsg.)

Logistik mit SAP R/3®

Materialwirtschaft, Fertigungswirtschaft,
Qualitätsmanagement,
Konfigurierte SAP-Systeme

vieweg

Die Deutsche Bibliothek – CIP-Einheitsaufnahme
Ein Titeldatensatz für diese Publikation ist bei
Der Deutschen Bibliothek erhältlich.

1. Auflage Januar 2001

Der Verlag Vieweg ist ein Unternehmen der Fachverlagsgruppe BertelsmannSpringer.

www.vieweg.de

Höchste inhaltliche und technische Qualität unserer Produkte ist unser Ziel. Bei der Produktion und Auslieferung unserer Bücher wollen wir die Umwelt schonen: Dieses Buch ist auf säurefreiem und chlorfrei gebleichtem Papier gedruckt. Die EinschweiBfolie besteht aus Polyäthlen und damit aus organischen Grundstoffen die weder bei der Herstellung noch bei der Verbrennung Schadstoffe freisetzen.

Konzeption und Layout des Umschiags: Utrike Weiges, www. Corporate DesignGroup.de

Gedruckt auf säurefreiem Papier

ISBN 978-3-528-03161-9 ISBN 978-3-663-05902-8 (eBook)
DOI 10.1007/978-3-663-05902-8

Inhaltsübersicht

Inhaltsverzeichnis

Vorwort

Die Software zur Unterstützung betrieblicher Prozessketten, also die Anwendungsprogramme zur Abwicklung der logistischen Abläufe (sowohl qualitativ als auch quantitativ) sowie zur Ergebnisrechnung und -kontrolle im Sinne des Unternehmenscontrollings, wurde bis vor wenigen Jahren meist von Informatikabteilungen der Unternehmen selbst entwickelt und gepflegt. Idealtypischerweise wurde und wird dabei eine integrierte Gesamtlösung für sämtliche betriebliche Funktionsbereiche auf Basis redundanzfreier Daten angestrebt.

„*Get the right information to the right people*"[1], in diesem Zusammenhang ist die Analogie des ehemaligen CEO und Gründers von Microsoft Bill Gates sehr passend. Er bezeichnet derartige integrierte Informationssysteme - wie bspw. SAP R/3 - als digitale Nervensysteme, als Schaltzentralen im Unternehmen, die die jeweilige Situation analysieren, um schnell und effizient agieren und reagieren zu können.

Dieses Buch wurde von den Studenten/-innen der Wirtschaftsinformatik der Fachhochschule Konstanz als Projekt-Vorlage zu **SAP R/3®**, **Release 4.5B**, zusammengestellt.

Durch eine praxisnahe Bearbeitung des R/3-Systems werden die nachfolgenden Teilbereiche sehr anwendungsnah vorgestellt:

- **Materialwirtschaft (MM)**
- **Fertigungswirtschaft (PP)**
- **Qualitätsmanagement (QM)**
- **Vorkonfigurierte SAP-Systeme**

Dabei werden neue SAP-Begrifflichkeiten, wie u. a. Anforderungsbenchmarking, Distribution Requirements Planing, Continuous System Engineering, Cycle Counting, Losgrößenverfahren, Lieferantenbeurteilungssysteme und viele andere Neuerungen vorgestellt.

---

[1] Gates, B./Hemmingway, C.: Digitales Business. Wettbewerb im Informationszeitalter, Wilhelm Heyne Verlag, München 1999, S. 15

Begleitend zu diesem Buch stehen - ergänzend zu den schriftlichen Ausführungen - zahlreiche Video-Sequenzen, Hilfe-Texte und Präsentationen auf einem Web-Server an der Fachhochschule Konstanz, im Fachbereich Informatik, für den interessierten Leser bereit (siehe hierzu Beispieldateien Seite XVIII).

Die anzuwählende **Adresse im Internet** lautet:

http://www-home.fh-konstanz.de/~wenzel/sapinfo

Nach der **Einwahl über einen Browser**, z. B. MS-Internet-Explorer, Netscape Navigator, stößt man auf eine Datenbankübersicht mit Beispieldateien, die den Interessenten in die einzelnen Teilbereiche der SAP-Software leitet und weitere elektronische Dateien zur Verfügung stellt (siehe hierzu Beispieldateien Seite XVIII).

„Datei-Name"

Dargestellt mit dem **Symbol**  und dem **„Datei-Namen.scm"** neben den jeweiligen Textstellen erkennt der Leser, dass es weiterführende Informationen und Ergänzungen zum beschriebenen Sachverhalt im Internet - unter der o. g. Adresse - gibt. Insbes. längere Einstellungen im System und Prozessabläufe werden per Screencam-Film, HTML-Shows und PowerPoint-Präsentationen anschaulich gezeigt. Fast alle betrieblichen Anwendungsmodule, insbes. HR, FI, CO, AM, MM, PP, SD und Workflow, werden mit Fallbeispielen videogestützt vorgestellt, damit der User einen deutlich größeren und umfassenderen Überblick über die R/3-Anwendungen erhält.

Ergänzt wird dieses Buch durch weitere Bände mit SAP-Themen, deren Inhaltsspektrum folgende betrieblichen Anwendungsbereiche abdecken:

- **Betriebliche Anwendungen des Systems SAP R/3®** mit einer SAP-Einführung, Customizing, ABAP/4, AcceleratedSAP (ASAP) und Projektsystem (PS);
- **Personalwirtschaft (HR)** mit Personalstammdaten, Organisationsmanagement, Personalentwicklung und -beschaffung, Zeitwirtschaft, Lohn- und Gehaltsabrechnung, Reisemanagement, Internetanbindung;
- **Rechnungswesen** mit Finanzbuchhaltung, Anlagenbuchhaltung, Kostenrechnung und Controlling;
- **Vertrieb, Workflow, Optische Archivierung** und **Internetanbindung**.

Dieses Buch bietet einen umfassenden Funktionsüberblick über die Möglichkeiten in **Release 4.5B** des R/3-Systems, der über eine Bedienungsanleitung hinausgeht. Die angegebenen Menüpfade können sich bei anderen Releases ändern, oftmals sind mehrere Wege über das Menü zum gleichen Ziel möglich. Als **Bedienungsanleitung sei auf die SAP-Online-Dokumentation** verwiesen.

Danksagungen

Von Seiten der Autoren und nicht zuletzt der Hochschule gilt unser **Dank der SAP AG**, Walldorf, für die großzügige Überlassung der Software R/3, der vielen Beschreibungen, Unterstützungen und Hinweisen zum System R/3, die in diesem Buch praxis- bzw. systemnah eingearbeitet wurden.

Für die Mitarbeit an diesem Buch bedanken wir uns auch bei **Dipl.-Inf. Harald Harings** von der Fa. IDS Scheer AG in Saarbrücken.

Danken möchten wir auch **Prof. Dr. Rainer Thome** von der Universität Würzburg, der in Zusammenarbeit mit Herrn **Oliver Schipp** uns mit dem Beitrag „Vorkonfigurierte SAP-Systeme – LIVE MASTER“ unterstützt hat.

Für die geschätzte Mitarbeit und das **enorme Engagement** der 19 Autoren, insbes. der Wirtschaftsinformatik-Studenten/-innen der Fachhochschule Konstanz (siehe Autorenverzeichnis, S. 388), bedanke ich mich herzlichst.

Zuletzt **danken wir besonders meiner lieben Frau Martina** (StR) und unserem **Vater Wendlin Wenzel** (StD a.D., Hainburg), die in vielen Tagen und Wochen das Lektorat für dieses Werk übernommen haben.

Paul Wenzel, Konstanz im Dezember 2000

Beispieldateien, die per Internet abrufbar sind, unter:

http://www-home.fh-konstanz.de/~wenzel/sapinfo

„Datei-Name“

Materialwirtschaft

1. Kapitel:

„Anfrage.scm“
„Angebot.scm“
„Banf.scm“
„Bestandscontrolling.scm“
„Bestellung.scm“
„Einkaufsinfosatz.scm“
„Material.scm“
„Preis.scm“
„Reservierung.scm“

Fertigungswirtschaft

2. Kapitel:

„Analyse.exe“
„Ausplan.exe“
„Beliste.scm“
„Erzeugniskalkulation“
„Fertigungsauftrag.scm“
„Gantt.scm“
„Komponenten.scm“
„Kostenelemente.scm“
„Objektübersicht.scm“
„plmehr.scm“
„PPGB.scm“
„PPMRP.scm“
„PPGB02.scm“
„PPMRP02.scm“
„umfrplan.exe“

Qualitätsmanage-ment

3. Kapitel:

„Auswahlmengen.scm“
„Codespflege.scm“
„Grunddaten.scm“
„Infosatz anlegen.scm“
„Materialstamm.scm“
„Mengencodes.scm“
„Prüfergebnis.scm“
„Prüflosanzeige.scm“
„Prüfmerkmal.scm“
„Prüfmethode.scm“
„Prüfplan.scm“
„QM-Meldung.scm“
„Stichprobenplan.scm“
„Stichprobenverfahren.scm“
„Verwendungsentscheid.scm“
„Wareneingangsbuch.scm“

„QM-Präsentation.ppt“

1

Materialwirtschaft

1.1 Überblick

Logistiksysteme

Durch die bereichsübergreifende Planung, Steuerung und Koordination der Geschäftsprozesse innerhalb der logistischen Kette zwischen Beschaffung und Absatz, entfallen zeit- und ressourcenaufwendige Mehrfachbearbeitungen von Vorgängen in verschiedenen Unternehmensbereichen.

Teilbereiche eines integrierten Logistiksystems

Zu den Teilbereichen eines integrierten Logistiksystems zählen:

- **Materialwirtschaft**
  Die aktuellen Informationen über Materialbestände, Verbräuche, geplante Zu- und Abgänge bilden die Grundlage für marktnahe Entscheidungen. Die Materialwirtschaft deckt die Funktionen von der Disposition über den Einkauf bis zur Bestandsführung, Lagerplatzverwaltung, Lagersteuerung und Rechnungsprüfung ab.
- **Produktion**
  Die wichtigsten Aufgaben der Produktion sind die Produktions-, Bedarfs- und Kapazitätsplanung sowie die Fertigungssteuerung mit der Festlegung der Lagerhaltungsstrategie und des Fertigungsverfahrens. Eine weitere Funktion, die eng mit dem Controlling verknüpft ist, ist die Produktkostenrechnung.
- **Qualitätssicherung**
  Mit Hilfe der Qualitätssicherung lassen sich die Abläufe innerhalb des Logistiksystems mit dem Ziel der Prüfung und Sicherung eines hohen Qualitätsstandards planen und realisieren.
- **Instandhaltung**
  Sie ist zuständig für die mit Instandhaltungsmaßnahmen verbundenen Leistungen der eigenen Ausrüstung und im Bereich des Servicemanagements für verkaufte Anlagen und Produkte.
- **Vertrieb**
  Der Vertrieb befasst sich mit den Bereichen Anfrage über Auftragsbearbeitung bis zum Versand und der Rechnungsstellung. Hierbei spielen die Kontrolle der Erzeugnisbestände, In-

formationen über Absatzwege, Versandläger und Transportbeziehungen eine entscheidende Rolle.

Jeder dieser Teilbereiche wird in R/3 durch ein eigenes Modul repräsentiert.

1.1.1 Bereiche der Materialwirtschaft

In der Materialwirtschaft wird, ausgehend vom Produktionsprogramm und dem Primärbedarf, durch Stücklistenauflösung der Materialbedarf nach Art, Menge und Termin ermittelt. Aus dem so ermittelten Bruttobedarf wird durch Vergleich mit den verfügbaren Lagerbeständen der Nettobedarf an Fertigungs- und Kaufteilen ermittelt.

Zu den Teilbereichen der Materialwirtschaft zählen im Rahmen des Moduls MM die nachfolgenden Komponenten:

- Materialplanung
- Materialbeschaffung
- Materialdisposition
- Lagerung
- Rechnungsprüfung

Die Aufgabe der Materialwirtschaft ist die Sicherstellung der Versorgung eines Unternehmens mit den benötigten Waren und Dienstleistungen.

Materialplanung

Zu den Aufgaben der Materialplanung zählen:

- Bedarfsplanung;
- auftragsunabhängige Ermittlung des Materialbedarfs nach Art und Menge je Erzeugniseinheit;
- Planung der Materialbeschaffung;
- Planung des erforderlichen Materialbestands.

Materialbeschaffung

Die Materialbeschaffung muss die in Bedarfsplänen festgelegten Materialien

- in der erforderlichen Menge,
- zum richtigen Zeitpunkt,
- zum günstigsten Preis und
- in der gewünschten Qualität

einkaufen.

Materialdisposition

Im Rahmen der Materialdisposition erfolgt die Materialsteuerung auftragsabhängig nach Art, Menge und Termin.

Um einen optimalen Materialfluss sicherzustellen, ist ein funktionierender Informationsfluss zwischen den einzelnen Bereichen eines Unternehmens eine unerlässliche Voraussetzung.

Im Vordergrund stehen die produktionssynchrone Beschaffung und die Minimierung der Bestände bzw. die Reduzierung der Kapitalbindung im Umlaufvermögen.

Das materialwirtschaftliche Optimierungsproblem besteht darin, eine hohe Lieferbereitschaft (Servicegrad) bei geringer Kapitalbindung und minimalen Kosten zu erreichen.

Ziele

Wie gut eine Materialwirtschaft die an sie gestellten Ziele erfüllt, kann anhand folgender Zielkriterien überprüft werden:

- Optimales Beschaffungsmarketing, d. h. langfristige Versorgung durch Pflege guter Lieferantenbeziehungen;
- minimale Dispositions- und Beschaffungskosten durch Optimierung der Bestellmenge;
- geringe Kapitalbindung durch niedrige Lager- und Umlaufbestände;
- gute Kapazitätsauslastung der Fertigungsstellen;
- Sicherung eines reibungslosen Fertigungsablaufs;
- hohe Lieferbereitschaft durch gute Lieferbeziehungen und minimale Bestellzeiten.

Material- und Informationsfluss in der Logistik

Ein reibungsloser Informationsaustausch zwischen den einzelnen logistischen Teilfunktionen (Vertrieb, Produktion, Materialwirtschaft, Instandhaltung) ist unerlässlich. Dieser unterstützt das integrierte Logistiksystem, in dem sämtliche Geschäftsprozesse zwischen Beschaffung, Produktion und Absatz koordiniert werden. Die Aufgabe des Informationssystems liegt darin, die Ereignisse, die den materialwirtschaftlichen Vorgängen zu Grunde liegen, zu erfassen, zu speichern, zu analysieren und zu interpretieren.

Prämissen

Zu den Voraussetzungen für das Funktionieren eines reibungslosen Informationsflusses zählen:

- die Information muss konsequent an ihrem Ursprungsort erfasst und für alle weiteren Verarbeitungen verwendet werden;
- bereits einmal erfasste Daten dürfen nicht an anderer Stelle doppelt erfasst und verarbeitet werden;
- die stellenorientierte Aufarbeitung der Daten muss schnell und sicher vorgenommen werden.

Im Bereich Materialwirtschaft geht der Informationsfluss den realen Güterbewegungen teilweise voraus (z. B. Bedarfsermittlung, Materialdisposition und Einkauf). Andererseits knüpft ein Teil des Informationsflusses im Rahmen der Materialbestands- und -bewegungsrechnung an Zu- und Abgänge von Materialien an.

Abb. 1.1
Material- und Informationsfluss in der Logistik

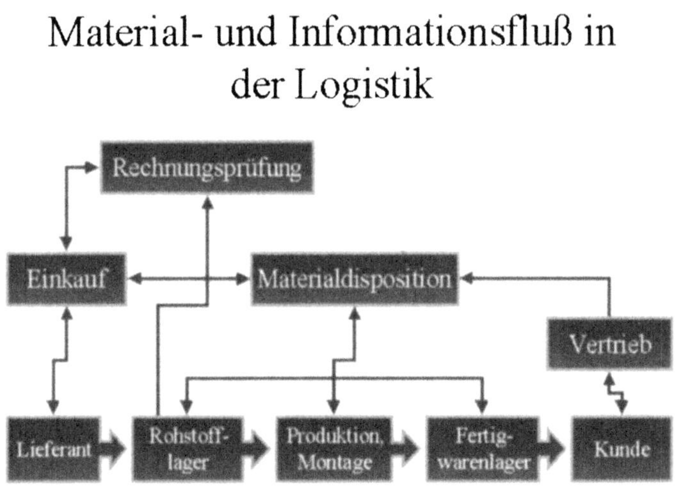

In die Errechnung des Liefertermins und der Bestellmenge gehen einerseits Daten aus der Bestands- und Bewegungsrechnung ein, andererseits rufen die Ergebnisse dieser Berechnungen Materialflüsse hervor, die sich wiederum in der Bestandsrechnung niederschlagen.

Für die Optimierung der unterschiedlichen Zielsetzungen einer Materialwirtschaft in den Bereichen

- Materialbedarfsplanung,
- Materialbeschaffung,
- Bestandsführung,
- Rechnungsprüfung und
- Materialbewertung

müssen Verfahren für einen Informationsfluss organisiert werden.

Hierzu müssen im Unternehmen die folgenden aktuellen Informationen vorliegen:

- zukünftige Entwicklung des Bedarfs;
- Beschaffungsmöglichkeiten;
- Lagerbestände und
- Verbräuche.

1.1.2 Aufgaben der Materialwirtschaft

Ein integriertes System auf der Grundlage einer gemeinsamen Datenbasis ist unerlässlich, um die oben beschriebenen Anforderungen und Zielkriterien zu realisieren. Eine gemeinsame Datenbasis beinhaltet die eindeutige Bereitstellung und Speicherung von bspw. Material- oder Lieferantendaten. Der Zugriff auf diese Daten erfolgt aus allen betrieblichen Funktionen, die diese Daten benötigen.

Grundfunktionen

Zu den Grundfunktionen einer betrieblichen Materialwirtschaft in einem integrierten System zählen:

- **Stammdaten**
  Material, Lieferanten, Stücklisten, Konditionen
- **Materialdisposition**
  Um optimale Bestellungen und eine ausreichende Lieferbereitschaft für die Bedarfsplanung und Bestellrechnung sicherzustellen, muss eine durchgängige Verbindung zum Bestellsystem und zur Bestandsführung vorhanden sein.
- **Einkauf**
  Ein integriertes Einkaufssystem unterstützt den Einkäufer bei der Angebotseinholung und Lieferantenauswahl. Es verringert die Routinetätigkeiten bei der Anfrage- und Bestellschreibung und gewährleistet material- und lieferantenbezogene Entscheidungsinformationen.
- **Bestandsführung**
  Aktuelle Bestände müssen, im Rahmen der Bestandsführung, mengen- und wertmäßig möglichst nahe am Ort der Entstehung erfasst und gebucht werden.
- **Rechnungsprüfung**
  Die Rechnungsprüfung stellt die Verbindung zwischen der Materialwirtschaft und dem Rechnungswesen her.

1.1.3 Schnittstellen zur Materialwirtschaft

Der Informationsfluss zwischen allen Funktionen im System ist durch die Komponenten des R/3-Systems mit ihrem hohen Integrationsgrad gewährleistet.

Die Materialwirtschaft hat Schnittstellen zu den folgenden Modulen des R/3-Systems:

- **Produktionsplanung (PP) und Instandhaltung (PM)**
  Dem Einkauf und der Disposition werden die Bedarfsanforderungen vom System Produktionsplanung und der Ersatzteilbedarf und Leistungsbedarf vom System Instandhaltung übergeben.
- **Controlling (CO)**
  Zum Beispiel werden die Daten der Materialentnahme automatisch an die Kostenrechnung weitergeleitet. Die Kostenrechnung ist ebenfalls betroffen, wenn Wareneingänge direkt einer Kostenstelle oder einem Auftrag zugeordnet werden.
- **Finanzbuchhaltung (FI)**
  Bei jedem mengen- und wertmäßigen Zu- bzw. Abgang werden die entsprechenden Konten der Finanzbuchhaltung parallel fortgeschrieben. Darüber hinaus werden Daten aus der Rechnungsprüfung automatisch an die Buchhaltung weitergegeben.
- **Vertrieb (SD)**
  Eine Verfügbarkeitsprüfung der Bestände wird schon zum Zeitpunkt der Kundenauftragserfassung durchgeführt. Gleichzeitig wird bei Lieferungen die zu liefernden Mengen im Rahmen der Warenausgangsbuchung vom Gesamtbestand abgebucht.

1.1.4 Geschäftsprozesse der Materialwirtschaft

Die Materialwirtschaft im R/3-System deckt alle denkbaren Aufgaben: Disposition über Einkauf, Bestandsführung bis zur Rechnungsprüfung innerhalb des integrierten Logistiksystems ab. Nachfolgend eine kurze Aufzählung der wichtigsten Geschäftsprozesse in R/3:

- **Materialdisposition**
  Der ermittelte Bedarf wird in Form von Bestellvorschlägen nach dem Prinzip des Bestellpunktverfahrens oder auf Basis von Prognoserechnungen dem zuständigen Einkaufsbereich oder in Form von Fertigungsaufträgen in die Produktion

übergeben. Ist ein zusätzlicher Bedarf nötig, kann dieser über manuell angelegte Bestellanforderungen erfasst werden.

- **Einkauf**
Der Einkauf beinhaltet eine Vielzahl von Funktionen. Er reicht vom Erzeugen einer Bestellanforderung über das Bearbeiten von Anfragen, Angeboten und Bestellungen bis hin zum Ausdruck der Bestellungen und Rahmenverträge. Die vorliegenden Bestellanforderungen werden in Bestellungen oder Rahmenverträge umgesetzt. Dabei wird entschieden, ob aufgrund vorhandener vertraglicher Vereinbarungen (Angebote, Rahmenverträge) sofort bestellt wird oder ob zunächst Anfragen erforderlich sind. Die Bestellungen werden aufgrund der vorhandenen Daten weitgehend maschinell hinzugefügt. Der Einkaufsprozess wird durch Informationen aus der Lieferantenbeurteilung bzw. Lieferantenauswahl unterstützt.

- **Bestandsführung**
Beim Wareneingang werden durch den Bezug zu einer Bestellung alle relevanten Daten vorgeschlagen. Im Lager werden alle bestandsverändernden Vorgänge, wie Wareneingänge, Rücklieferungen, Umlagerungen, Reservierungen und Warenausgänge, wert- und mengenmäßig durch Transaktionen der Bestandsführung abgedeckt. Bei jeder Materialbewegung wird die Menge fortgeschrieben. Eine Wertfortschreibung erfolgt im Rahmen der automatischen Kontenfindung.

- **Lagerverwaltung**
Es können sehr komplexe Lagerstrukturen mit Hilfe des Lagerverwaltungssystem definiert und verwaltet werden. Die einzelnen Teilläger können als chaotisch organisierte oder als Festplatzläger verwaltet werden. Dabei werden unterschiedliche Ein- und Auslagerungsstrategien sowie eine Gefahrstoffabwicklung unterstützt.

- **Rechnungsprüfung**
Eingehende Rechnungen können in der Rechnungsprüfung durch Bezug zu einem Wareneingang oder einer Bestellung schnell erfasst, geprüft und gebucht werden. Dabei werden Informationen aus Materialstamm, Bestellung und Wareneingang verwendet. Bei Übereinstimmung der Rechnung mit den vorgeplanten Werten werden automatisch alle Buchungen durchgeführt, und die Rechnung wird zur Zahlung freigegeben. Werden bestimmte Toleranzen überschritten, wird die Rechnung zur Bezahlung gesperrt. Es ist auch möglich, eine

Rechnung beim Wareneingang automatisch erstellen zu lassen.

Ausgehend von einem Bedarf resultiert eine Bestellanforderung, die sich im Rahmen der Disposition oder durch eine manuelle Anforderung aus einem Fachbereich ergibt. Diese wird im Einkauf entweder direkt in eine Bestellung umgesetzt, oder es wird zunächst eine Anfrage an mögliche Lieferanten erstellt. Nach Erfassung des Angebots zur Anfrage kann dann ebenfalls bei dem gewünschten Lieferanten bestellt werden.

Die Warenlieferung wird in Form eines Wareneingangs mit Bezug zur Bestellung erfasst. Dabei wird entweder die bestellte Menge dem Lagerbestand zugebucht oder bei einer Bestellung für den Direktverbrauch der in der Bestellung angegebene Kostenträger (Kostenstelle, Auftrag, Projekt) belastet. Beim Eingang der Lieferantenrechnung kann diese mit Bezug zur Bestellung oder zum Wareneingang im System erfasst werden. Eventuell auftretende Differenzen werden angezeigt. Neben der Bestellung, dem Wareneingang und der Rechnungsprüfung im bestellenden Werk können im liefernden Werk mit dem Vertriebsmodul (SD) die Lieferung und die Faktura erzeugt werden.

1.2 Einkauf

Der Einkauf wurde im SAP-System als Komponente innerhalb des Moduls MM (Materialwirtschaft) realisiert. Es werden sowohl die Verantwortlichen als auch die Sachbearbeiter/innen innerhalb des Bereichs Einkauf unterstützt, indem viele Bearbeitungsvorgänge automatisiert werden können. Dies geschieht zum einen dadurch, dass alle für den Beschaffungsprozess notwendigen Belege mit dem System erstellt und bearbeitet werden können, zum anderen dadurch, dass Auswertungen zu sämtlichen einkaufsrelevanten Aktivitäten erzeugt werden können. Der Einkauf greift hierzu auf Stammdaten, z. B. Material- und Lieferantenstammdaten, zurück und bietet ebenfalls die Möglichkeit, Auswertungen über diese Einkaufsdaten zu erstellen.

1.2.1 Aufgaben des Einkaufs

Die Hauptaufgaben des Einkaufs bestehen aus:

- Beschaffung von Werkstoffen, Waren und Dienstleistungen sowie Betriebsmitteln, die für die Leistungserstellung erforderlich sind.
- Ermittlung der für die Bedarfsdeckung optimalen Bezugsquellen (d. h. Lieferanten- und Rahmenverträgen), unter Berücksichtigung ökonomischer Zielsetzungen.
- Kontrolle der Einhaltung von Liefer- und Zahlungsterminen.

Eine effiziente Bearbeitung dieser Aufgabenstellungen setzt jedoch voraus, dass der Einkauf auch auf Daten, die von anderen Bereichen genutzt werden, zugreifen kann. Hierzu wurden Übergänge zu anderen Modulen geschaffen, was u. a. Mehrfachspeicherung von Daten verhindert und den Datenbestand - regelmäßige Pflege vorausgesetzt - stets auf aktuellstem Niveau hält.

Übergänge zu anderen Modulen

Übergänge (siehe Kap. 1.1.3) bestehen z. B. zum Vertrieb, dessen Bedarf direkt an den Einkauf übergeben werden kann, zum Controlling, das der Zuordnung von Bestellungen zu Kostenstellen Rechnung trägt, sowie zum Finanzwesen, das auf die Daten der Lieferanten zugreift und buchhalterische Daten zur Verfügung stellt. Andererseits benutzen auch andere Komponenten innerhalb des Moduls MM, wie z. B. die Bestandsführung, die Disposition oder die Rechnungsprüfung, die vom Einkauf genutzten Daten.

1.2.2 Beschaffungszyklus

Die Beschaffung von Gütern gliedert sich in mehrere Abschnitte, die in Abb. 1.2 dargestellt werden:

Abb. 1.2
Beschaffungszyklus

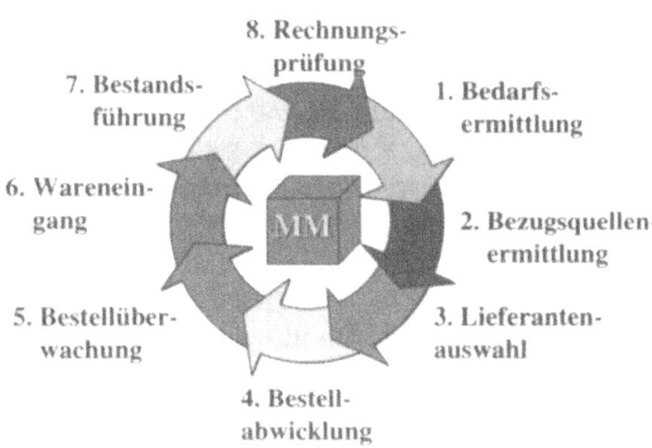

Bedarfsermittlung

Die Bedarfsermittlung als auslösende Phase des Beschaffungszyklus erfolgt im SAP-System sowohl automatisch im Rahmen der Disposition als auch durch die einzelnen Fachabteilungen. Eine automatische Bedarfsermittlung setzt jedoch voraus, dass das Material im Materialstammsatz gepflegt ist. Nur so ist das System fähig, eingestellte Meldebestände mit den aktuellen Beständen zu vergleichen und ggf. Bestellanforderungen automatisch zu erzeugen bzw. den Bedarf zu melden.

Bezugsquellenermittlung

Die Ermittlung der für die Bedarfsdeckung möglichen Bezugsquellen und die Lieferantenauswahl werden durch Auswertung historischer Daten und bestehender Rahmenverträge erleichtert. Zusätzlich berücksichtigt das System definierte Quotierungen und Daten aus Infosätzen und dem Orderbuch. Sind die möglichen Bezugsquellen ermittelt, unterstützt das System die Erstellung von Anfragen. Es beschleunigt die Übermittlung der Daten, indem es die Möglichkeit offeriert, die Daten auf elektronischem Weg direkt zum Lieferanten zu übermitteln.

Die gesamte **Abwicklung einer Bestellung**, d. h. die Erstellung der für die Beschaffung notwendigen Belege, kann nun gestützt auf Bestellanforderungen, Angebote und Rahmenverträge realisiert werden. Bei der Erzeugung von Bestellungen besteht auch die Möglichkeit, diese automatisch durch das System generieren zu lassen.

Bestellüberwachung

Eine Überwachung der Einhaltung von Fristen, z. B. Angebots- oder Lieferfristen, kann durch das System unter Berücksichtigung vorgegebener Wiedervorlagefristen ebenfalls vorgenommen werden. Sind einzelne Fristen überschritten, erzeugt das System eine Meldung und bietet die Möglichkeit Mahnungen, entsprechend der einzelnen Mahnstufen, zu erstellen. Neben dieser Überwachungsfunktion kann der aktuelle Status sämtlicher einkaufsrelevanter Belege, wie z. B. Bestellanforderungen, Angebote und Bestellungen, abgerufen werden.

Wareneingang

Durch die Eingabe der Bestellnummer kann der Wareneingang bestätigt werden. Als Reaktion hierauf werden die entsprechenden Bestellpositionen als geliefert erkannt, was sich auf den Status der Bestellung und auf die Bestellüberwachung auswirkt. Wurde das Material zur Erhöhung des Lagerbestandes bestellt, was voraussetzt, dass das Material im Materialstamm definiert ist, wird der Bestand sofort aktualisiert.

Rechnungsprüfung

Die den Einkaufszyklus abschließende Rechnungsprüfung wird durch den Zugriff auf Bestell- und Wareneingangsdaten erleichtert, indem der Rechnungsprüfer auf Abweichungen in der Leistungserfüllung des Lieferanten hingewiesen wird.

1.2.3 Organisationsebenen

Durch die Beziehungen der organisatorischen Einheiten im R/3-System ist die folgende Unternehmensstruktur vorgegeben:

Abb. 1.3 Unternehmensstruktur in R/3 (Quelle: R/3-On-Line-Doku)

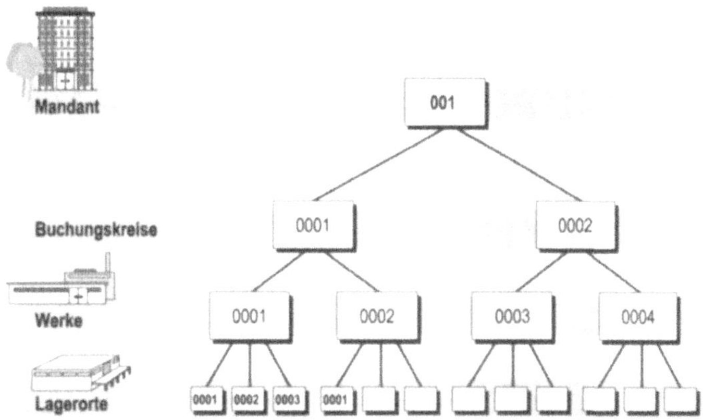

Der hierarchische Aufbau zeigt auf der obersten Stufe den Mandanten, der mehrere Buchungskreise umfassen kann. Einem Buchungskreis können mehrere Werke zugeordnet sein, die wiederum verschiedene Lagerorte umfassen können.

Tab. 1.1 Organisationseinheiten

Orga-Ebenen im R/3-System	Beschreibung der Organisationseinheit
Mandant	Zusammenschluss von betriebswirtschaftlichen Einheiten. In R/3 als eigenständiger Tabellensatz implementiert unternehmensweite Materialdaten, wie Materialtexte, Warengruppe, Umrechnungsfaktoren. Beispiel: Konzern
Buchungskreis	Rechtlich und bilanztechnisch selbständiger Teil eines Mandanten. Beispiel: Tochterfirma. Enthält Buchhaltungs- und Kalkulationsdaten.
Werk	Eine von mehreren möglichen Betriebsstätten eines Buchungskreises. Enthält Dispo- und Prognosedaten.
EK-Organisation	Legt für sich selbst EK-Konditionen fest, bestellt für die Werke und ist nach außen rechtlich verantwortlich, nach den Erfordernissen des Unternehmens gegliedert.
EK-Gruppe	Unterteilung der EK-Organisation, wobei eine Gruppe auch zu mehreren EK-Orga's zugehörig sein kann.

Zu beachten ist, dass Werke über alle Buchungskreise hinweg über eine eindeutige Nummerierung verfügen; d. h. Werke zweier Buchungskreise können nicht dieselbe Nummer tragen.

Vergleicht man diese Hierarchie mit dem Beispiel eines großen Konzerns, so sieht man unmittelbar die Parallelen:

Abb. 1.4
Beispiel einer Unternehmensstruktur

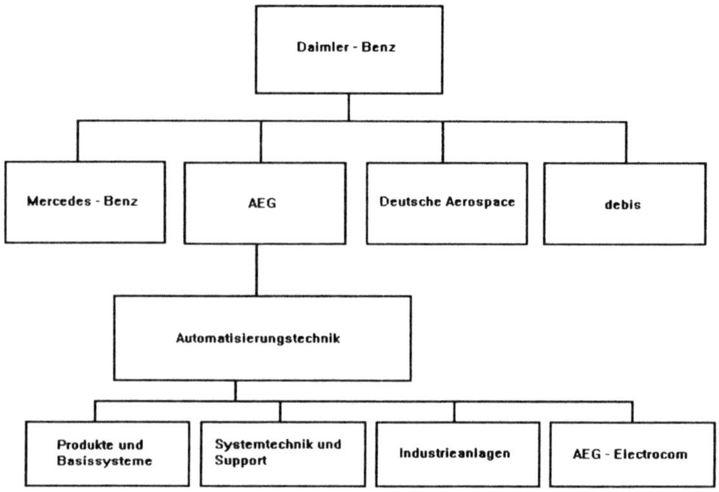

Es wäre theoretisch denkbar, diesen Beispielkonzern in einem Mandanten zusammenzuführen. Angesichts der Konzernverschachtelung werden die Mandanten eher auf der zweiten Stufe der Hierarchie gebildet, also z. B. bei AEG als Mandant mit dem Buchungskreis AEG-Electrocom und einem Werk in Konstanz, das wiederum diverse Lagerorte unterhält.

Spezielle Organisationsebenen innerhalb der R/3-Unternehmensstruktur bilden die Einkaufsorganisation und die Einkäufergruppe.

Einkaufsorganisation

Die Einkaufsorganisation (siehe Abb. 1.5), die stets einem Buchungskreis zugeordnet ist, ist verantwortlich für die Beschaffung der benötigten Güter eines oder mehrerer Werke. Sie ist Dritten gegenüber rechtlich für alle Einkaufsvorgänge verantwortlich und handelt allgemeine Einkaufskonditionen aus.

Abb. 1.5
Einkaufsorganisation (Quelle: R/3-On-Line-Doku)

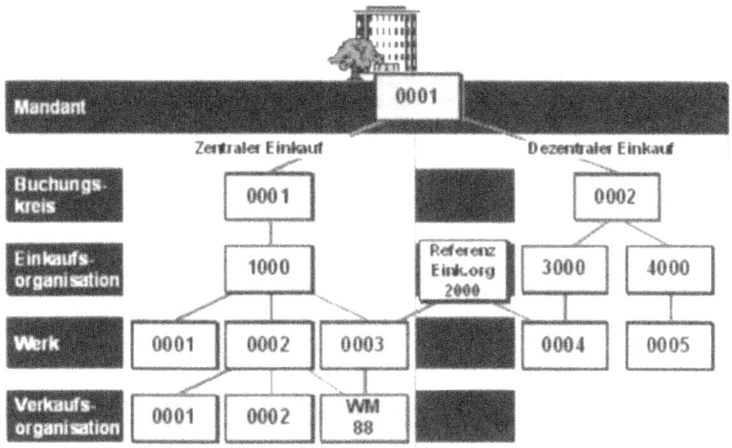

Durch die Einkaufsorganisation kann man den Einkauf in drei verschiedenen Formen organisieren, indem sie

- alle Buchungskreise eines Konzerns oder
- nur 1 Buchungskreis versorgt oder
- nur 1 Werk versorgt.

Falls Mischformen nötig werden, können diese mit Hilfe von Referenzeinkaufsorganisationen gebildet werden. So kann eine Einkaufsorganisation die günstigeren Kontakte und Verbindungen der Referenz verwenden. Sie ist Dritten gegenüber rechtlich für alle Einkaufsvorgänge verantwortlich und handelt allgemeine Einkaufskonditionen aus.

Einkäufergruppen

Zur weiteren Untergliederung der Ebenen sind die Einkaufsorganisationen in Einkäufergruppen unterteilt. Diese bilden innerhalb der Einkaufsorganisation operative Einheiten und zwar je nach Tätigkeitsgebiet (z. B. Handelsware: EINKAUF HAWA). Eine Einkäufergruppe kann auch mehreren Einkaufsorganisationen zugeordnet sein.

Verkaufsorganisation

Nicht nur nach den Bedürfnissen des Einkaufs, sondern auch nach den Anforderungen des Verkaufs lassen sich die Materialien und Leistungen gliedern.

Abb. 1.6
Verkaufsorganisation
(Quelle:
R/3-On-Line-Doku)

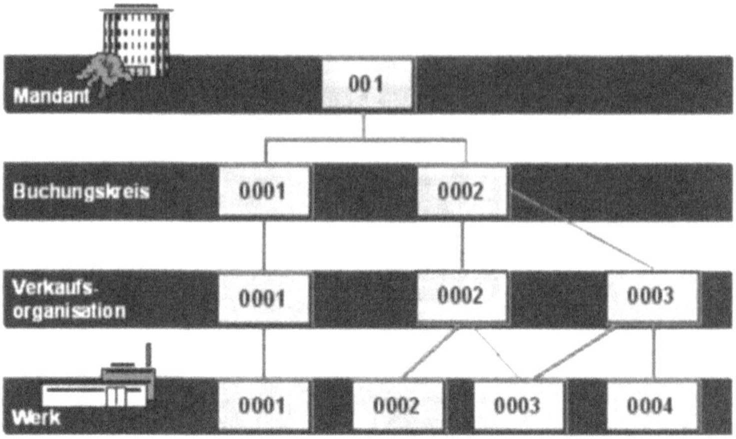

Eine Verkaufsorganisation, die auch mehreren Sparten zugeordnet werden kann, kann in mehrere **Vertriebslinien** unterteilt sein, die die Zuständigkeit für einen Vertriebsweg festlegen.

Über welchen Vertriebsweg Produkte einer Sparte von einer Verkaufsorganisation verkauft werden können, legt der **Vertriebsbereich** fest.

Für die buchungstechnische Erfassung der Geschäftsfälle ist jede Verkaufsorganisation genau einem Buchungskreis zugeordnet. Für mehrere Werke gleichzeitig kann auch nur eine Vertriebslinie tätig sein. Die Werke selber können unterschiedlichen Buchungskreisen zugeordnet sein.

Wenn die Verkaufsorganisation und das Werk unterschiedlichen Buchungskreisen zugeordnet sind, erfolgt bei der buchhalterischen Erfassung der Geschäftsvorfälle des Vertriebs zunächst eine interne Fakturierung zwischen den Buchungskreisen.

Um die **Unternehmensstruktur im Materialstamm** wiederzugeben, wird dieser in sechs Ebenen unterteilt. Diese bilden eine stufenweise Hierarchie vom gesamten Unternehmen bis hinab zum einzelnen Lagertyp.

In den Ebenen wird sowohl der Geltungsbereich der erfassten Daten als auch ihre Bedeutung auf immer kleinere Einheiten eingeschränkt.

Die folgende Übersicht zeigt die Ebenen des R/3-Systems, ihre **betriebswirtschaftlichen Entsprechungen** und die enthaltenen **Materialdaten** mit Beispielen:

Tab. 1.2
Aufbau R/3-Materialdatenbestand

Ebene des R/3-Systems	Betriebswirtschaftliche Entsprechung	Geltungsbereich der Materialdaten	Beispiele
Mandant	Konzern	gesamtes Unternehmen	Materialklasse, Basismengeneinheit, Materialkurztexte
Werk	Produktionsstätte, Außenstelle, Filiale	zu einem Werk gehörende Lagerorte	Dispositions- und Prognosedaten
Lagerort	Lagerplätze innerhalb eines Werkes	ein bestimmter Lagerort	Lagerort-bestände
Verkaufsorganisation	Verkaufsorganisation	vertriebsrelevante Materialdaten	Verkäufergruppe, Mindestauftragsmenge, Mindestliefermenge
Lager-Nr.	Lagerhaltungssystem	gesamtes Lagersystem	Palettierung, Ein-/Auslagerung
Lagertyp	Teillager mit spezifischer Lagertechnik/Funktion	spezifischer Lagertyp	Festplatz, minimale/maximale Lagerplatzmengen

Die Informationen zur Verwaltung eines Materials sind in einem Datensatz abgelegt, dem **Materialstammsatz**. Sämtliche einzelnen Materialstammsätze bilden folglich den **Materialstamm**.

1.2.4 Einkaufsstammdaten

Im R/3-System werden Stammdaten in Form von Stammsätzen hinterlegt. Bei der Bearbeitung der Geschäftsprozesse greift das System auf die benötigten Stammsätze zu. Die Stammdaten werden nur einmal zentral im System gespeichert und können so von allen Modulen verwendet werden.

Es werden folgende Stammdaten unterschieden:

- **Materialstammdaten**
  Sie enthalten Informationen über Rohstoffe, Handelswaren, Halbfabrikate und Fertigerzeugnisse. Hierzu gehören z. B. die Materialnummer und Materialbezeichnung, Daten über die Konstruktion sowie die zuständige Einkaufsorganisation und auch Mengeneinheiten, Melde- und Sicherheitsbestände sowie Preise und Bewertungen. Alle Daten werden modulübergreifend und redundanzfrei geführt.
- **Lieferantenstammdaten**
  Daten zu einem Kreditor oder Lieferanten werden in einem Lieferantenstammsatz hinterlegt. Einkaufs- und Buchhaltungsdaten werden gemeinsam verwaltet.
- **Leistungsstamm**
  Im Leistungsstamm werden die Beschreibungen von den zu beschaffenden Dienstleistungen hinterlegt. Über die Leistungskonditionen können die zugehörigen Preise und Konditionen erfasst werden. Die Abwicklung der Dienstleistungen erfolgt über eigene Funktionen in Einkauf und Bestandsführung.
- **Einkaufsinformationen**
  Die Verbindung zwischen Material und Lieferant wird durch den Einkaufsinformationssatz realisiert. Es sind z. B. Informationen über laufende Bestellungen eines Materials abrufbar, und es können lieferantenspezifische Daten zu einem Material erfasst werden (bspw. Lieferantenmaterialnummer, Sonderkonditionen).
- **Konditionen**
  Konditionen werden zur Preisermittlung herangezogen und umfassen Preise, Zu- und Abschläge sowie Bezugsnebenkosten.
- **Quotierung**
  Anhand der Quotierung können den verschiedenen Lieferanten eines Materials Quoten zugeordnet werden, falls das Ma-

terial alternierend von diesen Lieferanten bezogen werden soll.

- **Orderbuch**
  Zulässige bzw. nicht zulässige Bezugsquellen für ein Material werden im Orderbuch erfasst.

Alle Daten, die für die Verwaltung eines Materials notwendig sind, werden zentral in einem Datenobjekt - dem Materialstammsatz - abgelegt. Der größte Teil der Daten kann direkt vom Benutzer gepflegt werden, ein Teil wird vom System selbst verwaltet (z. B. Verwaltungsdaten, Bestandsdaten).

1.2.4.1 Materialstammdaten

Der Materialstamm enthält sämtliche Daten, die für die Beschreibung eines Materials, welches das Unternehmen fertigt, einkauft oder lagert, notwendig sind. Hierzu gehören z. B. die Materialnummer und -bezeichnung, Daten über die Konstruktion sowie die zuständige Einkaufsorganisation und Einkäufergruppe, aber auch Mengeneinheiten, Melde- und Sicherheitsbestände sowie Preise und Bewertungen (Buchhaltung), Daten zur Lagerung (z. B. Lagereinheit) sowie Daten zum Vertrieb des Materials (z. B. Verkaufspreis).

In R/3 kann man zwischen zwei Datensorten unterscheiden. Während die Daten mit **beschreibendem Charakter** nur zur Information dienen, wie bspw. Abmessungen, wirken sich Daten mit **steuerndem Charakter** direkt auf die möglichen Tätigkeiten aus.

Die Erfassung aller für ein Material relevanten Daten in einem Stamm (also für alle Unternehmensbereiche, z. B. Disposition, Buchhaltung, Bestandsführung) dient der Vermeidung von Datenredundanz (da alle Bereiche auf die selben Daten zugreifen).

Verwendung des Materialstamms

Im SAP-Logistiksystem wird der Materialstamm in dem sich die Daten und Beschreibungen aller Teile befinden, für eine Vielzahl abteilungsspezifischer Funktionen genutzt. Die folgende Tabelle gibt eine schnelle Übersicht über die Abteilungsfunktionen, die auf den Materialstamm zugreifen. Wichtig hierbei ist, die Daten werden nur einmal gespeichert, so dass beispielsweise der Bestand nicht redundant sowohl vom Einkauf als auch von den anderen Abteilungen wie Rechnungsprüfung benutzt werden kann.

Da es keineswegs sinnvoll ist, jeder Abteilung alle Informationen über ein Material zur Verfügung zu stellen, werden die einzelnen Daten vom System her bereits nach Fachbereichen gegliedert und als sog. Materialsicht gebündelt. So erhalten die Abteilungen nur die Informationen angezeigt, die für sie von Interesse sind und auch sein dürfen.

Im Folgenden werden die verschiedenen Arten von Informationen eines Materialstammsatzes aufgeführt und jeweils durch ein Beispiel veranschaulicht:

Tab. 1.3
Abteilungsfunktionen

Abteilung	Informationsinhalt
Buchhaltung	kalkulations- und bewertungsspezifische Informationen, z. B. Standardpreis
Disposition	Materialbedarfsplanungsinformationen, z. B. Sicherheitsbestand
Einkauf	Materialdaten, z. B. Einkäufergruppe, Bestellmengeneinheit
Konstruktion	Techn. Angaben für die Konstruktion, z. B. Basisabmessungen
Lagerung	Lagerabwicklungsinformationen, z. B. Lagerbedingungen, Maße
Prognose	Daten für die Vorhersage des Materialbedarfs, z. B. Beschaffungsart
Vertrieb	Kundenauftragsdaten, Preisfindungsdaten, z. B. Verkaufspreis, Mindestbestellmenge

Hieraus ist leicht ersichtlich, welch gewichtige Rolle der Materialstamm und dessen Pflege für das gesamte Unternehmen spielt. Die daraus resultierenden unterschiedlichen Sichtweisen der Fachbereiche auf den Materialstammsatz ergeben sich wie folgt:

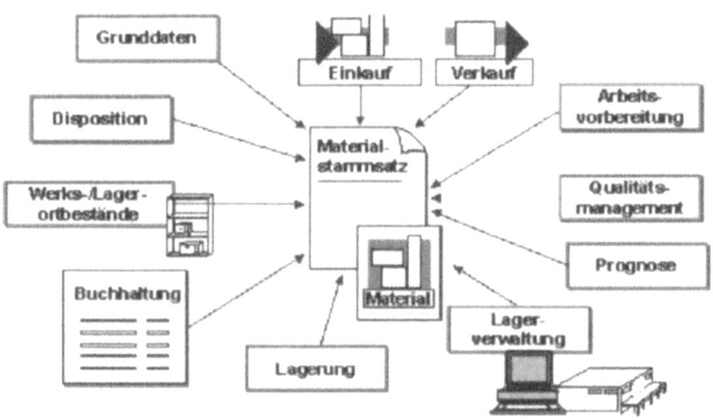

Abb. 1.7
Sichten auf einen Materialstammsatz (Quelle: R/3-On-Line-Doku)

Aus dieser zentralen Rolle der Materialdaten leitet sich der hierarchische Aufbau des Materialstamms ab, in dem sich die Organisationsstruktur des Unternehmens widerspiegelt.

Die Struktur der **Informationsspeicherung** innerhalb des Materialstamms ist analog zur Abbildung der Unternehmensstruktur (siehe Abb. 1.3) im SAP-System realisiert. Hierbei werden allgemeingültige Daten auf Mandantenebene, Daten, die für einzelne Betriebsstätten gültig sind, auf Werksebene und für einzelne Läger gültige Daten, auf Lagerortebene gespeichert. Durch diese Datenorganisation wird erreicht, dass Daten nicht mehrfach abgelegt werden müssen (Vermeidung von Datenredundanz).

Anlegen eines Materialstammsatzes

Bei der Anlage neuer Materialstammsätze werden die Materialien nach verschiedenen Kriterien gruppiert, um ihre Verwaltung zu vereinfachen. Die Zuordnung nach Materialart und Branche erfüllt bei der späteren Verwaltung der Stammsätze Steuerungsfunktionen und ist daher zwingend vorgeschrieben. Dem Material wird die Materialart, die Branche und ein Profil zugeordnet.

Nummernvergabe

Um ein Material im Materialstamm zu identifizieren, muss eine eindeutige Nummernvergabe stattfinden. Erfolgt diese **intern**, so vergibt das System eine (eindeutige) Nummer, welche dann die Kennung des Materials darstellt.

Erfolgt die Nummernvergabe hingegen **extern**, so wird sie vom jeweiligen Sachbearbeiter (der den Stammsatz anlegt) vergeben. Der Nummernbereich kann hierbei beschränkt sein. Eine Pflege der Nummernvergabe erfolgt über das Customizing.

Materialarten

Das Material wird einer Materialart zugeordnet, um die Verwaltung vieler Materialien eines Betriebes durch Gruppenbildung zu erleichtern.

Die richtige Zuordnung des Materials zur Materialart ist wichtig, da SAP-Steuerungsfunktionen davon abhängen und daher eine spätere Änderung nur in bestimmten Fällen möglich ist, z. B. wenn noch keine Bestände zu dem Material eingepflegt wurden.

Die **Wahl der Materialart** hat Einfluss auf:

- die Art der Nummernvergabe (intern/extern),
- den Nummernkreis der Materialnummer,
- die folgenden Bildschirmmasken zur Dateneingabe,
- die Beschaffungsart (Eigen- oder Fremdbezug),
- die fachbereichsspezifischen Datensichten,

die zur Pflege angeboten werden.

Die Wahl der Materialart sollte wohlüberlegt sein, da die Materialart nicht in allen Fällen nachträglich geändert werden kann.

Beim Anlegen eines Materials einer Materialart kann es direkt über *Speziell* angelegt werden *(Material ⇨ Anlegen speziell ⇨ Materialart)*. Die Materialart muss nicht eingegeben werden, und es kann im Customizing festgelegt werden, ob diese Berechtigung zum Anlegen dieser Materialart überhaupt vorliegt .

Die andere Möglichkeit besteht darin, den Artikel per *Material ⇨ Anlegen allgemein ⇨ Sofort oder Planen* anzulegen und nach Erscheinen der Eingabemaske die Materialart dort erst einzutragen.

Zudem bestimmt die Materialart zusammen mit dem Werk über die **Bestandsführungspflicht** eines Materials, d. h. ob Mengenänderungen im Materialstammsatz und Wertänderungen auf den Bestandskonten der Finanzbuchhaltung fortgeschrieben werden.

Folgende Tabelle gibt eine Übersicht über die im **R/3-Standardsystem** verwalteten **Materialarten**:

Tab. 1.4 Materialarten im Standardsystem

Materialart	R/3-Bezeichnung	Definition
Kaban-Behälter	CONT	
Dienstleistungen	DIEN	Werden fremdbeschafft und nicht gelagert;
Ersatzteile	ERSA	Können gelagert werden und enthalten keine Vertriebsdaten;
Fertigerzeugnisse	FERT	Werden selbst hergestellt und enthalten daher keine Einkaufsdaten;
Getränke	FGTR	
Lebensmittel	FOOD	Lebensmittel außer Frischwaren;
Frischprodukte	FRIP	Leicht verderbliche Lebensmittel;
Herstellerteile	HERS	Können von div. Lieferanten bezogen werden unter deren Herstellerteile-Nr.

Materialart	**R/3-Bezeichnung**	**Definition**
Halbfabrikate	HALB	Fremd- und Eigenbezug mit Weiterverarbeitung, daher auch Arbeitsvorbereitungsdaten;
Handelswaren	HAWA	Fremdbezug und Weiterverkauf, daher Einkaufs- und Verkaufsdaten;
Hilfs-/ Betriebsstoffe	HIBE	Gehen in die Produktion ein ⇨ nur Einkaufsdaten;
Instandhaltungs- -baugruppen	IBAU	Logische Objekte die zusammen ein Produkt ergeben;
Intramaterial	INTR	Tritt nur zeitweise zwischen 2 Prozessen auf, keine EK und Vertriebsdaten;
Konfigurierbare Materialen	KMAT	Können in mehreren Variationen auftreten, keine EK-Daten;
Leergut	LEER oder LGUT (SAP Retail)	Kann in Stücklisten zusammengefasst werden, z. B. 20 Flaschen = 1Kiste;
Nichtlagermaterial	NLAG MODE	Wird sofort verbraucht, und kann nicht gelagert werden;
Non-Food	NOF1	Für Lebensmittelbetriebe
Pipeline-Material	PIPE	Sind immer verfügbar, werden daher nicht disponiert, fließen direkt in den Produktionsprozess ein;
Prozessmaterial	PROC	Bei Kuppelproduktion, Disposition durch Verfügbarkeit von Eingangsmaterialien;

Materialart	R/3-Bezeichnung	Definition
Produktgruppen	PROD	Fassen Materialien nach frei def. Kriterien zusammen, enthalten Dispo- und Arbeitsvorbereitungsdaten;
Rohstoffe	ROH	Fremdbezug und Weiterverarbeitung ⇨ nur Einkaufsdaten;
Unbewertetes Material	UNBW	Wird nur mengen-, nicht wertmäßig geführt;
Verpackungsmaterial	VERP	Wird der Ware kostenlos beigegeben, wert- und mengenmäßige Führung;
Verkaufshilfsmittel	VKHM	Werden einem Produkt zugeordnet, auch Dienstleistungen;
Vollgutmaterial	VOLL	Gegenteil zu Leergutmaterial;
Werbemittel	WERB	Werden mehreren Produkten zugeordnet;
Wertmaterial	WERT	Keine mengenmäßige, nur wertmäßige Bestandsführung;
Wettbewerberprodukte	WETT	Zur Auswertung des Marktes, werden den Wettbewerbern zugeordnet.

Beschaffungsarten

Grundsätzlich gibt es drei verschiedene Prinzipien, Material zu beschaffen:

- die Vorratsbeschaffung,
- die **fallweise Beschaffung**, bei der die Beschaffungsmenge, zeit- und verbrauchsabhängig, sowie spekulativ beschafft wird und die
- die **Just-in-Time-Beschaffung**, bei der eine Lagerhaltung komplett vermieden wird.

In R/3 wird unterschieden, ob eine Beschaffung eingelagert wird, oder ob bei der Beschaffung schon bekannt ist, wo das Material verbraucht wird. Hierbei wird die Beschaffung mit einer Zusatzkontierung versehen. Für eine Einlagerung ist es notwendig, dass das Material bestandsgeführt ist, damit bei der Lagerbuchhaltung eine automatische Kontenfindung zur Bebuchung möglich ist.

Branchen / Wirtschaftszweig

Neben der Zuordnung zu einer Materialart wird das Material einer Branche zugeordnet, d. h. einem Industriezweig, was gleichfalls beim Anlegen des Materialstammsatzes geschehen muss. Dieser Wirtschaftszweig gruppiert die Unternehmen nach dem Schwerpunkt der Unternehmenstätigkeit.

Ebenso wie bei der Materialart hat das Datum *Branche* Steuerungsfunktionen im SAP-System und kann daher nach der Zuordnung nicht mehr geändert werden! Dazu gehören die Auswahl von Datenfeldern auf den Eingabemasken, deren Abfolge oder die Zuordnung zu einer Materialart.

Im Standardsystem gibt es folgende Branchen:

Tab. 1.5 Branchen

Branche	***Branchenschlüssel***
Anlagenbau	A
Chemie	C
Maschinenbau	M
Pharmazie	P

Die übrigen Branchen werden im SAP Retail verwendet.

Profile

Profile sind Konfigurationsinformationen oder auch Standardinformationen zur leichteren Erfassung und Pflege der Datenobjekte. Sie stellen Standardwerte dar, die bei der Datenpflege stets ähnlicher Konstellation anfallen.

Für die Materialstammsätze gibt es Profile für Dispositions- und Prognosedaten, in denen Festwerte und Vorschlagswerte definiert werden. Beide werden in das jeweilige Datenbild übernommen, Festwerte können jedoch im Vergleich zu den Vorschlagswerten nicht geändert werden.

Anzeige eines Materialstammsatzes

Die Anzeige eines Materialstammsatzes kann vom Systemmenü ausgehend über die Menüpunkte:

Logistik ⇨ Materialwirtschaft ⇨ Materialstamm ⇨ Material ⇨ Anzeigen
erreicht werden.

Nun kann die Materialnummer eingegeben oder das Material über Matchcode, durch Drücken der Taste [F4], ermittelt werden. Mit [Enter] wird die Eingabe abgeschlossen und der Materialstammsatz angezeigt.

Sollte es nötig sein einen Materialstammsatz zu erstellen oder zu ergänzen, können die entsprechenden Eingabebildschirme über

Logistik ⇨ Materialwirtschaft ⇨ Materialstamm ⇨ Material ⇨ Anlegen allgemein.

erreicht werden.

1.2.4.1.1 Sichten des Materialstammsatzes

Wenn das Material bereits erfasst ist oder eine externe Nummernvergabe vorgesehen ist, muss die Materialnummer eingegeben werden, andernfalls weist das System dem Material automatisch eine Nummer zu. In der **Sichtenauswahl** können ein oder mehrere Fachbereiche ausgewählt werden, denen entsprechende Eingabebildschirme folgen (siehe Abb. 1.8):

Abb. 1.8
Material anlegen: Sichtenauswahl

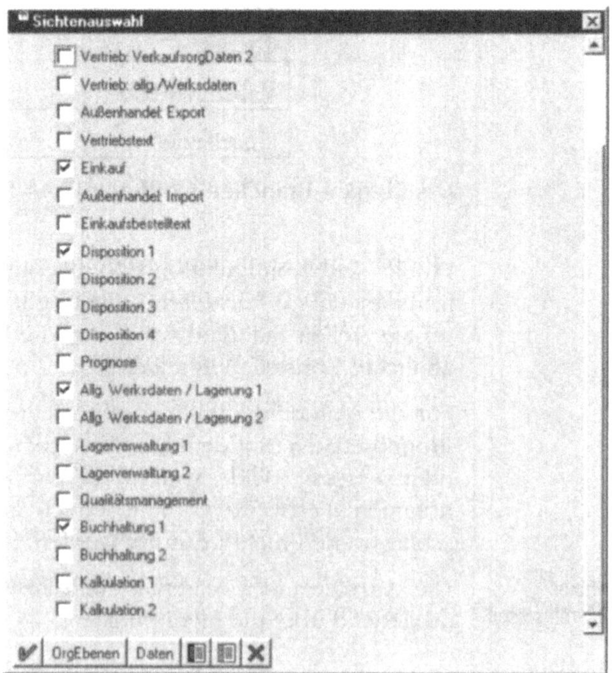

Da verschiedene Abteilungen eines Unternehmens mit dem Materialstamm arbeiten und unterschiedliche fachbereichsspezifische Informationen hinterlegt werden, hat jeder Fachbereich seine eigene Sicht auf die Daten des Materialstamms:

Sicht auf die Daten des Materialstamms

- **Grunddatensicht**
  z. B. Technische Angaben wie Abmessungen, Werkstoff, Zeichnungsnummer.
- **Einkaufssicht**
  z. B. Einkäufergruppe, Über- bzw. Unterlieferungstoleranzen.
- **Dispositionssicht**
  z. B. Informationen zur Materialbedarfsplanung, Dispositionsverfahren, Losgrößenverfahren, Sicherheitsbestand.
- **Buchhaltungssicht**
  Preisinformationen, Standardpreis, Durchschnittspreis, Bewertungstyp.
- **Lagersicht**
  z. B. Lagerungsbedingungen, Verpackungsmaße.
- **Prognosesicht**
  Informationen zur Vorhersage des Materialbedarfs: Prognosemodell, Prognosezeitraum.
- **Vertriebssicht**
  Informationen zum Verkauf und zum Versand.
- **Qualitätssicherungssicht**
  Daten zur Prüfung des Materials.

Die Materialart legt die pflegbaren Sichten eines Materialstammsatzes fest. Die einzelnen Sichten sind im Folgenden mit ihren wichtigsten Feldern kurz beschrieben. Dabei entsprechen sowohl die Reihenfolge der Sichten als auch die Felder innerhalb der Sichten dem R/3-Auslieferungssystem.

Abhängig von Branche, Materialart oder Werk können einzelne Felder bzw. Feldgruppen unternehmensindividuell gesteuert werden. Der Systemverwalter kann dabei festlegen, ob es sich bei den einzelnen Feldern/Feldgruppen um ein

- **Kann-Feld** (Daten können eingegeben werden, müssen aber nicht);
- **Muss-Feld** (eine Eingabe in dieses Feld muss erfolgen);
- **Anzeigefeld** (zur Anzeige eines bereits eingegebenen Wertes)

handelt oder ob das Feld ausgeblendet wird.

In R/3 besteht die Möglichkeit benutzereigene Materialstammsichten zu definieren. Änderungen des Auslieferungssystems können daher auf einfache Art und Weise durchgeführt werden. Weiterhin können die einzelnen ausgelieferten Sichten um kundeneigene Bildbausteine erweitert bzw. Bildbausteine aus den ausgelieferten Sichten entfernt werden. Die Bildfolge und die Felder der einzelnen Sichten des Materialstamms können individuell im R/3-System von dem hier beschriebenen Standard abweichen.

Grunddatensicht

Die technischen Daten eines Materials können in der Grunddatensicht hinterlegt werden. Die Materialkurzbezeichnung und die Basismengeneinheit müssen auf jeden Fall erfasst werden, da sonst ein Wechsel in eine andere Sicht nicht möglich ist.

Im Bereich *Zugeordnete Konstruktionszeichnung* wird die Verknüpfung zur Dokumentenverwaltung angezeigt. Daten zur Konstruktionszeichnung können im Bereich *Konstruktionszeichnung* direkt erfasst werden.

Einkaufssicht

In der Einkaufssicht (siehe Abb. 1.9) können die einkaufsrelevanten Daten gepflegt werden. Dabei müssen eine Einkäufergruppe und eine Warengruppe erfasst werden, anderenfalls ist ein Wechsel in eine andere Sicht nicht möglich.

Über das Feld *Variable BME* können Sie die variable Bestellmengeneinheiten-Abwicklung aktivieren. Die Bestellmengeneinheit kann dann in der Bestellung abweichend vom Infosatz eingegeben werden.

Abb. 1.9
Einkaufssicht

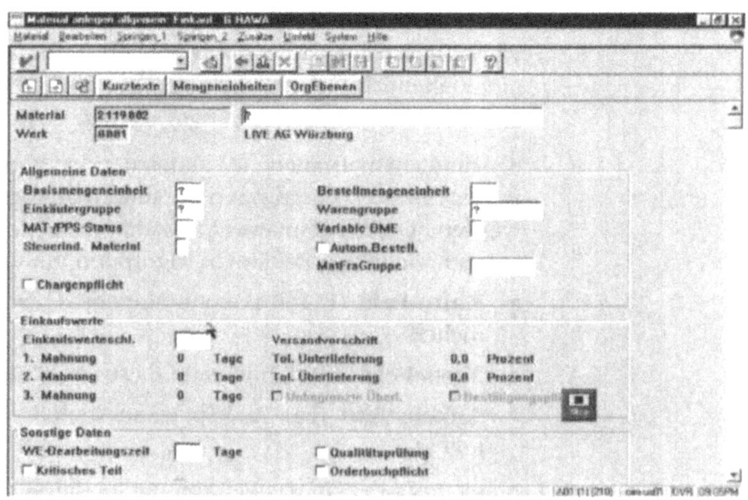

Mit dem Ankreuzfeld *Autom. Bestellung* kann festgelegt werden, ob Bestellanforderungen automatisch in Bestellungen umgesetzt werden. Das Kennzeichen muss bei dem entsprechenden Lieferanten ebenfalls gesetzt sein.

Das Feld *Einkaufswerteschl.* definiert gültige Mahnstufen und Toleranzgrenzen für den Einkauf. Diese dienen in Anfragen, Bestellungen und Infosätzen als Vorschlagswert.

Dispositionssicht

In der Dispositionssicht können die Daten zur Bedarfsplanung gepflegt werden. Das jeweilige Dispositionsverfahren muss in das Feld *Dispomerkmal* eingetragen werden. Abhängig vom gewählten Dispositionsverfahren besteht in bestimmten Feldern Eingabepflicht (beispielsweise im Feld *Meldebestand* bei manueller Bestellpunktdisposition). Das Losgrößenverfahren wird in dem Feld *Dispolosgröße* festgelegt. Es bestehen Abhängigkeiten zwischen dem verwendeten Losgrößenverfahren und den vorzunehmenden Pflichteingaben. Beispielsweise muss beim Auffüllen bis zum Höchstbestand das Feld *Höchstbestand* angekreuzt werden. Erst nach Eingabe aller Pflichteingaben ist ein Wechsel in eine andere Sicht möglich.

Abb. 1.10
Dispositionssicht

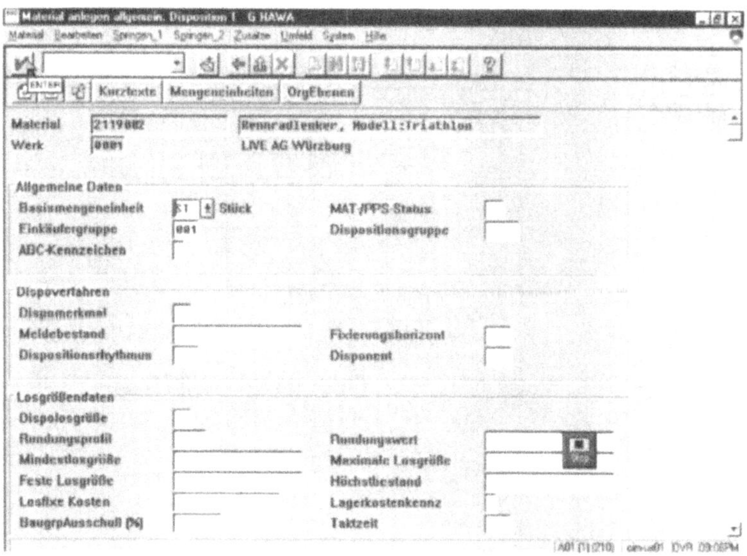

Durch die Felder *Rundungsprofil* und *Rundungswert* kann eingestellt werden, auf welche Werte die Losgröße bei der Bedarfsplanung gerundet werden soll.

Prognosesicht

In der Prognosesicht werden Daten zur Vorhersage des Materialbedarfs gepflegt. Zu diesem Zweck kann das Prognosemodell im gleichnamigen Feld vorgegeben werden. Geschieht dies nicht, kann das System selbst das Prognosemodell ermitteln. Durch Ihre Eingabe in das Feld *Modellauswahl* gibt man dem System vor, ob es einen Trend und/oder saisonale Abhängigkeiten bei der Modellauswahl berücksichtigen soll.

Über das Feld *Periodenkennzeichen* kann eingestellt werden, auf welche Periodendauer sich die Verbrauchs- und Prognosewerte beziehen. Wird hier kein Wert angegeben, so arbeitet die Prognose mit monatlichen Perioden.

Es besteht die Möglichkeit, aus dem Prognosebild des Materialstammsatzes eine Einzelprognose für dieses Material durchzuführen

Lagerungssicht

In der Lagerungssicht können die Lagerungsbedingungen, Abmessungen und die Ausgabemengeneinheit gepflegt werden. Falls das Lagerverwaltungssystem (WM) nicht aktiv ist, kann hier auch ein Lagerplatz eingegeben werden. Lagerungsdaten können auf Werks- und auf Lagerortebene definiert werden. Sie sind Voraussetzung für die Bestandsführung mit R/3.

Abb. 1.11
Lagersicht

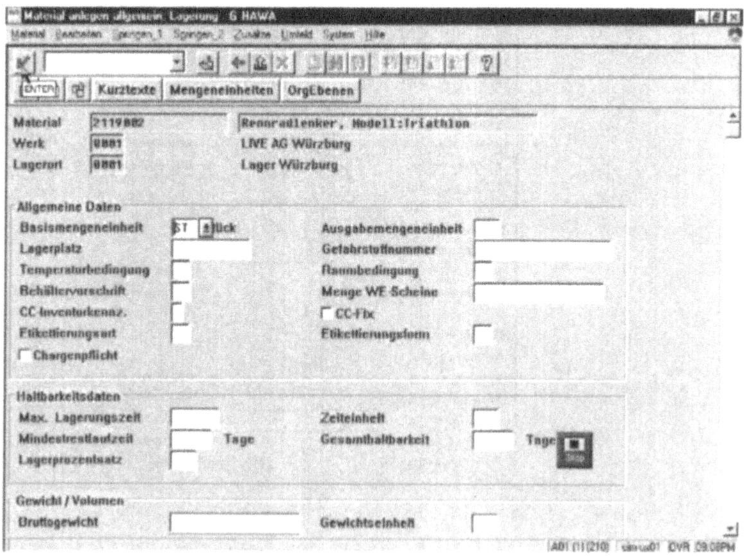

Buchhaltungssicht

In der Buchhaltungssicht werden die Daten für die Bewertung und die Buchhaltung gepflegt. Für die automatische Kontenfindung in der Materialwirtschaft ist die Eingabe einer Bewertungsklasse erforderlich.

Abb. 1.12
Buchhaltungssicht

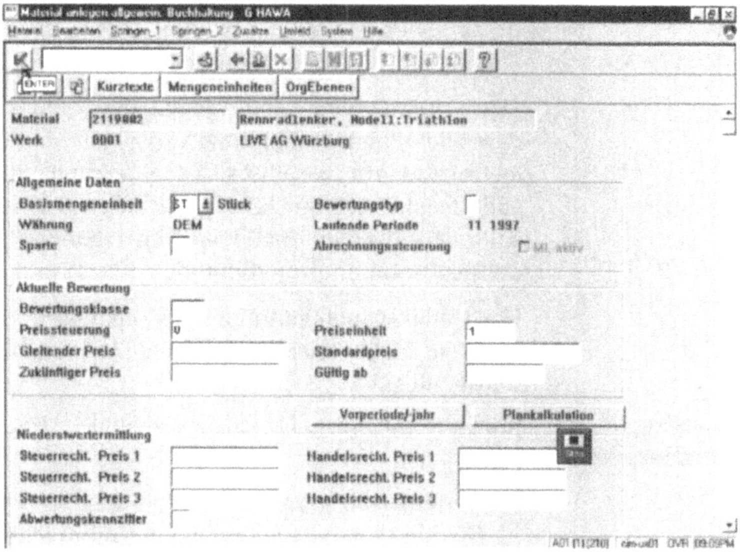

Abhängig von der Preissteuerung ist das Feld *Gleitender Preis* (bei Preissteuerung *V*) oder *Standardpreis* (bei Preissteuerung *S*) zu füllen.

Durch das Feld *Bewertungstyp* steuert man, ob Bestände des Materials getrennt bewertet werden sollen. Die dem Bewertungstyp zugeordneten Bewertungsarten werden im Feld *Bewertungsart* gepflegt (z. B. Bewertungstyp: Herkunftsland; Bewertungsarten: Deutschland, Frankreich, Spanien).

1.2.4.1.2 Pflege der Materialstammdaten

Bevor ein Materialstammsatz angelegt wird, sollte man folgende Überlegungen anstellen:

- Ist wirklich noch kein Materialstammsatz für das Material vorhanden (Prüfen über Matchcode)?
- Existiert bereits ein ähnliches Material im System (Vorlage dient als Erfassungshilfe)?
- Welche Materialnummer soll vergeben werden?

- Welcher Materialart und welcher Branche soll das Material zugeordnet werden?
- Bezeichnung des Materials?
- In welcher Basismengeneinheit soll das Material im System geführt werden? Die Sachbearbeiter für die Materialstammsätze haben je nach Notwendigkeit die Berechtigung, alle oder einzelne Sichten zu bearbeiten.

Das Unternehmen kann verschieden organisiert sein, u. U. so, dass alle Materialstammsätze von einer zentralen Stelle aus angelegt werden. In diesem Fall ist die zentrale Stelle für das Erfassen aller fachbereichsspezifischen Daten zuständig. Die Mitarbeiter aus den einzelnen Fachbereichen ergänzen diese Informationen mit den Änderungsfunktionen.

Das Unternehmen kann auch so organisiert sein, dass jede Abteilung die fachbereichspezifischen Daten, mit denen sie arbeitet, selbst anlegt.

Anlegen eines Materialstammsatzes

Bei der Anlage eines Materialstammsatzes ist zu unterscheiden zwischen:

- **Neuanlegen** ohne Bezug zu einem bestehenden Material: Hierbei müssen alle benötigten Informationen erfasst werden.
- **Anlegen mit Bezug zu einer Vorlage**: Beim Anlegen eines Materialstammsatzes mit Vorlage wird während des Anlegevorgangs Bezug auf ein ähnliches Material genommen, das bereits in der Datenbank definiert ist. Das System kopiert die Daten des Vorlagematerials als Vorschlagswerte in den neuen Materialstammsatz. Die Vorschlagswerte können überschrieben werden.
- **Erweitern eines bestehenden Materialstammsatzes**: Das Erweitern eines Materialstammsatzes ist keine eigene Funktion, sondern wird immer mit dem Befehl *ANLEGEN* durchgeführt.

Erweiterung

Es werden zwei Arten der Erweiterung unterschieden:

- Legt eine Abteilung Daten für Material an, so existiert der Materialstammsatz ab diesem Zeitpunkt in der Datenbank. Will ein Mitarbeiter aus einem anderen Fachbereich Daten erfassen, muss er den Materialstammsatz nicht komplett neu anlegen, sondern lediglich um die Informationen seines Fachbereiches erweitern.

- Erweitert wird ein Stammsatz auch, wenn Daten des gleichen Fachbereichs für weitere Organisationsebenen hinterlegt werden (z. B. für andere Werke).

Beispiel

Das Material **2119004** (Rennradlenker, Modell: Triathlon) soll in das Sortiment als Handelsware aufgenommen werden. Der anfängliche Einkaufspreis soll 18,95 DM betragen. Der Lenker ist 0,79 kg schwer und 0,56 m breit. Er soll mit manuellem Meldebestand geführt werden, wobei ein Sicherheitsbestand von 20 Stück und ein Meldebestand von 30 Stück festgelegt ist. Die fixe Losgröße soll 20 Stück betragen.

Dazu muss dieses Material im Materialstamm angelegt werden, wobei die Aufnahme dieses Artikels in Bezug auf Materialart und Branche mit Hilfe der Sichten: Einkauf, Disposition 1, Lagerung und Buchhaltung realisiert wird.

Material anlegen: Einstieg

Die entsprechenden Eingabebildschirme werden erreicht über:

Logistik ⇨ Materialwirtschaft ⇨ Materialstamm ⇨ Material ⇨ Anlegen allgemein ⇨ sofort

Material: Geben Sie die neue, siebenstellige Materialnummer ein.

Branche: Der Fahrradlenker soll der Branche Großhandel zugeordnet werden.

Materialart: Der Artikel ist als Handelsware anzulegen. Um fortzufahren gehen Sie zur

Sichtenauswahl.

Markieren Sie die Sichten bzw. Fachbereiche, die Sie pflegen wollen und drücken Sie

OrgEbenen,

um weiter in die Organisationsebenen zu gelangen.

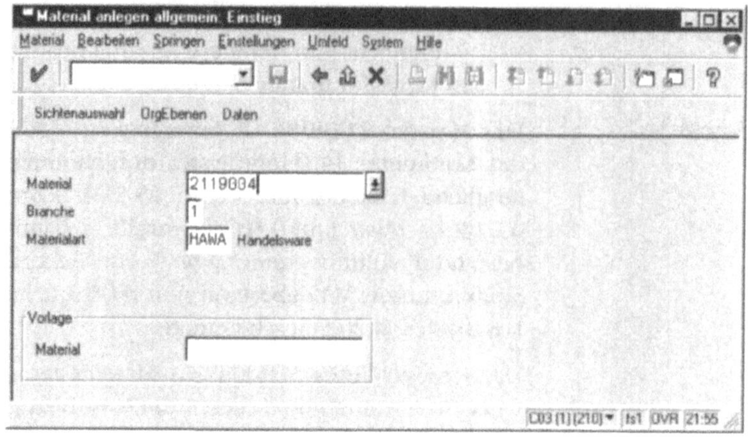

Abb. 1.13
Material anlegen: Organisationsebenen

Werk: Geben Sie die Organisationsebene ein, für die Sie den Artikel pflegen wollen.

Lagerort: Geben Sie den Lagerort ein, in dem der Artikel gelagert werden soll und klicken Sie auf .

Dispoprofil: Hier können Sie einen Schlüssel angeben, der vom Materialstammsatz unabhängige Dispositionsparameter enthält.

Lassen Sie dieses Feld bitte leer.

Material anlegen: Einkauf

Material: Geben Sie den Materialkurztext für das Material ein und springen Sie mit <TAB> zum nächsten Feld.

Basismengeneinheit: Der Artikel wird in Stück geführt. (Wenn Sie sich die Eingabemöglichkeiten anzeigen lassen, können Sie mit dem Button blättern.)

Einkäufergruppe: Tragen Sie die Einkäufergruppe ein, die für die Beschaffung des Materials verantwortlich ist.

Warengruppe: Ordnen Sie das Material der Warengruppe Handelsware-Ersatzteile zu.

Einkaufswerteschlüssel: Wählen Sie den Schlüssel, der die gültigen Mahntage und Toleranzgrenzen des Materials für den Einkauf bestimmt.

Orderbuchpflicht: Wenn das Kennzeichen für ein Werk gesetzt ist, so muss eine Bestellung bei der Bezugsquelle für das Werk angelegt sein, bevor eine Bestellung bei der Bezugsquelle für das Werk angelegt werden kann.

Feinabruf: Dieses Kennzeichen steuert, ob zu einem Material in einem Einkaufslieferplan zusätzlich zu Lieferabrufen auch Feinabrufe erzeugt werden können.

Qualitätsprüfung: Kennzeichen, das angibt, ob das Material der Qualitätsprüfung unterliegt und ein Wareneingang in den Qualitätsprüfbestand gebucht wird.

Herstellerteileprofil: Falls Sie mit Herstellerteilenummer (HTN)-Materialien arbeiten möchten, geben Sie ein Profil ein. Das Profil gilt dann für alle HTN-Materialien, die diesem firmeneigenen, bestandsgeführten Material zugeordnet sind.

Herstellerteilenummer: Geben Sie die Nummer ein, unter der ein Material beim Hersteller oder auch beim Lieferanten geführt wird.

Hersteller: Tragen Sie den Hersteller des HTN-Materials oder das Werk des Herstellers ein, das als Herstellerstammsatz angelegt ist.

Durch Klicken auf  gelangen Sie zur nächsten Maske (siehe Abb. 1.14).

Abb. 1.14
Material anlegen: Einkauf

Material anlegen:
Disposition 1

Basismengeneinheit: Die Rennradlenker werden in Stück angegeben.

Einkäufergruppe: Die Einkaufgruppe HAWA ist für die Beschaffung dieses Materials zuständig.

Dispomerkmal: Hiermit wird festgelegt, wie das Material disponiert wird. Für Handelsware ist „manueller Meldebestand“ als Dispositionslosgröße festgelegt. Wählen Sie dieses Kennzeichen aus.

Meldebestand: Tragen Sie den Meldebestand ein.

Disponent: Wählen Sie den Disponenten aus, der für die Disposition des Materials zuständig ist.

Dispolosgröße: Geben Sie die Dispolosgröße ein.

Feste Losgröße: Geben Sie die feste Losgröße ein

Lagerkostenkennzeichen: Arbeiten Sie mit optimierenden Losgrößenverfahren geben Sie den Lagerkostenprozentsatz ein, den das System bei der Berechnung der Losgröße zur Ermittlung der Lagerkosten zugrundelegt.

Klicken Sie zweimal auf (siehe Abb. 1.15).

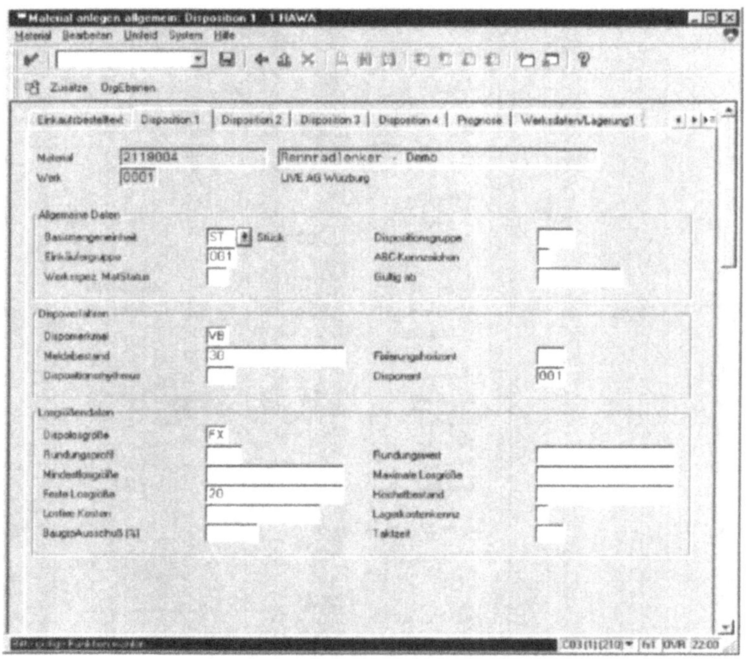

Abb. 1.15
Material anlegen:
Disposition 1

Planlieferzeit: Die geplante Lieferzeit für dieses Material wird auf 2 Tage geschätzt.

Horizontschlüssel: Tragen Sie den Horizontschlüssel 001 ein.

Sicherheitsbestand: Geben Sie den Sicherheitsbestand ein (20 Stück).

Material anlegen: Lagerung

Bruttogewicht: Geben Sie das Bruttogewicht (0,79 kg) des Artikels ein.

Gewichtseinheit: Wählen Sie als Gewichtseinheit „Kilogramm".

Größe/Abmessung: Geben Sie die Größe des Artikels in Meter ein und klicken Sie auf .

Material anlegen: Buchhaltung 1

Bewertungsklasse: Über die Bewertungsklasse ordnen Sie das Material einer Gruppe von Sachkonten zu. Die Bewertungsklasse bestimmt die Sachkonten, die bei einer Warenbewegung fortgeschrieben werden. Sie dient somit der automatischen Kontenfindung. Geben Sie die Bewertungsklasse für die Handelsware-Ersatzteile (3105) ein.

Preissteuerung: Hier kann festgelegt werden, ob das Material zum Standardpreis oder zum gleitenden Durchschnittspreis bewertet wird. Der gleitende Durchschnittspreis ist durch die Warengruppe schon voreingestellt. Behalten Sie diesen bei.

Gleitender Preis: Tragen Sie den Einkaufspreis für den Artikel ein. Sichern Sie das Material und kehren durch zweimaliges klicken auf *Beenden* in das Hauptmenü zurück (siehe Abb. 1.13).

Standardpreis: Tragen Sie den Standardpreis des Materials ein.

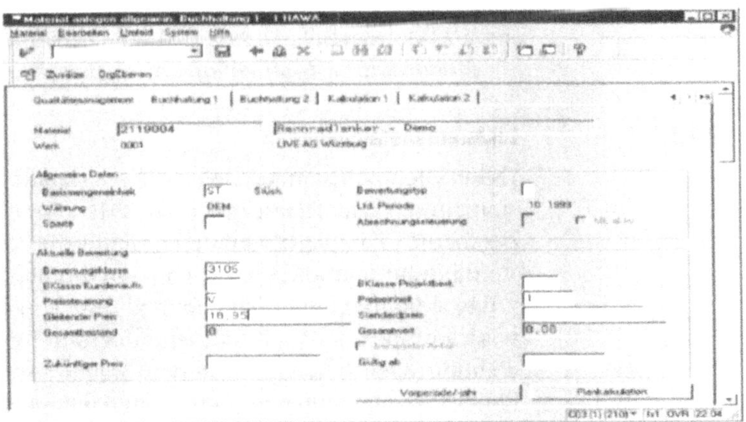

Abb. 1.16
Material anlegen: Buchhaltung

Materialstammsätze können eigentlich nur unter Zuhilfenahme eines Reorganisationsprogramms gelöscht werden. Dieses sollte in regelmäßigen Abständen gestartet werden.

Löschen von Materialstammsätzen

Um Materialstammsätze mit dem Reorganisationsprogramm zu löschen, müssen diese in einem ersten Schritt zum Löschen vorgemerkt werden. Das Setzen von Kennzeichen zur **Löschvormerkungen** auf einer bestimmten Ebene bewirkt, dass alle hierarchisch untergeordneten Ebenen mitgelöscht werden. Weiterhin ist es erforderlich, dass bei der Reorganisation keine aktiven Verknüpfungen des Materialstammsatzes zu anderen Belegen (beispielsweise Einkauf, Rechnungsprüfung) bestehen.

Es besteht die Möglichkeit, Materialstammsätze mit Hilfe einer Löschvorschlagsliste zum Löschen vorzumerken. Diese Liste enthält dann die Materialien ohne Bestände.

Die Löschvormerkung für ein Material kann für einen bestimmten Termin eingeplant oder sofort durchgeführt werden.

Start: Fenster *Materialstamm*

1. Wählen Sie *Material ⇨ zum Löschen vormerk. ⇨ planen.* Sie befinden sich in dem Fenster *Material zum Löschen einplanen: Einstieg.* Das geplante Änderungsdatum wird hier erfasst.
2. Geben Sie die gewünschten Daten ein und klicken Sie auf . Sie befinden sich im Fenster zur Planung der Löschvormerkung.
3. Markieren Sie die Bereiche, die Sie löschen wollen und klicken Sie auf . Wenn Sie bspw. das Feld *Material* wählen, markiert das System automatisch alle Unterpunkte.
4. Wählen Sie das Symbol Sie befinden sich in dem Fenster *Material zum Löschen einplanen: Einstieg.*

1.2.4.2 Lieferantenstammdaten

Der Lieferantenstamm stellt die Gesamtheit aller Lieferantenstammsätze dar. Hierzu gehören z. B. Name, Anschrift, Kontaktpersonen, Bankverbindungen, Mindestbestellwerte und die in Verbindung mit diesem Lieferanten gültigen allgemeinen Zahlungsbedingungen. Auch die Währung am Sitz des Lieferanten wird gespeichert. Auch hier ist die Struktur der Informationsspeicherung nach gewissen Kriterien organisiert. Da sowohl von der Finanzbuchhaltung wie auch vom Einkauf auf die Daten zugegriffen wird, sind von diesen die jeweils nötigen Daten gespeichert und werden intern unterschieden. Die Pflege der Daten obliegt daher auch beiden Abteilungen. Im Folgenden wird erläutert, was der Einkauf an den Lieferantendaten verändern kann.

Organisation des Lieferantenstammsatzes

Ein Lieferantenstammsatz besteht aus drei Datenbereichen und wird entsprechend der Struktur des Unternehmens gespeichert:

- **Allgemeine Daten:** Dies sind grundsätzliche, unspezifische Daten, die für jeden Buchungskreis innerhalb des Unternehmens gleichermaßen gelten. Hierzu gehören bspw. die Anschrift, die Sprache, in der mit dem Lieferanten kommuniziert wird, die Telefonverbindung etc.
- **Buchungskreisdaten:** Auf Buchungskreisebene werden zahlreiche Informationen der Buchhaltung geführt. Dazu gehören z. B. die Zahlungsverkehrsdaten, die Nummer des Abstimmkontos etc.
- **Einkaufsorganisationsdaten:** Pro Einkaufsorganisation werden Einkaufsdaten geführt, z. B. Ansprechpartner, Lieferkonditionen und andere für den EK wichtige Daten. Unterhalb der Organisationsebene „Einkaufsorganisation" gibt es die Ebenen Lieferantenteilsortiment (LTS), Werk, Lieferantenteilsortiment/Werk, die z. B. für die Datenhaltung des Handels relevant sind. Zusätzlich zu den Daten, die für eine Einkaufsorganisation gelten, können Daten für ein bestimmtes Werk oder Lieferantenteilsortiment gepflegt werden; z. B. Zahlungsbedingungen oder *Incoterms*, die von denen der Einkaufsorganisation abweichen.

Um einen Lieferantenstammsatz anzulegen, muss unbedingt eine Kontengruppe angeben werden.

Kontengruppe

Die Kontengruppe bestimmt:

- die Art der Nummernvergabe;
- den Nummernbereich, aus dem die Kontonummer zu vergeben ist, mit der das System den Lieferanten identifiziert;
- ob es sich um CpD-Lieferanten handelt;
- welche Felder auf dem Bildschirm vorhanden sind und ob sie ausgefüllt werden können oder müssen;
- welche Datenhaltungsebenen unterhalb der Einkaufsorganisation erlaubt sind (z.B. Lieferantenteilsortiment)
- und welche Partnerschemata gültig sind.

Wie bei der Materialart - beim Anlegen von Material - kann die Kontengruppe beim Anlegen von Lieferantenstammsätzen nicht mehr geändert werden. Nur in Ausnahmefällen kann die Systemverwaltung sie ändern. Dies kann z. B. beim Einsatz einer weiteren Anwendung erforderlich sein. Dann können Felder, die zuvor beim Anlegen ausgeblendet waren, beim Ändern des Stammsatzes eingabebereit sein.

Nummerierung der Lieferantenstammsätze

Jeder Lieferantenstammsatz muss eine eindeutige Nummer, die Kontonummer des Lieferanten für die Buchhaltung, erhalten. Diese Nummer wird benötigt, um den Stammsatz aufzurufen oder Bestellungen zu erfassen.
Die Lieferantennummer kann intern oder extern vergeben werden. Intern heißt, dass das R/3 sie vergibt; extern bedeutet, dass der Anwender selbst beim Anlegen eine Nummer vergibt, bei der auch alphanumerische Einträge zugelassen sind.

Die Art der Nummernvergabe und der Nummernbereich werden über die Kontengruppe bestimmt, die beim Anlegen des Stammsatzes angegeben werden muss. Das System gewährleistet, dass die Nummern immer eindeutig sind. Bei der internen Vergabe wählt das System fortlaufende Nummern aus dem entsprechenden Nummernbereich. Bei der externen Vergabe verhindert es, dass eine bereits verwendete Nummer erneut vergeben wird.

Um einen Lieferantenstammsatz anzulegen, können die entsprechenden Eingabemasken vom Einkaufsmenü aus über:

Stammdaten ⇨ Lieferant ⇨ Einkauf ⇨ Anlegen aufgerufen werden.

- Nach Eingabe der Einkaufsorganisation und Zuordnung des Lieferanten zu einer Kontengruppe können, nach Drücken der [Enter]-Taste, die Lieferantendaten eingegeben werden.
- Wenn alle obligatorischen Felder ordnungsgemäß ausgefüllt sind, erscheint nach erneutem Drücken der [Enter]-Taste das Bild *Einkaufsdaten*, in dem die einkaufsspezifischen Daten erfasst werden können.
- Anschließend kann der Datensatz mit [F11] gesichert werden.

Zahlungsbedingungen

Vereinbarungen über den Zahlungszeitpunkt von Forderungen und einen eventuellen Zahlungsnachlass (z. B. die Klausel „zahlbar in 40 Tagen ohne Abzug“ oder „innerhalb 14 Tagen unter Abzug von 3% Skonto“), werden unter Zahlungsbedingungen zusammengefasst. Das heißt, entsprechend den Zahlungsbedingungen wird ein prozentualer Nachlass auf die Rechnung innerhalb einer bestimmten Frist gewährt.

Die mit einem Lieferanten vereinbarten Zahlungsbedingungen werden im Lieferantenstammsatz dokumentiert. Sie werden in Bestellungen dem Lieferanten vorgeschlagen, sind aber jederzeit änderbar. Auch die Rechnung des Kreditors können Zahlungsbedingungen enthalten, welche für das Zahlungsprogramm maßgebend sind.

Beispiel:

Der Lieferant 70004 soll in den Lieferantenstamm aufgenommen werden, wobei die Sichten auch anzulegen sind. Es werden hierzu neben Anschrift und Namen des Lieferanten auch einkaufsrelevante und buchhalterische Daten des Lieferanten im Stammsatz angelegt. Er gehört zum Buchungskreis 0001 (Live Würzburg) und hat das Abstimmkonto 160100 und den Sortierschlüssel 003. Zahlungsfristen und Skontoprozentsätze werden durch die Zahlungsbedingungen ZB03 definiert, ebenso wird die Toleranzgruppe mit KRE1 festgelegt. Die Hausbank des Lieferanten ist die DB. In den Buchhaltungsdaten wird die Sachbearbeiterin 02 festgelegt.

Die entsprechenden Eingabebildschirme werden erreicht über:

Logistik ⇨ Materialwirtschaft ⇨ Einkauf
Stammdaten ⇨Lieferant ⇨ Zentral ⇨ Anlegen

Der Lieferantenstamm enthält Informationen über die Lieferanten des Unternehmens. Er kann, ebenso wie der Materialstamm, zentral oder von verschiedenen Abteilungen (gewöhnlich Buchhaltung und Einkauf) gepflegt werden.

Kreditor anlegen: Einstieg

Kreditor: Geben Sie die Lieferantennummer ein.

Buchungskreis: Tragen Sie den Buchungskreis ein, für die Sie den Lieferanten anlegen wollen.

EinkOrganisation: Tragen Sie die Einkaufsorganisation ein, für die Sie den Lieferanten anlegen wollen.

Kontengruppe: Wählen Sie die Kontengruppe aus. Sie bestimmt, welche Daten für den Stammsatz relevant sind und einen Nummernbereich, aus dem die Nummern für die Stammsätze zu wählen sind.

Abb. 1.17
Kreditor anlegen: Einstieg

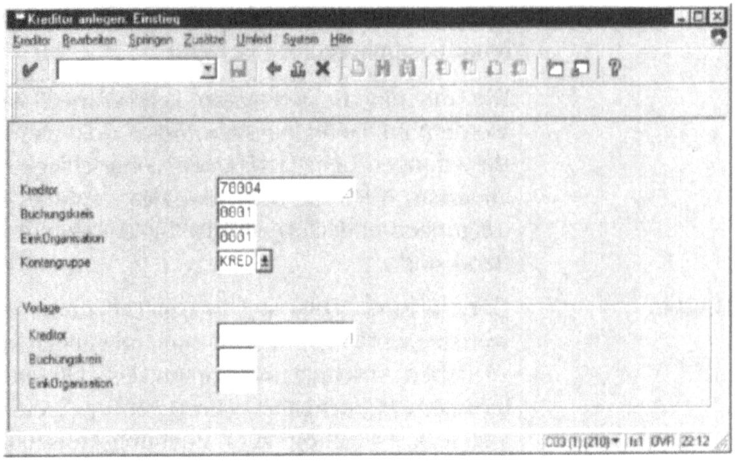

Bestätigen Sie dann mit .

Kreditor anlegen: Anschrift

Anrede: Geben Sie die Anrede ein.

Name: Tragen Sie den Namen der Firma ein.

Suchbegriff: Hier soll eine Kurzbezeichnung, die für den Aufbau eines Matchcodes verwendet wird, eingegeben werden. Diese kann von Ihnen frei vergeben werden und soll das spätere Wiederfinden des Lieferanten erleichtern.

Straße: Tragen Sie die Straße der Firma ein.

Ort: Geben Sie den Standort der Firma ein.

Postleitzahl: Tragen Sie die Postleitzahl des Standorts ein.

Land: Tragen Sie die Buchstabenkombination für Deutschland ein.

Sprache: Geben Sie das Sprachenkennzeichen für das entsprechende Land ein.

Gehen Sie anschließend mit  zum nächsten Satz über.

Kreditor anlegen: Steuerung

Debitor: Falls Sie mit ihren Geschäftspartner nicht nur Liefer- sondern auch Verkaufsbeziehungen unterhalten und Sie für diesen Geschäftspartner deswegen bereits einen Debitorenstammsatz angelegt haben, dann tragen Sie hier die entsprechende Debitorennummer ein. Dadurch können dann z. B. Forderungen mit Verbindlichkeiten verrechnet werden.

Ustd-Id. Nr.: Tragen Sie hier die Umsatzsteuer-Identifikationsnummer (DE 7000470004) des Geschäftspartners ein.

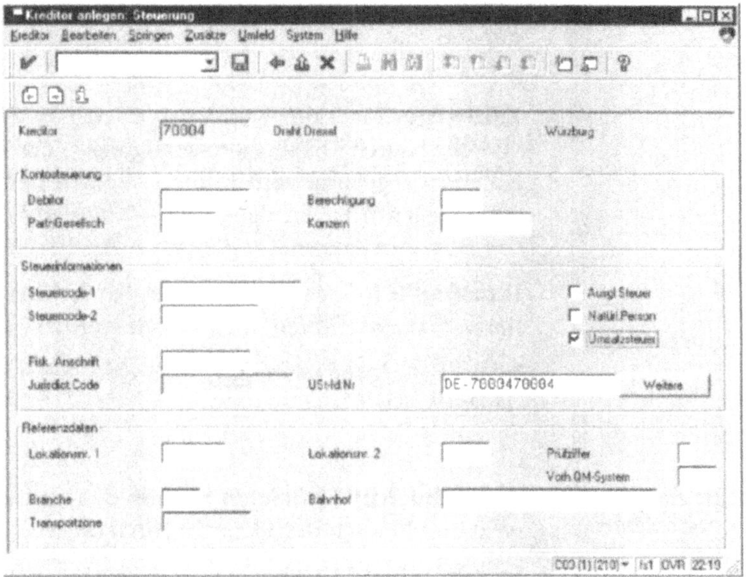

Abb. 1.18 Buchhaltung: Kreditor anlegen: Steuerung

Nach Betätigung von  gelangen Sie in die nächste Bildschirmmaske.

Kreditor anlegen: Buchführung Buchhaltung

Abstimmkonto: Wählen Sie das Abstimmkonto 160100 aus der Hauptbuchhaltung, in dem sämtliche Kreditorenpositionen im Hintergrund mitgebucht werden. Dieses Konto dient dem korrekten Bilanzausweis der *Verbindlichkeiten aus Lieferung und Leistung* in der Bilanz.

SortSchlüssel: Der Sortierschlüssel (003) steuert die Sortierfolge sämtlicher Einzelposten des Kreditors. Selektieren Sie den Schlüssel für das Belegdatum aus der Matchcode-Auswahl

Finanzdispogr: Die Dispositionsgruppe A1 ermöglicht eine Gliederung der Debitoren nach zuvor festgelegten Kriterien (z. B. Risikoklasse). Dadurch wird eine besseren Übersichtlichkeit und Aussagekraft in Berichten des Cash Management realisiert.

Zinskennzeichen: Über das Zinskennzeichen 01 wird bestimmt, welche Art der Verzinsung (Posten- oder Saldenverzinsung) für das Konto gelten soll.

Nach Betätigung von  gelangen Sie in die nächste Bildschirmmaske.

Buchhaltungsdaten: Zahlungsinformation pflegen

Zahlungsbed.: Der Schlüssel definiert die Skontoprozentsätze und Zahlungsfristen; hier: ZB03.

Toleranzgruppe: Über diesen Schlüssel (KRE1) werden Festlegungen hinsichtlich der Behandlung von Zahlungsdifferenzen getroffen.

Zahlwege: Mit dem Kunden wird der automatische Zahlungsverkehr durch Einzugsermächtigung durchgeführt. Über den Matchcode gelangt man in die Übersicht der möglichen Zahlwege. Markieren Sie in der Spalte *Zahlwege für Zahlungseingänge* das Bankeinzugsverfahren durch Anklicken und betätigen .

Hausbank: In diesem Feld legen Sie fest, über welche Bank das Bankeinzugsverfahren abgewickelt werden soll; hier: DB.

Nach Betätigung von gelangen Sie in die nächste Bildschirmmaske.

Buchhaltungsdaten: Korrespondenz pflegen

Sachb.Buchh:. Definieren Sie hier den zuständigen Sachbearbeiter 02 im Bereich der Finanzbuchhaltung.

Sachb. b.Kred:. Geben Sie hier den Namen (Ruth Drexel) des zuständigen Sachbearbeiters beim Kreditor ein.

Konto b.Kred:. Geben Sie hier die Kontonummer 60111 ein, unter der die Firma beim Kreditor geführt wird.

Internet Sachb:. Tragen Sie hier die Internetadresse des Sachbearbeiters beim Kreditor ein.

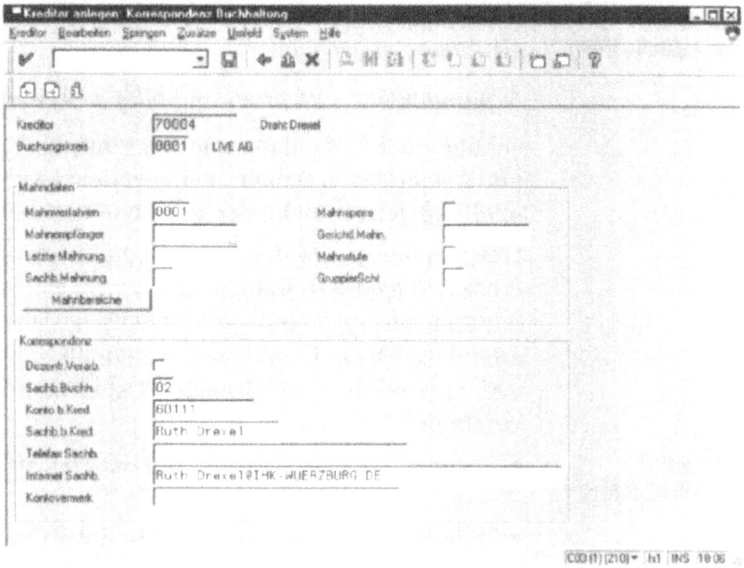

Abb. 1.19 Buchhaltung: Korrespondenz pflegen

Nach Betätigung von  gelangen Sie in die nächste Bildschirmmaske.

Liefer- und Zahlungsbedingungen anlegen

Bestellwährung: Tragen Sie hier die gewünschte Bestellwährung *DEM* ein.

Zahlungsbedingungen: Definieren Sie hier die Zahlungsbedingungen (ZB03), die mit dem Lieferanten vereinbart wurden.

Incoterms: Wählen Sie hier die vereinbarten Regelungen zur Lieferung aus; hier CFR.

Mindestbestellwert: Geben Sie hier einen eventuellen Mindestbestellwert ein.

VerkäuferIn: Fügen Sie hier den Namen des Verkäufers bzw. der Verkäuferin ein (Frau Ingrid Bergmann).

Telefon: Tragen Sie hier die Telefonnummer des Verkäufers ein, z. B. 0931/7968610.

WE-bez. RechnPrüfung: Das Kennzeichen steuert, ob die wareneingangsbezogene Rechnungsprüfung aktiviert sein soll.

Auto WEAbr Lieferung: Aktiviert die automatische Wareneingangsabrechnung.

AutoBestellung: Aktiviert die automatische Erzeugung von Bestellungen aus „Banfen".

Lieferantenstammsatz ändern

Die Änderung des Lieferantenstammsatzes wird in folgenden Schritten vollzogen:

Stammdaten ⇨ Lieferant ⇨ Einkauf ⇨ Ändern

Nummer des Lieferanten und die Einkaufsorganisation eingeben, und ankreuzen, welche Daten geändert werden sollen. Abschluss mit [Enter]. Jetzt Änderungen eingeben und sichern.

Lieferanten lassen sich in einem Verzeichnis zusammenstellen. Es umfasst wichtige Informationen zu einzelnen Lieferanten, z. B. die Einkaufsorganisationen, für die ein Material bei einem Lieferanten beschafft wird sowie Zahlungsbedingungen und einen evtl. Sperrstatus des Lieferanten. Dabei wird folgender Menüpfad beschritten:

Lieferantenverzeichnis anzeigen

- *Stammdaten ⇨ Lieferant ⇨ Listanzeigen ⇨ Verzeichnis Einkauf;*
- Eingabe der Auswahlkriterien und Ausführen der Auswertung.

Lieferanten sperren

Falls in bestimmten Fällen verhindert werden muss, dass weiterhin Ware von einem Lieferanten bezogen wird, kann man ihn im Lieferantenstammsatz sperren. Sobald das Sperrkennzeichen gesetzt ist, sind Bestellungen bei Lieferanten nicht mehr möglich. Die Sperre gilt bis zur Entfernung des Kennzeichens.

Führen Sie folgende Schritte aus, um einen Lieferanten zu sperren:

- Auswahl *Stammdaten ⇨ Lieferant ⇨ Einkauf ⇨ Sperren.*
- Geben Sie die Lieferantennummer ein.
- Geben Sie die Einkaufsorganisation ein.
- Auswahl mit [Enter].
- Sie erhalten ein Bild, auf dem Sie markieren können, ob Sie den Lieferanten für eine bestimmte Einkaufsorganisation sperren wollen oder für alle. Sichern Sie die Eingabe.

Wenn ein Lieferant für ein einzelnes Material gesperrt werden soll, so ist dies über das Orderbuch möglich.

Wenn das QM in der Beschaffung aktiv ist, dann kann eine Sperre aus Qualitätsgründen verhängt werden.

CpD und reguläre Lieferanten

Lieferanten, die lediglich einmalig oder sehr unregelmäßig zur Lieferung von Materialien beauftragt werden, können in einem CpD-Stammsatz abgelegt werden (Conto-pro-Diverse; dieses Konzept gibt es auch im Modul FI sowie bei Kundendaten). Dies kann der Fall sein, wenn der Stammlieferant nicht liefern kann oder wegen Qualitätsproblemen anders disponiert werden muss. Um die Anzahl der CpD-Sätze zu begrenzen, dürfen keine lieferantenspezifischen Daten abgespeichert werden. Diese müssen bei jeder Aktion manuell erneut erfasst werden. Im R/3 wird daher beim Anlegen eines neuen Lieferanten automatisch das Stammdatenformular angezeigt, in welches die spezifischen Daten des Lieferanten, wie Name, Anschrift, Telefonnummer, Bankverbindung, einzutragen sind. CpD-Stammsätze werden wie alle anderen Stammsätze angezeigt, gesperrt oder gelöscht.

Beim Anlegen eines CpD-Lieferantenstammsatzes müssen Sie eine CpD-Kontengruppe vergeben. Über diese Kontengruppe werden die lieferantenspezifischen Felder ausgeblendet. Die Daten werden beim Erfassen des Belegs eingegeben.

Um sich einen Überblick über wichtige Informationen zu einzelnen Lieferanten zu verschaffen, können über die Menüpunkte *Stammdaten* ⇨ *Lieferant* ⇨ *Listanzeigen* und anschließender Eingabe von Auswahlkriterien, Lieferantenverzeichnisse angezeigt werden.

Das System eröffnet die Möglichkeit, Lieferanten entweder für alle Werke, für einzelne Werke oder auch nur für einzelne Materialien zu sperren. Dies kann vom Einkaufsmenü erfolgen, sollte es sich um Sperrung für ein oder mehrere Werke oder vom Orderbuch aus - bei einem einzelnen Material - handeln.

Partner

Die Bezeichnung Lieferant ist im betrieblichen Alltag eine viel zu weitreichende und damit unflexible Definition für diese Art von Geschäftspartner. Für einen Beschaffungsvorgang tritt der „Lieferant" in fünf verschiedenen Rollen auf, nämlich als:

- Lieferant,
- Bestellempfänger des Unternehmens,
- Warenlieferant,
- Rechnungssteller und/oder als
- Zahlungsempfänger.

Dabei ist es möglich, dass eine oder mehrere dieser Rollen auf abweichende Lieferantenstammsätze verweisen. Dem Oberbegriff *Lieferant* können nun mehrere Partnerrollen zugewiesen werden. Die abweichenden Daten werden bei den zugehörigen logistischen und buchhalterischen Folgefunktionen verwendet.

Beim Anlegen werden die Partnerrollen vorgeschlagen, die im Partnerschema der Kontengruppe als Pflichtrollen gekennzeichnet sind. Im Customizing wird bestimmt, welche der Partnerrollen obligatorisch und welche optional sind. Wenn keine anderen Rollen gepflegt sind, gelten die Daten der Rolle „Lieferant“, diese ist nicht optional. Diese Einstellung lässt sich nachträglich auch noch ändern

Partner für Zentralkontakt

Partner für Zentralkontrakte können im Lieferantenstammsatz und im Kontrakt gepflegt werden. Sie werden dann, sofern sie gepflegt sind, im Kontrakt vorgeschlagen

Um Partner im Zentralkontrakt anzulegen, wählt man im Kontrakt *Kopf ⇨ Partner*, dann wird das Übersichtsbild für die Partnerpflege angezeigt. Hier können die Ebenen bestimmt werden, auf denen die Partner erfasst werden sollen. Nach Verzweigung auf das Bild der Partnerpflege können die Daten eingegeben werden.

Um einen Lieferantenstammsatz anzulegen, können die entsprechenden Eingabemasken vom Einkaufsmenü aus über:

Stammdaten ⇨ Lieferant ⇨ Zentral ⇨ Anlegen

aufgerufen werden.

Nummernvergabe

Analog zu den Materialstammsätzen muss auch jeder Lieferantenstammsatz eindeutig nummeriert werden. Die Nummerierung erfolgt hierbei mittels Kontonummer (der Buchhaltung).

Auch beim Lieferantenstammsatz ist eine **interne** und **externe** Nummernvergabe möglich. Bei externer Nummernvergabe können auch alphanumerische Nummern vergeben werden.

Bei interner Vergabe wird fortlaufend und eindeutig nummeriert, bei externer Vergabe sorgt das System für Einhaltung des Nummernbereichs und dafür, dass keine Nummer mehrmals vergeben wird.

Kontengruppen

Die zur Neuanlage eines Lieferantenstammsatzes erforderliche Kontengruppe hat folgende Funktionen:

- legt die Art der Nummernvergabe fest;
- gibt den Nummernbereich der zu vergebenden Kontonummer vor;
- legt fest, ob es sich beim anzulegenden Lieferanten um einen CpD-Lieferanten handelt;
- legt die zu füllenden Bildschirmfelder fest und ob diese „Kann“- oder „Muss“-Felder sind.

Nach Eingabe der Einkaufsorganisation und Zuordnung des Lieferanten zu einer Kontengruppe können, nach Drücken der [Enter]-Taste, die Lieferantendaten eingegeben werden.

Wenn alle „Muss"-Felder ordnungsgemäß ausgefüllt sind, erscheint nach erneutem Drücken der [Enter]-Taste das Bild Einkaufsdaten, wo die einkaufsspezifischen Daten erfasst werden können.

Anschließend kann der Datensatz mit [F11] gesichert werden.

1.2.4.3 Einkaufsinfosatz

Der Einkaufsinfosatz stellt die Quelle dar, die von einem Einkäufer genutzt werden kann, um mögliche Lieferanten zu einem Material, respektive die von einem Lieferanten bereits bezogenen oder offerierten Materialien zu ermitteln. Er stellt die Verbindung zwischen **einem** Material und seinen Lieferanten dar. Ferner gehen weitere einkaufsrelevante Daten, wie die Nummer der letzten Bestellung, Bestellmengeneinheit, Preisentwicklung, Planlieferzeit, die Zuverlässigkeit anhand der Anzahl erfolgter Mahnungen an den Lieferanten, als auch das Ergebnis des Lieferanten aus der letzten Lieferantenbeurteilung daraus hervor. Anhand dieser Informationen wird die Entscheidungsfindung erheblich vereinfacht.

Die meisten dieser Daten werden bei der Anlage von Bestellungen als Vorschlagsdaten benutzt. Erfasste Konditionen gelten jedoch als Stammkonditionen bei Bestellungen. Auswertungen zu Infosätzen können ebenfalls erstellt werden. So offeriert das System z. B. die Möglichkeit, Preise verschiedener Lieferanten zu vergleichen oder die Bestellpreisentwicklung eines Materials anzuzeigen. Infosätze zu einem Lieferanten können bei der Erzeugung von Einkaufsbelegen automatisch angelegt werden, sie können aber auch manuell erzeugt werden. Bei automatischem Anlegen wird das *„InfoUpdate-Kennzeichen"* beim Pflegen/Anlegen eines Angebots, einer Bestellung oder eines Rahmenvertrages gesetzt.

Infosatz-Arten

Es ist die Unterscheidung zwischen zwei Arten von Infosätzen möglich:

- **Infosatz mit Materialstammsatz**
  Hierbei handelt es sich bspw. um Lagermaterial.
- **Infosatz ohne Materialstammsatz**
  Hierbei handelt es sich bspw. um Verbrauchsmaterial.

Beschaffungsarten bei Infosätzen

Ein Normalinfosatz enthält Informationen für Normalbestellungen. Die Infosätze können für Materialien und Leistungen mit und ohne Stammsatz angelegt werden.

Ein Lohnbearbeitungsinfosatz enthält Bestellinformationen über Lohnbearbeitungsbestellungen. Wenn bspw. die Montage einer Komponente von einem Lieferanten in Lohnbearbeitung ausgeführt werden soll, dann würde der Lohnbearbeitungsinfosatz den Preis des Lieferanten für die Montage enthalten.

Ein Pipeline-Infosatz enthält Informationen zu einem Material des Lieferanten, das über Pipeline beschafft wird (Öl), über Rohrleitung (Wasser) oder aus anderen Leitungen (Strom). Der Infosatz enthält den Preis des Lieferanten für die Entnahme. Es können Entnahmepreise für verschiedene Gültigkeitszeiträume hinterlegt werden.

Ein **Konsignationsinfosatz** enthält Informationen zu einem Material, das der Lieferant auf seine Kosten beim Besteller bereithält. Der Infosatz enthält den Preis des Lieferanten für die Entnahme aus dem Konsignationsbestand. Sie können Entnahmepreise, wie beim Pipeline-Infosatz, für verschiedene Gültigkeitszeiträume hinterlegen.

Infosatz-Daten

Zu den Daten eines Einkaufsinfosatzes zählen:

- **Lieferantendaten**: z. B. Beurteilungen, Planlieferzeiten für das Material, Sortimentsinformationen
- **Angebots- und Bestelldaten**: z. B. Rabattkonditionen, Fixkosten, Preise für die zuständige EK-Organisation bzw. Werk, vereinbarte Toleranzen
- **Historie**: z. B. Nummer der letzten Bestellung

Texte im Infosatz

Für die Infosätze stehen folgende Texte zur Verfügung:

- **Infonotiz**: Interner Vermerk (wird nicht ausgedruckt).
- **Bestelltext**: Dient zur Beschreibung der Bestellposition (wird ausgedruckt).
- **Kurztext**
  Für Material, das über einen Materialstammsatz verfügt, wird der Kurztext aus dem Materialstammsatz direkt in die Bestellung bzw. den Rahmenvertrag übernommen.

Infosatz anlegen

Das Anlegen von Einkaufsinfosätzen funktioniert entweder manuell oder automatisch. Bei der manuellen Anlage wird der Infosatz für eine Einkaufsorganisation bzw. ein Werk angelegt. Bei der automatischen Variante wird das *InfoUpdate-Kennzeichen* beim Pflegen eines Angebots, einer Bestellung oder eines Rahmenvertrags gesetzt. Die Bestelldaten werden automatisch in einem Infosatz fortgeschrieben.

Es werden folgende Vorabinformationen benötigt, um einen Infosatz anzulegen:

Vorabinformationen

- **Materialnummer**
  Für Material mit Materialstammsatz wird die Nummer des Materialstammsatzes benötigt.
  Für Material ohne Bezug auf einen Materialstammsatz müssen vorliegen:
  - Kurztext zum Material,
  - Bestellmengeneinheit,
  - Warengruppe und
  - Sortierbegriff, mit dem auf den Infosatz zugegriffen werden kann sobald er im System angelegt ist.
- **HTN-Materialnummer**
  Bei Bestellung mit Herstellerteilenummer (HTN) wird die HTN-Materialnummer benötigt.
- **Lieferantennummer**
  d. h. die Nummer des Lieferantenstammsatzes.
- **Organisationsebene**
  Gilt der Infosatz für bestimmte Einkaufsorganisationen und Werke, dann wird der Schlüssel der betreffenden Einkaufsorganisation und des betreffenden Werks benötigt.

Die Pflege von Einkaufsinfosätzen (mit Materialstammsatz) wird über folgende Menüfolge realisiert:

Infosatz mit Materialstammsatz anlegen

1. *Stammdaten* ⇨ *Infosatz* ⇨ *Anlegen*: das Einstiegsbild wird angezeigt.
2. Folgende Angaben machen: Lieferantennummer; Materialnummer; Organisationsdaten (Werkschlüssel, Einkaufsorganisation).
   Nach [Enter] erscheint das allgemeine Datenbild.
3. Die allgemeinen Daten eingeben oder diese ändern, falls schon vorgeschlagen: Lieferantendaten, Bestellmengeneinheit, Ursprungsdaten (z. B. die Zolltarifnummer, Ursprungsland).

„Einkaufsinfosatz.scm"

4. Daten zur Einkaufsorganisation eingeben, falls eine ausgewählt wurde.
5. Im Feld *Nettopreis* den Nettopreis pro Einheit angeben; dieser Preis berücksichtigt nur Rabatte/Zuschläge des Lieferanten, jedoch keine Skontogewährung.
6. Dann *Springen ⇨ Texte* und die Textübersicht wird angezeigt. Hier kann die Infonotiz oder der Einkaufsbestelltext eingegeben werden.
7. Infosatz mit [F11] sichern.

Infosätze ändern

Zur Überwachung von Infosätzen wird vorgeschlagen:

1. *Stammdaten ⇨ Infosatz ⇨ Änderungen.*
2. Im Einstiegsfeld entweder die Infosatznummer oder die Felder *Lieferant* und *Material* auswählen.
3. Nach [Enter] erscheint das Bild, auf dem die allgemeinen Daten änderbar sind.
4. Nach Eingabe der Änderungen [Enter]; auf dem nächsten Bild können die Einkauforganisationsdaten geändert werden.
5. Dann wieder [Enter], um in das Textbild zu verzweigen.
6. Änderungen mit [F11] sichern.

Aktualisierung von Infosätzen (InfoUpdate)

Das Feld *InfoUpdate* bewirkt bei Aktivierung eine Aktualisierung bzw. eine Neuanlage eines Infosatzes nur durch Anlegen oder Ändern von Angeboten, Lieferplänen, Kontrakten und Bestellungen. Es laufen aber unterschiedliche Prozeduren ab, je nachdem, ob ein Infosatz schon vorhanden ist.

Ablauf Infosatz Update 1

Falls der Infosatz schon vorhanden ist :

- **Angebot**
  Übernahme zeitabhängiger Konditionen & Zusatzkonditionen.
- **Lieferplan**
  Einstellung als letzter Beleg, Fortschreibung der Bestellpreisentwicklung.
- Kontrakt keine
- **Bestellung**
  Einstellung als letzter Beleg, Fortschreibung der Bestellpreisentwicklung.

Ablauf Infosatz Update 2

Falls kein Infosatz vorhanden ist:

- **Angebot**
  Zeitabhängige Konditionen und ihre Zusatzkonditionen werden übernommen.

- **Lieferplan**
  Einstellung als letzter Beleg, Fortschreibung der Bestellpreisentwicklung.
- **Kontrakt**
  Zeitabhängige Konditionen und ihre Zusatzkonditionen werden übernommen.
- **Bestellung**
  Einstellung als letzter Beleg, Fortschreibung der Bestellpreisentwicklung.

Infosatz löschen

Infosätze sind nicht sofort löschbar, sondern nur mit einem Löschkennzeichen vormerkbar. Erst in einem Reorganisationslauf werden gekennzeichnete Infosätze gelöscht; hier die Menüfolge:

1. *Stammdaten ⇨ Infosätze ⇨ Folgefunktion ⇨ Löschvorschläge.*
2. Im Einstiegsbild die Nummer des Infosatzes oder die Felder *Lieferant* und *Material* auswählen.
3. Nach [Enter] zeigt das System den Infosatz an.
4. Entweder das Feld *„Kompletter Infosatz"* oder *„Einkaufsorganisation"* markieren, um dieses zu löschen.
5. [F11], um die Löschvormerkungen zu sichern.

Konditionen bei Infosätzen

Konditionen werden zur **Ermittlung des effektiven Nettopreises** bei Bestellung verwendet. Die Stammkonditionen sind die in den Infosätzen festgelegten Konditionen. Auf deren Basis erfolgt bei Bestellungen die Ermittlung des effektiven Nettopreises.

Zur einfacheren Erfassung von Konditionen schlägt das System sämtliche bereits vordefinierte Konditionen vor:

1. *Zusätze ⇨ Konditionen.* Wenn bereits Konditionen vorhanden sind, dann den gewünschten Gültigkeitszeitraum mit [F2] wählen oder einen neuen mit [F7] anlegen. Dann erscheinen die Konditionen.
2. Dann *Bearbeiten ⇨ Zusatzkonditionen vorschlagen.*
3. Bei den Konditionen, die für die Position angegeben sind, die gewünschten Beträge/Prozentsätze erfassen.
4. Um nicht benötigte Konditionen aus der Liste zu streichen, *Bearbeiten ⇨ Wiederherstellen* wählen. Sämtliche Konditionen ohne Betragsangaben (Leerzeichen) und mit dem Betrag 0 werden aus der Liste gelöscht.
5. Infosatz mit [F11] sichern.

Preise aktualisieren

Mit der Funktion *Stammdaten ⇨ Infosatz ⇨ Folgefunktionen ⇨ Preis setzen* können die Netto- bzw. Effektivpreise in mehreren Infosätzen aktualisiert werden. Das System berechnet die Preise aus den gültigen Konditionen.

Einkaufsverhandlungsblatt

Um eine Zusammenfassung über wichtige Lieferanten- und Materialdaten aus den Einkaufsinfosätzen zu erhalten, kann der Einläufer ein „Einkaufsverhandlungsblatt" erstellen. Es enthält bspw. Informationen über einen Lieferanten und die Materialien, die dieser liefert. Diese Daten benötigt ein Einkäufer etwa in Verhandlungen mit einem Lieferanten, über eine Bestellung oder über einen Rahmenvertrag.

Im Verhandlungsblatt sind folgende Daten enthalten:

- aktuelle Konditionen und Preise des Lieferanten;
- Verbrauchsstatistiken (interne) des Materials;
- Gesamtwert aller bisher erfolgten Bestellungen beim betreffenden Lieferanten;
- eine Lieferantenbeurteilung.

Das Verhandlungsblatt kann zu einem bestimmten Lieferanten oder zu einem bestimmten Material ausgegeben werden. Zur Anlage eines Verhandlungsblattes wird wie folgt vorgegangen:

Einkaufsverhandlungsblatt anlegen

Stammdaten ⇨ Infosatz ⇨ Einkaufsverh.Blatt ⇨ Zum Lieferanten bzw. Zum Material.

Nun werden die Auswahlkriterien und Listparameter (legt Umfang der Liste fest) eingegeben. Dann erfolgt die Angabe eines Druckers, worauf über *Ausführen* das Einkaufsverhandlungsblatt erstellt wird.

1.2.4.4 Orderbuch

Inhalt des Orderbuches

Das Orderbuch enthält die innerhalb eines vorgegebenen Zeitraums für ein Material möglichen Lieferanten. Lieferfristen und Kontrakte werden berücksichtigt und tragen zur automatischen Bezugsquellenermittlung bei.

Es wird auf Werksebene gepflegt und bietet die Möglichkeit, eine Bezugsquelle für einen bestimmten Zeitraum als fest oder gesperrt zu definieren. Neben der Angabe einzelner Materialien, können auch ganze Warengruppen, sollten sich Rahmenverträge (siehe Abschnitt Rahmenverträge) auf Warengruppen beziehen, im Orderbuch definiert sein. Bei dieser Vorgehensweise ist es lediglich notwendig, die Materialien zu sperren, die aus der entsprechenden Warengruppe nicht bestellt bzw. die Materialien freizugeben, die aus einer für das Orderbuch gesperrten Warengruppe bestellt werden dürfen.

Um die Richtigkeit der Orderbucheinträge zu kontrollieren, bietet das System die Möglichkeit einer **Bezugsquellensimulation**. Hierbei können sämtliche Ermittlungsquellen, wie Einkaufsinfosätze, Rahmenverträge etc., zur Bezugsquellensimulation herangezogen werden, oder es kann eine Simulation unter Ausschluss dieser Quellen erzeugt werden. Ist in einem Werk Orderbuchpflicht definiert, können nur Materialien bestellt werden, für die ein Orderbuchsatz existiert.

Bezugsquellenanlage

Jede Bezugsquelle wird durch einen Orderbuchsatz im Orderbuch definiert; es bestehen die nachfolgenden Anlagemöglichkeiten:

- Definition einer Bezugsquelle als fest, d. h. die betreffende Bezugsquelle gilt für einen vorgegebenen Zeitraum als bevorzugte Bezugsquelle.
- Definition einer Bezugsquelle als gesperrt, d. h. es darf von dieser nicht bezogen werden.
- Ermittlung der effektiven Bezugsquelle, d. h. der Bezugsquelle, die zu einem gegebenen Zeitpunkt die bevorzugte Bezugsmöglichkeit darstellt.

Pflege eines Orderbuches

Ein Orderbuch kann auf verschiedene Arten gepflegt werden:

- **manuell**: Diese Methode empfiehlt sich, wenn zahlreiche Änderungen oder neue Einträge im Orderbuch vorgenommen werden müssen.
- **von einem Rahmenvertrag**: Bei diesem Verfahren kann eine Rahmenvertragsposition in das Orderbuch übernommen werden, wenn ein Rahmenvertrag angelegt oder geändert wird.
- **von einem Infosatz aus**: Hier kann ein Lieferant im Orderbuch erfasst werden, wenn ein Einkaufsinfosatz angelegt oder geändert wird.
- **automatisch**: Das Orderbuch eines Materials kann vom System erzeugt werden. (Es wird dann für jeden Infosatz, der für das Material definiert wurde und für jede Rahmenvertragsposition, in der das Material bestellt wurde, ein Eintrag im Orderbuch vorgenommen.)

Orderbuch manuell anlegen

Die manuelle Anlage eines Orderbuches wird in folgenden Schritten vollzogen:

1. *Stammdaten ⇨ Orderbuch ⇨ Pflegen.* Das Einstiegsbild erscheint.
2. Die Material- und Werksnummer eingeben und [Enter], um das Übersichtsbild des Orderbuchs anzuzeigen.
3. Erfassen der einzelnen Orderbuchsätze. Hierzu sind folgende Daten je Orderbuchsatz einzugeben:
   - **Gültigkeitszeitraum**
   - **Kenndaten der Bezugsquelle**: Nummer des Lieferanten/Einkaufsorganisation bzw. Nummer des Rahmenvertrags (Lieferplan oder Kontrakt).
   - **Feste Bezugsquelle**: Ein „x" in der Spalte „Fix" eingeben, um eine Bezugsquelle als fest zu definieren. Der Lieferant bzw. Rahmenvertrag wird vor anderen Bezugsquellen in dem jeweiligen Gültigkeitszeitraum immer bevorzugt.
   - **Gesperrte Bezugsquelle**: Hier „x" in der Spalte „Gsp" eingeben, um eine Bezugsquelle als gesperrt zu definieren.
4. Sichern des Orderbuches mit [F11].

Die weiteren Möglichkeiten, um ein Orderbuch zu erstellen, werden hier nicht behandelt.

Orderbuch automatisch anlegen

Man kann ein Orderbuch automatisch vom System erzeugen lassen. Dabei bietet das System eine Möglichkeit, sämtliche Orderbuchsätze eines Orderbuchs schnell zu erfassen oder zu aktualisieren. Mit diesem Verfahren kann für jeden Infosatz und/oder jede Rahmenvertragsposition eines Materials oder mehrerer Materialien ein Orderbuchsatz erzeugt werden.

Wahlweise kann das Orderbuch mehrerer Materialien (Sammelverfahren) oder eines einzelnen Materials (Einzelverfahren) erzeugt werden.

Voraussetzungen für automatisches Anlegen

Vor dem Erzeugen von Orderbuchsätzen sind folgende Punkte zu berücksichtigen:

- Für welche Materialien bzw. Werke sollen Orderbuchsätze erzeugt werden?
- Sollen nur Rahmenvertragspositionen, nur Infosätze oder beide berücksichtigt werden (Entscheidung nur beim Sammelverfahren)?

- In welchem Zeitraum sollen die zu erzeugenden Orderbuchsätze gültig sein?
- Existieren bereits Orderbuchsätze für die Materialien, für die Orderbuchsätze erzeugt werden sollen? Wenn ja, muss entschieden werden, ob die alten Sätze nicht geändert werden dürfen, gelöscht werden sollen oder aus dem Gültigkeitszeitraum der erzeugten Orderbuchsätze ausgeschlossen werden sollen.

Sammelverfahren

Beim Sammelverfahren wird das Orderbuch für mehrere Materialien erzeugt:

- Menüfolge *Stammdaten* ⇨ *Orderbuch* ⇨ *Folgefunktionen* ⇨ *Erzeugen*.
- Eingabe der erforderlichen Daten.
- Das Orderbuch wird nun erzeugt.
- Eine Liste der zu erzeugenden Orderbuchsätze wird angezeigt. Bereits vorhandene Orderbuchsätze, deren Gültigkeitszeiträume dadurch geändert werden, werden mit aufgelistet.
- Markieren der Orderbuchsätze, die im Orderbuch abgespeichert werden sollen.
- **Feste bzw. gesperrte Orderbuchsätze:** Man kann einen Orderbuchsatz fixieren (d. h. als feste Bezugsquelle bezeichnen) oder sperren. Dazu muss der Orderbuchsatz markiert werden. Danach wird mit *Bearbeiten* ⇨ *Fixieren* bzw. *Bearbeiten* ⇨ *Sperren* der Satz gesperrt.
- Mit *Bearbeiten* ⇨ *Orderbuch* werden die markierten Orderbuchsätze des angezeigten Materials im Orderbuch abgelegt.

Durch Auswahl von *Bearbeiten* ⇨ *Alle Orderb. sichern* werden die markierten Orderbuchsätze aller Materialien in der erzeugten Liste im Orderbuch abgelegt.

Ausnahmemeldungen werden vom System angezeigt. Mit [Enter] wird der Sicherungsvorgang fortgesetzt.

Einzelverfahren

Beim Einzelverfahren wird das Orderbuch nur eines Materials erzeugt:

- Mit *Stammdaten* ⇨ *Orderbuch* ⇨ *Pflegen* erscheint das Einstiegsbild für das Orderbuch.
- Durch die Eingabe der Material- und Werksnummer und Auswahl von [Enter] wird das Übersichtsbild angezeigt.
- Weiter mit *Bearbeiten* ⇨ *Erzeugen Sätze*.

- Im Dialogfenster muss der Gültigkeitszeitraum der zu erzeugenden Orderbuchsätze eingegeben werden.
- Nun muss entschieden werden, wie bereits vorhandene Orderbuchsätze behandelt werden sollen, falls deren Gültigkeitszeiträume sich mit dem angegebenen Zeitraum überlappen. Das entsprechende Kennzeichen wird im Dialogfenster gesetzt und mit [Enter] bestätigt. Das Orderbuch wird erzeugt.
- Sichern des Orderbuches.

Ein **Orderbuchsatz** kann aus folgenden Gründen **unwirksam** sein:

- Der Gültigkeitszeitraum ist abgelaufen.
- Die Rahmenvertragsposition wurde gelöscht.
- Der Infosatz wurde gelöscht.
- Der Lieferantenstammsatz wurde gelöscht.

Löschen von Orderbuchsätzen

Es folgt der **Bearbeitungsweg zum Löschen**:

1. Im Pflegemodus die Orderbuchsätze anzeigen lassen.
2. Den oder die zu löschenden Orderbuchsätze markieren.
3. *Bearbeiten ⇨ Löschen.*
4. Dann *„ja"* im Dialogfenster wählen, um den Löschvorgang zu bestätigen.
5. Das Orderbuch mit [F11] sichern.

Um ein **Orderbuch zu überwachen**, können folgende Schritte durchgeführt werden:

Orderbuch anzeigen

1. *Stammdaten ⇨ Orderbuch ⇨ Anzeigen.* Das Einstiegsbild für das Orderbuch erscheint.
2. Die Material- und Werksnummer eingeben und [Enter], um das Übersichtsbild anzuzeigen.
3. Wenn die Orderbuchsätze ab einem bestimmten Datum erscheinen sollen, wählt man *Bearbeiten ⇨ Positionieren.* Im Dialogfenster zunächst angeben, ab welchem Gültigkeitszeitraum die Orderbuchsätze angezeigt werden sollen. Nach [Enter] werden die Sätze angezeigt.
4. Zu den ausgewählten Orderbuchsätzen können Einzelheiten angezeigt werden. Die gewünschten Orderbuchsätze markieren und *Springen ⇨ Detail* wählen.

Orderbuch mehrerer Materialien anzeigen

Das **Orderbuch sämtlicher Materialien** kann aufgelistet werden. Darüber hinaus kann man das Orderbuch von der Liste aus pflegen:

1. *Stammdaten ⇨ Orderbuch ⇨ Listanzeigen ⇨ Zum Material.*
2. Das Intervall der Materialnummer bzw. den Werkschlüssel eingeben, deren Orderbuchsätze angezeigt werden sollen.
3. Nach F8 wird die Liste der ausgewählten Orderbuchsätze angezeigt.

Der Lieferanten- bzw. Materialstammsatz, auf den sich der markierte Orderbuchsatz bezieht, wird angezeigt, indem F7 bzw. F8 gedrückt wird.

Möchte man den Orderbuchsatz ändern, dann sollte hierzu F2 gewählt werden. Es wird der gewählte Orderbuchsatz angezeigt.

Bezugsquellenermittlung simulieren

Mit dem Orderbuch wird gesteuert, welche Bezugsquelle für eine Bestellanforderungsposition vorgeschlagen wird.

Man kann im Orderbuch eines Materials simulieren, zu welchem Termin welche Bezugsquelle in der Bestellanforderung vorgeschlagen würde. So kann überprüft werden, ob die Orderbuchsätze für die automatische Ermittlung der Bezugsquelle richtig gepflegt sind.

Es kann simuliert werden,

- welche Bezugsquellen in Bestellanforderungen oder Bestellungen vorgeschlagen würden (d. h. unter Berücksichtigung von Kontrakten, Infosätzen und Quotierung);
- welche Bezugsquellen vorgeschlagen würden, wenn das Orderbuch die einzige Ermittlungsmöglichkeit wäre (d. h. **ohne** Berücksichtigung von Kontrakten, Infosätzen und Quotierung).

Es wird nach folgendem Schema vorgegangen: Vom Übersichtsbild des Orderbuchs muss ausgewählt werden:

- *Zusätze ⇨ Simulation ⇨ Orderbuch*, wenn die Bezugsquelle lediglich in bezug auf das Orderbuch ermittelt werden soll.
- *Zusätze ⇨ Simulation ⇨ Bezugsquelle*, wenn Rahmenverträge, Infosätze und Quotierung bei der Ermittlung der Bezugsquelle berücksichtigt werden sollen.
- Das Bestelldatum ist einzugeben, für das die Simulation durchgeführt werden soll.

Nach [Enter] wird die effektive Bezugsquelle angezeigt, d. h. die Quelle, die das System gemäß Orderbuch bzw. anderer Bezugsmöglichkeiten ermitteln würde.

1.2.5 Einkaufsmenü

Sämtliche Aktivitäten innerhalb des Einkaufs gehen vom Einkaufsmenü aus. Es kann innerhalb des Systemmenüs durch Anklicken der Menüpunkte (siehe Abb. 1.20):

Logistik ⇨ Materialwirtschaft ⇨ Einkauf

erreicht werden. Es ist so aufgebaut, dass die einzelnen Menüpunkte den jeweiligen Einkaufsbelegen entsprechen.

Abb. 1.20
Einkaufsmenü

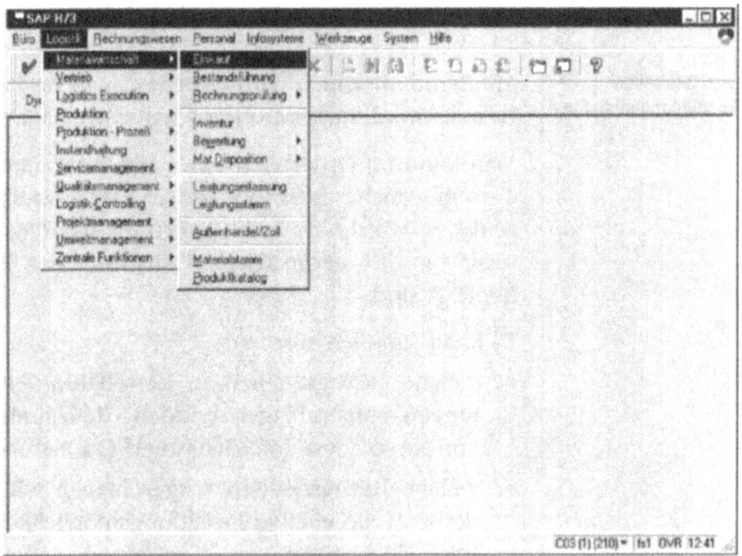

Die **Standardfunktionen** innerhalb eines jeden Untermenüs sind: Anlegen, Ändern und Anzeigen von Einkaufsbelegen, Listanzeigen zur Erstellung und Anzeige von Auswertungen zum Einkauf, Folgefunktionen für nicht im Umfang des Einkaufs enthaltene Funktionen, wie Waren- und Rechnungsprüfung sowie Nachrichten für die Ausgabe der Belege auf dem jeweiligen Ausgabemedium.

Abb. 1.21
Einkaufsmenü

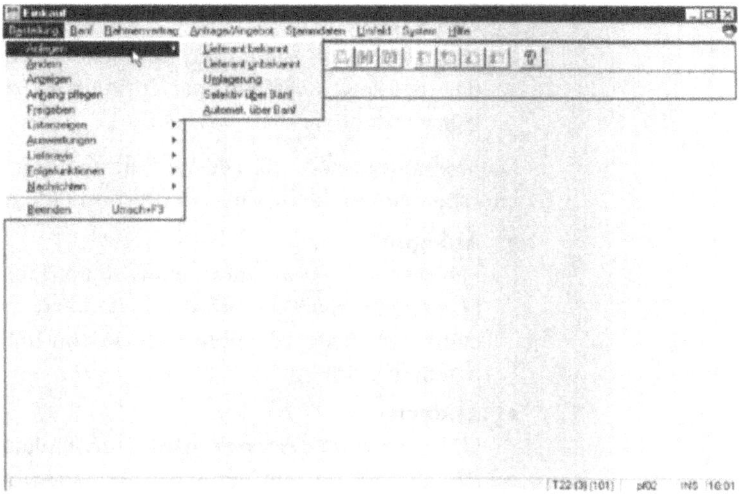

Das Einkaufsmenü kann von Untermenüs aus jederzeit durch Drücken von F15 erreicht werden.

Die im Einkauf verwendeten Belegarten sind im einzelnen:

Belegarten

- **Bestellanforderung (Banf)**
  Die Bestellanforderung definiert einen Bestand an einem Material oder einer Dienstleistung.
- **Anfrage**
  Eine Anfrage wird an einen für ein Material in Frage kommenden Lieferanten gestellt. Es wird darauf ein Angebot erwartet.
- **Angebot**
  Ein Angebot wird von einem Lieferanten gemacht. Es enthält die Konditionen für ein bestimmtes Material. Oft geht ein Angebot als Reaktion auf eine Anfrage ein.
- **Bestellung**
  Nachdem sich ein Einkäufer für eine Bezugsquelle entschieden hat, erfolgt in Form einer Bestellung eine verbindliche Willenserklärung zur Abnahme einer Ware oder Dienstleistung, an einen Lieferanten.
- **Kontrakt** (gegliedert in Mengen- und Wertkontrakt)
  Der Kontrakt stellt eine Art des Rahmenvertrags dar. Er hat die gleiche Funktion wie eine Bestellung, nur dass er die Abnahme einer Ware oder Dienstleistung für einen bestimmten Zeitraum vereinbart (mit einem Lieferanten).

- **Lieferplan**
  Der Lieferplan stellt eine spezielle Art des Rahmenvertrags dar, in dem zusätzlich fest definierte Lieferzeitpunkte festgelegt werden.

Die Menüoptionen, die in Verbindung mit den einzelnen Einkaufsbelegen wählbar sind, werden im Folgenden erläutert:

- **Anlegen**
  Mit dieser Option kann man einen Einkaufsbeleg erstellen. Hierzu gibt man die erforderlichen Informationen ein und sichert den Beleg. Der Beleg wird dann unter einer eindeutigen Nummer abgelegt.
- **Ändern**
  Mit dieser Option kann man einen Einkaufsbeleg ändern. Für den Zugriff auf den gewünschten Beleg benötigt man die entsprechende Belegnummer.
- **Anzeigen**
  Mit dieser Option kann man sich einen Einkaufsbeleg anzeigen lassen. Das Ändern oder Ergänzen von Informationen in dem angezeigten Beleg ist nicht möglich. Für den Zugriff auf den gewünschten Beleg benötigt man die Belegnummer.
- **Listanzeigen/Auswertungen**
  Mit diesen Optionen kann man sich Auswertungen zu Einkaufsbelegen erzeugen lassen (z. B. alle Bestellungen zum Lieferanten XY).
- **Folgefunktionen**
  Mit dieser Option lassen sich Funktionen durchführen, die mit dem Einkauf verbunden, jedoch nicht im Funktionsumfang des Einkaufs enthalten sind; z. B. kann man einen Waren- oder einen Rechnungseingang erfassen.
- **Nachrichten**
  Mit dieser Option kann man Belege ausdrucken oder sie über beispielsweise das Faxgerät versenden.

Das Menü *Stammdaten* enthält Funktionen zum Anlegen und Anzeigen von Einkaufsinfosatzdaten, Lieferantendaten und Einkaufsstammdaten.

Nummernkreise

Hierbei sei erwähnt, dass innerhalb des R/3-Systems sämtliche Belege einem Nummernkreis zugeordnet sind, wobei die Belege entweder automatisch (intern) oder manuell (extern) nummeriert werden können. Bei manueller Nummerierung sind auch alphanumerische Werte möglich.

1.2.5.1 Struktur eines Einkaufsbelegs

Ein Einkaufsbeleg ist in den Belegkopf und den Bereich der einzelnen Positionen untergliedert, wobei der **Belegkopf** die für den gesamten Beleg geltenden Informationen, wie z. B. Lieferantendaten sowie Zahlungs- und Lieferdaten enthält, während die **einzelnen Positionen** die zu beschaffenden Güter (in Mengen) darstellen. Für jede Position innerhalb eines Einkaufsbeleges besteht die Möglichkeit, Zusatzdaten, wie die der Position zuzuordnende Kostenstelle oder das zu bebuchende Sachkonto, zu erfassen.

Erfassung eines Einkaufsbeleges

Bei der Erfassung eines Einkaufsbeleges geht man wie folgt vor:

- **Einstiegsbild**
  Auf dem Einstiegsbild wird beim Anlegen eines Beleges die Einkaufsorganisation und die Einkäufergruppe zugeordnet. Beim Bearbeiten eines bereits vorhandenen Beleges müssen allgemeine Daten, wie z. B. die Belegnummer eingegeben werden. Um die Eingabearbeit zu vermindern, kann man im Bereich *Vorschlagsdaten Positionen* z. B. das Werk, den Lagerort oder den Liefertermin festlegen. Das R/3-System übernimmt diese Daten in alle Positionen der nachfolgenden Positionsübersicht.
  Daten, die man im Einstiegsbild von Belegen eingegeben hat, werden auch dann in den neu zu erstellenden Beleg übernommen, wenn man mit der Referenzfunktion arbeitet, d. h. mit Bezug zu einem Vorgängerbeleg. Diese Funktion ist besonders für Kontraktabrufe von Kontrakten relevant, die selbst kein Werk, keinen Lagerort und keinen Liefertermin enthalten. Wenn man beispielsweise einen Kontraktabruf zu einem Kontrakt anlegt, der die Daten Werk und Lagerort bereits enthält, und man gibt Vorschlagsdaten auf dem Einstiegsbild ein, dann werden die Daten aus dem Kontrakt herangezogen und die eingegebenen Daten ignoriert.
  Dasselbe Verfahren gilt bei Belegen, die sich auf Anfragen beziehen.
- **Positionsübersicht**
  Die Positionsübersicht zeigt eine Zusammenfassung der Kopf- und Positionsdaten. In den ersten Zeilen werden wichtige Kopfdaten aufgelistet. Die Daten, die sich im Hauptteil der Übersicht befinden, beziehen sich auf die Materialien, die beschafft werden sollen.

- Weiterhin kann man über *Bearbeiten ⇨ Wechseln Darstellung* auf der Positionsübersicht zwischen ein- und zweizeiliger Darstellung wechseln.
- **Kopfdetailbild**
  Das Kopfdetailbild zeigt Informationen über den Lieferanten und die Abteilung, die das Material bestellt. Es werden z. B. die Zahlungsbedingungen des Lieferanten und der zuständigen Verkäufer angezeigt (Ausnahme: Die Bestellanforderung enthält keine Kopfdaten und deswegen kein Kopfdetailbild). Man kann die Kopfdaten aus der Positionsübersicht heraus anzeigen lassen über *Kopf ⇨ Detail.*
- **Positionsdetailbild**
  Das Positionsdetailbild enthält Informationen zur Beschaffung des Materials. Bestandteile des Positionsdetailbildes sind z. B. Fristen zur Terminüberwachung und Daten zur Steuerung des Waren- und Rechnungseingangs.
  Zum Detailbild einer Position gelangt man, indem man die betreffende Position markiert und *Position ⇨ Detail* auswählt.
- **Zusatzdaten zu Positionen**
  Die Zusatzdaten geben weitere Informationen zu einer Position, wie z. B. Preise und Konditionen, zugeordnete Kontierung, Texte. Die Zusatzdaten kann man sich anzeigen lassen, indem man die gewünschte Position in der Positionsübersicht markiert und die anzuzeigenden Daten aus dem Menü *Position* auswählt.

Sämtliche Positionen von Einkaufsbelegen können mit Bezug zu bereits bestehenden Einkaufsbelegen erfasst werden, indem der Menüpunkt

Anlegen ⇨ Anlegen mit Bezug angewählt wird.

1.2.5.2 Beschaffung innerhalb des R/3-Systems

Grundsätzlich ist bei jeder Beschaffung festzulegen, ob das zu beschaffende Material für das Lager, was zur Erhöhung der Lagerbestände führt oder für den Verbrauch bestimmt ist. Hieraus ergeben sich unterschiedliche organisatorische Abläufe:

Beschaffung für das Lager

Ware, die für das Lager bestimmt ist, muss im Materialstamm definiert sein. Sie muss jedoch nicht kontiert werden, d. h. keiner Kostenstelle zugeordnet werden, da bei jeder Warenbewegung die Buchung auf den entsprechenden Bestands- bzw. Verbrauchskonten sowie die Aktualisierung der Bestandsdaten im Materialstamm automatisch erfolgt.

Beschaffung für den Verbrauch

Wird die Ware hingegen für den Verbrauch beschafft, ist ein Materialstammsatz nicht zwingend erforderlich. Die Bestellung muss aber, da die Ware mit dem Wareneingang als bereits verbraucht gilt, sofort einer Kostenstelle zugeordnet (kontiert) werden. Innerhalb eines Einkaufsbelegs kann es somit zu kontierende und nicht zu kontierende Positionen geben. Eine Kontierung ist für Bestellanforderungen, Rahmenverträge und Bestellungen möglich.

Innerhalb der Beschaffung gibt es verschiedene **Beschaffungsformen**: Die einmalige Bestellung und die Beschaffung über Rahmenvertrag, der Kontrakt mit anschließenden Abrufbestellungen sowie der Lieferplan mit Lieferplaneinteilungen.

1.2.6 Einkaufsbelege

1.2.6.1 Bestellanforderung (Banf)

Definition

Wie bereits erwähnt, legen Bestellanforderungen den Beginn eines Beschaffungszyklus fest. Bestellanforderungen sind interne Belege, die einen Bedarf definieren und den Einkauf veranlassen, eine Bestellung zu erzeugen oder einen Rahmenvertrag mit einem Lieferanten zu schließen.

Eine Bestellanforderung besteht aus Positionen, für die jeweils eine Beschaffungsart festgelegt ist. Es gibt die folgenden Beschaffungsarten:

Beschaffungsarten

- Normal
- Lohnbearbeitung
- Konsignation
- Umlagerung
- Dienstleistung

Die **Position** enthält die Menge und den Termin des zu liefernden Materials bzw. die Menge der zu erbringenden Dienstleistung. Für Positionen, die zur Lohnbearbeitung vergeben werden, können für jeden Liefertermin die beizustellenden Materialkomponenten angegeben werden.

Bei der Beschaffungsart **Dienstleistung** enthält eine Position immer ein Leistungsverzeichnis. Gliederungsstufen strukturieren dieses und Leistungszeilen legen die bestellte Menge und den Termin fest. Für Leistungen, die nicht genau beschrieben werden können, werden anstelle von Leistungszeilen Wertlimits angegeben.

Die Bestellanforderung ist ein **interner** Beleg, der keine Verwendung außerhalb des Unternehmens findet. Sie können automatisch durch die Komponente *„Verbrauchsgesteuerte Disposition"*, die auf Verbrauchsstatistik, Bestandsführung und Prognosen zurückgreift, durch Fachabteilungen oder direkt im Einkauf erzeugt werden.

Bestellanforderung anlegen

Die Bestellanforderungen werden entweder über Disposition oder direkt angelegt (siehe Abb. 1.22):

- **über Disposition**: Die R/3-Komponente schlägt die zu bestellenden Materialien vor und orientiert sich dabei an zurückliegenden Verbräuchen und vorhandenen Lagerbeständen. Bestellmenge und Liefertermin werden durch die Komponente automatisch ermittelt.
- **direkt**: In der anfordernden Abteilung wird eine Bestellanforderung manuell erfasst.

Die Person, die die Bestellung anlegt, legt fest, was in welcher Menge zu welchem Termin bestellt werden soll. Die Eingabebildschirme für das manuelle Anlegen von Bestellanforderungen können über:

„Banf.scm"

Bestellanforderungen ⇨ Anlegen erreicht werden (siehe Abb. 1.22).

Abb. 1.22 Bestellanforderung anlegen

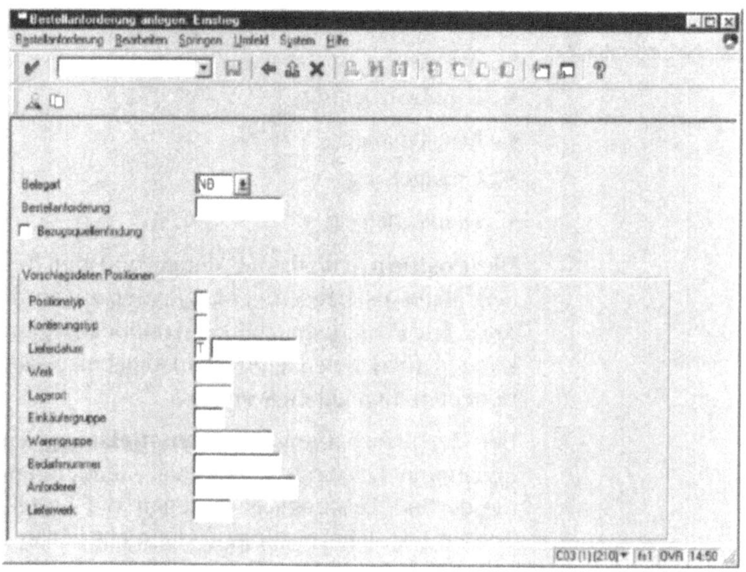

Nach Eingabe der Belegart, z. B. „NB“ für Normalbestellung, „RV“ für Rahmenvertrag oder „F0“ für Rahmenbestellanforderung, und ggf. einer „Banf-Nr.“ können Vorschlagsdaten eingegeben werden, die innerhalb dieser Bestellanforderungen für alle Positionen vorgeschlagen werden. Wird als Belegart „RV“ angegeben, dann wird der Einkauf veranlasst, einen Rahmenvertrag zu schließen. Hierzu geht man wie folgt vor:

1. Man gibt im Feld *Belegart* „RV“ für Rahmenvertrag ein.
2. Man drückt [Enter].
   Jetzt wird die Positionsübersicht angezeigt.
3. Man gibt zu jeder Position folgende Daten ein:
   - Nummer des zu bestellenden Materials;
   - Einkäufergruppe (Spalte EKG), die für die Bestellung des Materials zuständig ist;
   - Anforderungsmenge;
   - Lieferdatum (soll der Einkauf einen Rahmenvertrag anlegen, kann man kein Lieferdatum festlegen;
   - Nummer des empfangenden Werks (Spalte Werk) und wenn bekannt, des Lagerorts.

   Will man die Detaildaten einer Position überprüfen oder ändern, muss man zunächst die gewünschte Position markieren und dann *Springen ⇨ Detail* wählen.
   Jetzt wird das Detailbild der *Banf-Position* angezeigt.
4. Soll das System der Bestellanforderung eine Bezugsquellezuordnen, kann man *Bearbeiten ⇨ Bezugsquelle* zuordnen.
5. Jetzt kann die Bestellanforderung gesichert werden.

Positionen aus einer vorhandenen Bestellanforderung

Es kann sehr viel Zeit gespart werden, wenn Positionen aus einer vorhandenen Bestellanforderung in die zu erstellende oder zu ändernde Bestellanforderung kopiert wird. Hierzu benötigt man die Nummer der Bestellanforderung, aus der die Positionen übernommen werden sollen. Hierzu geht man wie folgt vor:

1. Man wählt: *Banf ⇨ Anlegen.* Das Einstiegsbild erscheint.
2. Anschließend wählt man: *Bestellanforderung ⇨ Vorlage kopieren ⇨ Bestellanforderung.*
3. Jetzt trägt man im eingeblendeten Dialogfenster die Nummer der *Vorlage-Banf* und - falls bekannt - die Nummern der Vorlagepositionen ein, die kopiert werden sollen. Die Positionsübersicht der Vorlagepositionen wird angezeigt.
4. Man markiert die zu kopierenden Positionen.

5. Jetzt hat man folgende Möglichkeiten:
   - Will man die markierten Positionen vor dem Kopieren ändern, wählt man: *Bearbeiten ⇨ Markierungen ⇨ Bearbeiten ⇨ Übernehmen ⇨ Detail.*
     Nun kann man die gewünschten Änderungen für die einzelnen Positionen jeweils auf dem Positionsdetailbild durchführen.
   - Möchte man die markierten Positionen sofort kopieren, ohne sie vorher zu ändern, wählt man *Bearbeiten ⇨ Markierungen ⇨ Bearbeiten ⇨ Übernehmen.*

   Nun wird die Positionsübersicht der neuen Bestellanforderung (mit den kopierten Positionen) angezeigt. Man kann jetzt noch zusätzliche Positionen in dieser Liste erfassen oder weitere Positionen aus einer anderen Bestellanforderung übernehmen.
6. Man sichert die Bestellanforderung.

1.2.6.1.1 Ermittlung von Bezugsquellen

Ist im System eine mögliche Bezugsquelle für ein zu beschaffendes Material definiert, kann das System veranlasst werden diese Bezugsquelle automatisch zu finden und der Bestellanforderung zuzuordnen.

Die andere Variante besteht darin, zunächst die möglichen Bezugsquellen zu ermitteln und der Einkäufer wählt dann aus einer Liste mit den möglichen Bezugsquellen, die gewünschte aus. Die so vom System vorgeschlagene Bezugsquelle kann also, muss aber nicht zwingend, übernommen werden.

Bezugsquellenermittlung mit Hilfe von Quotierung, Orderbuch, Rahmenvertrag u. Infosätzen

Das System stützt sich bei der Ermittlung der (möglichen) Bezugsquelle auf Quotierungen, Orderbuch, Rahmenverträge und Infosätze.

Das System prüft im 1. Schritt, ob zu dem zu beschaffenden Material **Quotierungen** (mit Quotierungen wird der Gesamtbedarf pro Lieferant festgelegt) bestehen.

Die Quotierungen haben bei automatischer Bezugsquellenermittlung die höchste Priorität. Gibt es eine Quotierung, die im aktuellen Gültigkeitszeitraum liegt, wird anhand dieser berechnet, welcher Lieferant (laut Quote) bei der Bestellung berücksichtigt werden soll. Dieser wird dann vom System vorgeschlagen. Liegt hingegen keine Quotierung für das zu beschaffende Material vor, muss das System eine „Ebene tiefer" nachschlagen.

Es wird nun versucht einen **Orderbucheintrag** für das zu beschaffende Material zu finden. Auch dieser muss natürlich im aktuellen Gültigkeitszeitraum liegen. Wird ein gültiger Eintrag gefunden, so wird die betreffende Bezugsquelle der Bestellanforderung zugeordnet.

Wird wiederum kein Eintrag gefunden, so versucht das System einen gültigen **Rahmenvertrag**, für das zu beschaffende Material zu ermitteln. Falls nun Rahmenverträge zu dem betreffenden Material bestehen, werden diese Rahmenvertragspositionen als mögliche Bezugsquellen vorgeschlagen.

Außerdem wird dann nach eventuell vorhandenen **Infosätzen** gesucht. Auch diese Ergebnisse werden als mögliche Bezugsquellen vorgeschlagen.

Wird bei einer entsprechenden Informationsquelle ein Eintrag gefunden, wird er vorgeschlagen, ansonsten wird auf die darunterliegende Quelle zugegriffen (siehe Abb. 1.23).

Abb. 1.23
Reihenfolge bei Bezugsquellenauswahl vom System

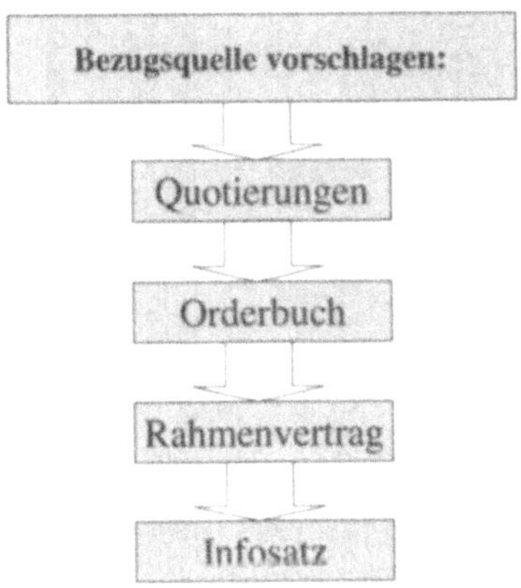

Bezugsquellen-Zuordnung

Es gibt folgende Möglichkeiten, Bestellanforderungen zuzuordnen (siehe Abb. 1.24):

- **einzeln** (online)
  Hierbei kann man eine einzelne Bestellanforderung einer Bezugsquelle zuordnen. Diese Zuordnung trifft man beim Anlegen oder Ändern einer Bestellanforderung.
- **gesammelt** (online)
  Hierbei ordnet man die Bezugsquelle(n) sämtlicher in einer Liste aufgeführten Bestellanforderungen zu. Diese Zuordnung trifft man während der Bearbeitung von Bestellanforderungen.

- **im Hintergrund**
  Man kann auch die Bezugsquellenermittlung und -zuordnung im Hintergrund arbeiten lassen. Dazu muss man den Report RM06BZ10 starten.

Die danach im System vorhandenen Bestellanforderungen mit zugeordneten Bezugsquellen kann man anschließend weiterbearbeiten.

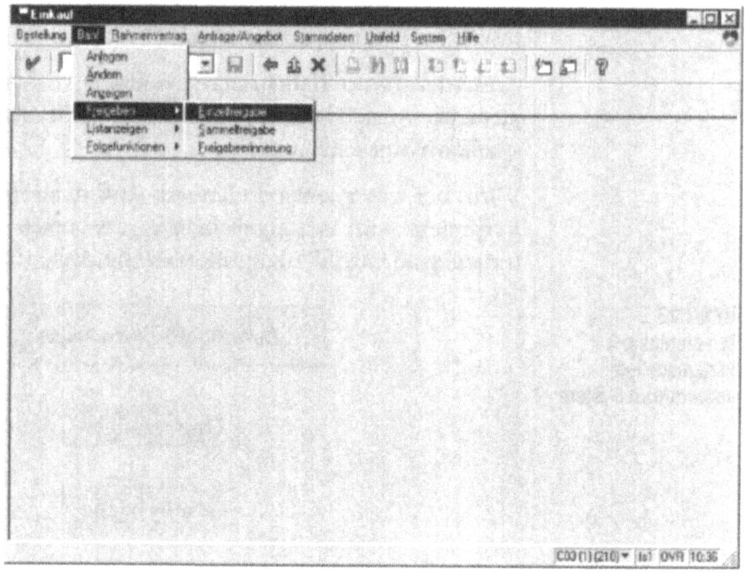

Abb. 1.24
Bestellanforderungen einzeln zuordnen

Voraussetzung ist, dass ein Rahmenvertrag oder ein Infosatz als mögliche Bezugsquelle angelegt ist, um damit eine Bezugsquelle für ein bestimmtes Material oder für eine Warengruppe - falls kein Materialstammsatz existiert - zu ermitteln.

Hierbei geht man folgendermaßen vor:

1. Beim Ändern oder Anlegen einer Bestellanforderung verzweigt man zur Positionsübersicht der Bestellanforderung.
2. Man markiert die Banf-Position(en), die einer Bezugsquelle zugeordnet werden soll(en).
3. Man wählt *Bearbeiten ⇨ Bezugsquelle zuordn.*

Jetzt ermittelt das System die für die Position in Frage kommenden Bezugsquellen.

4. Kommen mehrere Bezugsquellen in Frage, werden sie in einem Dialogfenster eingeblendet.
5. Man kann die für die Banf-Position gewünschte Bezugsquelle mit *Auswählen* übernehmen. Wenn man keine der angebotenen Bezugsquellen auswählen möchte, kann man *Abbrechen*.

Bestellanforderungen gesammelt zuordnen

Sollen die Banf gesammelt zugeordnet werden, wird folgendermaßen vorgegangen:

1. Man wählt *Banf ⇨ Folgefunktionen ⇨ Zuordnen* oder *Zuordnen + bearbeiten.*
2. Es erscheint das Selektionsbild, auf dem man die Kriterien zur Auswahl der zuzuordnenden Bestellanforderungen eingeben kann.
3. Man gibt die Selektionskriterien für die zuzuordnenden Bestellanforderungen ein. Anschließend trägt man bspw. den Schlüssel einer bestimmten Einkäufergruppe ein, damit sämtliche Bestellanforderungen ausgegeben werden, die von dieser Einkäufergruppe zu bearbeiten sind.
4. Wenn man mehr als eine Bestellanforderung zuordnen möchte, muss man die betreffenden Bestellanforderungen zunächst markieren. Über das Menü *Bearbeiten ⇨ Markieren* kann man alle oder blockweise markieren.
5. Die Bezugsquellen können manuell oder automatisch zugeordnet werden.

Banfen automatisch zuordnen

Wählt man Banfen **automatisch** zuordnen, dann ermittelt das System mögliche Bezugsquellen. Man kann aber auch die Bezugsquelle für eine Bestellanforderung direkt, d. h. **manuell** eingeben. Bspw. kann man mit dieser Funktion die Bestellanforderung einem Lieferanten zuordnen, von dem bisher noch keine Ware beschafft worden ist. Man hat folgende Möglichkeiten:

- Man wählt *Bearbeiten ⇨ Bezugsquelle ⇨ Automatisch zuordnen,* um mögliche Bezugsquellen für die zuvor markierten Bestellanforderungen zu ermitteln.
  Das System weist für jedes angeforderte Material in der Liste die möglichen Bezugsquellen aus. Wenn zu einer Bestellanforderung mehr als eine mögliche Bezugsquelle existiert, erhält man ein Dialogfenster mit den in Frage kommenden Bezugsquellen zur Auswahl.

Entweder selektiert man mit *Auswählen* die gewünschte Bezugsquelle oder man wählt *Abbrechen*, wenn keine der angebotenen Bezugsquellen in Frage kommt.
Wenn man mehr als eine Bestellanforderung zum Zuordnen markiert hat, erscheint das Dialogfenster zu der nächsten Bestellanforderung mit mehr als einer möglichen Bezugsquelle. Dieser Vorgang muss so oft wiederholt werden, bis sämtliche Bestellanforderungen einer Bezugsquelle zugeordnet sind.

- Man wählt *Bearbeiten ⇨ Bezugsquelle ⇨ Manuell zuordnen*, wenn man die Bezugsquelle direkt eingeben möchten.
  Wenn Bestellanforderungen bereits eine Bezugsquellenzuordnung haben, wird die bisherige Bezugsquelle überschrieben.
  Wenn man die Neuzuordnung der Bestellanforderungen zurücknehmen möchte, d. h., die ursprüngliche Zuordnung beibehalten will, wählt man *Bearbeiten ⇨ Zuordnung rücksetzen.*
- Um die Zuordnung markierter Positionen von der Grundliste aus zu bestätigen, wählt man *Bearbeiten ⇨ Banfen ändern.* Man erhält die Meldung, dass die Bestellanforderung(en) geändert wurden.

Kontierungstyp

Soll die Bestellanforderung für ein Material angelegt werden, das keinen Materialstammsatz hat, müssen zusätzliche Daten, wie Kontierungstyp, Kontierung sowie die materialspezifischen Daten, eingegeben werden.

Die folgende Tabelle zeigt, wann welcher Positionstyp und welcher Kontierungstyp in Kontrakten zu verwenden ist:

Tab. 1.6
Positionstypen

Positionstyp **M**	Bei unbekanntem Material.
Positionstyp **W**	Wert und Menge ist unbekannt
Positionstyp **D**	Es wird eine Dienstleistung beschafft.
Positionstyp **K**	Es handelt sich um Konsignationsmaterial.
Positionstyp **L**	Es handelt sich um Lohnbearbeitungsmaterial.
Positionstyp **U**	Die Kontierung ist unbekannt.

Bestellanforderung ändern

Bei der **Änderung von Bestellanforderungen** muss beachtet werden, durch wen, d. h. Fachabteilung oder Disposition, die Bestellanforderung erstellt wurde, ob eine Bestellung bereits erfolgte und ob sie bei genehmigungspflichtigen Bestellanforderungen bereits freigegeben wurde.

Zur Änderung einer Bestellanforderung müssen die Menüpunkte *Banf ⇨ Ändern* angewählt und die Nummer der zu ändernden Bestellanforderung eingegeben werden.

Jetzt kann man die Bestellanforderung wie gewünscht ändern. Hierbei sind folgende Punkte zu beachten:

- Wurde die Banf bereits bestellt, so hat man die entsprechende Einkäufergruppe zu verständigen.
- Wurde die Banf genehmigt, so sind Änderungen begrenzt möglich und müssen ggf. neu genehmigt werden.
- Wurde die Banf durch die Disposition erstellt, sind Änderungen unter Umständen nicht möglich.

Um **Positionen hinzufügen** wählt man:

Bearbeiten ⇨ Zeilen erfassen.

Abb. 1.25
Position zur Bestellanforderung hinzufügen

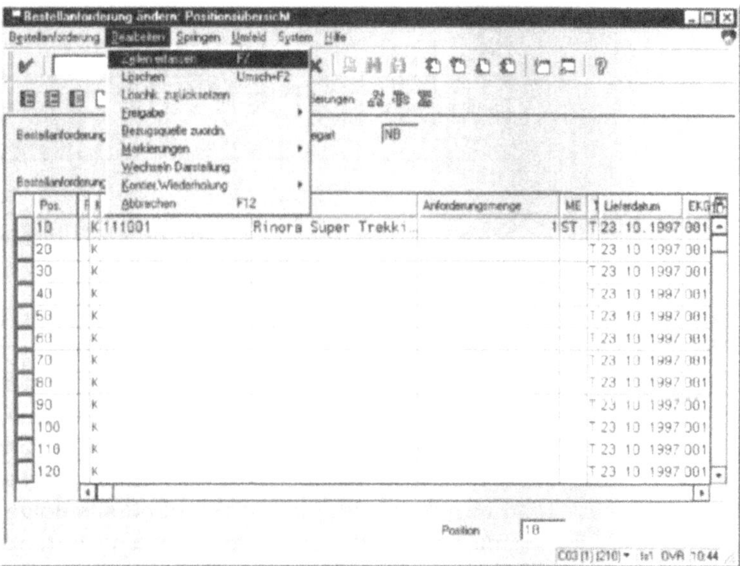

Sind **Details zu ändern** und die gewünschten Änderungen sind nicht in der Positionsübersicht möglich, markiert man die Position und wählt

Springen ⇨ Detail.

Auf dem Positionsdetailbild können die Änderungen durchgeführt werden.

Möchte man **Positionen löschen**, muss die entsprechende Position markiert werden und man wählt dann:

Bearbeiten ⇨ Löschen.

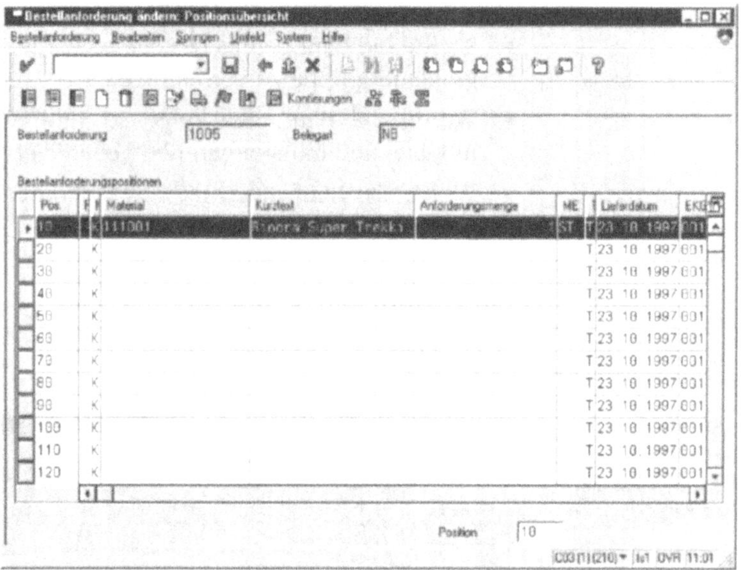

Abb. 1.26 Bestellanforderung ändern, Position löschen

Nach der Sicherung der Änderung hält das System sämtliche Änderungsdaten in einem Protokoll fest.

Freigabe von Bestellanforderungen

Bevor nun Positionen einer Bestellanforderung bestellt werden können, müssen sie ggf. noch freigegeben werden. Dies hängt von Freigabebedingungen ab, die z. B. durch den Bestellwert, die Warengröße oder den Kontierungstyp festgelegt sind. Unter **Freigabe** wird hier ein Genehmigungsverfahren verstanden, das, je nach Unternehmensvorgaben, in unterschiedliche Freigabestrategien (wie z. B. die Anzahl und Reihenfolge der Freigabestellen) unterteilt wird. Erst wenn sämtliche Instanzen durchlaufen und die Positionen vom jeweiligen Sachbearbeiter freigegeben wurden, können Anfrage oder eine Bestellung zur entsprechenden Position erzeugt werden. Informationen zum Freigabestatus oder der Freigabestrategie können über *Springen ⇨ Freigabe-Infos* und Auswahl entsprechender Untermenüpunkte abgefragt werden.

Es gibt zwei Möglichkeiten, Bestellanforderungen freizugeben:

Bestellanforderungen freigeben

- Einzelfreigabe

1. Man wählt *Banf ⇨ Freigeben ⇨ Einzelfreigabe.*
2. Man gibt die Bestellanforderungsnummer und den Freigabecode ein.
3. Man drückt [Enter].

Jetzt wird die Positionsübersicht angezeigt. An dieser Stelle kann man Änderungen vornehmen.

4. Man wählt *Springen ⇨ Freigabe-Info ⇨ FreigMöglichkeiten*, um festzustellen, welche Positionen man freigeben kann.
5. Jetzt markiert man die freizugebende Position und wählt *Bearbeiten ⇨ Freigabe ⇨ Setzen*, damit die Position freigegeben wird. Handelt es sich um eine Position einer Gesamt-Banf, werden mit der Freigabe der Position alle übrigen Positionen freigegeben.
Man kann die Freigabe wieder zurücksetzen und so den vorherigen Freigabezustand wiederherstellen. Hierzu wählt man *Bearbeiten ⇨ Freigabe ⇨ Rücksetzen.*
6. Zum Schluss muss die Freigabe gesichert werden.

- **Sammelfreigabe**
Bei häufiger Freigabe kann man alle Bestellanforderungspositionen bzw. komplette Bestellanforderungen, die zu einem bestimmten Freigabecode vorliegen, gesammelt freigeben.

1. Man wählt *Banf ⇨ Freigeben ⇨ Sammelfreigabe.*
2. Das Selektionsbild zur Sammelfreigabe von Bestellanforderungen erscheint.
3. Man gibt den Freigabecode und eventuell weitere Selektionsmöglichkeiten ein.
4. Man wählt *Programm ⇨ Ausführen*, so dass die freizugebenden Bestellanforderungspositionen bzw. Gesamt-Banfen angezeigt werden.
5. Jetzt muss man sich entscheiden, ob alle Positionen bzw. Gesamt-Banfen auf einmal freigegeben werden sollen oder

einzelne Positionen freigeben und eventuell geändert werden sollen.

- **alle**; dann wählt man *Bearbeiten ⇨ Markieren ⇨ Alle markieren.*
- **einzelne**; dann markiert man die Position und wählt *Springen ⇨ Einzelfreigabe.*
  Das Positionsdetailbild wird angezeigt. An dieser Stelle kann man Änderungen vornehmen. Man kann die Freigabe auch wieder zurücksetzen und so den vorherigen Freigabezustand wiederherstellen. Hierzu wählt man *Bearbeiten ⇨ Freigabe ⇨ Rücksetzen.*

6. Jetzt muss nur noch die Freigabe gesichert werden.

R/3 bietet neben der Pflege auch die Möglichkeit der **Überwachung und Auswertung von Bestellanforderungen**. Auswertungen können zu einer Vielzahl einkaufsrelevanter Daten, wie Materialnummer, Kontierung etc., erstellt werden und liefern so einen vielseitigen Überblick über sämtliche Aktivitäten. Die Überwachung bietet u. a. auch die Möglichkeit, vom Einkauf unbearbeitet gelassene Bestellanforderungen diesem nach einer definierten Wiedervorlagezeit erneut vorzulegen.

1.2.6.1.2 Quotierung

Soll ein bestimmtes Material abwechselnd von verschiedenen Bezugsquellen bezogen werden, so können die einzelnen Bezugsquellen mit einer Quote versehen werden. Die **Quote** gibt an, welcher Anteil des anfallenden Bedarfs von welcher Bezugsquelle beschafft werden soll. Das heißt, wenn es eine Quotierung für ein Material gibt, wird sie bei der Bezugsquellenermittlung berücksichtigt. Eine Quotierung wird für einen spezifischen Zeitraum vereinbart. Sie gibt Auskunft über den maximalen Anteil am Gesamtbedarf, der einem Lieferanten zugeordnet werden soll. So ist eine automatische Zuordnung des Bedarfs zu wechselnden Bezugsquellen möglich.

Die Ermittlung einer Bezugsquelle erfolgt durch die Errechnung einer Quotenzahl nach folgender Formel:

Quotenzahl

$$\text{Quotenzahl} = \frac{\text{quotierteMenge} + \text{Quotenbasismenge}}{\text{Quote}}$$

Die **quotierte Menge** enthält die akkumulierte, vom Lieferanten bereits bezogene Menge, d. h. die Gesamtmenge aller Bestellanforderungen, Bestellungen, Kontraktabrufe und Lieferplaneinteilungen zu der Bezugsquelle (auch die Menge der quotierten Planaufträge wird berücksichtigt.).

Soll zu einer bestehenden Quotierung eine neue Bezugsquelle hinzugefügt werden, besteht die Möglichkeit, dem neuen Lieferanten über die Eingabe einer **Quotenbasismenge** quasi eine fiktive quotierte Menge zuzuordnen. Durch diese Vorgehensweise wird umgangen, dass alle Bedarfe dem neuen Lieferanten zugeordnet werden.

Quote

Die **Quote** wird als Ganzzahl eingegeben und stellt den einem Lieferanten zugeordneten Anteil am Bedarf dar.

Der Lieferant, dessen **Quotenzahl** am niedrigsten ist, bekommt die nächste Bestellung zugewiesen, auch wenn die Quotenzahl bei 0 liegt (d. h., quotierte Menge und Quotenbasismenge haben den Wert 0). Wenn mehr als eine Bezugsquelle über eine Quotenzahl von 0 verfügt, dann ist die Position mit der höchsten Quote die gültige Bezugsquelle. Hierbei ist jedoch zu beachten, dass Bestellpositionen bei zu geringen Kapazitäten eines Lieferanten nicht gesplittet werden können.

Gemäß der Formel besteht folgender Zusammenhang: je höher die Quote, desto niedriger die Quotenzahl und desto größer die Wahrscheinlichkeit, dass die betreffende Bezugsquelle als gültige Bezugsquelle ermittelt wird.

Beispiel zur Berechnung der Quotenzahl

Sie möchten den Lieferanten Z neu in einer Quotierung aufnehmen, die seit einem Jahr mit Lieferanten X und Y in Kraft ist. Jeder Lieferant verfügt über die in der folgenden Tabelle 1.7 enthaltene Quote:

Tab. 1.7 Quotierung für Lieferanten X, Y und Z

Lieferant	Quote	Quotierte Menge	Quotenbasismenge
X	3	780	0
Y	2	380	0
Z	1	0	260

Die Quotenbasismenge 260 für Lieferant Z wurde mit der Funktion *Bearbeiten / Basismengen / Einzelrechnung* gesetzt.

Entsprechend der genannten Formel (s. o.) betragen die Quotenzahlen für Lieferanten X, Y und Z:

$$\mathbf{X} = \frac{780+0}{3} = \mathbf{260}$$

$$\mathbf{Y} = \frac{380+0}{2} = \mathbf{190}$$

$$\mathbf{Z} = \frac{0+260}{1} = \mathbf{260}$$

Ergebnis: Dem Lieferanten Y wird die nächste Bestellanforderung zugeordnet, da er über die niedrigste Quotenzahl verfügt.

Abb. 1.27
Quotierung anlegen

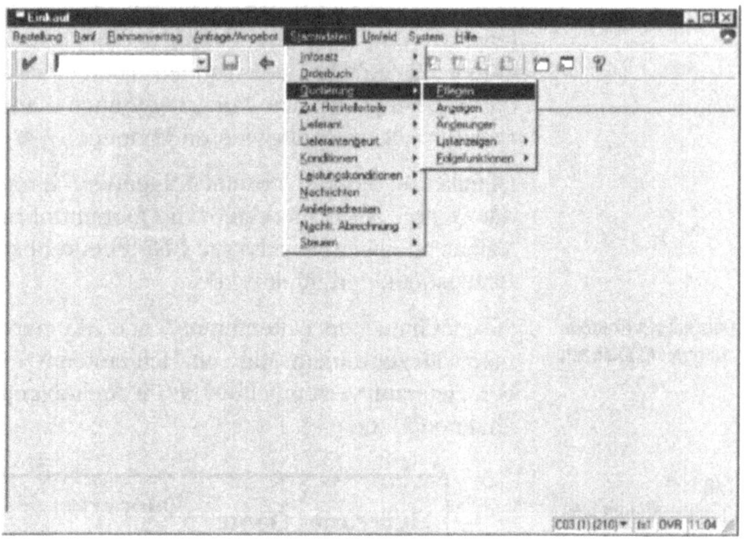

Eine Quotierung wird für einen spezifischen Zeitraum vereinbart. Für jede Bezugsquelle wird eine Quotierungsposition innerhalb des Zeitraums angelegt; hier die Menüfolge:

Quotierung für ein Material definieren

1. *Stammdaten ⇨ Quotierung ⇨ Pflegen.*
2. Die Material- und Werksnummer eingeben und [Enter], um das Übersichtsbild der Quotierungszeiträume anzuzeigen.

3. Einen Gültigkeitszeitraum für die Quotierung und das Datum eingeben, bis wann die Quotierung gültig ist. Das Anfangsdatum wird vom System berechnet; dann [Enter].
4. Quotierung markieren und [F7], um die Positionsübersicht der Quotierung anzuzeigen.
5. Quotierungsposition für jede Bezugsquelle erfassen, die in der Quotierung definiert werden soll. Dazu müssen folgende Daten eingegeben werden:
   - **Beschaffungsart**: Eine Quotierung kann Fremdbeschaffung oder Eigenfertigung vorsehen. „F" für Fremdbeschaffung in der Spalte B eingeben.
   - **Sonderbeschaffungsart**: z. B. „K" in der Spalte S eingeben, wenn eine Konsignationsvereinbarung für das Material mit dem Lieferanten existiert.
   - **Lieferantennummer:** Man gibt die Nummer des Lieferanten ein, von dem das Material beschafft werden soll, wenn das Material fremdbeschafft wird.
   - **Beschaffungswerk**: Schlüssel des Werkes in Spalte „BWK" eingeben.
   - **Quote**: In der Spalte Quote für jede Position die gewünschte Quote eingeben. Die Quote legt fest, welcher Anteil eines anfallenden Bedarfs von der Bezugsquelle beschafft werden soll. Angenommen, eine Quotierung enthält zwei Bezugsquellen und die Quote 1 wurde für beide Bezugsquellen eingegeben, so wird jeder Bezugsquelle 50% des anfallenden Bedarfs zugeordnet.
6. Dann [Enter]; die prozentuale Verteilung der Quoten wird automatisch vom System berechnet und angezeigt.
7. Quotierung mit [F11] sichern; das System ordnet der Quotierungsposition automatisch eine Nummer zu.

Das System ordnet der Quotierungsposition automatisch eine Nummer zu.

Als zusätzliches Kriterium zur Bezugsquellenermittlung stehen **Stammkonditionen**, die der Ermittlung des effektiven Preises dienen sowie die **Lieferantenbeurteilung** zur Verfügung.

1.2.6.1.3 Überwachung von Quotierungen

Die Überwachung von Quotierungen erreicht man über die Menüfolge:

Quotierung anzeigen

1. *Stammdaten ⇨ Quotierung ⇨ Anzeigen.* Das Einstiegsbild für die Quotierung erscheint.
2. Material- und Werksnummer eingeben und [Enter], um das Übersichtsbild anzuzeigen.
3. Die einzelnen Quotierungssätze einer Quotierung erscheinen, nachdem eine Quotierung markiert und [F7] gedrückt wurde.

Änderungen zur Quotierung anzeigen

Jede Änderung an einer Quotierung wird in einem Protokoll festgehalten. Anhand dieses Protokolls lassen sich Änderungen jederzeit nachvollziehen.

Aus dem Protokoll geht hervor,

- was geändert wurde (alte und neue Werte);
- wann die betreffende Quotierungsposition geändert wurde
- und wer sie geändert hat.

Die Änderungen an einer Quotierung kann man sich wie folgt anzeigen lassen:

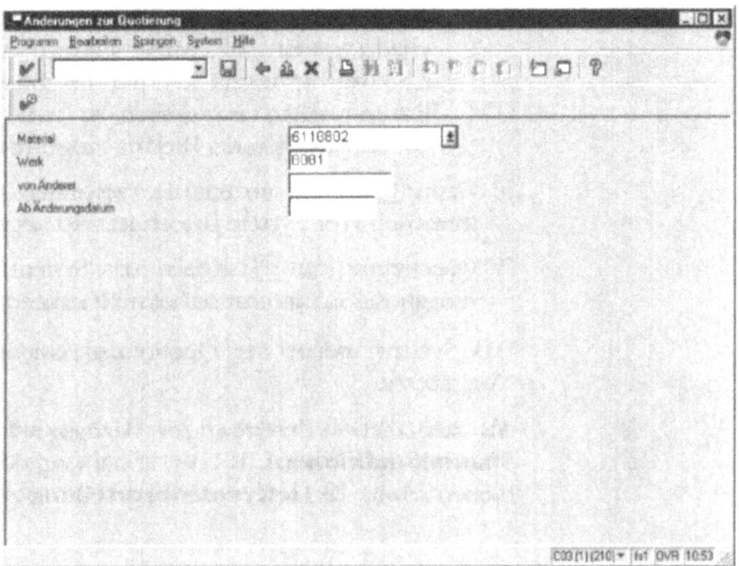

Abb. 1.28 Änderungen an einer Quotierung anzeigen lassen

1. Man wählt *Stammdaten ⇨ Quotierung ⇨ Änderungen.*
2. Man gibt die Auswahlkriterien für die Änderungen an; folgende Kriterien stehen zur Verfügung:
   - das Material und das Werk (obligatorisch);
   - den Benutzernamen des Sachbearbeiters, dessen Änderungen man anzeigen lassen möchten (optional);
   - das Datum, ab welchem die Änderungen angezeigt werden sollen (optional).
3. Jetzt kann man sich die ausgewählten Änderungen anzeigen lassen.

Quotierung mehrerer Materialien anzeigen

Die **Quotierung sämtlicher Materialien** kann aufgelistet und von der Liste aus gepflegt werden:

1. *Stammdaten ⇨ Quotierung ⇨ Listanzeigen ⇨ Zum Material.*
2. Das Intervall der Materialnummer bzw. den Werkschlüssel eingeben, deren Quotierungspositionen man anzeigen will. Nach [F8] wird die Liste der ausgewählten Quotierungspositionen dargestellt; den Materialstammsatz anzeigen mit [F7]. Soll der Lieferantenstammsatz einer Quotierungsposition angezeigt werden, den Cursor auf die Quotierungsposition stellen und [F8] drücken oder *Umfeld ⇨ Lieferant.*
3. Die Quotierungsposition markieren, die geändert bzw. gepflegt werden soll und [F6] drücken oder *Bearbeiten ⇨ Quotierung.*

1.2.6.2 Anfragen und Angebote

Definition Anfrage

Eine Anfrage stellt eine Aufforderung an einen Lieferanten dar, ein Angebot über die Lieferung eines oder mehrerer Materialien zu machen. Der Lieferant wird insbesondere gebeten, Angaben über Preis und Liefermöglichkeiten des Materials zu machen sowie seine Konditionen im Angebot festzuhalten.

Abgesehen von den Lieferantendaten, die in einer Bestellanforderung nicht zwingend vorgeschrieben sind, enthält eine Anfrage gegenüber einer Bestellanforderung lediglich einige zusätzliche anfragerelevante Daten, wie die für das Angebot einzuhaltende Angebots- und Bewerbungsfrist.

Die Struktur einer Anfrage entspricht der allgemeinen Struktur eines Einkaufsbeleges. Sie enthält einen Belegkopf, in dem die für die Anfrage relevanten Daten eingegeben werden können und Positionen, die die Angaben zum Material enthalten. Zusätzlich können positionsbezogene Texte erfasst werden.

Anfragen anlegen

Eine Anfrage kann auf folgende Arten angelegt werden:

- Man gibt sämtliche Daten für die Materialien, für die man Preisangaben benötigt, manuell ein.
- Eine vorhandene Anfrage wird kopiert.
- Man kann Bestellanforderungen oder einen Rahmenvertrag als Erfassungsvorlage verwenden.
- Eine Anfrage kann automatisch aus einer Bestellanforderung heraus erstellt werden. Dazu muss man die Bestellanforderungen der Anfragebearbeitung zuordnen.

Sollen die Anfragen automatisch, durch Zuordnung von Bestellanforderungen erstellt werden, müssen die entsprechenden (bereits freigegebenen) Bestellanforderungen ausgewählt werden. Der Bildschirm zur Eingabe der Selektionskriterien kann über die Menüpunkte:

Banf ⇨ Folgefunktionen ⇨ Zuordnen + bearbeiten

erreicht werden. Nach Auflistung der Bestellanforderungen auf dem Bildschirm können diese entweder den Anfragen oder Bestellungen zugeordnet werden. Im Anschluss daran kann der Einkaufsbeleg erzeugt werden.

Bevor man eine Anfrage anlegt sollte man folgende Punkte berücksichtigen:

- Die Lieferantennummern der entsprechenden Lieferanten müssen vorliegen.
- Welche Angebotsfristen sollen gelten (z. B. Frist der Angebotsabgabe)?
- Falls im Unternehmen mit externer Nummernvergabe gearbeitet wird, benötigt man eine Anfragenummer, die innerhalb des zulässigen Nummernbereichs liegt.
- Es empfiehlt sich, für die Anfrage eine Submissionsnummer zu vergeben. Man gibt diese Nummer einmal bei den Kopfdaten der Anfrage ein, und das System kopiert sie dann bei jeder Anfrage, die man zu einer Ausschreibung anlegt. Die Nummer kann alphanumerisch und maximal zehn Zeichen lang sein. Die Submissionsnummer dient als Hilfsmittel für die Zuordnung von Anfragen zu verschiedenen Ausschreibungen.

„Anfrage.scm“

Die Menüs zur manuellen Erfassung von Anfragen und Angeboten sind über:

Anfrage/Angebot ⇨ *Anfrage* ⇨ *Anlegen*

zu erreichen (siehe Abb. 1.29):

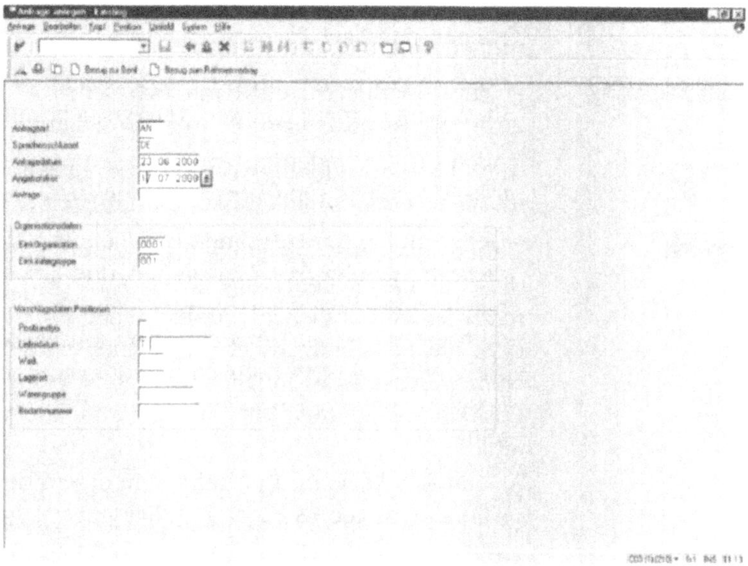

Abb. 1.29
Anfrage anlegen

Zu jeder Position kann man einen Liefertermin festlegen.

Über *Position* ⇨ *Einteilungen* ist es auch möglich, jede Position in mehrere Teilmengen mit den zugehörigen Lieferterminen zu unterteilen.

Ändern von Anfragen

Sämtliche im System erfassten Anfragen können, ebenso wie Bestellanforderungen, nachträglich geändert werden. Hierzu müssen lediglich die Anfragenummer und ggf. die Submissionsnummer, welche die Anfrage zu einer bestimmten Ausschreibung zuordnet, bekannt sein.

Das **Änderungsbild** zu einer Anfrage wird über:

Anfrage/Angebot ⇨ *Anfrage* ⇨ *Ändern* erreicht.

Nun kann man die Nummer der zu ändernden Anfrage eingeben (am besten nutzt man die Eingabehilfe, um die zu ändernden Anfragen nach Submissionsnummern aufzulisten). Mit [Enter] gelangt man zur Positionsübersicht.

Jetzt kann man die Anfrage wie gewünscht ändern:

Positionen hinzufügen

Position markieren und dann *Bearbeiten ⇨ Zeilen erfassen* auswählen.

Details ändern

Falls die gewünschten Änderungen nicht in der Positionsübersicht möglich sind, markiert man die Position und wählt *Position ⇨ Detail.* Auf dem Positionsdetailbild können dann die Änderungen durchgeführt werden.

Positionen löschen

Position markieren und dann *Bearbeiten ⇨ Löschen* auswählen. Zum Schluss muss man die Anfrage sichern.

Auch für die Änderung von Anfragen erstellt das System ein Protokoll, aus dem sämtliche Änderungsdaten hervorgehen.

Angebote

Gehen auf eine Ausschreibung mehrere Angebote ein, können diese in das System eingegeben und über einen **Preisspiegel** miteinander verglichen werden. Mittels dieses Preisspiegels, in dem die einzelnen Angebote positionsweise miteinander verglichen werden, ist es möglich, den günstigsten Lieferanten für eine Position sowie einen Mittelwertpreis für die Materialien zu ermitteln.

Da in R/3 Angebot und Anfrage in einem Beleg realisiert werden, sind die Angebotsdaten innerhalb der zugehörigen Anfrage zu erfassen. Der entsprechende Eingabebildschirm kann über:

Anfrage/Angebot ⇨ Angebot ⇨ Pflegen

„Angebot.scm"

erreicht werden, wo die entsprechenden Daten direkt im Detailbild der entsprechenden Positionen erfasst werden können.

Bei den Preisen ist zwischen Nettopreis und Bruttopreis zu unterscheiden. Der **Nettopreis** enthält lediglich normale Rabatte oder Zuschläge des Lieferanten, währenddessen Skonti sowie Steuern nicht in diesem Preis enthalten sind.

Preise und Konditionen

Soll der **Bruttopreis** erfasst werden, müssen Konditionen zur jeweiligen Position erfasst werden. Sind diese bereits im System enthalten, ermittelt das System aus dem Bruttopreis automatisch den Nettopreis. Dies ist erforderlich, da nur so ein objektiver Preisvergleich zwischen den einzelnen Angeboten vorgenommen werden kann.

Konditionen können entweder im Belegkopf, dann sind sie für den gesamten Einkaufsbeleg gültig oder lediglich für eine bestimmte Position erfasst werden. Sämtliche Zu- oder Abschläge des Lieferanten werden in einem Kalkulationsschema erfasst. Das Kalkulationsschema legt fest, wie der Nettopreis errechnet wird,

d. h. in welcher Reihenfolge die Konditionsarten berechnet werden und ob entsprechende Zwischensummen angezeigt werden.

Das System berücksichtigt ebenfalls, wenn die Mengeneinheit des Lieferanten nicht mit der intern geführten Mengeneinheit übereinstimmt. Diese Diskrepanz kann, sollte ein entsprechender Umrechnungsfaktor nicht schon im System definiert sein, durch Eingabe des Faktors auf Positionsebene korrigiert werden.

Nach Angabe des für den Lieferanten gültigen Steuerkennzeichens kann entschieden werden, ob das Angebot des Lieferanten in einem Einkaufsinfosatz gespeichert werden soll oder nicht. Hier kann ebenfalls definiert werden, ob das Angebot lediglich auf Einkaufsorganisationsebene oder auf Werksebene Gültigkeit haben soll. Nach Anlage des Einkaufsinfosatzes steht dieser bis zu seiner Löschung zur Verfügung und kann bei der Anlage von Bestellungen vom System berücksichtigt werden.

Angebote vergleichen

Um Angebote miteinander zu vergleichen, kann ein Preisspiegel erzeugt werden. Zu beachten ist hierbei, dass ein korrekter Preisvergleich nur dann möglich ist, wenn die eingegangenen Angebote für alle Positionen erfasst wurden. Die Eingabemaske zur Erzeugung eines **Preisspiegels** kann über die Menüpunkte:

Anfrage/Angebot ⇨ Angebot ⇨ Preisspiegel

„Preis.scm"

erreicht werden. Auf dieser Ebene können die entsprechenden Selektionskriterien eingegeben werden.

Durch die Auswahl von **Mittelwertangebot** oder **Minimalwertangebot** kann eine zusätzliche Spalte erzeugt werden, in der ein Durchschnittspreis bzw. der günstigste Preis zu einem entsprechenden Material angezeigt wird. Sämtliche Preise werden im Preisspiegel als prozentuale Veränderung zu einer Basisgröße, die entweder der höchste, der niedrigste oder der mittlere Preis sein kann, angezeigt. Die Anzeige des Preises erfolgt in der internen Basismengeneinheit, die im Materialstammsatz abgelegt ist.

Um einen **Marktpreis**, der als Bewertungsgrundlage bei der Lieferantenbeurteilung dienen kann, festzuhalten, kann ein entsprechender Preis innerhalb des Preisspiegels als Marktpreis definiert und abgespeichert werden. Nachdem der Lieferant ermittelt wurde, können über die Menüpunkte

Anfrage/Angebot ⇨ Angebot ⇨ Pflegen

und durch anschließende Angabe der Anfragenummer die Angebote markiert werden, für die eine Absage erzeugt werden soll. Die Absagen werden dann automatisch erzeugt und können über das eingestellte Ausgabemedium an den Lieferanten weitergeleitet werden.

Anfragen und Angebote überwachen

Auch zu Anfragen und Angeboten besteht die Möglichkeit, Auswertungen zu erzeugen. Diese können, ebenso wie die Auswertungen zu Bestellanforderungen, nach diversen Kriterien eingeschränkt werden.

1.2.6.3 Bestellungen

Eine Bestellung ist eine rechtlich wirksame Willenserklärung, die einen Lieferanten auffordert, die bestellten Güter zu festgelegten Bedingungen zu liefern. Eine Bestellung enthält Lieferantendaten, das bestellte Material, Menge, Preis, Liefertermin und Lieferbedingungen sowie die für diese Bestellung geltenden Zahlungsbedingungen.

Innerhalb des R/3-Systems legt eine Bestellung fest, ob das Material für das Lager oder den Verbrauch bestimmt ist. Der Aufbau einer Bestellung entspricht dem SAP-typischen Aufbau eines Einkaufsbelegs.

Der **Positionstyp**, der pro Position festgelegt werden kann, definiert, ob Rechnungs- oder Wareneingang erforderlich ist, Materialnummer und/oder Kontierung erforderlich ist und ob das Material lagerhaltig geführt werden soll.

Folgende Positionstypen werden standardmäßig zur Verfügung gestellt:

Positionstypen

- **Normal**
  Für Waren, die extern beschafft werden. Bei ihnen sind Wareneingang und Rechnungseingang möglich.
- **Konsignation**
  Für Waren, die auf Konsignationsbasis beschafft werden. Kontierungen sind für Konsignationsbestellungen nicht möglich. Konsignationsbestände werden getrennt geführt und nicht bewertet.
- **Lohnbearbeitung**
  Um bspw. ein Endprodukt bei einem Lieferanten zu bestellen. Die Komponenten, die der Lieferant zur Fertigstellung eines Endprodukts benötigt, werden in Beistellpositionen erfasst.

- **Umlagerung**
  Um eine Umlagerung von Werk zu Werk zu veranlassen.
- **Strecke**
  Die Ware wird direkt an einen Dritten (Kunden) geliefert, d. h., der Warenempfänger ist in diesem Fall der Kunde.
- **Limit**
  Mit einer Limitbestellung können verschiedene Materialien in Höhe eines festgelegten Werts (Wertlimit) von einem Lieferanten beschafft werden.

„Bestellung.scm“

Um eine Bestellung anzulegen, müssen die Menüpunkte:

Bestellung ⇨ Anlegen

sowie ggf. zusätzlich *„Lieferant bekannt/unbekannt“* gewählt werden (siehe Abb. 1.30).

Abb. 1.30
Bestellung anlegen

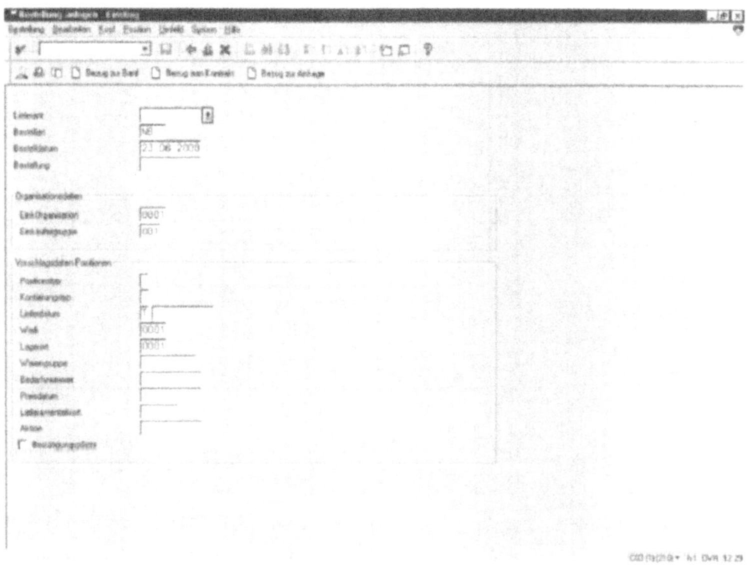

Ist der Lieferant unbekannt, kann eine Zuordnung der Bestellposition zu einem möglichen Lieferanten durch das System vorgeschlagen werden. Hierzu muss das Feld *Bezugsquellenfindung* im Einstiegsbild markiert werden oder auf Positionsebene über die Menüpunkte

Bearbeiten ⇨ Bezugsquelle zuordn.

in das entsprechende Dialogfenster verzweigt werden.

Bestellungen können auch über Vorlagen angelegt werden. Vorlagen können hierbei Anfragen, Angebote, bereits bestehende Bestellungen und Rahmenverträge sein.

Bei beiden Anlagearten wird vom System eine dem entsprechenden Beleg zugeordnete Nummer verlangt. Nach Eingabe dieser Nummer wird in den Vorlagebeleg verzweigt, aus dem entweder alle Positionen oder lediglich markierte übernommen werden können (siehe Abb. 1.31). Die weitere Vorgehensweise entspricht dann weitgehend der Vorgehensweise bei der Anlage von Anfragen.

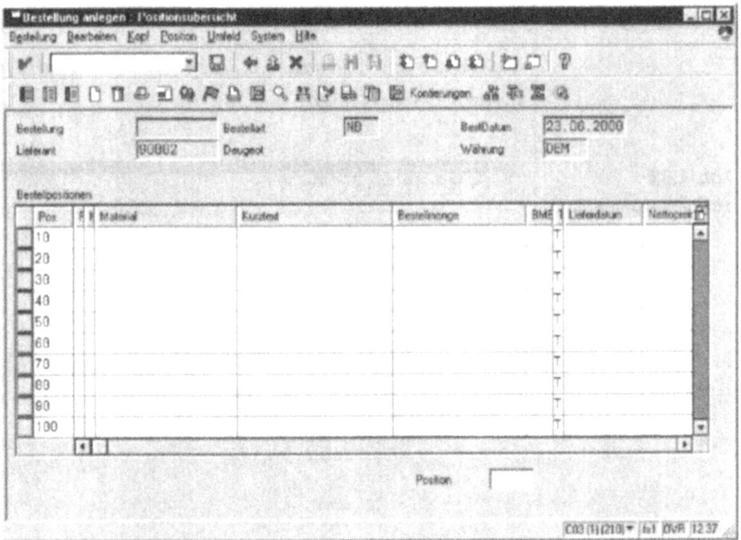

Abb. 1.31
Positionsübersicht

Im Folgenden werden einige Sonderfälle, die bei der Anlage von Bestellungen auftreten können, erläutert:

Kontierung

Wird eine Bestellung für den Verbrauch angelegt, ist eine Kontierung obligatorisch. In diesem Fall wird zu jeder Bestellposition eine Kontierung vom System vorgeschlagen, die übernommen oder überschrieben werden kann. Die Kontierung kann als Zuordnung zu einer oder mehreren Kostenstelle(n) erfolgen. Bei der Zuordnung einer Bestellposition zu mehreren Kostenstellen kann zwischen prozentualer und betragsmäßiger Zuordnung der Bestellkosten sowie zwischen proportionaler und auffüllender Zuordnung, für den Fall von Teillieferungen der Bestellposition, gewählt werden. Bei der proportionalen Zuordnung wird der Teilrechnungsbetrag gleichmäßig auf die Kontierungspositionen einer Bestellposition aufgeteilt. Bei der auffüllenden Zuordnung wird der Teilrechnungsbetrag nach und nach auf die einzelnen Kontierungspositionen einer Bestellposition aufgeteilt. Das bedeutet, zuerst wird Kontierungsposition 1 komplett erledigt, dann Kontierungsposition 2 usw.; dies geschieht so lange, bis der Rechnungswert erreicht ist.

Analog zu bisher erläuterten Einkaufsbelegen müssen bei abweichenden Mengeneinheiten entsprechende Umrechnungsfaktoren eingegeben werden, sofern diese nicht schon im Einkaufsinfosatz zum Material und Lieferanten erfasst sind. Diese Umrechnungsfaktoren können im Positionsdetailbild zu den einzelnen Positionen erfasst werden.

Eine Bestellung enthält Angaben über Versand und Lieferung. Hierzu gehören die Angabe der für die Bestellung geltenden Incoterms, international anerkannter Lieferbedingungen sowie die Angabe von Versandvorschriften (z. B. Verpackungsvorschriften) für die zu liefernde Ware. Ferner können Liefervorschriften als Kopf- oder Positionstexte erfasst werden.

Die wareneingangsbezogene Rechnungsprüfung kann gewählt werden, wenn die Lieferung einer Ware in Form mehrerer Teillieferungen erfolgt. Bei dieser Fakturierungsart muss eine Lieferung erfolgen, bevor die Rechnung im System erfasst werden kann.

Preise und Konditionen

Wird eine Ware in einem Unternehmen sowohl eigengefertigt als auch extern beschafft, kann es aus kalkulatorischen Gründen erforderlich sein, das Material mit verschiedenen **Preisen** zu bewerten. Dies kann durch Angabe einer Bewertungsart geschehen, was jedoch erfordert, dass das Material im Materialstamm definiert ist.

Effektivpreis

Der Effektivpreis einer Ware, der dem Preis entspricht, in dem sämtliche Zu- und Abschläge eingerechnet sind, kann durch die Eingabe von Bestellkonditionen ermittelt werden. Bei der Anlage von Konditionen für eine Bestellung kann auf voreingestellte Konditionsarten zurückgegriffen werden, die vom System automatisch an der richtigen Stelle des Konditionsschemas eingefügt werden. Die weitere Vorgehensweise entspricht der bei der Anlage von Anfragen bereits beschriebenen.

Bei der Preisangabe kann eine **Preis-Mengen-Staffel** berücksichtigt werden, und es können Preisabweichungen sowie Schätzpreise eingegeben werden. Eine Preisabweichung ist erforderlich, wenn der angegebene Preis nicht dem im Materialstammsatz des Materials spezifizierten Preis entspricht. Bei Rechnungsstellung in Fremdwährung kann ein Fremdwährungsbetrag eingegeben werden, der dann entsprechend dem von der Systemverwaltung eingestellten Umrechnungskurs in die Hauswährung umgerechnet wird.

Bestellungen ändern

Bei Bedarf besteht die Möglichkeit, Bestellungen zu ändern, zu stornieren oder zu löschen. Hierbei ist jedoch zu prüfen, ob der Lieferant die Bestellung bereits erhalten oder die Ware bereits geliefert hat, ob bereits ein Rechnungseingang erfolgte oder die Verbindlichkeit bereits beglichen wurde. Ist das der Fall, sind Änderungen nur noch in begrenztem Umfang möglich.

Hierbei geht man folgendermaßen vor:

1. Mit *Bestellung ⇨ Ändern* gelangt man auf das Einstiegsbild. Nun muss man die Nummer der zu ändernden Bestellung eingeben. Man gelangt auf die Positionsübersicht wo man die Bestellung wie gewünscht ändern kann.
2. Positionen hinzufügen:
   Um eine neue Position aufzunehmen (wenn die Bildschirmseite voll ist) wählt man *Bearbeiten ⇨ Zeilen erfassen*.
3. Positionen ändern:
   Falls die gewünschten Änderungen nicht in der Positionsübersicht möglich sind, wählt man *Position ⇨ Detail.*
4. Positionen löschen:
   Man markiert die Position und wählt dann *Bearbeiten ⇨ Löschen.*
5. Zum Schluss sichert man die Bestellung.

Bestellüberwachung

Im Rahmen der Bestellüberwachung können Statistikdaten zum Bestellkopf, der Informationen über die gesamte Bestellung enthält, sowie Statistikdaten zu den einzelnen Bestellpositionen angezeigt werden.

Bestellung anzeigen

Um eine Bestellung anzuzeigen, wählt man:

Bestellung ⇨ Anzeigen

Nach Eingabe der Bestellnummer gelangt man zur Positionsübersicht der gewählten Bestellung.

Statistikdaten zum Bestellkopf anzeigen

Die Bestellkopfstatistik enthält Informationen, die sich auf den gesamten Beleg beziehen, z. B. den gesamten Wareneingangswert und den gesamten Rechnungswert.

Diese Statistik kann man sich mit

Kopf ⇨ Statistik ⇨ Allgemein anzeigen lassen.

Statistikdaten zur Position anzeigen

Statistische Informationen über den Status einzelner Bestellpositionen kann man sich ebenso über *Position ⇨ Statistik ⇨ Allgemein* anzeigen lassen.

Bestellentwicklung anzeigen

In der Bestellentwicklung sind sämtliche Vorgänge zu einer Bestellposition dokumentiert, z. B. Wareneingänge und Rechnungseingänge zu der Position oder Bezugsnebenkosten, Anzahlungen.

Die Bestellentwicklung kann man sich mit

Position ⇨ Statistik ⇨ Bestellentwicklung anzeigen lassen.

Sichten der Bestellentwicklung

Beim Anzeigen der Bestellentwicklung kann man zwischen folgenden Sichten wechseln:

- Rechnungseingangsbelege und ihre Ausgleichswerte;
- die Menge im Sperrbestand;
- Bezugsnebenkosten;
- die Zuordnung von Waren- und Rechnungseingangsbelegen bei WE-bezogener Rechnungsprüfung.

Zum Wechseln wählt man *Sichten*.

Auswertungen für Bestellungen

Es gibt die Möglichkeit, Bestellungen nach unterschiedlichen Kriterien auszuwerten. Das System stellt hierfür verschiedene Auswertungen zur Verfügung, Auswertungen nach:

- Materialnummernintervall
- Einkäufergruppe
- Warengruppe
- **Kontierung**
  Auflistung von Bestellungen nach einer bestimmten Kontierung (z. B. nach Kostenstelle).
- **Bestellwertanalyse**
  Hiermit kann man eine ABC-Analyse für Bestellungen erstellen. Man kann die Bestellungen nach Bestellwert, Durchschnittswert pro Bestellung und Anzahl Bestellungen klassifizieren.

- **Bestellnummer**
  Die Bestellungen können innerhalb eines Intervalls von Bestellnummern aufgelistet werden.
- **Bedarfsnummer**
  Auflistung sämtlicher Einkaufsbelege, die mit Bezug zu einer Reihe von Bestellanforderungen mit einer bestimmten Bedarfsnummer angelegt wurden. Die Auswertung zeigt Bestellanforderungen, für welche bereits Bestellungen angelegt wurden.
- **Lieferant/Material**
  Auflistung von Bestellungen, die zu einem bestimmten Lieferanten, Material oder einer Warengruppe angelegt wurden.
- **Archivierte Einkaufsbelege**
  Man kann auch Bestellungen, die vom System entfernt und archiviert wurden, auflisten.

Bestellungen stornieren und sperren

Bestellungen können zuletzt auch storniert oder gesperrt werden. Es ist dabei darauf zu achten, ob der Lieferant zu dem die Bestellung gehört, diese bereits erhalten hat. Dabei werden folgende Punkte unterschieden:

- **Lieferant hat die Bestellung bereits erhalten**:
  Es wird ein Änderungsbeleg erstellt, der dem Lieferanten zugesandt wird.
- **Geänderte Positionen wurden schon ganz oder teilweise geliefert**:
  Änderungen an der Bestellung sind nur begrenzt möglich, es ist z. B. nicht möglich, die Menge der bereits gelieferten Ware zu verringern.
- **Der Lieferant hat die Rechnung bereits erhalten oder die Ware wurde schon bezahlt**:
  Änderung, die Auswirkungen auf den Preis haben, sind bei bezahlter Rechnung wirkungslos.

Positionen werden storniert, indem sie gelöscht werden. Dies kann erst vollzogen werden, wenn die Position abgewickelt ist. Eine Position besitzt diesen Status, wenn die bestellte Menge geliefert und abgerechnet ist, wenn das Endlieferkennzeichen gesetzt ist oder wenn keinerlei Folgevorgänge zu dieser Position im System vorhanden sind.

Um Bestellungen zu stornieren, wählt man *Bestellung ⇨ Ändern.* um in das Einstiegsbild zu gelangen. In der Positionsübersicht markiert man die Position, die storniert werden soll.

Will man einen Wareneingang zu einer Position verhindern, so kann man diese Position sperren. Es ist aber dabei zu beachten, dass nur solche Positionen gesperrt werden können, zu denen noch kein Waren- bzw. Rechnungseingang erfolgt ist.

Über *Bestellung ⇨ Ändern* erhält man das Einstiegsbild zum Sperren von Bestellungen. Man gibt die Nummer der zu sperrenden Bestellung ein und erhält dann die Positionsübersicht der Bestellung. Die Position, die gesperrt werden soll, muss markiert werden.

In allen Fällen wird über eine Funktion im Menü *Bearbeiten* die entsprechende Aktion bestätigt. Am Ende muss die bearbeitete Bestellung noch gesichert werden.

1.2.6.4 Rahmenverträge

Rahmenverträge sind längerfristige Vereinbarungen mit Lieferanten, bestimmte Materialien zu festgelegten Konditionen zu liefern. Sie werden in **Kontrakte** und **Lieferpläne** unterschieden; Kontrakte wiederum in Mengenkontrakt, Wertkontrakt und Konsignationskontrakt.

Beim **Mengenkontrakt** wird eine Vereinbarung mit einem Lieferanten dahingehend getroffen, dass die im Vertrag näher spezifizierten Materialien bis zum Erreichen einer bestimmten Abnahmemenge zu festgelegten Konditionen geliefert werden. Die Dauer des Kontrakts wird ebenfalls durch die vereinbarte Laufzeit begrenzt, in der die Bestellmenge erreicht werden muss.

Der **Wertkontrakt** erfüllt betriebswirtschaftlich denselben Zweck wie der Mengenkontrakt, lediglich ist das Kriterium für die Erfüllung des Kontrakts durch das Erreichen eines bestimmten Bestellwertes festgelegt. Bestellungen zu Kontrakten werden Abrufbestellungen genannt.

1.2.6.4.1

Anlage von Kontrakten

Beim Anlegen von Kontrakten kann unterschiedlich vorgegangen werden. Folgende Möglichkeiten stehen zur Wahl:

Vorgehensmöglichkeiten beim Anlegen von Kontrakten

- manuell
- **über Vorlage**
  Als Kopiervorlage könnte man verwenden:
  - Bestellanforderungen
  - Anfragen/Angebote
  - andere Kontrakte

Man kann auch beide Möglichkeiten gemischt verwenden: In diesem Fall nutzt man einen Beleg als Vorlage und ändert oder ergänzt dann gewünschte Positionen nach Bedarf.

Zusätzlich zu den bei der Anlage sonstiger Einkaufsbelege erforderlichen Daten muss bei der Erfassung eines Kontrakts entschieden werden, ob es sich um einen Mengen- oder Wertkontrakt handelt. Im **Kopfdatenbild** (siehe Abb. 1.32) wird die Laufzeit des Kontrakts festgehalten, die für den gesamten Beleg gültig ist, währenddessen Zielmenge, Preis und Materialdaten als positionsbezogene Daten eingegeben werden. Um Abrufbestellungen anzulegen, muss der Kontrakt jedoch - sollte Orderbuchpflicht innerhalb der Unternehmung eingestellt sein - zuerst im Orderbuch gepflegt werden.

Abb. 1.32 Kopfdaten von Kontrakt anlegen

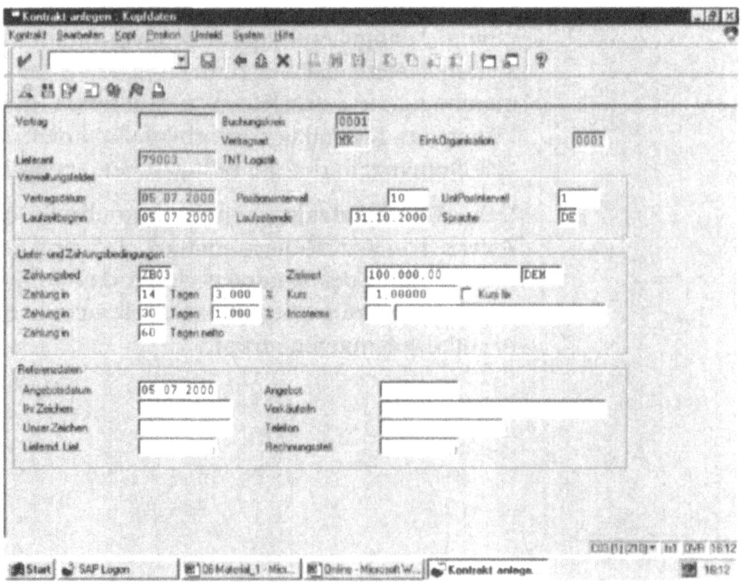

Positions- und Kontierungstypen

Besonderheiten bei der Anlage von Kontrakten stellen die Positionstypen M (Material unbekannt) und W (Wert und Menge unbekannt) sowie der Kontierungstyp U (Kontierung unbekannt) dar. Während der Positionstyp M bei den Kontraktarten Mengen- und Wertkontrakt Verwendung finden kann, darf der Positionstyp W nur für Wertkontrakte verwendet werden. Der **Positionstyp M** wird z. B. für Materialien benötigt, die gleichartig sind, einen gleichen Preis haben und sich nur im Detail unterscheiden. Um nicht alle Materialien erfassen zu müssen, reicht es aus, die entsprechende Materialnummer in der Abrufbestellung anzugeben. Der **Positionstyp W** findet dann Verwendung, wenn die zu bestellenden Materialien einer Materialgruppe angehören und die genaue Angabe des Materials erst bei Bestellung erfolgen kann.

Bei Abrufbestellungen zu diesem Positionstyp müssen deshalb zu jeder Bestellposition genaue Angaben zum Material gemacht werden. Der **Kontierungstyp U** (Kontierung unbekannt) kann für Kontraktpositionen verwendet werden, zu denen bei Abschluss des Kontrakts noch keine Kontierung bzw. Kostenstelle zugeordnet werden konnte.

1.2.6.4.2 Lieferpläne

Lieferpläne stellen eine besondere Ausprägungsform des Rahmenvertrags dar. Die grundsätzlichen Vertragsdaten entsprechen denen bei einem Mengenkontrakt vereinbarten. Eine Abrufbestellung ist jedoch nicht mehr notwendig, da beim Lieferplan nur noch Einteilungen erzeugt werden, die dem Lieferanten die Liefermenge sowie den genauen Lieferzeitpunkt mitteilen.

Der Lieferplan weist Ähnlichkeiten mit einem Mengenkontrakt auf: Er enthält die Zielmenge eines bei einem Lieferanten zu bestellenden Materials sowie den Preis. Für jedes Material oder jede Dienstleistung, die beschafft werden soll, ist eine Lieferplanposition anzulegen; zu jeder Lieferplanposition müssen Einteilungen erfasst werden.

Bei Beschaffung über Lieferplan erhält der Lieferant einen Lieferplanabruf (z. B. einen Lieferabruf), keine Einzelbestellung oder einen Kontraktabruf. Der Abruf spezifiziert die Daten zum letzten Wareneingang sowie Liefermenge, -datum und -uhrzeit für die noch zu liefernde Menge, d. h. die Einteilungen. Eine Einteilung kann feste und geplante Liefertermine enthalten.

Bei Lieferplänen kann ohne oder mit Abrufdokumentation gearbeitet werden. Das Arbeiten mit dieser Dokumentation hat den Vorteil, dass man die an einen Lieferanten übermittelten gültigen Abrufe innerhalb eines Zeitraums jederzeit anzeigen kann.

Beim Arbeiten mit Lieferplänen ohne Abrufdokumentation werden die aktuellen Einteilungen automatisch über das Nachrichtensteuerungsprogramm ausgegeben. Bei Verwendung von Lieferplänen mit Abrufdokumentation können die Einteilungen intern beliebig geändert werden. Sobald die Einteilungen zu einer Position endgültigen Charakter annehmen und an den Lieferanten übermittelt werden sollen, erzeugt man einen Lieferabruf. Die Übermittlung der Informationen an den Lieferanten wird durch diesen Lieferabruf angestoßen und die Informationen werden im System festgehalten, so dass jederzeit nachvollziehbar ist, wann genau welche Informationen an einen Lieferanten geschickt wurden.

Vorteile der Beschaffung über Lieferplan

Die Beschaffung über Lieferpläne bietet eine Reihe wesentlicher Vorteile:

- **weniger Bearbeitungszeit und Papiervorgänge**: Eine Lieferplaneinteilung kann eine Vielzahl von Bestellungen oder Kontraktabrufen ersetzen.
- **geringe Lagerbestände:** Durch die Vorgabe des genauen Lieferzeitpunkts sind Just-in-time-Lieferungen (JIT) möglich, die es wiederum erlauben, nur geringe Bestände vorzuhalten.
- **kürzere Vorlaufzeiten für den Lieferanten:** Da der Lieferant nicht die Gesamtbestellmenge des Lieferplans durch eine einzige Lieferung bereitstellen muss, sondern entsprechend den Einteilungen liefern kann, verkürzen sich für ihn die Vorlaufzeiten der einzelnen Lieferungen.
- **automatische Erstellung von Lieferplaneinteilungen durch die Disposition**: Voraussetzung: Der Einkauf muss mit Hilfe von Quotierung und Orderbuch einen Lieferplan als eindeutige Bezugsquelle zuordnen.

Anlage von Lieferplänen

Die Vorgehensweise bei der Anlage von Lieferplänen entspricht der Vorgehensweise bei der Anlage von Kontrakten. Um einen Lieferplan manuell anzulegen, müssen die Menüpunkte

Rahmenvertrag ⇨ Lieferplan ⇨ Anlegen

angewählt werden.

Fixierungszeiträume

Eine Besonderheit bei der Anlage von Lieferplänen stellt die Festlegung von Fixierungszeiträumen dar, die den Verbindlichkeitsgrad von Einteilungen festlegen. Innerhalb des **Fixierungszeitraums 1**, des Produktionsfreigabezeitraums, gelten Einteilungen als verbindlich. Der **Fixierungszeitraum 2**, auch Materialfreigabezeitraum genannt, ermächtigt den Lieferanten zur Beschaffung der Materialien, die für die Fertigung der Waren benötigt werden. Er hat einen geringeren Verbindlichkeitsgrad als der Fixierungszeitraum 1. In den Fixierungszeitraum 3 fallen alle Liefertermine, die außerhalb der ersten beiden Fixierungszeiträume liegen. Sämtliche Fixierungszeiträume werden, in Tagen beginnend, ab dem Tagesdatum festgelegt.

Um **Lieferplaneinteilungen** zu erfassen, müssen die Menüpunkte:

Rahmenvertrag ⇨ Lieferplan ⇨ Folgefunktionen ⇨ Lieferplaneinteilungen

angewählt werden. Nach Eingabe der Lieferplannummer können die Positionen ausgewählt werden, für die eine Einteilung erstellt werden soll.

Sämtliche Lieferplaneinteilungen können kumuliert und innerhalb des erzeugten Belegs als kumulierte Menge ausgegeben werden. Dies erleichtert den Überblick über den aktuellen Status des Lieferplans.

Eine Abweichung zwischen der kumulierten Menge des Systems und der kumulierten Menge des Lieferanten, die durch Über- oder Unterlieferungen entstanden sein kann, kann ggf. berichtigt werden.

1.2.6.4.3 Änderung, Sperre und Überwachung

Änderung

Bedarf es einer Änderung an einem bestehenden Rahmenvertrag, muss unter bestimmten Aspekten beachtet werden, dass diese nur in eingeschränktem Umfang vorgenommen werden kann. So können z. B. neu einzugebende Liefermengen nicht kleiner als bereits gelieferte Mengen sein.

Können die Änderungen am Beleg jedoch vollzogen werden, erstellt das System automatisch einen Änderungsbeleg, der dem Lieferanten über das ausgewählte Ausgabemedium zugeleitet werden kann. Sämtliche Änderungen eines Rahmenvertrags werden protokolliert.

Sperre

Um Positionen von Rahmenverträgen für Bestellungen zu sperren, müssen folgende Menüpunkte angewählt werden:

Rahmenvertrag ⇨ Ändern

und nach Markierung der entsprechenden Positionen:

Markieren ⇨ Sperren.

Die Sperre bleibt dann so lange im System, bis sie zurückgesetzt wird.

Überwachung

Bei der Überwachung von Rahmenverträgen ist die Anzeige der Bestellentwicklung zu einem Kontrakt interessant. Das System zeigt dabei sämtliche relevanten Abrufbestelldaten an und bietet die Möglichkeit, Wareneingänge sowie Rechnungseingänge und -werte zu einzelnen Abrufbestellungen anzuzeigen. Auswertungen zu Rahmenverträgen können ebenfalls erzeugt werden. Die entsprechende Vorgehensweise ist analog der Vorgehensweise bei der Erstellung von Auswertungen zu anderen Einkaufsbelegen.

1.2.7 Materialdisposition

Die Disposition gibt den Zeitpunkt und die Höhe des Bedarfs eines Materials vor. Sie tritt als deterministische Disposition (auf Stücklisten und externen Bedarf zurückgreifend) innerhalb der Produktionsplanung und als verbrauchsgesteuerte Disposition, unter Berücksichtigung zurückliegender Verbrauchswerte, innerhalb der Materialwirtschaft auf.

Die **Dispositionsverfahren**, die einzelnen Materialstammsätzen zugeordnet sind, erzeugen Meldungen bzw. Bestellanforderungen aufgrund der im Materialstammsatz vorgegebenen Kriterien. Diese können das Erreichen des Meldebestands oder eines Bestellzeitpunkts, ermittelt auf der Basis eines Prognosemodells, sein. Beispiele für Prognosemodelle sind das Konstant-, das Trend- und das Saisonmodell.

Bestellmengenermittlung

Die Ermittlung der Bestellmenge erfolgt über ein Losgrößenverfahren, das vom Disponenten festgelegt wird. Es wird zwischen **statischen**, **periodischen, Losgrößen nach flexiblen Periodenlängen** und **optimierenden Losgrößenverfahren** unterschieden.

Statische Losgrößenverfahren

Bei statischen Verfahren werden nur feste Losgrößen ohne Berücksichtigung des künftigen Bedarfs festgestellt. Innerhalb dieses Verfahrens wird nach exakter Losgröße, die der Fehlmenge entspricht, fester Losgröße und „Auffüllen bis zum Höchstbestand“ unterschieden.

Periodische Losgrößenverfahren

Bei periodischen Verfahren wird der Gesamtbedarf, der für eine bestimmte Zeitperiode anfällt, zu einem Los zusammengefasst, welches dann der Bestellmenge entspricht.

Optimierende Losgrößenverfahren

Optimierende Losgrößenverfahren fassen Bedarfsmengen mehrerer Perioden zu einer Losgröße zusammen. Hierbei wird zwischen den losgrößenfixen Kosten und den Lagerhaltungskosten ein Kostenoptimum ermittelt. Man unterscheidet die verschiedenen Optimierungsverfahren noch in der Art des Kostenminimums nach **Stück-Perioden-Ausgleich**, **Verfahren der gleitenden wirtschaftlichen Losgröße**, **dynamische Planungsrechnung** und **Losgrößenverfahren nach Groff**.

Toleranzen

Toleranzen, wie **Mindestlosgröße** und **maximale Losgröße** sowie **Rundungswerte**, werden bei der Ermittlung der Bestellmenge ebenfalls berücksichtigt.

Festlegung des Liefertermins

Die Festlegung des Liefertermins erfolgt aufgrund definierter Kriterien, wie Freigabetermin, Planlieferzeit und Wareneingangsbearbeitungszeit, ebenfalls automatisch.

Die Materialdisposition (Materialbedarfsplanung) und die Bestandsführung gehören zu den Bereichen der Materialwirtschaft, die den Materialbestand steuern (siehe hierzu Abb. 1.33):

Abb. 1.33
Verbindungen der Bestandsführung und der Materialdisposition zur Steuerung des Materialbestands

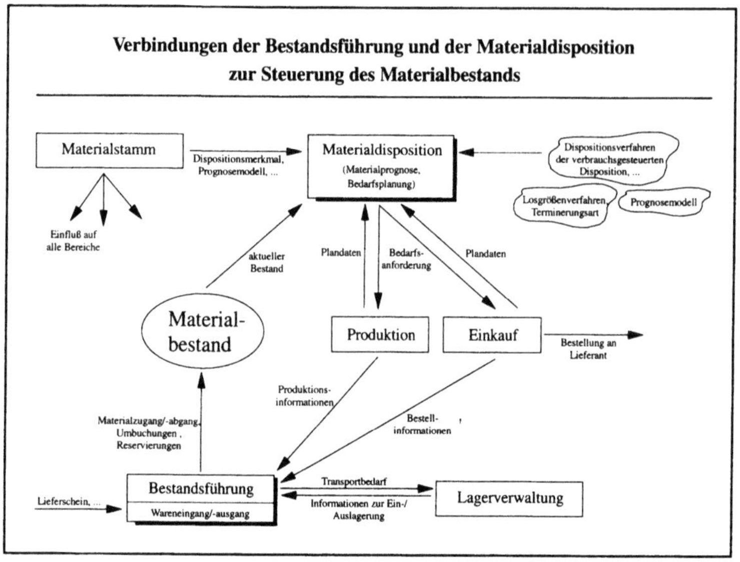

Materialdisposition

Die Materialdisposition (Bedarfsanforderung) ermittelt in Abhängigkeit von den Materialstammdaten, vom aktuellen Materialbestand und von den Plandaten der Produktion bzw. des Einkaufs den Bedarf eines Materials. Das für die Disposition benötigte Dispositionsverfahren (z. B. ein Verfahren der verbrauchsgesteuerten Disposition) sowie das Losgrößenverfahren, die Terminierungsart und das Prognosemodell werden durch die Stammdaten des jeweiligen Materials festgelegt. Bei der Durchführung der Materialdisposition wird auf die zur Verfügung stehenden Verfahren und Modelle zugegriffen.

Das Ergebnis der Materialdisposition wird an die Produktion bzw. an den Einkauf weitergeleitet, um eine entsprechende Produktion bzw. Bestellung zu veranlassen.

Bestandsführung

Die Bestandsführung verändert den aktuellen Materialbestand durch das Verbuchen von Materialzu- und -abgängen, durch Umbuchungen oder durch Reservierungen. Einen Einfluss auf die

Bestandsführung haben in diesem Zusammenhang die Materialstammdaten, die Produktion, der Einkauf, der Warenein- und -ausgang sowie die Lagerverwaltung.

Verbrauchsgesteuerte Disposition

Die verbrauchsgesteuerte Disposition wird, wie die Leitteileplanung und die plangesteuerte Disposition, für die Materialdisposition verwendet. Bei ihr handelt es sich um einen Sammelbegriff für Verfahren, die sich am Verbrauch des Materials orientieren und vorwiegend für die nachfolgenden Materialdispositionen eingesetzt werden:

- Materialdisposition in Bereichen ohne eigene Fertigung
- Materialdisposition von B- und C-Teilen (ABC-Analyse)
- Materialdisposition von Hilfs- und Betriebsstoffen

Die verbrauchsgesteuerte Disposition ermittelt in Abhängigkeit vom ausgewählten Verfahren, welches Material zu welchem Termin in welcher Menge benötigt wird. Bei der Ermittlung dieser Daten werden Losgrößenverfahren und - je nach Dispositionsverfahren - auch Prognosen verwendet.

Beim *Anlegen/Ändern* eines Materials im Materialstamm erfolgt die Verknüpfung zum jeweiligen Dispositionsverfahren, Losgrößenverfahren, Prognosemodell und zu weiteren Daten, die für die Disposition notwendig sind.

Die Ergebnisse der Materialdisposition mit verbrauchsgesteuerten Dispositionsverfahren können in Form einer **Dispositionsliste** oder einer Bestands-/Bedarfsübersicht angezeigt und bearbeitet werden. In Abhängigkeit von den Ergebnissen erfolgt die Erstellung von Bestellvorschlägen (Bedarfsanforderungen) für den Einkauf bzw. für die Produktion.

Bei den **Dispositionsverfahren der verbrauchsgesteuerten Disposition** handelt es sich um die manuelle bzw. maschinelle Bestellpunktdisposition und um die stochastische Disposition. Die Abb. 1.34 zeigt die Einordnung dieser Verfahren in die bei der Materialdisposition zur Verfügung stehenden Verfahren:

Abb. 1.34 Dispositionsverfahren bei der Materialdisposition

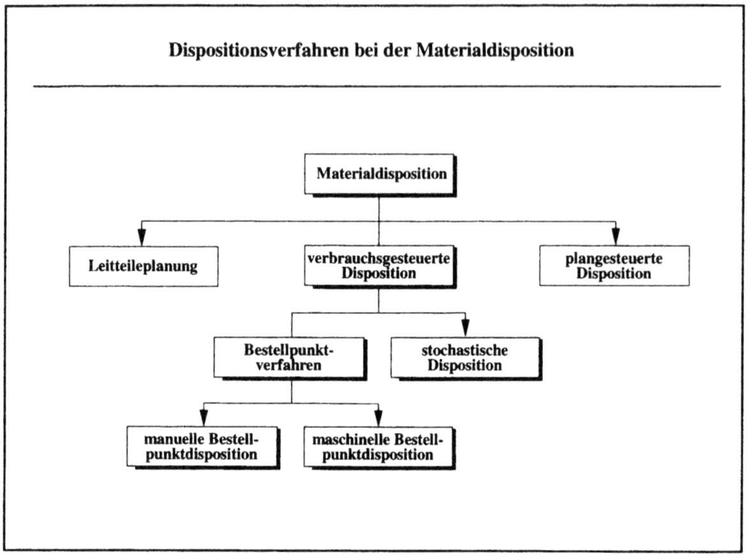

Bei den **Bestellpunktverfahren** wird der verfügbare Bestand eines Materials mit dessen Meldebestand verglichen. Wenn dabei der verfügbare Bestand den Meldebestand unterschreitet, kommt es zur Generierung eines Bestellvorschlags. In diesem Zusammenhang werden auch der Sicherheitsbestand, das Losgrößenverfahren, die Plandaten aus Produktion bzw. Einkauf und die Vorwärtsterminierung berücksichtigt.

Die **maschinelle Bestellpunktdisposition** unterscheidet sich von der manuellen dadurch, dass sie nicht den im Materialstamm festgelegten Melde- und Sicherheitsbestand verwendet, sondern diese Bestände durch bisherige Verbrauchswerte ermittelt.

Bei der **stochastischen Disposition** wird in regelmäßigen Abständen (Tage, Wochen, Monate oder Buchhaltungsperioden) maschinell mit Hilfe eines Prognoseverfahrens der zukünftige Materialbedarf ermittelt. Dieser Materialbedarf wird dann mit dem verfügbaren Bestand verglichen. Wird hierbei eine Unterdeckung festgestellt, kommt es zur Erzeugung eines Bestellvorschlags. In diesem Zusammenhang werden, wie bei den Bestellpunktverfahren, der Sicherheitsbestand, das Losgrößenverfahren und die Plandaten aus der Produktion bzw. Einkauf berücksichtigt. Bei der Terminierung hingegen handelt es sich um die Rückwärtsterminierung.

Losgrößenverfahren

Die zur Verfügung stehenden Losgrößenverfahren unterteilen sich in verschiedene **statische**, **periodische** und **optimierende Losgrößenverfahren**. Die Abb. 1.35 zeigt einen Überblick über diese Verfahren. Bei der maschinellen Bestellpunktdisposition und der stochastischen Disposition können dabei alle Verfahren angewendet werden. Bei der manuellen Bestellpunktdisposition hingegen sind nur statische Verfahren erlaubt. Hierbei ist zu beachten, dass keine Überprüfung durch das System stattfindet und dies so nicht zu den gewünschten Ergebnissen der Materialdisposition führen kann.

Abb. 1.35
Losgrößenverfahren bei der Materialdisposition

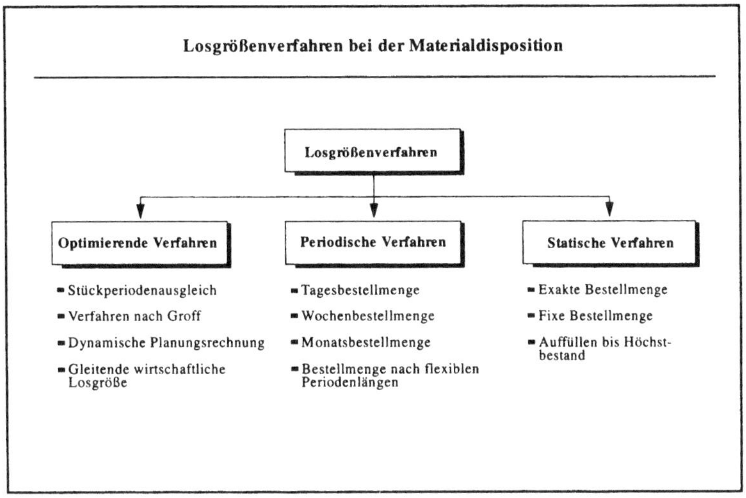

Prognosemodelle

Bei den Prognosemodellen handelt es sich um das **Konstant-**, **Trend-**, **Saison-** und **Trend-/Saisonmodell**. Hinter diesen Modellen verbergen sich verschiedene **Prognoseverfahren**. Einen Überblick über diese Verfahren zeigt die Abb. 1.36.

Die Auswahl eines Verfahrens ist abhängig von dem Bedarfsverlauf eines Materials und kann manuell oder maschinell erfolgen. Der Bedarfsverlauf ergibt sich hierbei aus den Bedarfswerten der vergangenen Perioden.

Abb. 1.36
Prognoseverfahren für die Materialprognose

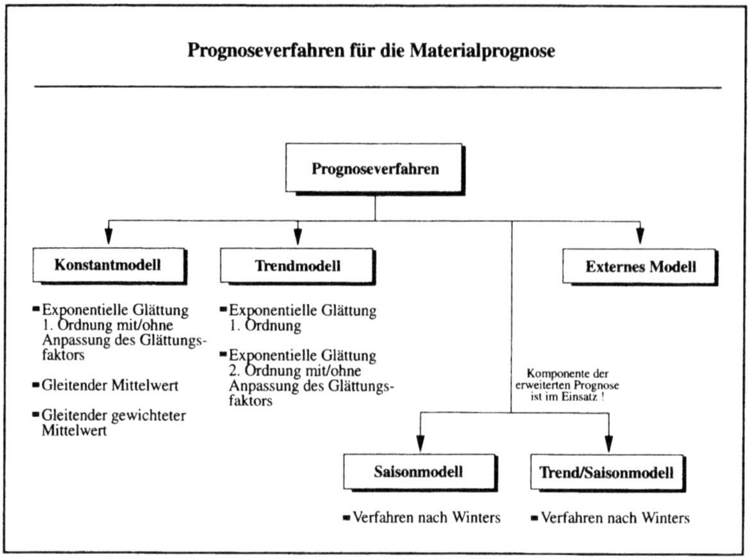

1.2.7.1 Voraussetzung für die Materialdisposition

Um für ein Material eine Disposition mit einem verbrauchsgesteuerten Verfahren durchführen zu können, müssen zuvor im **Materialstamm** die dafür notwendigen Daten dem Material zugeordnet werden. In der Regel erfolgt die Zuordnung der Daten beim Anlegen eines Materials.

Der Weg, um Material anzulegen, führt über *Logistik ⇨ Materialwirtschaft ⇨ Materialstamm.*

Abb. 1.37
Menüweg: Materialstamm

Bei den betroffenen Sichten handelt es sich um **Disposition 1**, **Disposition 2**, **Disposition 3** und **Prognose**.

Disposition 1

In der Sicht Disposition 1 müssen die Grunddaten, die noch nicht vorhanden sind, eingegeben werden. Dies betrifft vor allem das Dispositionsmerkmal und die Dispositionsgruppe. Im Feld Dispositionsmerkmal erfolgt die Zuordnung des Materials zu dem gewünschten Dispositionsverfahren. In Abhängigkeit von den Grunddaten erfolgt die weitere Eingabe für die allgemeinen Daten und Losgrößendaten. Eine Eingabe in einem Feld kann dabei weitere notwendig machen. Betroffene Felder werden in diesem Zusammenhang farblich hervorgehoben. Diese Vorgehensweise ist für eine korrekte Eingabe unumgänglich, jedoch kann sie auch sehr verwirrend sein. Bei den restlichen Sichten erfolgt, wenn erforderlich, die Eingabe in ähnlicher Weise.

Disposition 2

In der Sicht Disposition 2 können neben den Grunddaten auch Daten für die Prognoseverarbeitung und die Bedarfsauflösung eingegeben werden. Eine Eingabe in diese Sicht ist evtl. nur dann notwendig, wenn ein Dispositionsverfahren ausgewählt wurde, welches Prognosen für die Disposition verwendet.

Disposition 3

In der Sicht Disposition 3 können ebenfalls Grunddaten und zusätzlich noch Daten für die weitere Verrechnung dem Material zugeordnet werden.

Prognose

In der Sicht Prognose werden Daten erfasst, die für die Materialprognose verwendet werden. Neben den Grunddaten handelt es sich hierbei um Daten über die Anzahl der gewünschten Perioden und um Steuerungsdaten.

Beim Material anlegen müssen die Felder *Material*, *Branche* und *Materialart* ausgefüllt sein, bevor man in die Sichtenauswahl gelangt.

Abb. 1.38
Einstieg
Material anlegen

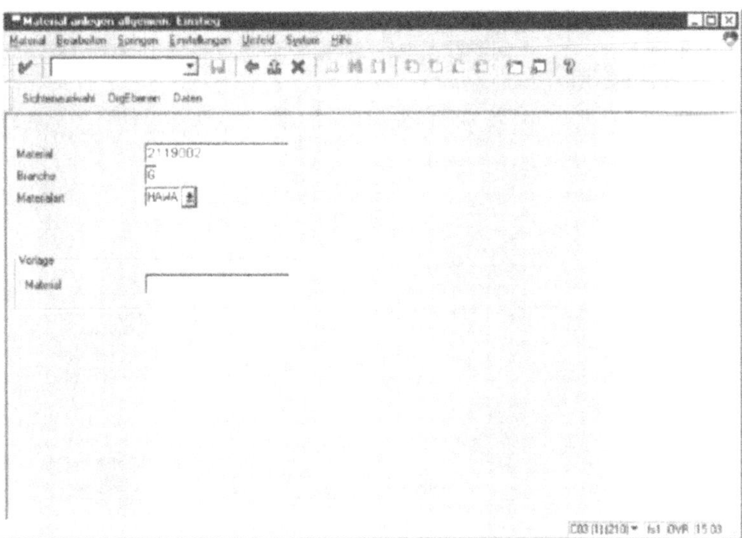

In der folgenden Sichtenauswahl wählt man die Punkte **Einkauf**, **Disposition 1**, **Lagerung 1** und **Buchhaltung 1** aus und bestätigt mit **OrgEbenen**, um die entsprechenden Einträge vorzunehmen.

Abb. 1.39
Sicht: Disposition 1

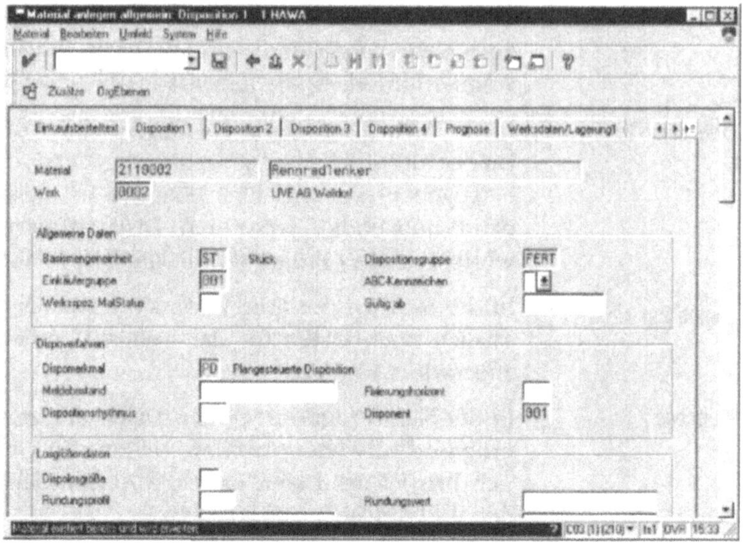

Nach der Eingabe der Daten in der Sicht Disposition 1 müssen Daten in der Sicht Disposition 2 und Prognose eingegeben werden.

Abb. 1.40
Sicht: Disposition 2

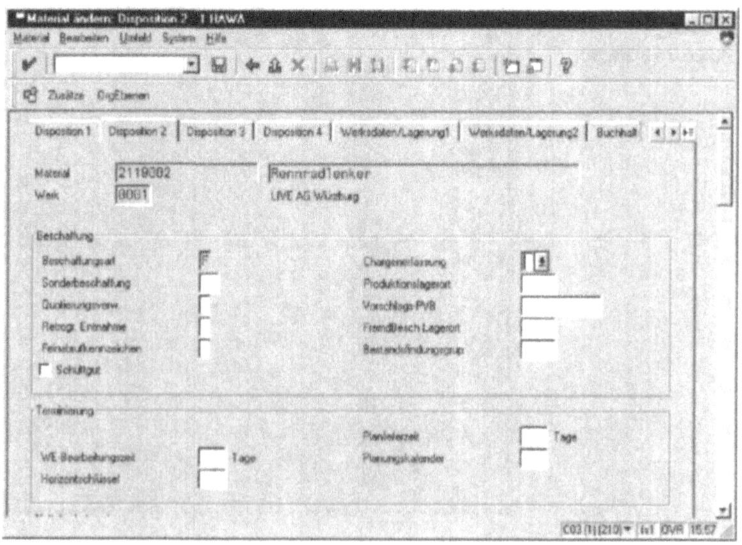

In der Sicht **Prognose** müssen die folgenden Daten eingegeben bzw. geändert werden:

- **Prognosemodell** = „**T**" für Trendmodell
- **Initialisierung** = „**M**" für manuell

Die Anzahl der Prognoseperioden wurde bereits systemseitig festgelegt. Dies gilt auch für die anderen angegebenen Daten. Aufgrund des Trendmodells können weitere Daten in einem zusätzlichen Fenster erfasst werden.

1.2.7.2 Durchführung einer Materialdisposition

Die Materialdisposition bietet eine Vielzahl von Durchführungsmöglichkeiten an. Diese können in drei Hauptmöglichkeiten zusammengefasst werden:

1. **Bedarfsplanung ohne Prognosen**
2. **Bedarfsplanung mit Prognosen**
   (Initialisierung durch das System)
3. **Bedarfsplanung mit Prognosen**
   (Initialisierung durch den Benutzer)

Die Festlegung der Hauptmöglichkeiten erfolgt im Materialstamm durch das Dispositionsmerkmal (Sicht: Disposition 1) und durch die Prognoseinitialisierung. Die weiteren Möglichkeiten sind dann abhängig von den getroffenen Entscheidungen bei der Materialdisposition. Die Abb. 1.41 zeigt hierzu einen Überblick:

Abb. 1.41 Möglichkeiten der Materialdisposition

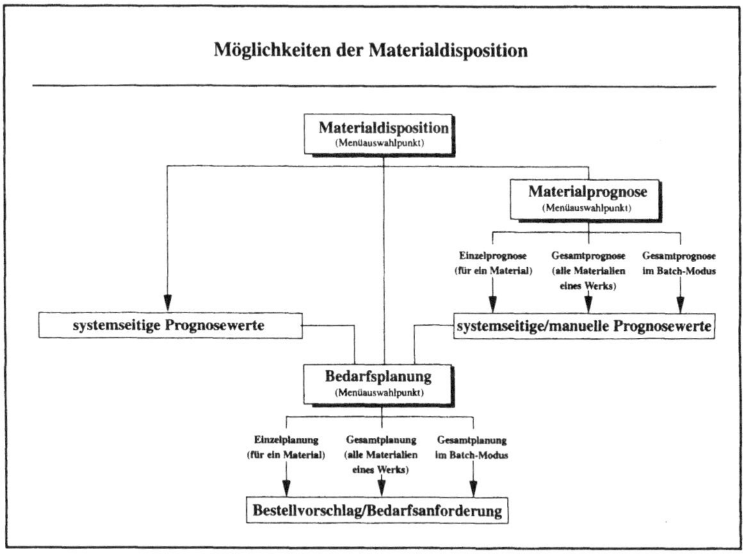

Die Materialprognose und die Bedarfsplanung erscheinen bei der Auswahl des Menüpunktes *„Materialdisposition"* als weitere Menüpunkte. Die Auswahl der Materialprognose ist nur notwendig für Materialien, deren Prognose manuell initialisiert wird oder wenn Änderungen von systemseitigen Prognosen notwendig sind.

In diesem Zusammenhang muss die Materialprognose vor der Durchführung der Bedarfsplanung erfolgen. Bei Materialien mit systemseitiger Initialisierung der Prognose kann die Bedarfsplanung hingegen sofort durchgeführt werden.

Der Weg zur Bedarfsplanung und Materialprognose führt über *Logistik ⇨ Materialwirtschaft ⇨ MatDisposition.*

Abb. 1.42
Menüweg zur Materialprognose/Bedarfsplanung

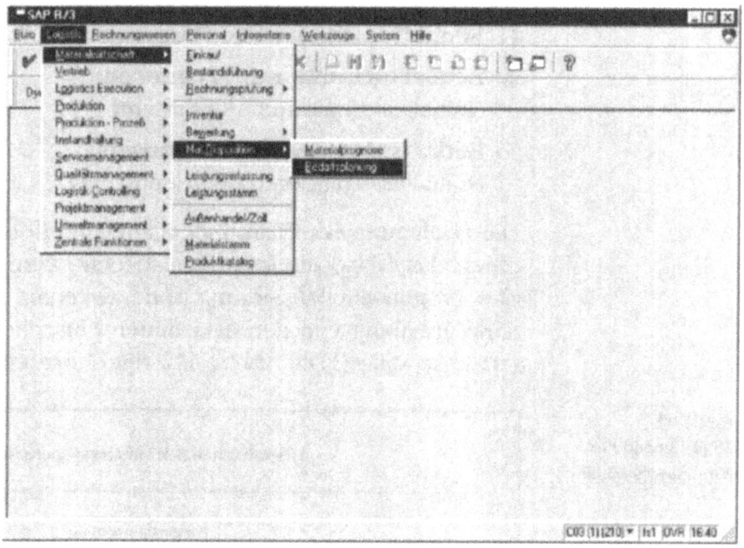

Unter dem Menüpunkt ***Prognose*** können die Möglichkeiten der Materialprognose angewendet werden. Unter *Profile* können Prognoseprofile, die als Eingabehilfe bei der Durchführung einer Prognose verwendet werden, angelegt, angezeigt, geändert oder gelöscht werden. Der Menüpunkt ***Nummernkreise*** ermöglicht die Verwaltung des Nummernkreises für Prognoseparameter bzw. für Prognosewerte.

Anhand eines Beispiels „Ergometer" soll nun ein Prognosebeispiel durchgeführt werden. Der Weg zur Einzelprognose führt über *Prognose ⇨ Einzelprognose ⇨ Durchführen.*

Abb. 1.43
Prognose durchführen: Einstieg

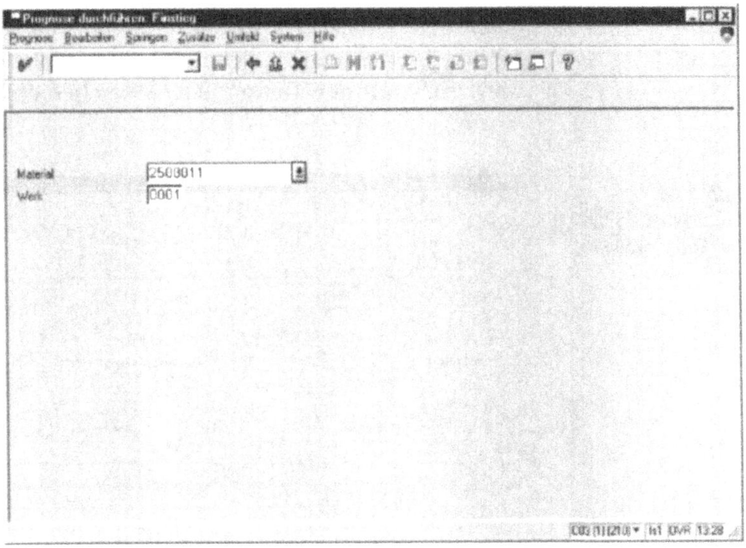

Nachdem man Material und ein Werk ausgewählt hat, gelangt man in das Menü, um die Prognoseparameter einzugeben. Die Vorschlagswerte für die Prognose sind normalerweise passend und können belassen werden.

Abb. 1.44
Prognose durchführen: Parameterübersicht

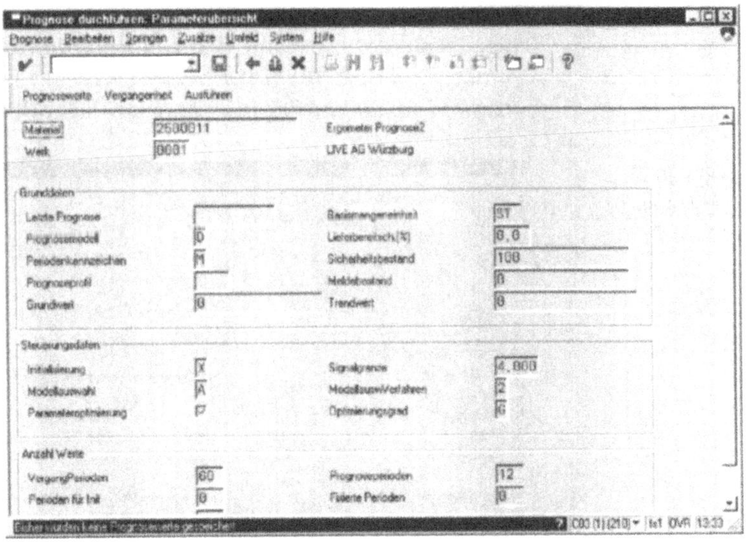

Nach dem Drücken des Buttons *Ausführen* wird ein Prognosedatum vorgeschlagen, welches man ebenfalls übernehmen sollte. Mit Druck auf den Button *Weiter* erscheinen dann die Prognosewerte.

Abb. 1.45
Prognose durchführen: Prognosewerte

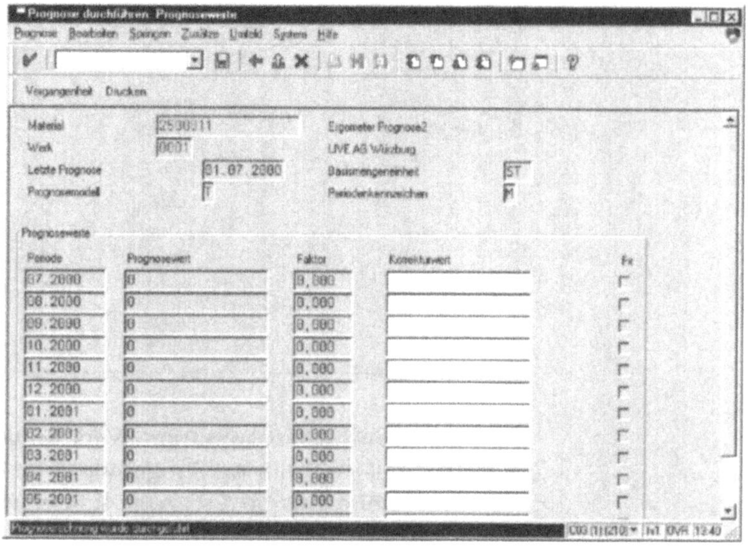

Um diese Werte bei der Bedarfsplanung zu verwenden, ist vor dem Verlassen dieses Fensters das Speichern der Werte notwendig. Nach der Auswahl der ***Bedarfsplanung*** über die Menüpunkte *Logistik* ⇨ *Materialwirtschaft* ⇨ *MatDisposition* erhält man ein neues Fenster mit den nachfolgenden Menüpunkten.

Abb. 1.46
Einzelplanung
- einstufig -

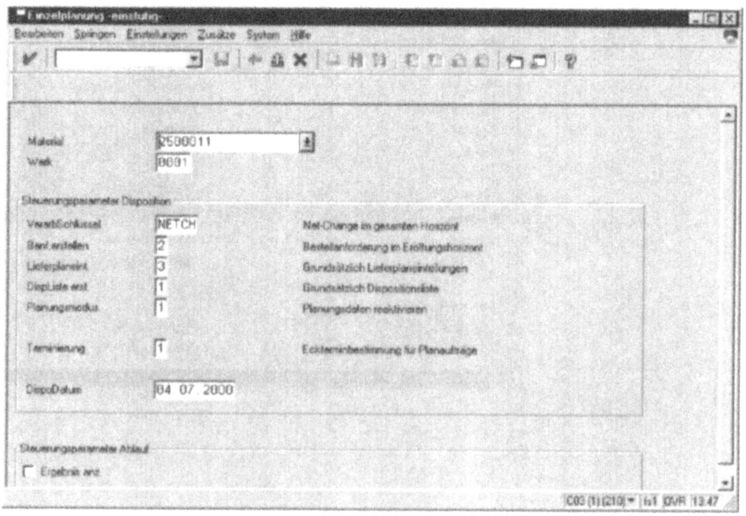

Unter dem Menüpunkt *Bedarfsplanung* können die Möglichkeiten der Bedarfsplanung angewendet werden. Der Menüpunkt *Planauftrag* bietet Möglichkeiten zum Bearbeiten und Anzeigen von Planaufträgen.

Unter *Auswertungen* können die Ergebnisse der Bedarfsplanung in Form einer Dispositionsliste bzw. einer Bestands- und Bedarfsübersicht angezeigt werden. Bei *Pl.Vormerkung* können Planungsvormerkungen bearbeitet und angezeigt werden. Unter *Stammdaten* können Daten zu Seriennummern, zum Planungskalender und zu Quoten gepflegt werden, die für die Materialdisposition evtl. notwendig sind.

Wird der Steuerungsparameter für den Ablauf (*Ergebnis anz.*) ausgewählt, so wird nach der Disposition das Ergebnis am Bildschirm angezeigt. Wird dieser Parameter nicht ausgewählt, so wird das Ende der Bedarfsplanung durch das Verschwinden der Parameterbeschreibung angezeigt.

Abb. 1.47
Planungsergebnis
- Einzelzeilen -

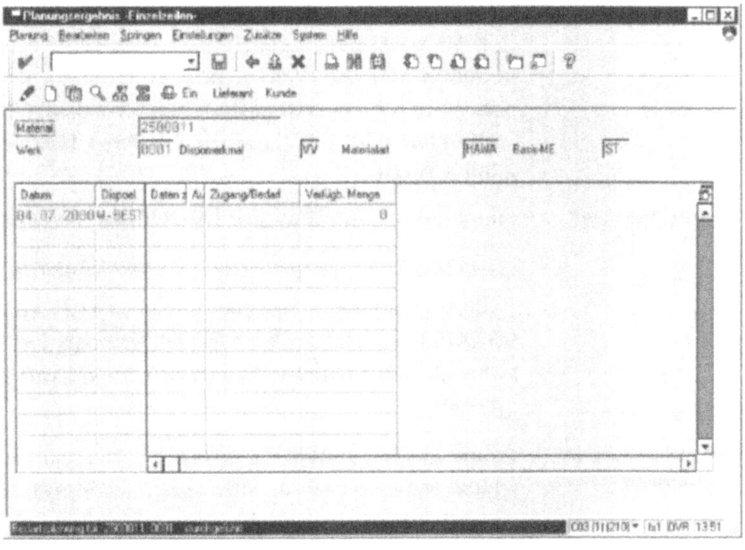

Ergebnis der Materialdisposition

Bei dem Ergebnis der Materialdisposition handelt es sich um die **Dispositionsliste** bzw. **Bestands-/Bedarfsübersicht**, aber auch um **Ausnahmemeldungen**, die während der Disposition erstellt wurden. Solche Ausnahmemeldungen treten auf bei Terminverzug, bei einem Unterterminierungs- oder Stornierungsvorschlag sowie bei Unterschreitung des Sicherheitsbestandes.

1.2.8 Auswertungen im Einkauf

Grundsätzlich können Auswertungen in den jeweiligen Menüs der Einkaufsbelege erzeugt werden. Dort werden, nach Anwahl des entsprechenden Einkaufsbelegs und des Menüpunktes *Listanzeigen*, die möglichen Selektionskriterien und Listumfangsparameter aufgelistet, nach denen eine Auswertung erstellt und deren Ausgabe eingeschränkt werden kann.

Sollen allgemeine Auswertungen erzeugt werden, darunter versteht man Auswertungen über bestimmte Einkaufsbelege, die jedoch variabel summiert und aufgebaut werden sollen, kann vom Einkaufsmenü aus über die Menüpunkte:

Bestellung ⇨ Auswertungen ⇨ Allg. Auswertungen

zum Einstiegsbild variabler Auswertungen verzweigt werden.

Hier werden die Hauptselektionskriterien angezeigt, nach denen die Auswertung erfolgt. Nach Auswahl einer Gruppe, über die die Auswertung erstellt werden soll, kann durch Angabe der Belegart sowie weiterer Daten, wie z. B. des Zeitraums, der Umfang der Auswertung eingeschränkt werden. Nachdem alle Daten eingegeben wurden, kann die Grundliste, die vom System als Ergebnis der Auswertung angezeigt wird, mit Hilfe des Menüs *Einstellungen* und der darauffolgenden Untermenüs individuell gestaltet werden.

Bestellwertanalyse

Die Komponente Einkauf bietet über die Menüfolge

Bestellung ⇨ Auswertungen ⇨ Bestellwertanalyse

die Möglichkeit, Summenanalysen, ABC-Analysen, Analysen mit Vergleichsperiode oder Häufigkeitsanalysen durchzuführen, wobei mehrere Analysen in einem Arbeitsgang durchgeführt werden können.

Summenanalyse und ABC-Analyse

Eine Summenanalyse gibt Auskunft darüber, wie hoch der Bestellwert bei einem bestimmten Lieferanten im Auswertungszeitraum war. In der Folge einer Summenanalyse können zu allen berechneten Summen Einteilungen nach dem ABC-Analysemodell durchgeführt werden, die sämtliche Positionen in Kategorien der Stufen **A** (sehr wichtig) bis **C** (minder wichtig) einstuft. Die Standardverteilung, die bei ABC-Analysen zugrunde liegt, wird vom System mit 70 : 20 : 10 vorgegeben.

Analyse mit Vergleichsperiode

Die im System ebenfalls implementierte Analyse mit Vergleichsperiode gestattet, Analysen einzelner Bereiche über zwei Zeiträume hinweg zu erzeugen.

Häufigkeitsanalyse

Eine Häufigkeitsanalyse gibt Aufschluss darüber, wie hoch die Einkaufsbestellwerte bei einzelnen Einkaufsorganisationen waren. Hierzu können durch Eingabe von Nettowerten bis zu vier Intervalle definiert werden, denen die anschließenden Ergebnisse zugeordnet werden.

1.2.9 Konsignation

Die Konsignation ist eine Geschäftsform, bei der ein Lieferant einen Materialbestand im Lager des Kunden auf eigene Kosten unterhält. Die Waren bleiben bis zur Entnahme aus dem Konsignationslager Eigentum des Lieferanten und werden erst mit Entnahme zum aktuellen Preis des Lieferanten bewertet. Die Warenentnahmen werden dem Lieferanten periodisch, z. B. monatlich, mitgeteilt und lösen damit eine Rechnungsstellung aus.

R/3 bietet die Möglichkeit, Waren sowohl im Konsignationsbestand als auch im Eigenbestand zu führen. Die Bestände der Konsignationsläger gehen jedoch, mit Ausnahme der in der Qualitätsprüfung befindlichen Ware, mit in die Berechnung des frei verfügbaren Bestands ein. Sollten mehrere Lieferanten Konsignationsläger mit denselben Materialien in der Unternehmung führen, so ist es möglich, sämtliche Lagerbestände zu ermitteln und bei Entnahme alle Materialien mit den jeweiligen Preisen der Lieferanten zu bewerten. Dies erleichtert die Bezugsquellenermittlung, da so der günstigste Lieferant für Konsignationslagermaterial ermittelt werden kann.

Um ein Material als Konsignationsmaterial anlegen zu können, müssen zuerst die Konsignationspreisdaten eingegeben werden. Dies geschieht dadurch, dass ein Materialstammsatz für das entsprechende Werk angelegt und der Konsignationspreis in diesem Materialstammsatz gepflegt wird. Die Bestandsdaten für das Material werden dann vom System automatisch verwaltet.

Positionstyp K

Bei der Anlage von Bestellanforderungen, Rahmenverträgen und Bestellungen muss im Unterschied zur bereits beschriebenen Beleganlage lediglich das Feld *Positionstyp* mit einem „K" versehen werden. Die weitere Erfassung geschieht analog zu der bereits bei der Anlage anderer Einkaufsbelege beschriebenen.

Wareneingänge zu Konsignationslägern können mit und ohne Bestellung erfolgen. Eine entsprechende Erhöhung des Lagerbestandes wird über die Komponente Bestandsführung erfasst. Sollen nun die **Konsignationsverbindlichkeiten** beglichen werden, muss zuerst über die Menüfolge:

Weiterverarbeitung ⇨ KonsiVerb

aus dem Rechnungsprüfungsmenü eine Liste, der für die ausgewählten Selektionskriterien zutreffenden Konsignationsverbindlichkeiten erstellt werden.

Die weitere Buchung der Konsignationsverbindlichkeiten wird dann über die Menüpunkte:

Belegbearbeitung ⇨ Rechnung hinzufügen

eingeleitet. Mit Sicherung der eingegebenen Daten wird der Beleg gebucht und die Finanzbuchhaltung zur Begleichung des Betrags angewiesen.

1.2.10 Lieferantenbeurteilung

Die Lieferantenbeurteilung unterstützt die Verantwortlichen und Sachbearbeiter/innen im Einkauf bei einer objektiven Beurteilung der Leistungen von Lieferanten, die der jeweiligen Einkaufsorganisation zugeordnet sind. Sie kann für einen oder mehrere Lieferanten durchgeführt werden, wobei die Möglichkeit besteht, Beurteilungen über Batchbetrieb in regelmäßigen Abständen automatisch zu erzeugen.

Hauptkriterien

Lieferantenbeurteilungen werden auf der Basis von vordefinierten Hauptkriterien durchgeführt, die standardmäßig

- Preis
- Lieferung
- Qualität und
- Service umfassen.

Aus diesen Hauptkriterien setzt sich eine Note zusammen, die zwischen 1 und 100 Punkten liegt. In R/3 können bis zu 99 Hauptkriterien gepflegt sowie eine individuelle Gewichtung der einzelnen Hauptkriterien definiert werden. Die Hauptkriterien setzen sich wiederum aus bis zu 20 Teilkriterien zusammen, die in die Note des jeweiligen Hauptkriteriums einfließen.

Teilkriterien

Die Noten für die Teilkriterien können automatisch, teilautomatisch und manuell entstehen. Bei automatischer Generierung greift das System auf bereits vorhandene Daten, z. B. Einkaufsinfosätze sowie Daten des Qualitätsmanagements zurück, wogegen bei teilautomatischer Generierung auf Daten der Einkaufsinfosätze zurückgegriffen wird, die von dem oder der zuständigen Mitarbeiter/in für einzelne Materialien gepflegt wurden.

Bei manueller Eingabe wird die Note für ein ganzes Teilkriterium manuell erfasst.

Den einzelnen **Hauptkriterien** sind standardmäßig folgende **Teilkriterien** zugeordnet:

- **Preis** Preisentwicklung, Preisniveau
- **Qualität** Qualitätsaudit, WE-Prüfungen, Reklamationen aus der Produktion
- **Lieferung** Liefertermintreue, Mengentreue, Versandvorschrift
- **Service** Teilautomatische Kriterien: Zuverlässigkeit, Kundendienst, Innovation

Aus diesen Teilkriterien wird die Note für die jeweiligen Hauptkriterien errechnet.

Werden teilautomatische Noten für ein Material gepflegt, gehen diese Noten automatisch mit in eine Lieferantenbeurteilung ein. Ist dies nicht der Fall, greift das System lediglich auf die verfügbaren Daten zur Ermittlung automatischer Kriterien zurück.

Um eine **Lieferantenbeurteilung** durchzuführen, müssen folgende Menüpunkte angewählt werden:

Stammdaten ⇨ Lieferantenbeurteilung ⇨ Pflegen

Nachdem der Schlüssel für die Einkaufsorganisation und des zu beurteilenden Lieferanten eingegeben wurde, wird nach Drücken der [Enter]-Taste in die Übersicht der Lieferantenbeurteilung verzweigt, in welcher die für die Einkaufsorganisation gepflegten Hauptkriterien angezeigt werden. Nach Eingabe des **Gewichtungsschlüssels** für die einzelnen Hauptkriterien kann über Anwahl der Menüpunkte

Bearbeiten ⇨ Auto.Neubeurteilung

die Gesamtnote des Lieferanten ermittelt werden.

Nach einer Beurteilung besteht die Möglichkeit, die Daten, auf deren Basis die Note für ein Teilkriterium ermittelt wurden, in einem Protokoll anzuzeigen.

Selbstverständlich können auch Neubewertungen für einzelne Hauptkriterien erzeugt werden, ohne eine Gesamtnote zu erzeugen.

Automatische Neubeurteilung

Die Funktion *Automatische Neubeurteilung* bietet die Möglichkeit, die Noten eines Lieferanten für die teilautomatischen und automatischen Teilkriterien neu zu beurteilen. Dazu kann man ersehen, wie sich die Noten des Lieferanten für die Teilkriterien seit der letzten Beurteilung geändert haben. Um vergleichbare Ergebnisse der neuen Beurteilung und der letzten Beurteilung zu erhalten, werden die manuell gepflegten Noten der letzten Beurteilung ohne Veränderung in die Berechnung mit einbezogen.

Zu einer übersichtlichen Ausgabe werden die Noten für die automatischen und teilautomatischen Teilkriterien in einer Liste gemeinsam angezeigt. In dieser Anzeige ist auch eine Gegenüberstellung der neuen und alten Noten vorhanden. Es ist nun möglich die alten Noten durch die neuen Noten zu ersetzen.

Um eine Neubeurteilung eines Lieferanten durchzuführen, wählt man die Funktion:

Stammdaten ⇨ Lieferantenbeurteilung ⇨ Aut. Neubeurteilung

im Einkaufsmenü.

Als nächstes erfolgt die Eingabe des Schlüssel des Lieferanten und die Einkaufsorganisation. Nach Ausführung der Funktion erhält man eine Gegenüberstellung der alten und der neuen Noten. Nach Überprüfung der alten und neuen Noten kann die neue Beurteilung gesichert werden, um als Basis für die nächste zu dienen.

Über diese Funktion ist es auch möglich eine Liste zu erstellen, die alle zu beurteilenden Lieferanten beinhaltet. Dazu wird das Feld *Lieferant* leer gelassen und im Feld *Nicht beurteilt seit* wird ein Datum eingegeben. Nach Ausführen der Funktion werden alle Lieferanten, die seit diesem Datum keine Beurteilung erhalten haben, aufgelistet. Es können Lieferanten mit alten Beurteilungen wie auch Lieferanten, die noch gar nicht beurteilt wurden, in der Liste vorkommen.

Hintergrundbeurteilung

Lieferanten können über die Funktion *Beurt. im Hintergrund* regelmäßig in Hintergrundverfahren beurteilt werden. Eine Voraussetzung ist jedoch dafür, dass Intervalle existieren, die die Lieferantenanzahl, die im Hintergrund beurteilt werden soll, einschränken. Diese Intervalle können über den Menüpunkt *Variantenpflege* neu angelegt oder verändert werden.

Beim Anlegen eines Hintergrundverfahrens wird ein Jobname und der Name des Intervalls (Variante) eingegeben. Dazu wird festgelegt, wann die Hintergrundbeurteilung gestartet werden soll und in welchen Zeitabständen sie laufen soll.

1.2.10.1 Systeminterne Notenberechnung

Gesamtnote

Die Ermittlung der Gesamtnote sowie der Noten für die Hauptkriterien erfolgt auf der Basis von eingegebenen Gewichtungsfaktoren. Die Gewichtungsanteile der Hauptkriterien für die Ermittlung der Gesamtnote werden neben den jeweiligen Hauptkriterien als Prozentwert angezeigt. Hierzu rechnet das System die eingegebenen Gewichtungsfaktoren für jedes Kriterium in einen Prozentwert um. Wird nun eine Lieferantenbeurteilung gestartet, errechnet das System anhand dieser Prozentsätze die Gesamtnote sowie die Noten für die Hauptkriterien, indem die darunterliegenden Noten entsprechend ihrem prozentualen Anteil in die Beurteilung einbezogen werden.

Teilnoten

Die Ermittlung der Noten für die vollautomatischen **Teilkriterien** hingegen erfolgt aufgrund von Steuerparametern, die im Rahmen der Systemeinstellungen gepflegt werden. Diese Steuerparameter beinhalten Punktvorgaben für die Bewertung prozentualer Abweichungen von Soll- oder Durchschnittswerten, die der Ermittlung einer, für eine einzelne Lieferung bzw. Qualitätsprüfung geltenden Note als Grundlage dienen. Die so ermittelte Einzelnote wird im Anschluss geglättet, d. h. in einem bestimmten Verhältnis in die bereits bestehende Note eingerechnet und trägt so zur Fortschreibung der Note des Teilkriteriums bei.

Sonderfälle bei der Ermittlung der Noten für Teilkriterien werden auch hier beachtet. So besteht z. B. bei der Ermittlung des Preisniveaus eines Lieferanten die Möglichkeit, die Benotung zu beeinflussen, wenn es für ein Material nur einen Lieferanten gibt. Dies kann dann verhindern, dass ein monopolistischer Anbieter aufgrund eines fehlenden Marktpreises eine gute Benotung für seine Preise erhält.

Werden Noten für **Teilkriterien teilautomatisch** ermittelt, so müssen die zur Ermittlung heranzuziehenden Daten zuerst auf Infosatzebene eingegeben, d. h. für jedes einzubeziehende Material manuell erfasst werden. Wird dann eine Beurteilung gestartet, ermittelt das System den Durchschnitt der Einzelnoten, der die Note für das Teilkriterium darstellt.

1.2.10.2 Auswertungen über Lieferantenbeurteilungen

Das R/3-System offeriert die Möglichkeit, Auswertungen zu bereits bestehenden Lieferantenbeurteilungen zu erzeugen. Über diese Auswertungen können bspw. Aussagen darüber gemacht werden, welcher Lieferant in Bezug auf alle Materialien, bestimmte Warengruppen oder auch nur ein Material am besten abgeschnitten hat. Ferner sind sowohl Auswertungen bezüglich einzelner Hauptkriterien als auch Beurteilungsvergleiche, die die allgemeine Beurteilung eines Lieferanten mit seiner Beurteilung im Hinblick auf nur ein bestimmtes, von ihm geliefertes Material vergleicht, durchführbar.

Auswertungen erzeugen

Um Auswertungen zu erzeugen, müssen die Menüpunkte

Stammdaten ⇨ Lieferantenbeurteilung ⇨ Listanzeigen

angewählt werden.

Im Anschluss daran werden die Auswertungen:

- Hitliste der Lieferantenbeurteilung,
- Beurteilung zur Material- bzw. Materialgruppe,
- alle Lieferanten, die keine Beurteilung haben sowie
- alle Lieferanten, die seit einem bestimmten Datum nicht mehr beurteilt wurden,

angeboten.

Um einen **Beurteilungsvergleich** zu erzeugen, müssen die Menüpunkte:

Stammdaten ⇨ Lieferantenbeurteilung ⇨ Beurt.Vergleich

angewählt werden.

Damit Auswertungen erstellt werden können, müssen die Intervalle der Daten eingegeben werden, auf die sich die Auswertung beziehen soll; der Listumfangsparameter muss eingeschränkt werden. Nach der Eingabe einer Vergleichsebene oder eines Stichdatums kann die Auswertung gestartet werden.

Hitliste der Lieferantenbeurteilung

Eine Besonderheit bei der Anzeige von Auswertungen weisen Hitlisten auf. Hier wird ein zusätzliches Feld generiert, das die Abweichung der einzelnen Lieferanten vom Mittelwert anzeigt. Dies ist vor allem dann von Interesse, wenn sich die Auswertung auf bestimmte Materialien bezieht.

1.2.10.3 Systemeinstellungen

SAP geht davon aus, dass die Systemeinstellungen zur Lieferantenbeurteilung von der jeweiligen Einkaufsorganisation gepflegt werden. Um eine individuell zugeschnittene Beurteilung oder Auswertung zu erzeugen, bedarf es einiger Einstellungen, die in das Gebiet der Systemsteuerung fallen. Zu beachten ist, dass es Systemeinstellungen geben kann, die für alle Einkaufsorganisationen gelten und welche, die nur für eine oder mehrere Einkaufsorganisationen gültig sind.

Allgemeine Einstellungen sind der Gewichtungsschlüssel, Kriterien, Listumfang sowie der inhaltliche Umfang der Hitliste. Werden für einzelne Einkaufsorganisationen **individuelle Einstellungen** getroffen, hier sind Steuerungsparameter, Beurteilungskriterien, Gewichtungsschlüssel und Punktewerte als automatische Teilkriterien möglich, gelten diese vor den allgemeinen Einstellungen.

Gewichtungsschlüssel

Zusätzlich zu den vorgegebenen Gewichtungsschlüsseln 01, der sämtliche Kriterien gleich und 02, der die Kriterien Preis, Qualität, Lieferung und Service im Verhältnis 5:3:2:1 bewertet, können weitere Gewichtungsschlüssel definiert werden.

Kriterien einstellen

Es besteht die Möglichkeit zu den bereits existierenden Hauptkriterien bis zu 99 weitere zu definieren und die jeweiligen Teilkriterien festzulegen.

Der Inhalt von Hitlisten wird über die Listumfangsparameter und die Eingabe der anzuzeigenden Daten bestimmt, wobei zusätzliche Listen erzeugt und deren Umfang individuell eingeschränkt werden kann.

Systemeinstellungen pro Einkaufsorganisation

Systemeinstellungen, die nur für einzelne Einkaufsorganisationen gelten, stellen ebenfalls wesentliche Merkmale zur Beeinflussung von Lieferantenbeurteilungen dar. Hier werden Glättungsfaktoren zur Einbindung neuer Daten in bestehende Beurteilungen, Toleranzen bezüglich der Termintreue, Zuordnungen von Hauptkriterien zu Einkaufsorganisationen, einkaufsorganisationsspezifische Gewichtungsschlüssel der Hauptkriterien und vieles mehr gepflegt.

Hinweis

Vor Aufbau eines umfangreichen Lieferantenbeurteilungssystems sollten diese Parameter unbedingt mit den im Einkauf Verantwortlichen besprochen und entsprechend eingerichtet werden.

1.3 Bestandsführung

1.3.1 Aufgaben der Bestandsführung

Zu den Aufgaben der Bestandsführung (Komp. IM) gehören:

- Erfassung aller Materialbewegungen im Wareneingang, Warenausgang, Qualitätskontrolle, Lager;
- Mengen- und wertmäßige Führung der Materialbestände: Die **mengenmäßige Führung** beinhaltet eine Echtzeiterfassung aller bestandsverändernden Vorgänge und den daraus resultierenden Bestandsfortschreibungen; das bedeutet, dass z. B. ein Wareneingang unmittelbar bei der Lieferung gebucht und fortgeschrieben wird. Dadurch ist die Abfragbarkeit der aktuellen Bestände jederzeit möglich. Außerdem können im R/3-System Sonderbestände, wie bestelltes Material, reserviertes Material sowie auch Konsignationsmaterial, geführt werden. **Sonderbestand** stellt die Bestände eines Materials dar, die aufgrund ihrer Besitzverhältnisse oder aufgrund des Ortes, an dem sie sich befinden, vom übrigen Bestand getrennt geführt werden.
  Die **wertmäßige Führung** ist die Voraussetzung für die Betriebsabrechung.
- Erstellung von Belegen, die die Grundlagen für die Mengen- und Wertfortschreibung bilden und gleichzeitig als Nachweis für die Bewegungen dienen;
- Die Planung, Erfassung und der Nachweis von Warenbewegungen: Unter Warenbewegungen sind sowohl „externe" Bewegungen, z. B. Wareneingänge aus Fremdbeschaffung, als auch „interne" Bewegungen, z. B. Materialentnahme für innerbetriebliche Zwecke, zu verstehen. Bei Warenbewegungen werden Belege erstellt, die Grundlage für die Mengen- und Wertfortschreibung sind und gleichzeitig als Nachweis für die Bewegung dienen.
- Das Bestandscontrolling und die Informationsbereitstellung über die Bestände: Dadurch ist es möglich, die Komponente IM als Informationsquelle über die Bestände und Materialbewegungen zu benutzen. Durch das Bestandscontrolling lässt sich diese Aufgabe auch auf Informationen über die Materialverhältnisse erweitern und ist somit Entscheidungshilfe für Führungspositionen.
- Unterstützung der Inventur.

Voraussetzungen

Mit der Realisierung dieser Punkte sind die Voraussetzungen gegeben, das Aufgabenspektrum der Bestandsführung im Sinne einer vorausschauenden Disposition zu erweitern und zwar durch:

- Anpassung des verfügbaren Bestandes anhand der aktuellen Bedarfs- und Bestandssituation und, wenn nötig, durch Generierung von Planvormerkungen für das Material;
- Fortschreiben der statistischen Daten über die Verbrauchsentwicklung als Ausgangsbasis für statistische Bedarfsvorhersageverfahren.

Im Folgenden soll anhand von einigen Beispielen der Einsatz dieses Moduls gezeigt werden. Dies kann und soll keine Bedienungsanleitung darstellen, sondern nur einen Überblick über die Möglichkeiten in diesem Bereich des SAP-Systems gewähren. Als Bedienungsanleitung sei auf die SAP-Dokumentation verwiesen.

1.3.2 Bestandsarten

Innerhalb der Bestandsführung wird im R/3-System nach Lager- und Dispositionsbeständen unterschieden. Zu den Lagerbestandsarten zählen:

Lagerbestandsarten

- **Freier Lagerbestand**
  Der freie Lagerbestand ist der tatsächlich vorhandene Lagerbestand, der frei verfügbar ist.
- **Sperrbestand**
  Der Sperrbestand ist nicht frei verfügbar. Es kann zu einem späteren Zeitpunkt eine Umbuchung in den freien Lagerbestand oder den Qualitätsprüfbestand vorgenommen werden. In den Sperrbestand wird bspw. dann gebucht, wenn die weitere Behandlung des Materials beim Wareneingang noch unklar ist.
- **Qualitätsprüfbestand**
  Dieser Bestand ist für die Qualitätsprüfung vorgesehen und nicht frei verfügbar. Nach erfolgter Prüfung kann jedoch eine Umbuchung in den freien Lagerbestand vorgenommen werden. Beim Einsatz des Qualitätsmanagements kann eine Umbuchung nur im Rahmen der Prüfabwicklung erfolgen.

Dispositionsbestände

Zu den dispositiven Bestandsarten zählen:

- **Bestellbestand**
  Er umfasst geplante Zugänge eines Materials aufgrund von Bestellungen.
- **Reservierungsbestand**
  Geplante Abgänge eines Materials für die Produktion und für Kundenaufträge werden hier verbucht.
- **Sicherheitsbestand**
  Der Sicherheitsbestand ist ein Materialvorrat, der zum Ausgleich von Bedarfs- und Bestandsabweichungen dient. Er ist nicht für die laufende Produktion vorgesehen.
- **Meldebestand**
  Der Meldebestand setzt sich aus dem Sicherheitsbestand und dem Materialverbrauch während der Dauer einer Beschaffungszeit zusammen. Beim Erreichen des Meldebestands wird vom System automatisch eine Bestellung ausgelöst.
- **Höchstbestand**
  Er kennzeichnet die maximal verfügbare Menge eines Materials.

Es gibt außer den üblichen Materialbeständen noch weitere Bestände. Diese Bestände müssen aufgrund der Besitzverhältnisse oder aufgrund des Ortes, an dem sie sich befinden, gesondert geführt werden. Beispiele hierfür sind:

Weitere Bestände

- firmeneigene Bestände, die sich beim Kunden oder Lieferanten befinden;
- Bestände von Kunden oder Lieferanten, die im eigenen Unternehmen lagern.

Es werden für jeden Lieferanten, Kunden oder Kundenauftrag sog. Sonderbestände geführt.

Die wichtigsten Bestandsarten und ihre Verwendung sind im R/3-System im Rahmen der Bestandsführung und Disposition in Abb. 1.48 dargestellt:

Abb. 1.48
Bestandsarten

Bestandsarten im Materialstamm	**Verwendbarkeit im Lager**
• gesamter bewerteter Bestand	Summe aller bewerteten Bestände • frei verwendbarer Bestand • Qualitätsprüfbestand • Umlagerungsbestand
• frei verfügbarer Bestand	keinerlei Verwendungseinschränkung
• Qualitätsprüfbestand	nicht frei verwendbar
• Retourbestand	nicht frei verwendbar
• Umlagerungsbestand	nicht frei verwendbar
• Bestand in Konsignation	kann frei verwendbar oder in Qualitätsprüfung sein

Bestandsarten – durch System ermittelt:	Verwendbarkeit	
	Bestandsführg.	Disposition
• Bestellbestand, geplante Zugänge	nicht frei verwendbar	verfügbar
• Vormerkung, geplante Abgänge	frei verwendbar	nicht verfügbar
• Wareneingang - Sperrbestand	nicht frei verwendbar	nicht verfügbar

Verfügbarer Bestand = frei verfügbarer Bestand + Bestellbestand, geplante Zugänge – Vormerkung, geplante Abgänge

1.3.3 Materialbereitstellung

Um ein materialwirtschaftliches Optimum zu erreichen, gibt es unterschiedliche Bereitstellungsprinzipien. Es wird zwischen zwei Möglichkeiten zur Lösung der Bereitstellungsaufgabe unterschieden.

Bereitstellungsprinzipien

- Bedarfsdeckung mit Vorratshaltung
- Bedarfsdeckung ohne Vorratshaltung
  - Bereitstellung aufgrund eines Einzelbedarfs, z. B. Sonderanfertigung.
  - Bereitstellung aufgrund eines periodischen Gesamtbedarfs.

Daraus lassen sich drei Prinzipien der Materialbereitstellung ableiten, die in der Praxis auch nebeneinander angeboten werden:

- **Vorratshaltung**
  Materialien werden im eigenen Betrieb „auf Abruf" gehalten. Sie stehen sofort oder innerhalb kurzer Zeit zur Verfügung. Die Materialbereitstellung wird unabhängig von Auftragseingang und Fertigungsablauf durchgeführt.

  Vorteile der Vorratshaltung

  Vorteile der Vorratshaltung sind:
  - durch die Abnahme großer Mengen, kann ein besserer Einkaufspreis erzielt werden;
  - der Fertigungsprozess wird für eine begrenzte Zeitspanne gesichert.

  Nachteile der Vorratshaltung

  Nachteile der Vorratshaltung sind:
  - hohe Kapitalbindung;
  - hohe Lager- und Zinskosten
  - und hohes Lagerrisiko.

- **Einzelbeschaffung**
  Die Einzelbeschaffung wird besonders bei auftragsbezogener Einzelfertigung angewandt. Das Material wird erst dann bereitgestellt, wenn zu einem Auftrag ein verbundener Bedarf vorliegt.

  Vorteile der Einzelbeschaffung

  Vorteile der Einzelbeschaffung sind:
  - kein Lagerrisiko;
  - geringe Kapitalbindung;
  - Zins- und Lagerkosten sind minimal.

Nachteile der Einzelbeschaffung

Nachteile der Einzelbeschaffung sind:

- bei einer verspäteten Lieferung wird die Terminierung problematisch;
- Bestellkosten je Bezugseinheit sind bei der Einzelbestellung am höchsten.

- **Fertigungssynchrone Beschaffung**
  Hier handelt es sich um ein Kombination von Vorratshaltung und Einzelbeschaffung. Sie kommt bei Groß- und Massenfertigung zum Einsatz.
  Dort ist die Fertigung nach dem Fließprinzip die Regel. Sie kann aufgrund der genauen Planung des räumlichen und zeitlichen Fertigungsablaufs mit Bestimmung der Ausbringungsmenge auch den Materialeinsatz genau vorbestimmen. Die Schwierigkeit liegt in der Synchronisation von Liefer- und Verbrauchsrhythmus.

1.3.4 Belegkonzept

Wie auch in jeder konventionellen (nicht EDV-gestützten) Bestandsführung wird im R/3-System für jede Materialbewegung ein Beleg erzeugt und im System gespeichert. Auch hier gilt:

Keine Buchung ohne Beleg!

Zu jeder oben beschriebenen Warenbewegung werden im System ein oder mehrere Beleg/e erzeugt. Dieser Beleg kann als Ausdruck an einem Drucker gegeben werden; er wird aber auf jeden Fall in der Datenbank gespeichert.

Belegarten

Dabei gibt es zwei Arten von Belegen:

- den **Materialbeleg**
  Er wird bei jeder Bewegung erzeugt und dient als Nachweis für eine oder mehrere Bewegungen.
- den **Buchhaltungsbeleg**
  Er wird nur erzeugt, wenn die Bewegung Auswirkungen auf die Buchhaltung hat, d. h. wenn sie zu einer Fortschreibung der Sachkonten führt.

Wichtig !

Löschen von Belegen ist grundsätzlich nicht möglich, man hat aber die Möglichkeit zusätzliche Informationen zu einem Beleg zu ergänzen, z. B. einen Verweis auf die Stornobuchung. Falls man eine Bewegung stornieren oder die Menge ändern möchte, muss man einen neuen Beleg erfassen.

Es wird anhand eines Schlüssels unterschieden, um welche Art der Materialbewegungen es sich handelt. Den Schlüssel nennt man **Bewegungsart**. Die Bewegungsart hat Steuerungsfunktionen für die Fortschreibung der Mengenfelder, der Bestands- und Verbrauchskonten und für den Bildaufbau zur Belegerfassung.

1.3.5 Materialinformationen

Neben der Führung von Warenbewegungen ist die Komponente IM für die Bereitstellung von Informationen über:

- aktuelle Bestände,
- Buchungen und
- Belege

verantwortlich.

Das Modul bietet hierzu folgende Informationen zu einem Material an:

- Auflistung von gebuchten Materialbelegen;
- Bedarfs-/Bestandslisten zu einem Material;
- Lagerbestandslisten;
- Liste stornierter Materialbelege.

Diese Informationsfunktionen haben keine Datenbankänderungen zur Folge. Die gespeicherten Daten werden lediglich in einer mehr oder weniger guten Form dargestellt.

Am folgenden Beispiel soll näher betrachtet werden, wie man Informationen über den Lagerbestand eines Materials erhält:

Über *Logistik ⇨ Materialwirtschaft ⇨ Bestandsführung ⇨ Umfeld ⇨ Bestand ⇨ Bestandsübersicht*

erhält man folgendes Einstiegsbild:

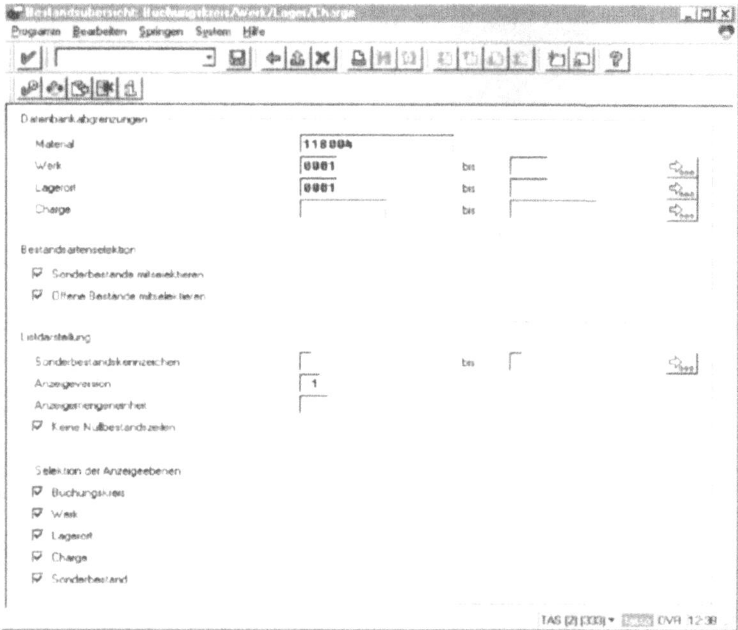

Abb. 1.49
Einstieg:
Bestandsübersicht

Nach Eingabe der Materialnummer (mit den übrigen Eingaben kann man die Anzeige einschränken) erhält man die folgende Auflistung der Bestände dieses Materials:

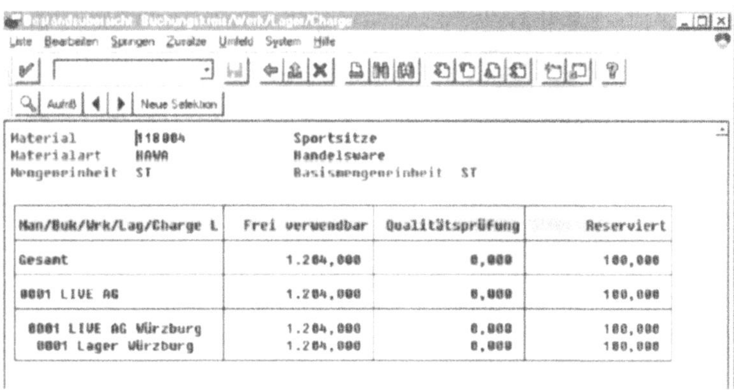

Abb. 1.50
Bestandsliste

1.3.6 Warenbewegungen

Zunächst ist zu definieren, was sich hinter dem Begriff Warenbewegung verbirgt; es ist ein Vorgang, der eine Änderung des Bestands bewirkt. Man unterscheidet folgende Arten von Warenbewegungen:

Warenbewegungsarten

- Wareneingang
- Warenausgang
- Umlagerung
- Umbuchung
- Sonstige Warenbewegungen

Zu jeder einzelnen dieser Bewegungen bietet das SAP-System noch eine Vielzahl von feineren Untergliederungen. Da sich diese in der Anwendung lediglich in ihrer Bewegungsartnummer unterscheiden, soll hier nur auf einige Ausgewählte näher eingegangen werden.

1.3.6.1 Wareneingang zur Bestellung

Die Waren werden stets anhand des Lieferscheins überprüft. Die Wareneingangsstelle nimmt nur planmäßige Lieferungen an. Ist auf dem Lieferschein die Bestellnummer nicht angegeben, wird mit Hilfe der Material- und/oder Lieferantennummer die dazugehörige Bestellung gesucht. Die Daten werden dann vom System zurückgegeben.

Der Wareneingang sollte immer im Bezug zu einer Bestellung erfasst werden. Dabei werden vom System die Daten der Bestellung vorgeschlagen. So wird sofort festgestellt werden, ob die Lieferung korrekt war und ob eine Über- oder Unterlieferung vorliegt. Bei entsprechender Customizing-Einstellung gibt es die Möglichkeit, bei einem Wareneingang automatisch eine Bestellung eintragen zu lassen. Bei einer späteren Rechnungsprüfung kann man diese Daten beziehen. Ist das Material für den Verbrauch bestimmt, übernimmt das System die Kontierung aus der Bestellung, andernfalls wird das Material in den Lagerbestand übernommen.

Das System bietet die Möglichkeit eine Qualitätsprüfung der eingegangenen Ware zu veranlassen. Die Ware wird dann in den Qualitätsprüfungsbestand übernommen und ist nicht frei verfügbar.

Zur Identifizierung können im Rahmen der Wareneingangsbearbeitung Wegbegleitscheine und Etiketten gebucht werden.

Offene Stellen

Bei einem Wareneingang zu einer Bestellung werden vom System die offenen Bestellmengen einer Position vorgeschlagen. Beim Erfassen der Wareneingangs-Position wird die gelieferte Menge mit der offenen Bestellmenge verglichen. Auf diese Weise stellt das System eine Unter- oder Überlieferung fest.

Die Differenz wird in die offene Bestellmenge eingetragen, allerdings nur bei einer Unterlieferung. Wurde die gesamte Bestellmenge oder mehr geliefert, ist die offene Bestellmenge gleich null.

Unterlieferung

Unterlieferungen sind im Standardsystem grundsätzlich zugelassen. In der Bestellposition kann eine prozentuale Unterlieferungstoleranz festgelegt werden. Eine Wareneingangsmenge, die kleiner ist als die Bestellmenge minus Unterlieferungstoleranz, wird als Teillieferung interpretiert und akzeptiert. Das System weist den Benutzer auf die Unterlieferung hin und berücksichtigt per Dialogmeldung auch die Unterlieferungstoleranz.

Überlieferung

Überlieferungen sind im Standardsystem nicht zulässig. Es kann ein prozentualer Überlieferungstoleranz in der Bestellposition eingeben werden, damit sind Überlieferungen möglich. Wareneingangsmengen, die größer sind als die Bestellung plus Überlieferungstoleranz, werden vom System nicht akzeptiert. Die Überlieferungstoleranzprüfung kann jedoch innerhalb der Bestellung im Detailbild der Bestellposition ausgeschaltet werden, indem das Kontrollkästchen „unbegrenzt" aktiviert wird. Somit ist eine unbegrenzte Überlieferung möglich.

Endlieferungskennzeichen

Das Endlieferungskennzeichen gibt an, ob eine Bestellposition als erledigt gilt; es wird kein weiterer Wareneingang mehr erwartet. Die offene Bestellmenge ist dann null, auch wenn nicht die gesamte Menge geliefert wurde. Das Endlieferungskennzeichen kann vergeben werden:

- von der Wareneingangsstelle bei der Wareneingangserfassung;
- von der Einkaufsabteilung in der Bestellposition;
- vom System, falls die Menge der Wareneingangsbuchung innerhalb der Unterlieferungstoleranz liegt.

Wareneingang mit Bezug auf eine Bestellung

Die Organisation des Wareneingangs muss einen schnellen Informationsfluss an den Einkauf sicherstellen. Wird eine Ware aufgrund einer Bestellung geliefert, so wird der Wareneingang mit Bezug auf die Bestellung erfasst. Daraus ergeben sich folgende Vorteile:

- beim Erfassen der Wareneingangsdaten werden die Bestelldaten vorgeschlagen;
- Über- und Unterlieferung sind bereits beim Wareneingang feststellbar;
- die Wareneingangsdaten in der Bestellentwicklung und der Lieferantenbeurteilung werden fortgeschrieben;
- die Bewertung des Wareneingangs erfolgt aufgrund des Bestell- bzw. Rechnungspreises.

Ist das Material für das Lager bestimmt, kann der Einkäufer bei der Auflösung der Bestellung einen Lagerort definieren. Bei der Wareneingangserfassung wird dieser Lagerort vorgeschlagen.

Soll das Material eines Lieferanten einer Qualitätsprüfung unterzogen werden, so wird es zunächst in den Qualitätsprüfbestand gebucht. Beim Wareneingang schlägt das System diesen Vorgang automatisch vor. Wenn sich das Material nach der Materialsprüfung als brauchbar erweist, wird es aus dem Qualitätsprüfbestand in den frei verwendbaren Bestand umgebucht.

Mit der Erfassung des Wareneingangs unter Vorbehalt kann die Lieferung in ein Sperrlager (ein Zwischenlager oder eine Sperrzone, Wareneingangsperrbestand) gebucht werden. Zu einem späteren Zeitpunkt kann das Material mit Bezug auf den zuvor erfassten Lieferbeleg in der richtigen Menge dem Lager bzw. dem Verbrauch zugebucht werden. Im Sperrlager wird das Material unbewertet geführt und die Bestellung wird nun mengenmäßig fortgeschrieben. Eine Bewertung erfolgt erst zum Zeitpunkt der Umbuchung ins Lager bzw. in den Verbrauch.

Sobald Ware am Lager angeliefert wird, muss diese von der Bestandsführung als Wareneingang gebucht werden. Erst danach kann die Ware wirklich eingelagert werden.

Grundsätzlich gibt es noch weitere Arten von Bezugsorten eines Wareneingangs. Bezugsorte sind diejenigen Stellen, welche einen Wareneingang verursachen.

Die nachstehende Abb. 1.51 bringt Bezugsorte, Wareneingang und Bestimmungsorte in Beziehung.

Abb. 1.51
Bezugs- und Bestimmungsorte des Wareneinganges

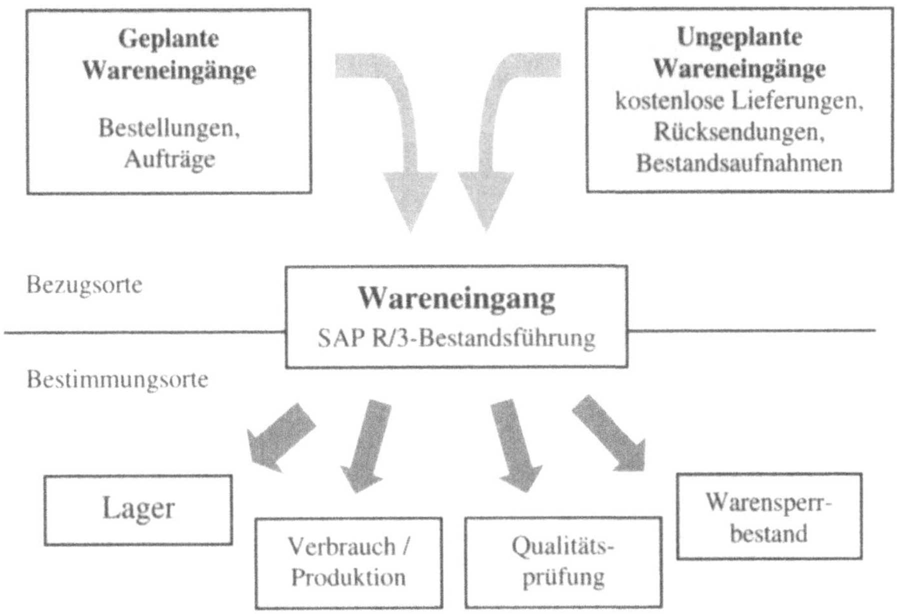

Der Wareneingang in der Mitte kann als Arbeitsplatz an einem Rolltor verstanden werden, an dem z. B. ein PC steht.

Bestimmungsorte

Als Bestimmungsorte für die bestellte Ware kommen folgende in Frage:

- Lager
- Verbrauch
- Qualitätsprüfung
- Wareneingangssperrbestand

Die ersten drei erklären sich von selbst, der Wareneingangssperrbestand dient dazu, eine Lieferung unter Vorbehalt anzunehmen, jedoch noch nicht fest einzulagern. Im Gegensatz zu einem Wareneingang ins Lager wird die Ware im Wareneingangssperrbestand noch nicht im bewerteten Bestand geführt.

Auch hier gilt wieder, dass das R/3-System noch eine Vielzahl von feineren Bewegungsarten kennt, diese unterscheiden sich im Schlüssel der Bewegungsart.

Ablauf einer Wareneingangsbuchung

In der Praxis läuft die Buchung eines Wareneingangs folgendermaßen ab:

Über *Logistik* ⇨ *Materialwirtschaft* ⇨ *Bestandsführung* ⇨ *Warenbewegung* ⇨ *Wareneingang* ⇨ *Zur Bestellung* ⇨ *Bestell-Nr bekannt*

gelangt man in folgendes Einstiegsbild:

Abb. 1.52
Einstieg: Wareneingang zur Bestellung

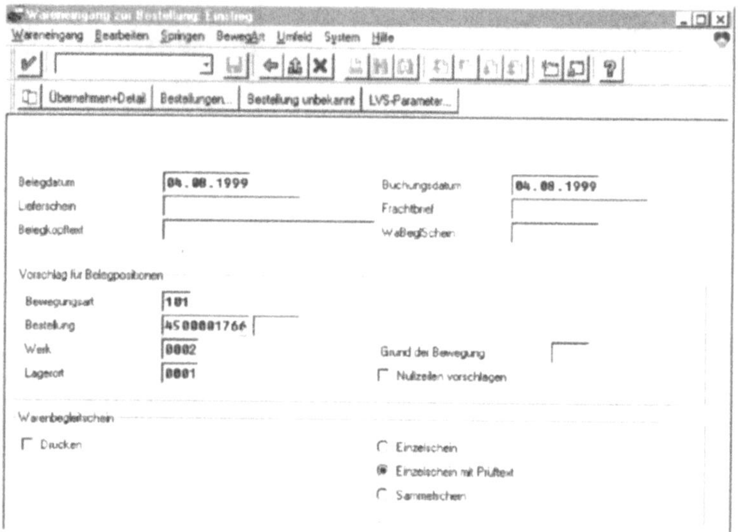

Nach Eingabe der Bewegungsart und der Bestellung, auf die sich der Eingang beziehen soll, muss man die Positionen der Bestellung anwählen, die angeliefert wurden. Im darauf erscheinenden Bildschirm muss die tatsächlich gelieferte Menge eingegeben und „*Buchen*“ angewählt werden.

Wurde die gesamte Menge geliefert, wird die entsprechende Position der Bestellung gelöscht. Ansonsten bleibt der noch zu liefernde Teil bestehen. Will man anzeigen, dass keine Restlieferung mehr erwartet wird, obwohl nicht die gesamte Menge geliefert wurde, hat man die Möglichkeit, wie zuvor bereits ausgeführt, ein *Endlieferungskennzeichen* zu setzen.

1.3.6.2 Warenausgang

Warenausgänge können als geplante oder ungeplante Maßnahmen behandelt werden. In der Verbrauchsstatistik werden geplante und ungeplante Verbräuche getrennt fortgeschrieben. Die Buchung der Materialentnahmen führt zu einer wert- und mengenmäßigen Reduzierung des Lagerbestands. Bei geplanten Warenausgängen, die sich auf Reservierungen beziehen, wird vom System die Entnahmemenge und Kontierung aus der Reservierung vorgeschlagen.

Eine Warenausgangsbuchung ist auch mit Bezug auf eine Stückliste möglich. Es werden dann alle Stücklistenpositionen mit den entsprechenden Mengen in den Warenausgangsbeleg übernommen. Die Stückliste muss hierzu so angelegt worden sein, dass sie für Warenbewegungen in der Bestandsführung benutzt werden kann.

Planung von Warenausgängen / Reservierungen

Reservierungen sind Anforderungen an das Lager, Materialien für den Zu- oder Abgang zu einem späteren Termin und für einen bestimmten Zweck bereitzuhalten. Damit soll sichergestellt werden, dass ein Material zu dem Zeitpunkt, an dem es gebraucht wird, verfügbar ist. Mit R/3 können geplante Entnahmen in Form von Materialreservierungen erfasst und verwaltet werden.

Auch ein Warenausgang muss dem System mitgeteilt werden. Wie ein Wareneingang hat auch ein Warenausgang Bezugsorte und Bestimmungsorte. Die Abb. 1.53 zeigt wiederum die möglichen Materialflüsse bei einem Wareneingang.

Abb. 1.53
Bezugs- und Bestimmungsorte des Warenausganges

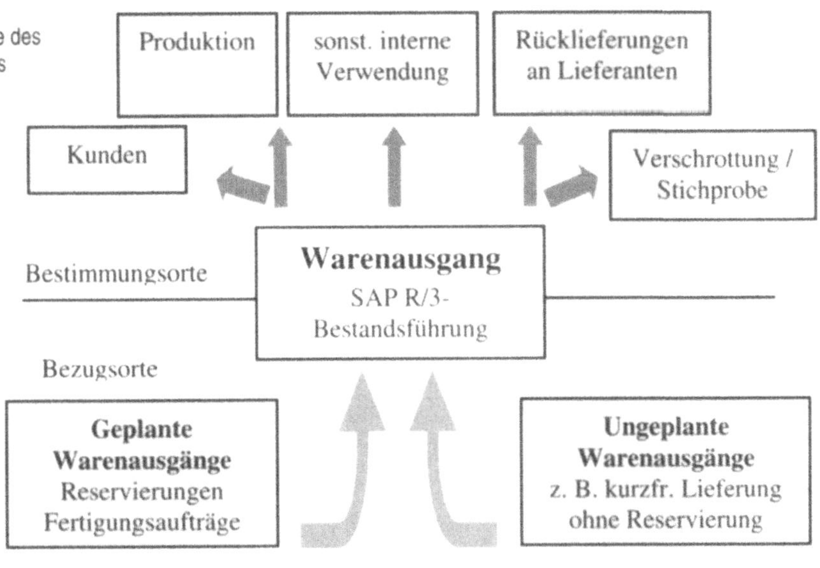

Bestimmungsorte

Als Bestimmungsorte kommen dabei in Frage:

- Kunden
- Produktion
- Rücklieferungen an Lieferanten
- Verschrottung
- Stichprobe
- Sonstige interne Verwendung, z. B. die Materialentnahme für Instandhaltungsaufträge.

Rücklieferungen an Lieferanten stehen zur Disposition, wenn ein Mangel an der Ware festgestellt wurde, z. B. durch die bei einem Wareneingang ausgelöste Qualitätsprüfung.

Auch bei einer Verschrottung oder bei einer Materialentnahme für Stichproben wird der Bestand des Lagers verändert, deswegen müssen auch diese Vorgänge durch die Bestandsführung dokumentiert und fortgeschrieben werden.
Normalerweise wird ein Warenausgang schon einige Zeit vor der eigentlichen physischen Bewegung geplant, damit sich die Produktion darauf einstellen kann.

Reservierungen

Durch Reservierungen kann ein Material zu einem bestimmten Zeitpunkt für einen bestimmten Zweck bereitgehalten werden. Reservierungen müssen von der Materialdisposition berücksichtigt werden, so dass ein benötigtes Material rechtzeitig beschafft wird.

In einer Reservierung sind Informationen enthalten, die für den Warenausgang und die Disposition relevant sind, wie z. B.:

- **Was?** (Material?)
- **Wie viel?** (Menge?)
- **Wann?** (Bedarfstermin?)
- **Woher?** (Aus welchem Werk oder Lager?)
- **Wohin?** (Welcher Warenempfänger, Kunde?)

Ein Reservierungsbeleg enthält allgemeine Daten über den Reservierungsvorgang (Erfasser, Bewegungsart, Kontierung). Die Positionen beschreiben die einzelnen geplanten Bewegungen (Material, Menge, Bedarfstermin).

Reservierungen kontieren

Materialien können im Rahmen von Reservierungen kontiert werden auf:

- Kostenstellen
- Fertigungsaufträge
- CO-Innenaufträge
- Anlagen
- Projekte

Die Reservierung erfolgt auf Werks- oder auf Lagerortebene. Bei chargenpflichtigen Materialien können Reservierungen auch auf Chargenebene durchgeführt werden. R/3 erzeugt dafür einen Reservierungsbeleg, der als Nachweis für die Anforderung dient. Dabei werden vom System automatisch folgende Maßnahmen durchgeführt:

1. Im Materialstammsatz bleiben der Gesamtbestand und der frei verwendbare Bestand des Materials unverändert.

2. Der reservierte Bestand wird um die reservierte Menge erhöht.

3. In der Disposition vermindert sich der verfügbare Bestand um die reservierte Menge. Dies ist aus der aktuellen Bestands-/Bedarfsliste ersichtlich. Durch die Reservierung erfolgt ein Eintrag in die Planvormerkdatei.

Warenausgänge erfassen

Bei jeder Materialentnahme wird automatisch eine Verfügbarkeitsprüfung der Bestände durchgeführt. Die Verfügbarkeitsprüfung verhindert, dass der Buchbestand der Bestandskategorien negativ wird. Reicht der Bestand nicht, wird von R/3 eine Fehlermeldung ausgegeben.

Je nach Bewegungsart werden unterschiedliche Bestände geprüft:

- **Warenentnahme in den Verbrauch:**
  prüft den frei verwendbaren Bestand.
- **Freigabe aus dem Qualitätsprüfbestand:**
  prüft den Qualitätsprüfbestand.
- **Verbrauch von Konsignationsmaterial:**
  prüft den Konsignationsbestand.

Arten der Verfügbarkeitsprüfung

Man unterscheidet zwei Arten der Verfügbarkeitsprüfung:

- Verfügbarkeitsprüfung über die Bestandsart in der Bestandsführung: Diese Prüfung wird automatisch durchgeführt und kann nicht im System eingestellt werden. Die Nichtverfügbarkeit eines Materials führt immer zu einer Fehlermeldung.
- Prüfung des verfügbaren Bestands in der Disposition: Sie wird im Materialstammsatz aktiviert und ist im Customizing einstellbar. Es kann festgelegt werden, ob eine Prüfung stattfinden soll und ob eine Nichtverfügbarkeit zu einer Fehlermeldung oder zu einer Warnung führt.

Wurde die Warenbewegung anhand einer Reservierung geplant, ist es wichtig, dass der Warenausgang sich auf die Reservierung bezieht. Dabei stehen folgende Maßnahmen zur Verfügung:

- Die Warenausgangsstelle kann überprüfen, ob tatsächlich ausgegeben wird, was angefordert wurde.
- Beim Erfassen des Wareneingangs können vom System Daten aus der Reservierung (z. B. Kontierung, angefordertes Material und Menge) vorgeschlagen werden.
- Die entnommene Menge wird in der Reservierung fortgeschrieben.
- Der reservierte Bestand vermindert sich nach jeder Entnahme.

1.3.6.3 Umbuchung / Umlagerung

Im R/3-System können sowohl Umbuchungen als auch Umlagerungen gebucht werden. Umbuchungen unterscheiden sich von Umlagerungen dadurch, dass sie im Regelfall nicht mit einer physischen Warenbewegung verbunden sind, sondern dass z. B. die Bestandsart, die Chargennummer oder die Materialnummer wechselt.

Bei **Umbuchungen** findet keine wirkliche Umlagerung statt, die Bestände werden lediglich in den Büchern verändert. Verliert Ware bspw. durch Lagerung an Qualität, so muss sie einer anderen Handelsklasse zugeordnet werden. Es erfolgt lediglich eine Umbuchung von einem an ein anderes Material, der Lagerort bleibt gleich.

Ein Beispiel von Umbuchungen stellt die Freigabe aus der Qualitätsprüfung in den eigenen Bestand dar.

Bei **Umlagerungen** handelt es sich zwar um physische Bewegungen, jedoch nur innerhalb eines Unternehmens, daher sind sie getrennt von Warenein/-ausgängen zu betrachten, jedoch sind sie von der Bestandsführung als Warenbewegung festzuhalten.

Umlagerungen können auf drei verschiedenen Ebenen stattfinden:

Umlagerungsebenen

- **Umlagerung Buchungskreis an Buchungskreis**
  Entspricht einer Umlagerung Werk an Werk, bei der beide Werke zu unterschiedlichen Buchungskreisen gehören.
- **Umlagerung Werk an Werk**
  Dies führt nicht nur zu einer Änderung der Bestandsmenge in beiden Werken, sondern es wird auch ein Buchhaltungsbeleg erzeugt, wenn beide Werke unterschiedlichen Bewertungskreisen zugeordnet sind.
- **Umlagerung Lagerort an Lagerort (im Werk)**
  Diese Umlagerung führt lediglich zu einer Fortschreibung der Bestandsmengen in beiden Lagerorten. Der Bestandswert bleibt unverändert, wobei der Vorgang für die Buchhaltung nicht relevant ist. Eine Umlagerung Lagerort an Lagerort ist für alle Bestandsarten möglich.

1.3.6.4 Sonstige Warenbewegungen

Als sonstige Bewegungen gelten:

- Zu-/Abgänge in den Qualitätsprüfbestand
- Verschrottung/Vernichtung aus dem frei verwendbaren Bestand
  Sie ist z. B. notwendig, um „Ladenhüter" aus den Büchern zu tilgen oder Bruch von Ware zu verbuchen.
- **Rücklieferung an Lieferanten**

  Im Rahmen von Rücklieferungen an Lieferanten unterscheidet man zwischen:
  - **Rücklieferung zur Bestellung** (Bewegungsart 122)
    Bei dieser Art der Rücklieferung wird auf eine im System vorhandene Bestellung verwiesen. Nach Buchung der Rücklieferung wird das Endlieferungskennzeichen der Bestellposition zurückgesetzt. Falls keine Ersatzlieferung erfolgt, muss das Endlieferungskennzeichen manuell gesetzt werden. Es kann ein Warenbegleitschein ausgedruckt

werden, die Erstellung von Versandpapieren ist nicht möglich.

- **Retoure zur Bestellung** (Bewegungsart 161)
  Eine Bestellung wird bei Bedarf automatisch vom System erzeugt. Die benötigten Versandpapiere können über die Versandfunktionalität des Vertriebsmoduls (SD) erstellt werden. Um die Versandabwicklung zu nutzen, muss beim Lieferanten das Kennzeichen *„Ret. mit Versandabw.“* gesetzt sein und die Verknüpfung zu einem Debitorenstammsatz hergestellt werden. Neben den Daten der Materialwirtschaft sind im Materialstamm die Vertriebsdaten zu pflegen. Darüber hinaus ist für den Lieferanten ein Debitorenstamm erforderlich, um eine Lieferung anlegen zu können.
- **Rücklieferung aus WE-Sperrbestand** (Bewegungsart 124)
  Falls der Wareneingang in den WE-Sperrbestand gebucht wurde, kann eine Rücklieferung direkt aus diesem (unbewerteten) Bestand heraus erfolgen. Es kann ein Warenbegleitschein ausgedruckt werden; die Erstellung von Versandpapieren ist nicht möglich. Eine Bestellnummer muss angegeben werden.
  Bei einer wareneingangsbezogenen Rechnungsprüfung ist eine Rücklieferung nach erfolgter Rechnungsbuchung nur dann möglich, wenn dies im Customizing zugelassen wurde.

1.3.7 Bestandscontrolling

Ebenfalls zur Materialwirtschaft gehört das Bestandscontrolling. Es bietet umfangreiche Analysefunktionen, mit welchen auf einfache Weise jene Materialen ermittelt werden können, die eine hohe Kapitalbindung, einen ineffizienten Bestandsanteil, eine Überreichweite oder eine lange Periode ohne Verbrauch aufweisen und die somit einer genaueren Überprüfung bedürfen. In dieses Modul gelangt man über:

„Bestands-controlling.scm“

Logistik ⇨ Controlling ⇨ Bestandscontrolling ⇨ Standardanalyse ⇨ Parametercontrolling ⇨ Auswertung

Analysefunktionen

Die **ABC-Analyse** (Verbrauchswert) ermöglicht einen Überblick darüber, welche Materialien in welchem Umfang verbraucht werden. Hierzu werden die Materialien in drei Kategorien:

- **A :** wichtig
- **B :** weniger wichtig
- **C :** relativ unwichtig

eingeteilt, wobei **A**-Materialien mit dem höchsten, **B** die mit mittleren und **C** die mit niedrigen Verbrauchswerten sind.

Um eine solche Analyse durchzuführen, muss erst angegeben werden, über welchen Bereich eines Betriebes diese erfolgen soll. Im folgenden Beispiel dient ein Werk als Basis:

Abb. 1.54
Parameter-Analyse (Selection)

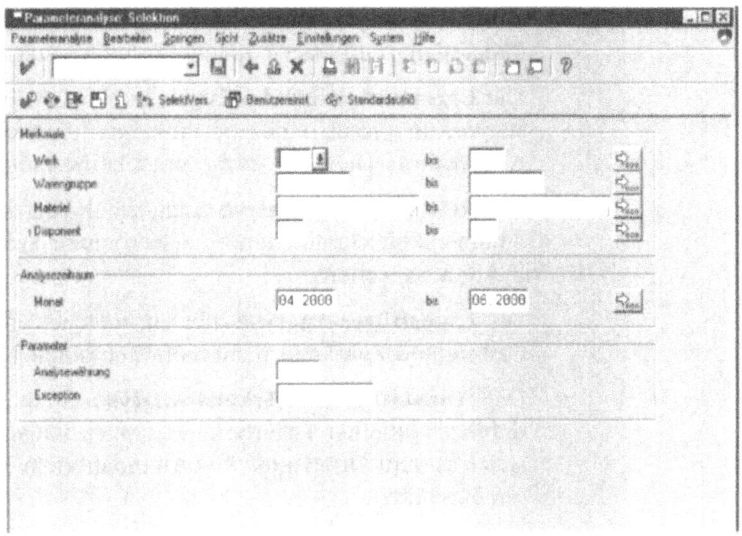

Des Weiteren müssen der Zeitraum sowie die Materialien, für die die Analyse durchgeführt werden soll, festgelegt werden. Im unteren Bereich kann bestimmt werden, wie die ABC-Kategorien definiert werden sollen.

Wählt man danach *Ausführen*, erhält man eine Liste der Materialien mit dem Zusatz A, B oder C.
Will man feststellen, wie stark sich diese Kennzeichen verändert haben, bietet SAP die Möglichkeit der **graphischen Darstellung**:

Abb. 1.55
Präsentationsgrafik:
ABC-Analyse

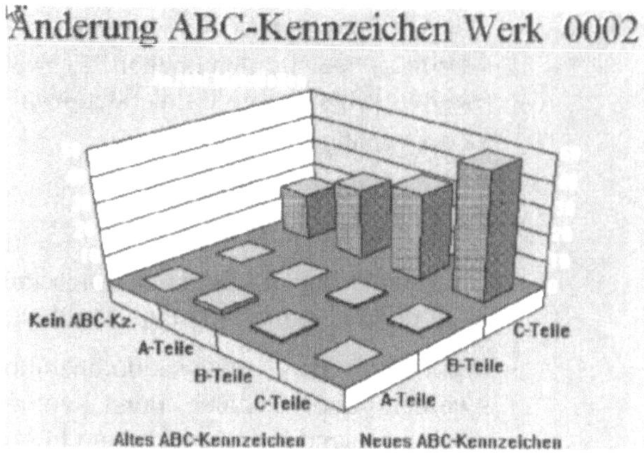

Diese Analyse stellt fest, welcher Anteil des gesamten Bestandswertes in welchen Materialien gebunden ist. Damit ist es leicht, Materialien mit hoher Kapitalbindung festzustellen.

Die **Lagerbodensatz-Analyse** gibt an, welcher Teil des Lagerbestandes innerhalb eines bestimmten Zeitraumes nicht mehr bewegt wurde. Dies ist wichtig, um Überbestände festzustellen.

Die **Reichweiten-Analyse** zeigt, wie lange der Lagerbestand bei einem durchschnittlichen Tagesverbrauch ausreicht, um die Produktion zu sichern.

Die **Lagerhüter-Analyse** gibt an, welche Materialien seit einem bestimmten Zeitpunkt nicht mehr gebraucht wurden.

Die **Umschlagshäufigkeits-Analyse** stellt dar, wie oft ein durchschnittlicher Lagerbestand umgeschlagen wurde. Sie ergibt sich aus dem Quotienten von kumuliertem Verbrauch und mittleren Bestand:

Abb. 1.56
Präsentationsgrafik:
Lagerumschlag

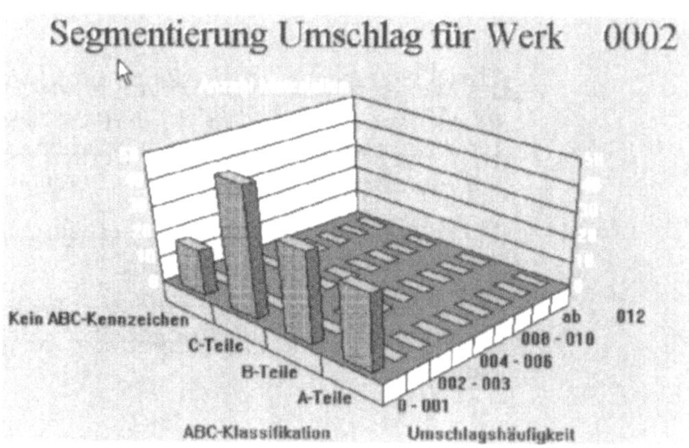

1.3.8 Materialbewertung

Die Materialbewertung wird innerhalb des Moduls Materialwirtschaft als eigenständige Komponente gesehen. Zu den Aufgaben der Materialbewertung gehören:

Aufgaben

- Feststellung des aktuellen Bestandswertes;
- Anpassung der eingetragenen Materialpreise an die aktuellen Marktpreise;
- Durchführung von Umbewertungen, z. B. wenn Ware durch lange Lagerzeit an Wert verliert;
- Durchführung der Inventur;
- Bilanzbewertung.

Bei der wertmäßigen Führung der Materialbewegungen wird der Geldwert des Materials, welcher im Materialstammsatz festgelegt wird, benützt. Auf diesen Eintrag im Materialstammsatz greift die Materialbewertung zu und verändert ihn entsprechend.

Im Folgenden sollen einige **Besonderheiten im R/3-System** herausgestellt werden:

Preissteuerung / Bewertungsverfahren

Zur Preissteuerung bzw. zu den verfügbaren Bewertungsverfahren sei vermerkt, dass es im SAP-System zwei Arten von Preisen gibt, die zur Bewertung eines Materials verwendet werden können.

Verwendet man den **Standardpreis**, erfolgen alle Bestandsbuchungen zum Standardpreis, der im Materialstammsatz fest eingetragen ist. Preisabweichungen bei einer Bestellung/Lieferung werden auf Preisdifferenzkonten gebucht. Dadurch lassen sich Preisänderungen sehr gut überwachen.

Verwendet man den **gleitenden Durchschnittspreis**, werden alle Zugänge mit ihrem Zugangswert gebucht. Der Preis im Materialstammsatz wird dabei automatisch angepasst.

Die Festlegung des Bewertungsverfahrens erfolgt auf der Ebene des Buchungskreises. Ein Bewertungskreis kann durch den jeweiligen Nutzer bestimmt werden.

1.4 Rechnungsprüfung

Zweck der Rechnungsprüfung

Würde man bei allen Wareneingängen ohne Kontrolle die Menge buchen und bezahlen, die auf dem Lieferschein ausgewiesen ist, könnte nicht festgestellt werden, ob die Lieferung überhaupt in Preis und Menge mit der Bestellung übereinstimmt. Aus diesem Grund haben alle Unternehmen eine spezielle Abteilung, die Rechnungsprüfung.

Innerhalb der MM-Materialwirtschaft hat die Rechnungsprüfung folgende Aufgaben:

Aufgaben der Rechnungsprüfung

- den Vorgang der Materialbeschaffung - von der Bestellanforderung über Einkauf zum Wareneingang - abzuschließen;
- Rechnungen, die nicht im Bereich der Materialbeschaffung entstehen (z. B. Dienstleistungen, Spesenabrechnungen, Seminarkosten) zu bearbeiten;
- Gutschriften, sei es als Rechnungsstornierung oder als Rabatt, zu bearbeiten.

Die Tätigkeit der Rechnungsprüfung umfasst:

- die Erfassung von eingegangenen Rechnungen und Gutschriften;
- die eigentliche Prüfung von Rechnungen auf sachliche, preisliche und rechnerische Richtigkeit;
- das Buchen der aus der Rechnung resultierenden Kontobewegungen;
- die Fortschreibung bestimmter Daten im R/3-System, z. B. offene Posten und Materialpreise;
- das Nachbearbeiten von Rechnungen, die wegen zu großer Abweichungen vom Bestellvorgang gesperrt wurden.

Bei der Buchung von Rechnungen ist zwischen neuen Rechnungen und Rechnungen mit Bezug auf einen Vorgang zu unterscheiden. Bei letzteren werden dem Benutzer bereits bekannte Daten vorgeschlagen, welche bei Abweichungen überschrieben werden können.

Bei Abweichungen zwischen Bestellung bzw. Wareneingang und Rechnung warnt das System den Benutzer.

Liegt die **Abweichung** innerhalb eingestellter **Toleranzen**, wird die Buchung trotzdem durchgeführt, die Rechnung aber automatisch vom System zur Zahlung gesperrt. Sie muss dann (z. B. nach Eingang einer noch ausstehenden Lieferung) von Hand freigegeben werden (vgl. Kap. 1.4.5).

Gleichzeitig mit der Erfassung der Rechnung sucht das System die Konten heraus, die für diese Rechnung bebucht werden müssen. Mit der Buchung der Rechnung werden bestimmte Daten im System fortgeschrieben.

Das R/3-System gliedert die Rechnungsprüfung nach Art des Vorgangs:

Arten der Rechnungsprüfung

- **Bestellbezogene Rechnungen**
  Bei der bestellbezogenen Rechnungsprüfung können alle Positionen einer Bestellung abgerechnet werden. Dabei bleibt unberücksichtigt, ob eine Position in mehreren Teillieferungen eingegangen ist; alle Lieferungen zu einer Position werden aufsummiert in einem Schritt gebucht.
- **Wareneingangsbezogene Rechnungen**
  Bei der wareneingangsbezogenen Rechnungsprüfung wird jeder einzelne Wareneingang eigenständig abgerechnet.
- **Rechnungen ohne Bestellbezug**
  Bei der Rechnungsprüfung ohne einen Bestellvorgang kann direkt auf ein Material-, Sach- oder Anlagenkonto gebucht werden.

1.4.1 Prüfen von Rechnungen

Die ersten drei Bildschirmbilder, die man bei einer Rechnungsprüfung durchläuft, sind im Folgenden kurz erläutert:

- Das **Einstiegsbild** enthält allgemeine Daten wie Buchungskreis, Währung, Rechnungsbezug etc.
- Das **Kreditorenbild** enthält Daten zum Kreditor und zu Zahlungsbedingungen, Steuern usw.
- Das **Auswahlbild** listet die Positionen des Vorgangs auf, der im Einstiegsbild angegeben wurde. Der Aufbau des Auswahlbildes hängt davon ab, ob die Rechnung bestellbezogen oder wareneingangsbezogen ist.

1.4.1.1 Rechnungen mit Bestell- oder Wareneingangsbezug prüfen

Um eine Rechnung zu prüfen, wählt man *Rechnung hinzufügen* an, daraufhin gelangt man zu folgendem Einstiegsbild:

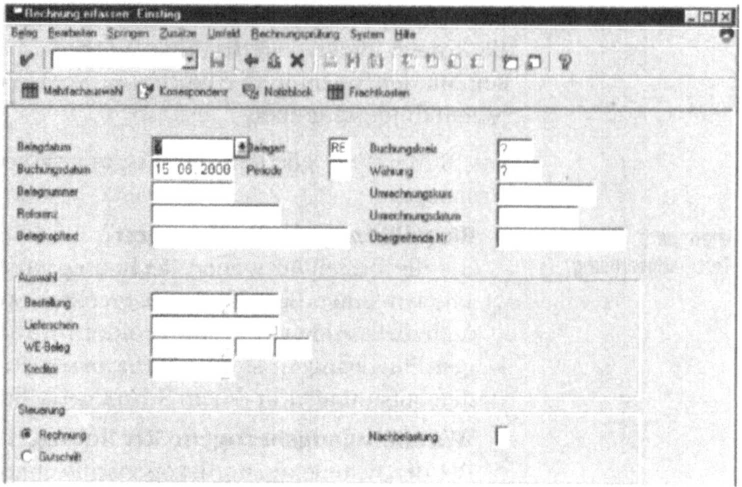

Abb. 1.57
Einstiegsbild

Im Bereich Belegkopf müssen Belegnummer, Belegart und Buchungsdatum eingegeben werden.

Man kann zwischen **Bruttobuchen RE** und **Nettobuchen RN** wählen.

Außerdem muss die Währung eingegeben werden.

Im Bereich *Auswahl* sucht man den Vorgang aus, auf den sich die Rechnung bezieht.

Mit [Enter] gelangt man in das Kreditorenbild, wo Betrag, Steuerbetrag und das Steuerkennzeichen eingegeben werden müssen.

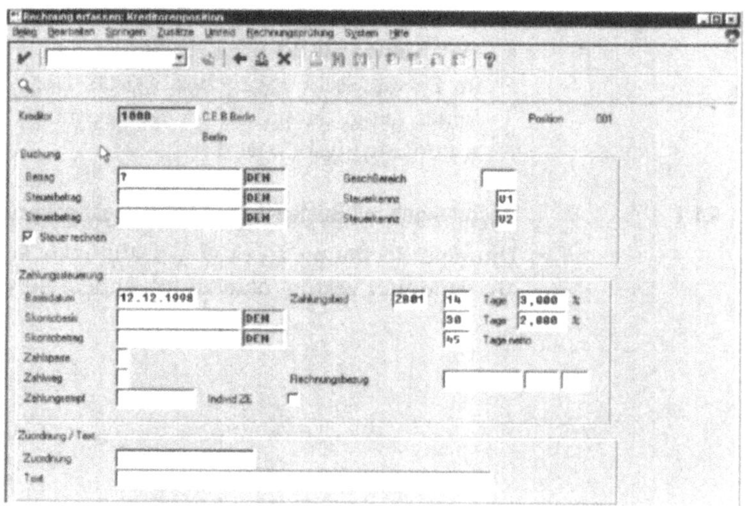

Abb. 1.58
Kreditorenbild

Im darauf folgenden Auswahlbild sind die Positionen noch einmal aufgelistet.

Mit *Beleg ⇨ Buchen* beendet man die Prüfung.

Es besteht auch die Möglichkeit, einen Beleg mit *Belegvorerfassung ⇨ Vorerfassen* vorab zu erfassen.

Hierbei kommt es nicht auf Vollständigkeit oder Richtigkeit der Daten an, da diese zu einem späteren Zeitpunkt überarbeitet werden.

1.4.1.2 Rechnungen ohne Bestell- und Wareneingangsbezug

Wie bei Rechnungen mit Bezug müssen zunächst Einstiegsbild und Kreditorenbild bearbeitet werden. Da das System keinen Bestell- und Wareneingangsvorgang zu dieser Rechnung kennt, sind die Konten, die die Gegenbuchung zur Kreditorenzeile aufnehmen, unbekannt. Die Angabe der Konten ist wie folgt möglich:

- Buchen auf ein **Sachkonto**
- Buchen auf ein **Materialkonto**
- Buchen auf ein **Anlagenkonto**

Um eine Rechnung ohne Bezug zu erfassen, geht man folgendermaßen vor:

1. Mit *Belegerfassung ⇨ Rechnung hinzufügen* gelangt man auf das Einstiegsbild, in dem die Belegkopfdaten ausgefüllt werden müssen und die Nummer des Rechnungsstellers im Feld *Kreditor* eingegeben werden muss.
2. Im nächsten Schritt muss das Kreditorenbild bearbeitet werden. Daraufhin gelangt man zur Belegübersicht, in welcher die angelegte Kreditorenzeile generiert ist.
3. Die Gegenbuchungen können nun wahlweise auf ein Sachkonto, ein Materialkonto oder ein Anlagenkonto vorgenommen werden.

1.4.2 Skonto

Die Skontovereinbarungen können für jeden Kreditor bereits im Kreditorenstammsatz hinterlegt werden.

Beim Erfassen einer Rechnung werden die Vereinbarungen (falls vorhanden: aus der Bestellung, sonst aus dem Kreditorenstammsatz) im Kreditorenbild im Bereich *Zahlungssteuerung* als Vorschlagswerte angezeigt; sie sind aber überschreibbar.

Folgende Felder müssen eventuell noch ausgefüllt werden:

- Basisdatum
- Skontobasis
- Skontobetrag
- Zahlungsbedingung

Die Art, wie der Skonto verrechnet werden soll (Bruttobuchen RE oder Nettobuchen RN), wird bereits im Einstiegsbild der Rechnungsprüfung im Feld *Belegart* mit RE bzw. mit RN festgelegt.

Brutto buchen

Der Skontobetrag bleibt beim Buchen der Rechnung unberücksichtigt und wird erst bei der Zahlung dem Konto „neutrales Ergebnis" gutgeschrieben.

Netto buchen

Der Skontobetrag wird beim Buchen der Rechnung verrechnet. Dieses Verfahren ist nur dann sinnvoll, wenn der Skontobetrag dem zu belastenden Konto gutgeschrieben werden kann. Bei Buchungen auf ein Bestandskonto heißt das, dass das Material mit gleitendem Durchschnittspreis bewertet werden muss, da bei Material mit Standardpreis Abweichungen wie Skonto auf ein Preisdifferenzenkonto gebucht werden und somit wie beim Bruttobuchen in das neutrale Ergebnis eingehen.

1.4.3 Steuern

Eingangsrechnungen beinhalten in der Regel Umsatzsteuer, die als Prozentsatz oder als Steuerbetrag angegeben ist. Beim Erfassen der Rechnung müssen auch diese Angaben eingegeben werden; die entsprechenden Buchungen erfolgen automatisch durch das System.

Im Feld *Steuerbetrag* wird der ausgewiesene Steuerbetrag notiert. Das Steuerkennzeichen wird im Feld *Steuerkennz* eingesetzt. Dieser Schlüssel gibt die Steuerart und den Prozentsatz der Steuern an. Ist der Steuerbetrag nicht explizit auf der Rechnung angegeben, so kann das System die Steuern selbst berechnen (*Steuer rechnen*).

Beim Erfassen von Steuern geht man folgendermaßen vor:

1. Im Kreditorenbild füllt man die Felder *Steuerbetrag* und *Steuerkennzeichen* aus bzw. wählt *Steuer rechnen*.

2. Bei Rechnungen mit Bestellbezug wählt man im Auswahlbild die betroffenen Positionen aus; bei Rechnungen ohne Bestellbezug erzeugt man die weiteren Positionen manuell.
3. In der Belegübersicht kann man *Zusätze* ⇨ *Steuer* wählen, worauf man zu den Steuerdaten gelangt. Mit *WEITER* gelangt man zurück zur Belegübersicht.
4. Nun kann der Vorgang mit *Buchen* abgeschlossen werden.

1.4.4 Rechnungen mit Abweichungen

Es lassen sich vier verschiedene Arten von Abweichungen unterscheiden:

- Mengenabweichung
- Preisabweichung
- Mengen- und Preisabweichung
- Abweichung bei Bestellpreismengen

Liegen diese Abweichungen innerhalb festgelegter Toleranzgrenzen, so kann die Rechnung ganz normal gebucht werden.

Bei Abweichungen, die außerhalb der Toleranzgrenzen liegen, bringt das System eine Warnmeldung. Auch wenn die Eingaben nicht korrigiert werden, kann die Rechnung gebucht werden. Erst bei Überschreitung der oberen Toleranzgrenze wird die Rechnung zur Zahlung gesperrt.

1.4.5 Freigeben gesperrter Rechnungen

Wenn man eine Rechnung mit Abweichung bucht, für die ein Sperrgrund vorliegt, so führt das System zwei Schritte durch:

1. Die Kontobewegungen, die sich aus der Rechnung ergeben, werden gebucht.
2. In der Kreditorenposition setzt das System im Feld ***Zahlsperre*** ein **R**; damit kann die Finanzbuchhaltung die Rechnung nicht bezahlen.

Die Sperrkennzeichen richten sich nach Art der Abweichung. Wegen Betragshöhe gesperrte Positionen erhalten den Sperrgrund **Sonstige Abweichungen (S)**.

Sperrungsgründe können sein:

Sperrungsgründe

- Abweichungen in einer Rechnungsposition
- Betragshöhe einer Rechnungsposition
- Stochastisches Sperren

Manuelles Sperren

Erfolgt beim Buchen der Rechnung eine stochastische Sperre, so wird in der Kreditorenposition das **R** im Feld *Zahlsperre* automatisch gesetzt; die einzelnen Positionen erhalten kein Sperrkennzeichen.

Manuell gesperrte Positionen erhalten den Sperrgrund **manuelle Sperre (Q)**.

Freigeben gesperrter Rechnungen

Um eine gesperrte Rechnung freizugeben, muss das gesetzte Sperrkennzeichen zurückgenommen werden. Der Ablauf, nach dem Rechnungen zur Zahlung freigegeben werden, lässt sich in drei Schritte unterteilen:

1. **Auswahl der zu bearbeitenden Rechnungen treffen**
   Im ersten Schritt wird festgelegt, nach welchen Auswahlkriterien die Rechnungen ausgewählt werden sollen. Im Feld *Sperrgründe auswählen* sind alle Auswahlkriterien aufgelistet.

2. **Liste der ausgewählten Rechnungen bearbeiten**
   Im zweiten Schritt wird festgelegt, wie die Bearbeitung erfolgen soll: Bei der automatischen Freigabe können Rechnungen mit nicht mehr gültigen Sperrgründen automatisch freigegeben werden. Außerdem kann man das Zahlungsfristenbasisdatum ändern.
   Wenn man die Auswahl der zu bearbeitenden Rechnungen abgeschlossen haben, gelangt man mit [Enter] auf die Liste der Rechnungen, die die Auswahlkriterien erfüllen.
   Die Darstellung der aufgelisteten Rechnungen kann nun verändert werden.

   In der Positionsanzeige kann man auswählen:

   - Einstellungen ändern
   - Sortieren
   - Suchen
   - Zur Summenanzeige umschalten

   In der Summenanzeige kann man wiederum *Details anzeigen* oder zur *Positionsanzeige* umschalten.

3. **Rechnungen freigeben**
   Im dritten Schritt wird die Rechnung freigegeben.

Einzelfreigabe

Mit *Weiterverarbeitung ⇨ Rechnungen freigeben* gelangt man auf das Einstiegsbild der Rechnungsfreigabe, nach erfolgter Bearbeitung auf die Liste der Rechnungen. Die Liste kann nun bearbeitet werden.

Abb. 1.59
Rechnungsfreigabe

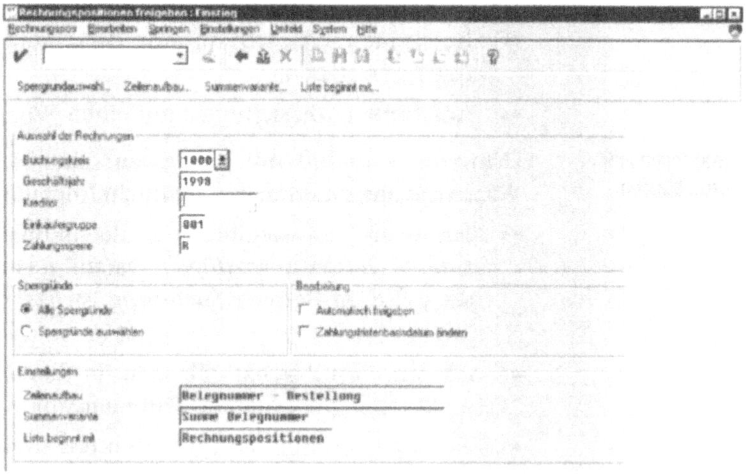

Da man Rechnungen nicht auf Positionsebene freigeben kann, muss man auf die Summenanzeige umschalten. Wählt man *Bearbeiten ⇨ Summieren*, so erhält man ein Fenster, in dem die Summenvarianten aufgelistet sind. Nach Auswahl der gewünschte Summenvariante bringt das System die summierte Liste.

Danach wählt man *Rechnungspos ⇨ Freigabe sichern.*

(Wenn man auf dem Einstiegsbild festgelegt hat, dass man das Zahlungsfristenbasisdatum ändern will, erhält man ein Fenster, um das neue Zahlungsfristenbasisdatum einzugeben.)

Das System gibt zu der Zeile, auf der der Cursor steht, die Rechnung frei.

Sammelfreigabe

Nach Auswahl der Summenvariante wählt man *Bearbeiten ⇨ Sammelfreigabe.*

Durch *Bearbeiten ⇨ Aktiv/Deaktivieren* kann man einzelne Zeilen aktivieren bzw. deaktivieren. Im folgenden Schritt wählt man *Rechnungspos ⇨ Freigabe sichern.* Das System gibt die Rechnungen der aktivierten Zeilen frei.

Automatische Freigabe

Im ausgefüllten Einstiegsbild der Rechnungsfreigabe markiert man im Bereich *Bearbeitung* das Feld *Automatisch freigeben.* Nach [Enter] gibt das System gemäß der Auswahl alle Rechnungen frei, für die der Sperrgrund nicht mehr relevant ist.

1.4.6 Gutschriften und Storno

Gutschriften

Unter Gutschrift wird hier eine Gutschrift vom Lieferanten verstanden. Um eine Gutschrift im System zu erfassen, durchläuft man dieselben Bildschirmbilder wie bei der Rechnungserfassung. Dabei sind zwei Arten von Gutschriften zu unterscheiden:

- Gutschriften, die sich auf eine Bestellung oder einen Wareneingang beziehen.
- Gutschriften, die sich nicht auf einen Vorgang beziehen.

Gutschriften mit Bezug buchen

Um eine Gutschrift mit Bezug auf eine Bestellung oder einen Wareneingang zu erfassen, geht man folgendermaßen vor:

- Man wählt im Menübild der Rechnungsprüfung *Belegerfassung ⇨ Gutschr.hinzufügen*. Darauf gelangt man auf das Einstiegsbild; im Bereich *Steuerung* ist das Feld *Gutschrift* markiert.
- Auf dem Einstiegsbild gibt man im Bereich *Auswahldaten* eine Bestellung oder einen Wareneingang ein.
- Nach [Enter] springt das System in das Kreditorenbild, das nun ausgefüllt werden muss. Im Feld *Betrag* wird der gutzuschreibende Bruttobetrag eingegeben.
- Im darauffolgenden Auswahlbild zeigt das System alle zuvor angegebenen Vorgänge an. Mit *Rechnung ⇨ Buchen* kann man die Gutschrift buchen, wenn der Saldo gleich Null ist.

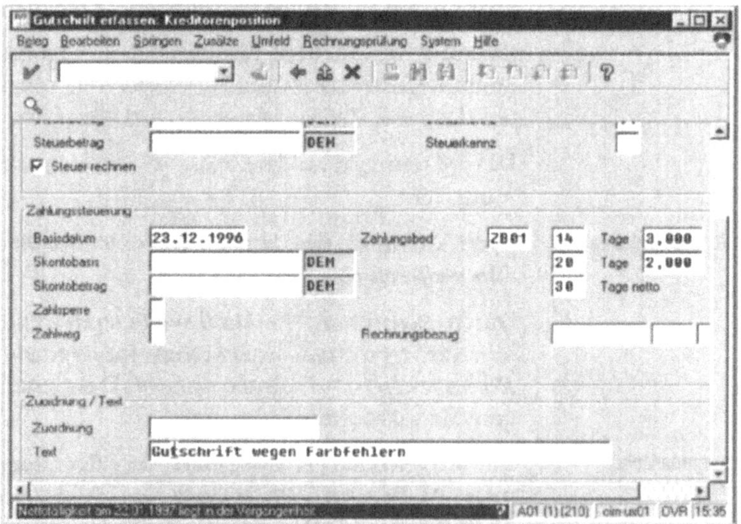

Abb. 1.60 Gutschrift erfassen: Kreditorenposition

Gutschriften ohne Bezug buchen

Um eine Gutschrift ohne Bezug auf einen Bestellvorgang zu buchen, geht man folgendermaßen vor:

- Auf dem Einstiegsbild gibt man im Bereich *Auswahldaten* den Kreditor an.
- Im Kreditorenbild wird im Feld *Betrag* der gutzuschreibende Bruttobetrag eingetragen.
- Nun gelangt man in die Belegübersicht. In dieser ist nur die angelegte Kreditorenzeile generiert.
- Nun werden die Gegenbuchungen erzeugt und der Beleg gebucht.

Storno

Beim Stornieren von Rechnungsbelegen unterscheidet man zwei Fälle:

- Wird eine Rechnung storniert, so erzeugt das System automatisch eine Gutschrift.
- Wird eine Gutschrift storniert, so erzeugt das System automatisch eine Rechnung.

Im Feld *Storniert mit* wird festgehalten, mit welchem Beleg eine Rechnung/Gutschrift storniert wurde bzw. zu welchem Beleg ein Stornobeleg gehört.

Um einen Rechnungsbeleg zu stornieren, geht man folgendermaßen vor:

- Im Menübild der Rechnungsprüfung wählt man: *Weiterverarbeitung ⇨ Stornieren.*
- Mit *Beleg ⇨ Stornobeleg buchen* bucht das System automatisch eine Gutschrift/Rechnung.

Abb. 1.61
Storno

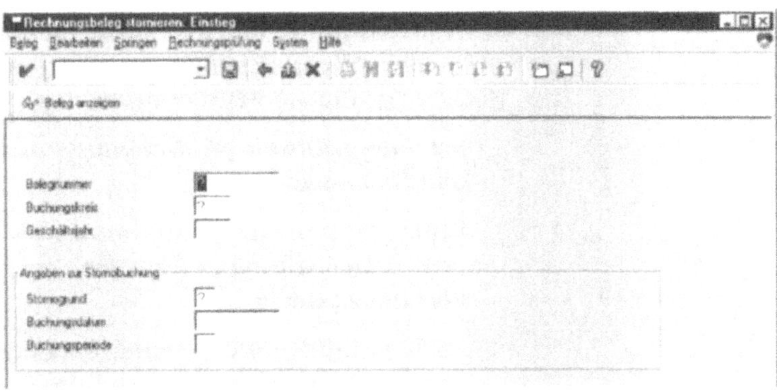

1.4.7 Bezugsnebenkosten

Im R/3-System gibt es zwei Arten von Bezugsnebenkosten:

- **Geplante Bezugsnebenkosten** werden in der Bestellung erfasst. Beim Wareneingang werden entsprechende Rückstellungen gebucht; beim Rechnungseingang kann auf die beim Wareneingang gebuchten Bezugsnebenkosten zurückgegriffen werden.
- **Ungeplante Bezugsnebenkosten** werden erst mit dem Rechnungseingang erfasst. Beim Wareneingang erfolgt keine Rückstellung.

1.4.7.1 Geplante Bezugsnebenkosten

Geplante Bezugsnebenkosten werden in der Bestellung positionsweise erfasst; beim Rechnungseingang werden sie entsprechend zugeordnet. Sie lassen sich nach Herkunft der Kosten in Frachtkosten und Zoll unterteilen.

Für geplante Bezugsnebenkosten wird der entsprechende Betrag beim Wareneingang auf ein spezielles Verrechnungskonto gebucht. Damit dieser Posten beim Rechnungseingang ausgeglichen werden kann, ist es wichtig, bei einer Rechnung mit Bezugsnebenkosten den Bezug zu dieser Buchung herzustellen.

Auswahlmöglichkeiten

Beim Referieren auf geplante Bezugsnebenkosten gibt es drei Auswahlmöglichkeiten:

- Bezugsnebenkosten zu einer Bestellung
- Bezugsnebenkosten zu einem Kreditor
- Bezugsnebenkosten zu einem Frachtbrief

Geplante Bezugsnebenkosten buchen

Wie man vorgeht, um Bezugsnebenkosten zu buchen, hängt davon ab, welche Art Rechnung man bearbeitet:

- **Warenrechnung inklusive Bezugsnebenkosten**
  Um eine Warenrechnung inklusive Bezugsnebenkosten zu buchen, geht man folgendermaßen vor:
  1. Mit *Belegerfassung* ⇨ *Rechnung hinzufügen* gelangt man in das Einstiegsbild.
  2. Dort gibt man im Bereich *Auswahl* die Bestellung oder den Wareneingang/Lieferschein ein, auf den sich die Rechnung bezieht.
  3. Nach Ausfüllen des darauffolgenden Kreditorenbildes gelangt man auf das Auswahlbild. Hier muss man die Positi-

onen, die in der Rechnung aufgeführt sind, markieren. Mit *Springen* ⇨ *Belegübersicht* gelangt man auf das Übersichtsbild.

4. Um nun die Bezugsnebenkosten zu bearbeiten, wählt man *Bearbeiten* ⇨ *Bezugsnebenkosten* ⇨ *Geplant* ⇨ *Zur Bestellung* und gibt die Bestellnummer ein.
5. Nach [Enter] erhält man ein Fenster, in dem die geplanten Bezugsnebenkosten aufgelistet werden.
6. Die zutreffenden Bezugsnebenkosten werden markiert. Nun wählt man *Übernehmen*.
7. Man gelangt automatisch in die Belegübersicht. Mit *Beleg* ⇨ *Buchen* wird der Beleg gebucht.

- **reine Bezugsnebenkostenrechnung**
  Um eine reine Bezugsnebenkostenrechnung zu buchen, geht man bis auf wenige Unterschiede wie oben vor:
  1. Im Feld *Kreditor* wird im Bereich *Auswahl* die Nummer des Rechnungsstellers eingegeben. Im nächsten Schritt muss das Kreditorenbild ausgefüllt werden.
  2. Nun muss man die Bezugsnebenkosten bearbeiten. Dazu ruft man die geplanten Bezugsnebenkosten auf.
  3. Beziehen sich die Bezugsnebenkosten auf eine Bestellung, so wählt man *Bearbeiten* ⇨ *Bezugsnebenkosten* ⇨ *Geplant* ⇨ *Zur Bestellung* und gibt dann im folgenden Fenster die Bestellnummer ein.
  4. Gehören die Bezugsnebenkosten zu einem Frachtbrief, so wählt man *Bearbeiten* ⇨ *Bezugsnebenkosten* ⇨ *Geplant* ⇨ *Zum Frachtbrief* und gibt dann im folgenden Fenster die Nummer des Frachtbriefes ein.
  5. Gehören die Bezugsnebenkosten nicht zu der Bestellung und ist kein Frachtbrief angegeben, so wählt man *Bearbeiten* ⇨ *Bezugsnebenkosten* ⇨ *Geplant* ⇨ *Zum Kreditor*. Nun gibt man im folgenden Fenster möglichst ein Datum ein, an dem die Bezugsnebenkosten angefallen sind.

1.4.7.2 Ungeplante Bezugsnebenkosten

Ungeplante Bezugsnebenkosten sind Bezugsnebenkosten, die nicht in der Bestellung vereinbart wurden und erst beim Rechnungseingang erfasst werden. Dabei sind folgende Möglichkeiten zu unterscheiden:

- Die ungeplanten Bezugsnebenkosten beziehen sich auf eine Bestellung, sind aber nicht in der Bestellung erfasst worden.
- Die ungeplanten Bezugsnebenkosten beziehen sich nicht auf eine Bestellung.

Beim Buchen wählt man im Gegensatz zu den geplanten Bezugsnebenkosten *Bearbeiten* ⇨ *Bezugsnebenkosten* ⇨ *Ungeplant*.

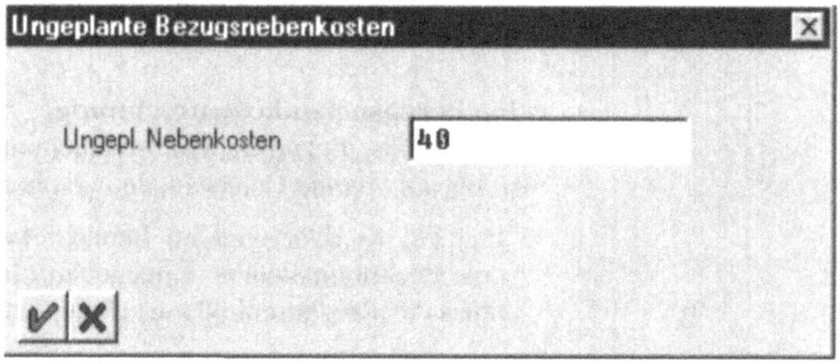

Abb. 1.62
Ungeplante Bezugsnebenkosten

Um eine Bezugsnebenkostenrechnung zu buchen, die nicht einer Bestellung zugeordnet werden kann, geht man folgendermaßen vor:

1. Im Einstiegsbild gibt man im Bereich *Auswahl* die Nummer des Rechnungsstellers im Feld *Kreditor* ein. Nun muss das Kreditorenbild ausgefüllt werden.
2. Wenn man die Kosten einem Material belasten will, wählt man *Bearbeiten* ⇨ *Neue Position* ⇨ ... ⇨ *Material*.
3. Wenn man die Kosten auf ein Sachkonto buchen will, wählt man ... ⇨ *Sachkonto*.
4. Je nach Bearbeitung füllt man das folgende Materialbild oder das Sachkontenbild aus. Mit *Springen* ⇨ *Belegübersicht* gelangt man in die Belegübersicht.
5. Mit *Beleg* ⇨ *Buchen* kann man den Beleg buchen.

1.4.8 Automatische Wareneingangsabrechnung

Die automatische Wareneingangsabrechnung (ERS=Evaluated Receipt Settlement) dient dazu, Wareneingänge direkt ohne den Erhalt einer Rechnung abzurechnen.

Mit dem in der Bestellung eingegebenen Bestellpreis und der beim Wareneingang erfassten Liefermenge weiß das System, was für diesen Bestellvorgang in Rechnung zu stellen ist. Zahlungsbedingungen und Steuerinformationen sind dem System ebenfalls aus der Bestellung bekannt. Somit kann das System auf Grund dieser Kenntnisse die entsprechende Rechnung selbst erzeugen und buchen. Eine Rechnung des Kreditors ist damit überflüssig.

Das **Verfahren** der automatischen Wareneingangsabrechnung (ERS) hat folgende Vorteile:

- schnelleres Abschließen eines Bestellvorgangs ist möglich;
- Übermittlungsfehler werden vermieden;
- Mengen- und Preisabweichungen in der Rechnungsprüfung kommen nicht vor.

Automatische Wareneingangsabrechnung durchführen:

1. Im Menü der Rechnungsprüfung wählt man *Weiterverarbeitung ⇨ ERS durchführen*. Man gelangt auf das Selektionsbild.
2. Hier gibt man ein, welche Vorgänge automatisch abgerechnet werden sollen. Wenn man die Abrechnung nur zu Testzwecken durchführt, markiert man das Feld *Testmodus*. Mit *Programm ⇨ Ausführen* erhält man das Protokoll der automatischen Wareneingangsabrechnung.

1.4.9 Integration der Komponente IM in das R/3-System

In Abb. 1.63 ist die Komponente IM als zentraler Punkt des R/3-Systems dargestellt, um deutlich zu machen, wie wichtig die Bestandsführung für viele Module und Komponenten ist.

Abb. 1.63
Integration in das R/3-System

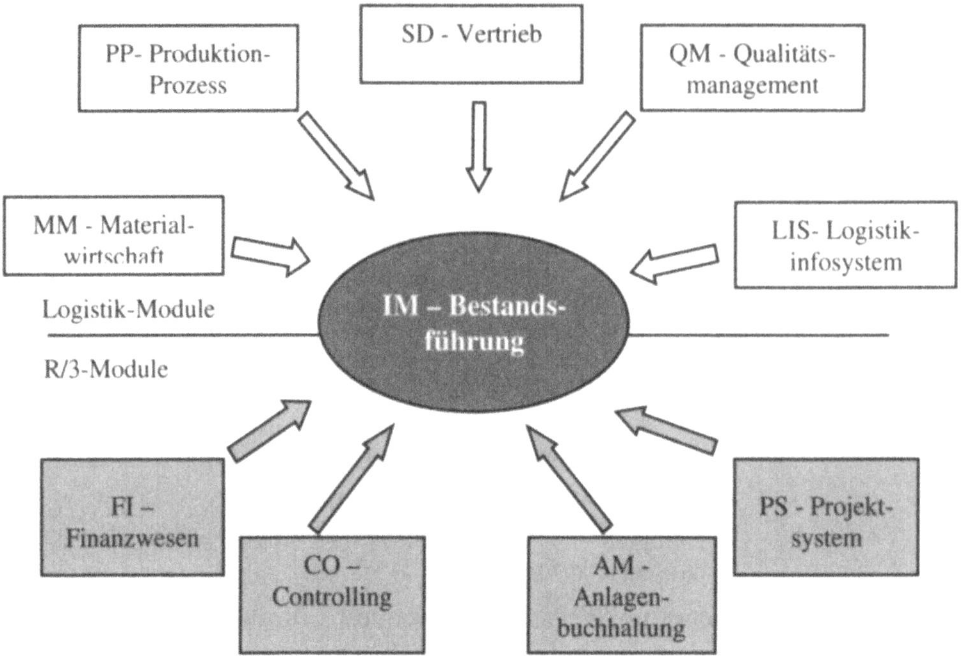

Oberhalb des Trennstriches sind die Logistik-Module angesiedelt, in welche die Bestandsführung fest integriert ist. Unterhalb davon sind andere Module genannt, die auch die Bestandsführung nutzen.

Nachfolgend sind nun einige Beziehungen der Abbildung erörtert.

- **MM – Materialwirtschaft**
  Hierzu gehört u. a. der Einkauf. Dort werden Bestellungen generiert, schon jetzt ist die Bestandsführung angesprochen, da bestelltes Material geführt werden kann. Auch die Lagerwirtschaft benützt die Bestandsführung in entscheidender Weise.
- **PP – Produktions-Prozess**
  In der Produktion werden Produkte (Fertigprodukte oder Halbfertigprodukte) hergestellt. Dieser Output wird, falls er eingelagert wird, als Wareneingang des Lagers durch die Bestandsführung gebucht. Auch die Materialentnahmen zum Herstellen der Produkte müssen durch die Bestandsführung dokumentiert und geführt werden.

- **SD – Vertrieb**
  Dieses Modul verwaltet externe Aufträge von Kunden. Liegt ein Kundenauftrag vor, kann durch IM sofort die Verfügbarkeit des Produktes abgefragt werden, und zwar nicht nur die aktuellen Bestände, sondern auch Bestände, die in der Zukunft liegen.
  Außerdem löst der durch den Vertrieb ausgelöste Warenausgang einen Prozess in der Bestandsführung aus.
- **QM – Qualitätsmanagement**
  Tritt ein Wareneingang auf, kann die Bestandsführung eine Qualitätsprüfung veranlassen, dadurch wird dieses Modul aktiv.
- **LIS – Logistikinformationssystem**
  Auch dieses Informationssystem verwendet die mengen- und wertmäßige Führung der Materialbestände. Außer zu diesen Logistik-Modulen sind Kopplungen zu anderen Modulen zu erkennen.
- **FI – Finanzwesen**
  Verwendet die wertmäßige Führung der Bestände.
- **CO – Controlling**
  Dieses Modul ordnet die Materialverbräuche Kostenstellen zu. Dafür ist eine Führung der internen Warenbewegungen von Nöten. Die Bestandsführung dokumentiert diese mengen- und wertmäßig, dazu werden die entsprechenden Konten notiert.
- **AM – Anlagenbuchhaltung**
  In der Bestandsführung werden Materialien geführt, die einer Anlage zuzuordnen sind.
- **PS – Projektsystem**
  In der Komponente IM (Bestandsführung) ist es möglich, explizite Projektbestände zu führen.

1.5 Lagerverwaltung

Mit dem Lagerverwaltungssystem können komplexe Lagerstrukturen definiert und verwaltet werden. Die einzelnen Teilläger können als **chaotisch organisierte** oder als **Festplatzläger** verwaltet werden. Dabei werden unterschiedliche Ein- und Auslagerungsstrategien sowie eine Gefahrstoffabwicklung unterstützt. Mit Hilfe der Lagerverwaltung (Komponente WM) wird innerhalb des Systems R/3 die komplette Lagerverwaltung abgewickelt.

Diese umfasst:

Inhalte der Lagerverwaltung

- die Definition und Verwaltung der Lagerplätze,
- die Kontrolle aller Lagerbewegungen,
- die Inventur pro Lagerplatz,
- die Anbindung an die Systeme SD und PPS.

Sämtliche Warenein- und -ausgänge und Umlagerungen innerhalb der Läger werden vom Lagerverwaltungssystem (LVS) kontrolliert und abgewickelt. Das LVS erstellt aufgrund eines Transportbedarfs (z. B. durch einen Warenausgang durch das Vertriebssystem) einen Transportauftrag, über den die Ware dann physisch ausgelagert werden kann. Für sämtliche Warenbewegungen werden die notwendigen Begleitpapiere automatisch ausgedruckt, somit bleiben alle Bewegungen nachvollziehbar.

1.5.1 Erfassung von Stammdaten

Bevor mit dem WM-System eine Verwaltung des Lagers möglich ist, muss dieses zunächst komplett im System abgebildet werden, d. h. die Struktur des Lagers und die Informationen über die zu lagernden Materialien müssen erfasst werden.

1.5.1.1 Lagerstruktur

Der Lagerkomplex als solcher wird im System unter einer **Lagernummer** geführt. Innerhalb dieses Lagerkomplexes, mit z. B. der Lagernummer 0001, wird das Lager in **Lagertypen** unterteilt. Folgende Übersicht (Abb. 1.64) erläutert die Aufteilung einer Lagernummer in verschiedene Lagertypen:

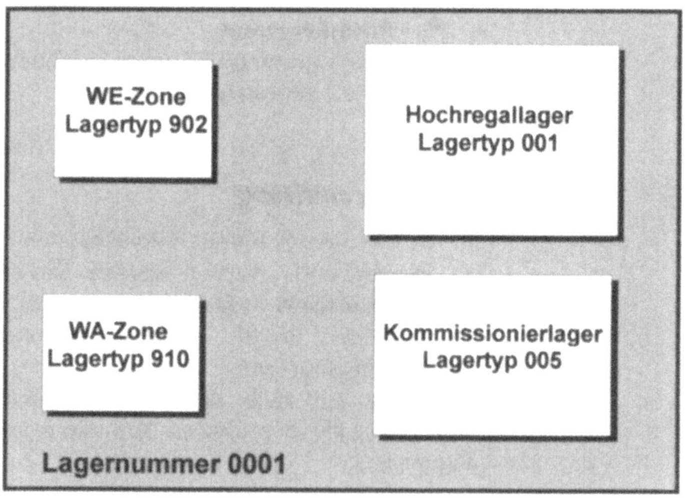

Abb. 1.64 Physische Abbildung der Lagerstruktur im WM-System

Jeder **Lagertyp** besteht wiederum aus einer bestimmten Anzahl von Lagerplätzen. **Lagerplätze** sind die kleinsten vom System her ansprechbare Einheiten eines Lagers. Die Adressierung eines Lagerplatzes erfolgt z. B. bei Hochregallagern über eine dreidimensionale Koordinate (z. B. 10-01-02, Gasse 10 - Säule 01 - Ebene 02). Lagerplätze mit gleichen Eigenschaften können in Lagerbereichen zusammengefasst werden. Zu diesen Eigenschaften gehören z. B. Lagerplätze mit Materialien, die häufig umgeschlagen werden (Schnelldreher) und somit auf einen Lagerplatz nahe der WE-Zone bzw. WA-Zone gelagert werden sollten, um lange Kommissionierwege zu verhindern. Auf einem Lagerplatz können eine bestimmte Anzahl von **Quants** gelagert werden. Quants sind die kleinste ansprechbare Mengeneinheit innerhalb von R/3 und können gleichgesetzt werden mit einer bestimmten Materialart (siehe Abb. 1.65).

Abb. 1.65 Lagerplatz aus Quantsicht

Auf Lagerplatz 1 befinden sich zwei Quants, einer für Material 1 und einer für Material 2. Der zweite Lagerplatz ist leer, folglich null Quants. Der Lagerplatz 3 beinhaltet ein Quant für Material 3 und hat gleichzeitig als Lagereinheitentyp (LET) GB für Gitterbox eingestellt. Auf Lagerplatz 4 befindet sich wieder ein Quant für Material 3; diesmal aber mit der Einstellung Lagereinheitentyp E1 für Europalette.

Aus der Abbildung 1.66 ist die komplette Lagerstruktur ersichtlich:

Abb. 1.66
Lagerstruktur innerhalb des WM-System

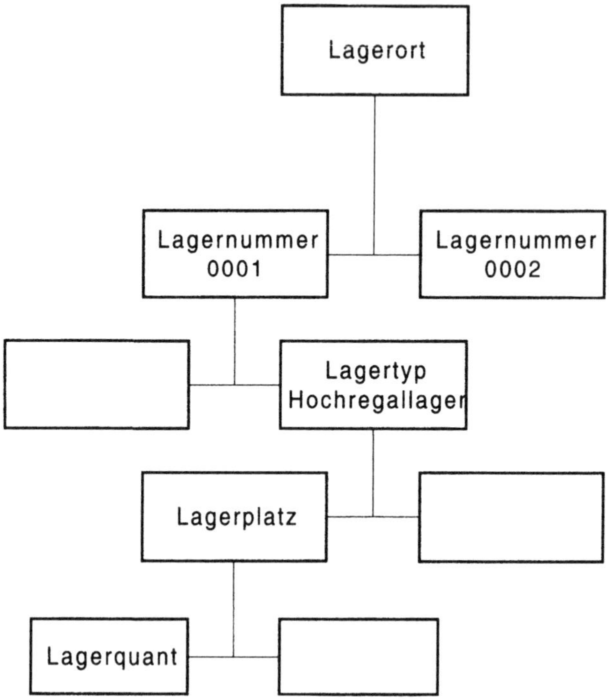

1.5.1.2 Customizing-Einstellungen

Jede Hierarchieebene innerhalb der Struktur kann über die Customizingfunktion mit verschiedenen Eigenschaften belegt werden:

Werkzeuge ⇨ Customizing ⇨ Systemeinstellung ⇨ Materialwirtschaft ⇨ Lagerverwaltung

Hier werden im System für jede Lagernummer Vorschlagswerte und Steuerkennzeichen vergeben. Diese betreffen z. B. Mengeneinheiten, Nummernkreise, Kommissioniertechnik und Behandlung von Inventurdifferenzen.

Ebenso werden die Eigenschaften für Lagertypen festgelegt:

Eigenschaften für Lagertypen

- Strategien für Ein- und Auslagerung
- Kapazitätsprüfungen
- Quittierungspflichten
- Nullkontrolle
- Sperr- und Inventurkennzeichen

Auch für die Lagerplätze müssen innerhalb des Customizings Behandlungsvorschriften hinterlegt werden:

Behandlungsvorschriften

- Zuordnung zu einen Lagerbereich
- Lagerplatztyp
- maximales Gewicht
- Brandabschnitt
- Sperrkennzeichen (Lagerplatz gesperrt, z. B. wegen Reparatur)
- Quantinformationen (Datum der Einlagerung, Wareneingangsnummer etc.)

1.5.1.3 Auswertungen

Für die ordnungsgemäße Verwaltung der Läger ist eine Vielzahl an Informationen notwendig. Über die Auswahl von

Stammdaten ⇨ Lagerplatz ⇨ Auswertungen

erhält man Informationen über (siehe Abb. 1.67):

- Lagerstruktur
- gelagertes Material
- Auslastungsgrad
- Lagerbestand
- leere Lagerplätze
- Gefahrstoffe

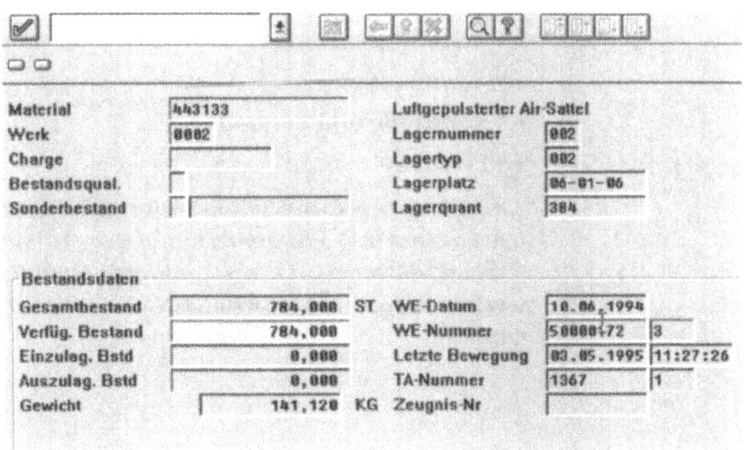

Abb. 1.67 Lagerplatzinformationen

In diesem Menü ist es weiterhin möglich, einzelne Lagerplätze bzw. Lagerbereiche wegen Reparatur, Inventur etc. für Ein- oder Auslagerungen zu sperren (siehe Abb. 1.68).

Abb. 1.68
Lagerplätze sperren

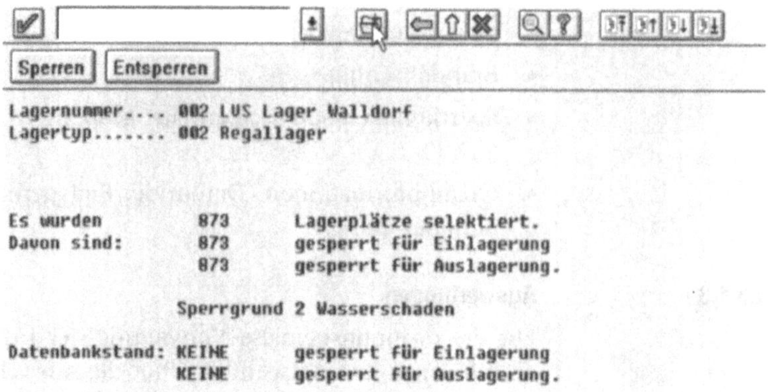

1.5.2 Schnittstellen zu anderen Arbeitsgebieten

Die Lagerverwaltung ist innerhalb eines Unternehmens für die komplette Verwaltung aller Läger verantwortlich. Zu den **Hauptaufgaben der Lagerverwaltung** gehören:

- Wareneingang
- Identifizierung und Sortierung der Waren
- Einlagerung auf Lagerplätzen
- Überwachung der gelagerten Materialien
- Kommissionierung
- Verpackung
- Verladung und Versand
- Inventur

Aus diesen Aufgabenstellungen ergeben sich Berührungspunkte mit anderen R/3-Komponenten, wie z. B. SD (Vertrieb) oder IM (Bestandsführung). Dieser Informationsaustausch geschieht entweder Online oder über Batch-Läufe zum Ende eines Arbeitstags.

1.5.3 Lagerstrategien im Lagerverwaltungssystem

In das Lagerverwaltungssystem gelangt man über:

Werkzeuge ⇨ Customizing ⇨ Einstellungsmenü ⇨ Logistik ⇨ Materialwirtschaft ⇨ Lagerverwaltung

Hier muss festgelegt werden, nach welchen Kriterien ein Ein- oder Auslagerplatz gesucht wird. Nur durch Hinterlegung der Strategie im Materialstammsatz ist eine reibungslose, schnelle und automatische Abwicklung aller Lagerbewegungen gewährleistet. Allerdings ist immer die Möglichkeit gegeben, Vorschläge, die das System anhand einer Strategie vorgibt, manuell abzuändern und evtl. Gegebenheiten anzupassen.

Einstellen der Strategie zum Einlagern

Beim Einlagern einer Ware steht im Normalfall der Vonlagerplatz (Lagerplatz, von dem die Ware genommen wird) fest. Dieser wird in der Regel der Schnittstellenlagertyp Wareneingang sein. Der Nachlagerplatz muss erst noch gesucht werden. Dazu ist im System zuerst die Lagertypfindung zu hinterlegen. Für jedes Material können bis zu 10 Lagertypen hinterlegt werden, die das System nacheinander nach freien Lagerkapazitäten durchsucht. Um die Eingabe zu vereinfachen, bietet das System die Möglichkeit, Materialien zu Gruppen zusammenzufassen und diese Gruppen in die gleichen Lagertypen einzulagern.

Weiterhin ist es möglich, einer Bewegungsart eine Strategie zur Lagertypfindung zu hinterlegen, z. B. bei Bewegungsart 102 (*Wareneingang zur Bestellung*).

Hat das System einen Lagertyp für das Material gefunden, wird anschließend nach einem geeigneten Lagerplatz für die Ware gesucht.

Unabhängig von der Einlagerungsstrategie existieren im System zwei weitere Faktoren, die die Einlagerung beeinflussen:

- **Lagerbereich**
- **Lagerplatztyp**

Lagerbereich

Wie oben bereits beschrieben, ist es möglich, Lagerplätze in bestimmte Bereiche zusammenzufassen. Auf diese Art und Weise können sogenannte „**Schnelldreher**“ im vorderen Lagerbereich und „**Langsamdreher**“ im hinteren Lagerbereich eingelagert werden.

Lagerplatztyp

In einem Lager sind in der Regel nicht alle Lagerplätze gleich groß. Über den Lagerplatztyp wird im SAP-System für jeden Lagerplatz hinterlegt, welche Lagereinheiten auf diesem Platz abgelegt werden dürfen. Jeder Lagereinheit werden verschiedene Lagertypen zugewiesen. Über diese Verknüpfung erkennt das System beim Einlagern, auf welchen Lagerplatz der einzulagernde Einheitentyp eingelagert werden kann und sucht solange im betreffenden Lagertyp, bis ein freier Lagerplatz gefunden wurde.

Die Festlegung der Auslagerungsstrategie erfolgt analog der **Einlagerungsstrategie**. Zuerst wird vom System ein passender Lagertyp aufgrund der im Materialstammsatz hinterlegten Informationen selektiert. Anschließend wird in diesem Lagertyp nach geeigneten Lagerquants gesucht und die Materialien dann ausgelagert.

1.5.3.1 Einlagerungsstrategien

Folgende **Strategien** sind möglich:

- Manueller Platz
- Blocklager
- Freilager
- Festplatz
- Nächster Platz
- Zulagerung
- Lagereinheitentyp

Manueller Platz

Im Fall „manueller Platz" wird vom System der Lagerplatz nicht automatisch vergeben. Vielmehr muss der Anwender bei der Transportauftragserstellung einen Nachlagertyp manuell eingeben.

Blocklager

Materialien, die in großen Mengen vorkommen und dadurch auch viel an Lagerplatz beanspruchen, werden in der Regel in einem Blocklager gelagert. Die Befehlsfolge hierfür lautet:

Strategien ⇨ Einlagerungsstrategien ⇨ Blocklager

Die **Vorteile eines Blocklagers** sind:

- geringer Platzbedarf
- hohe Übersichtlichkeit
- schneller Zugriff

Im System kann die Einteilung eines Blocklagers frei gewählt werden. Normalerweise wird eine Zeile eines Blockes als Ordnungsmerkmal (Lagerplatz) benutzt.

Im Blocklager ist es möglich, verschiedene Lagereinheitentypen gleichzeitig auf einem Platz zu verwalten. Dabei werden die verschiedenen Abmessungen, z. B. die der Paletten, vom System her berücksichtigt. Allerdings ist eine Mischbelegung von Materialien auf einem Lagerplatz in gleichen Lagereinheitentypen normalerweise nicht gewünscht. Das System berücksichtigt dies und lässt eine Mischbelegung nicht zu.

Sperren von Lagerplatz

Es ist möglich, einen Lagerplatz für Einlagerungen zu sperren, um zuerst den Lagerplatz durch Auslagerung ganz zu leeren.

Hierfür stehen **zwei Möglichkeiten** zur Verfügung:

- Nach der ersten Auslagerung von einem Lagerplatz wird der Platz für weitere Einlagerungen gesperrt bis der Bestand durch Auslagerungen auf Null gesunken ist. Sollte ein Mangel an Lagerplatz auftreten, ist eine manuelle Freigabe jederzeit möglich.
- Es ist auch möglich eine Zeitschranke zu definieren. Nach einer einzugebenden Anzahl von Tagen wird eine Einlagerungssperre aktiv. Diese bleibt solange erhalten, bis ein Nullbestand auf diesem Lagerplatz erreicht wird.

Freilager

Die Menüfolge zum Freilager lautet:

Strategien ⇨ Einlagerstrategien ⇨ Freilager

Ein Freilager stellt einen Lagertyp dar, bei dem pro Lagerbereich nur ein Lagerplatz definiert wird. Auf diesem Lagerplatz ist eine Mischbelegung von Quants möglich.

Festplatzzuordnung

Die Menüfolge zum **Fixplatz** lautet:

Strategien ⇨ Einlagerstrategien ⇨ Fixplatz

Wird diese Einlagerungsstrategie im Materialstammsatz hinterlegt, wird das Material immer auf diesem dort angegebenen Ort eingelagert. Zum Einsatz kommt diese Strategie meist dort, wo eine manuelle Kommissionierung erfolgt.

Nächster leerer Platz

Die Menüfolge zum Leerplatz lautet:

Strategien ⇨ Einlagerstrategien ⇨ Leerplatz

Bei dieser Einlagerungsstrategie schlägt das System automatisch den nächsten leeren Lagerplatz vor. Diese Strategie unterstützt die Einlagerung in chaotisch organisierten Läger mit artikelreiner Lagerung, wie z. B. in Hochregallägern.

Zulagerung

Die Menüfolge zur Zulagerung lautet:

Strategien ⇨ Einlagerstrategien ⇨ Zulagerung

Bei dieser Einlagerungsstrategie versucht das System für das einzulagernde Material einen Lagerplatz zu finden, auf dem die Ware bereits vorkommt. Dies ist allerdings immer nur dann möglich, wenn auf diesem Lagerplatz genügend Restkapazität vorhanden ist. Ist dies nicht der Fall, sucht das System nach der Strategie „*Nächster leerer Platz*" den nächsten leeren Lagerplatz. Bei dieser Strategie wird allerdings das FIFO-Prinzip verletzt. Aus diesem Grund empfiehlt sich diese Methode nur bei Platzmangel im Lager.

Platz nach Lagereinheitentyp suchen

Die Menüfolge zu **Paletten** lautet:

Strategien ⇨ Einlagerstrategien ⇨ Paletten

Das R/3-System unterstützt die Möglichkeit, verschiedene Lagereinheitentypen zu verwalten. Ein Regallager ist in der Regel in verschiedene Regalabschnitte unterteilt. In diesen Abschnitten dürfen normalerweise gleichzeitig nur gleiche Lagereinheitentypen (z. B. Europaletten) eingelagert werden. Durch die verschiedenen Ausmaße der Lagereinheitentypen ist die maximale Anzahl der Quants pro Regalabschnitt unterschiedlich. Die mögliche Kombination aus Lagereinheitentyp und maximaler Anzahl von Quants müssen dem System bekannt sein, um diese Strategie zum Einlagern zu verwenden.

Die verschiedenen **Einlagerungsstrategien** werden im R/3-System von verschiedenen Faktoren beeinflusst, die mit dazu beitragen, dass das System bei der Einlagerung genau nach den vom Benutzer definierten Regeln vorgeht.

Durch diese vielfältigen Möglichkeiten ist eine weitgehend optimale Anpassung an verschiedene **Lagerungsgegebenheiten** möglich:

- Lagertypen
- Lagerbereiche
- Lagerplatztypen
- Quereinlagerung
- Kapazitätsprüfung

Lagertypen, Lagerbereiche und Lagerplatztypen wurden bereits im Kapitel Lagerstrategien (siehe Punkt 1.5.3) angesprochen.

Quereinlagerung

Die Menüfolge zur Quereinlagerung lautet:

Lagerverwaltung ⇨ Strategien ⇨ Quereinlagerung

Bei Quereinlagerung kann dem System eine feste Variable übergeben werden, die die Suche, z. B. nach leeren Plätzen, beeinflusst. Zum Beispiel ist es sinnvoll, in einem Regallager zuerst alle vorderen Fächer jedes Regalganges zu füllen, anstatt zuerst einen Regalgang komplett zu befüllen und dann den nächsten Regalgang.

Kapazitätsprüfung

Bei der Kapazitätsprüfung wird überprüft, ob entweder

- das maximal zulässige Gewicht, z. B. pro Lagerplatz, überschritten wird,
- oder die Anzahl von Quants im Lagerplatz überschritten wird,
- oder der festgelegte Lagereinheitentyp übereinstimmt;
- weiterhin kann auf ein neutrales Kennzeichen geprüft werden. Dazu muss für jeden Lagerplatz eine einheiten- und dimensionslose Kapazität eingestellt sein, jedes Material eine bestimmte Kapazität je Mengeneinheiten beanspruchen und jedem Lagereinheitentyp eine bestimmte verbrauchende Kapazität pro Lagereinheit zugeordnet sein. Anschließend kann auch je einer dieser Kapazitäten oder bei Mischbelegung auch auf alle abgeprüft werden.

1.5.3.2 Auslagerungsstrategien

Das R/3-System kennt verschiedene **Auslagerungsstrategien**:

„A“	zuerst Anbruchslagereinheiten
„F“	FIFO, First In First Out
„L“	LIFO, Last In First Out
„M“	Auslagerungsvorschlag nach Menge
„_“	Strenges FIFO über alle Lagertypen
„H“	Verfallsdatum

Die Menüfolge zum **Anbruch** lautet:

Strategien ⇨ Auslagerstrategien ⇨ Anbruch

First In First Out (FIFO)

Bei dieser Strategie wird das Prinzip „First In First Out“ (FIFO) zugunsten einer Lageroptimierung gebrochen. Die Anzahl der Anbruchslagereinheiten innerhalb eines Lagertyps wird so gering wie möglich gehalten.

Bei der Ermittlung des **Auslagerungsplatzes** geht das System folgendermaßen vor:

Entspricht oder übersteigt die Anforderungsmenge die Menge einer Standardlagereinheit, lagert das System eine Standardlagereinheit aus. Sind keine Standardlagereinheiten vorhanden, lagert das System Anbruchseinheiten aus. Ist die Anforderungsmenge geringer als die Menge einer Standardlagereinheit, werden Anbruchslagereinheiten ausgelagert. Sind keine Anbruchslagereinheiten vorhanden, werden volle Lagereinheitentypen angebrochen. Bei der Suchreihenfolge nach vollen Lagereinheitentypen geht das System nach dem FIFO-Prinzip vor.

Die Menüfolge zu FIFO lautet:

Strategien ⇨ Auslagerstrategien ⇨ FIFO

Bei dieser Auslagerungsstrategie lagert das System bei einer Anforderung das älteste Quant eines Materials aus. Als Bezugsdatum wird das Wareneingangsdatum aus der Bestandsführung herangezogen.

LIFO (Last In First Out)

Die Menüfolge zu LIFO lautet:

Strategien ⇨ Auslagerstrategien ⇨ LIFO

In manchen Branchen wird das FIFO Prinzip bewusst nicht angewandt, z. B. in der Baustoffbranche wird das neu einzulagernde Material immer auf bereits gelagertem Material gelagert. Bei einer Entnahme nach den FIFO-Prinzip müsste nun die obere Ware weggeräumt werden und die unten liegende Ware zuerst ausgelagert werden. Durch das LIFO-Prinzip wird dieser Umstand umgangen.

Auslagerungsvorschlag nach Menge

Die Menüfolge zur Auslagerung nach Mengen lautet:

Strategien ⇨ Auslagerstrategien ⇨ Groß/Klein

Strenges FIFO über alle Lagertypen

Die Menüfolge zum strengen FIFO lautet:

Strategien ⇨ Auslagerstrategien ⇨ Strenges FIFO

Bei den bisher beschriebenen Auslagerungsstrategien geht man davon aus, dass pro Lagertyp genau eine Auslagerungsstrategie hinterlegt ist. Diese lagertypbezogene Vorgehensweise ist jedoch nicht in allen Branchen praktikabel. Aus diesem Grund ist es im Modul WM möglich, über alle Quants innerhalb einer Lagernummer zu suchen. In diesem Fall werden nicht einzelne Lagertypen durchsucht, sondern das System schlägt das älteste Quant innerhalb des Lagers zur Auslagerung vor. Bei der Suche über das gesamte Lager werden Lagerstrategien, die für einzelne Lagertypen vereinbart wurden, ignoriert, da dies zu Widersprüchlichkeiten führen würde.

Beim Auslagern von vollentnahmepflichtigen Lagertypen kann es zu Restmengen kommen, die nicht kommissioniert werden können. Diese Mengen werden über eine **Rückposition** auf einen Lagerplatz zurückgelagert.

Verfallsdatum

Bei der Auslagerungsstrategie Verfallsdatum wird das Verfallsdatum, welches im Quant des Lagerbestandes beim Wareneingang festgelegt wurde, ausgewertet und die Materialien mit der kürzesten Verfallszeit ausgelagert. Dazu wird beim Erstellen der Einlagerungstransportaufträge das Eingeben eines Verfallsdatums zwingend vorgeschrieben. Für Auswertungen können entsprechende Reports, am besten über einen Batch-Lauf, erstellt werden.

Rücklagerungsplätze

Man unterscheidet drei verschiedene Methoden zur Findung des Rücklagerplatzes:

- Das Material bleibt auf dem Nachlagerplatz.
- Das Material wird auf den Vonlagerplatz zurückgelagert.
- Die Rücklagerung erfolgt auf einen neuen Lagerplatz, der nach der Einlagerungsstrategie für diesen Lagertyp gesucht wird.

1.5.4 Warenbewegungen

Im WM-System unterscheidet man grundsätzlich zwischen zwei verschiedenen Warenbewegungen:

- Bewegungen, die nur innerhalb des Lagers vorgenommen werden (z. B. Umlagerungen im Lager).
- Bewegungen, an denen andere Komponenten beteiligt sind (z. B. Warenausgang aufgrund einer Kundenbestellung).

1.5.4.1 Warenbewegungsarten

Im Falle eines **Wareneinganges** werden Waren von einem Lieferanten aufgrund einer Bestellung oder aus der Produktion angeliefert. Des Weiteren kann auch Ware ohne eine Bestellung angeliefert werden. In allen drei Fällen wird der Bestand an Material erhöht.

Beim **Warenausgang** werden Waren entweder an einen Kunden versandt oder in der Produktion verbraucht, in beiden Fällen wird der Bestand an Waren gemindert.

Umbuchungen von Materialien sind nicht immer mit einer physischen Umlagerung verbunden. Mittels Umbuchungen ist z. B. eine Änderung der Bestandsqualifikation möglich oder eine Übernahme von Waren aus dem Konsignationslager in den eigenen Bestand. Im Kapitel Bestandsführung finden sich hierzu weitere Informationen.

Im R/3-System werden in der Komponente IM (Bestandsführung) die Bestände mengen- und wertmäßig geführt.

Schnittstellen-lagertypen

Über den Schnittstellenlagertyp erfolgt der Datenaustausch zwischen LVS und Bestandsführung. Bei einer Bestandsbuchung im IM-System erfolgt dort eine summarische Fortschreibung der Bestände. Gleichzeitig wird die jeweilige Menge auf den entsprechenden Schnittstellenlagertyp im WM-System gebucht. Somit ist sichergestellt, dass die Bestände in beiden Systemen übereinstimmen.

Im WM-System werden sämtliche Lagerbewegungen über **Transportaufträge** durchgeführt. Bei jeder Lagerbewegung ist es notwendig anzugeben, woher die Ware ausgelagert werden soll (Vonlagerplatz) und wohin sie gebracht werden soll (Nachlagerplatz). Z. B. wird Ware vom Wareneingang (Vonlagerplatz) in das Hochregallager (Nachlagerplatz) gebracht; dort wird die Ware physisch eingelagert. Bei diesem Vorgang hat mengenmäßig keine Änderung stattgefunden; innerhalb des Lagers wurde lediglich eine Umlagerung durchgeführt und der Schnittstellenlagertyp ausgeglichen.

1.5.4.2 Auslösen von Lagerbewegungen

Grundsätzlich unterscheidet man zwei Arten von Lagerbewegungen, je nachdem welche Komponente die Lagerbewegung auslöst.

Buchung im IM-System

Eine Bestandsbuchung erfolgt zuerst im IM-System bei

- Wareneingang aufgrund einer Bestellung
- Warenausgang an eine Kostenstelle (in die Produktion)

Wareneingang zu einer Bestellung

Trifft zu einer Bestellung Ware ein, wird diese als Wareneingang im IM-System gebucht. Dazu ist die entsprechende Bewegungsart für die Transaktion „**Wareneingang zu Bestellung**", die im System definiert ist, auszuwählen. Durch diese Bewegungsart erhält die Ware als Lagerort, der beim Einbuchen notwendig ist, den Schnittstellenlagerplatz Wareneingang zugewiesen. Der Bestand der Ware wird im IM-System durch die Einbuchung der Ware fortgeschrieben, und der Bestand im WM-System wird durch die Zubuchung auf den Schnittstellenlagerplatz angeglichen. Somit ist in beiden Systemen der Bestand an Waren immer gleich.

Im WM-System wird durch den Wareneingang in die Wareneingangszone ein **Transportbedarf** erzeugt. Über die Transportbedarfe wird im System ein **Transportauftrag** erstellt, der die physischen Bewegungen im Lager anstößt. Mittels dieses Belegs wird die Ware vom Schnittstellenlagerplatz im Wareneingang nach der für das Material hinterlegten Einlagerungsstrategie auf den Nachlagerplatz gebracht. Die Einlagerung wird quittiert und der Vorgang somit abgeschlossen.

Wareneingang im Qualitätsprüfbestand/ Umbuchung

Bei Anlieferung von Waren von einer Fremdfirma wird in der Regel ein Teil der Waren zuerst in der **Qualitätsprüfung** geprüft.

Auch hier erfolgt die Behandlung analog zu einem Wareneingang zur Bestellung. Allerdings bekommt die Ware als Bestandsart „***Q***" gesetzt. Dies bedeutet, dass die Ware zwar physisch vorhanden ist, der Bestand aber nicht zum freien, verfügbaren Bestand gehört.

Wenn die Qualitätsprüfung keine Beanstandung erbringt, muss der Bestand freigegeben werden. Dies geschieht durch eine Umbuchung. Dabei erstellt das System zwei Buchungen auf dem Schnittstellenlagerplatz für die Umbuchung; eine mit negativer Menge des Materials mit der Bestandsqualifikation „**Q**", um die Ware auszubuchen und eine Buchung mit positiver Menge und der Bestandsqualifikation „_", um die Ware in den freien Bestand wieder einzubuchen. Aufgrund dieser Umbuchungsanweisung wird im WM-System ein Transportbedarf ausgelöst, der die Ware vom Schnittstellenlagerplatz in das Lagerinnere bringt. Befindet sich ein Teil der Ware bereits dort, geschieht die Umlagerung am

Lagerplatz, d. h. es ist keine physische Bewegung der Ware mehr notwendig.

Bypass-Verfahren

Das Bypass-Verfahren ermöglicht das schnelle Durchschleusen der Ware vom Wareneingang direkt zum Warenausgang, ohne dass eine Einlagerung notwendig ist. Diese Verfahrensweise ist immer dann anzuwenden, wenn für eine bestimmte Ware ein Warenausgang vorgesehen ist, z. B. durch eine Lieferung an einen Kunden oder durch eine Materialanforderung der Produktion, wenn kein freier Bestand im Lager verfügbar ist. In diesem Fall wird das Material in eine Fehlteiletabelle eingetragen. Sind die entsprechenden Kennzeichen in der Bewegungsart gesetzt, überprüft das System bei einem Transportauftrag zur Einlagerung, ob das Material in der Fehlteiletabelle geführt wird.

Ist dies der Fall, wird die Ware nicht in das Lagerinnere eingelagert, sondern auf den Nachlagerplatz, der in der Fehlteiletabelle hinterlegt wird. Durch diese Strategie werden zeitaufwendige Ein- und Auslagerungen umgangen, und die Ware kann schneller zur Verfügung gestellt werden.

Warenausgang an Kostenstelle

Bei einem Warenausgang an eine Kostenstelle wird die Bestandsveränderung wiederum zuerst im IM-System gebucht. Das System erstellt automatisch einen Transportbedarf. Das Material wird mit negativer Menge auf den Schnittstellenlagerplatz Warenausgang gebucht.

Im WM-System werden aufgrund der Transportbedarfe Transportaufträge erzeugt, um die Ware physisch vom Lagerinnern, dem Vonlagerplatz, in die Warenausgangszone zu bringen. Der Vonlagerplatz wird vom System automatisch ermittelt, kann aber jederzeit geändert werden. Das System erstellt analog zum Einlagern für jeden Vonlagerplatz eine Transportauftragsposition. Ist die Auslagerung aufgrund der Transportaufträge physisch durchgeführt, wird sie vom Ausführenden quittiert und der Vorgang ist somit abgeschlossen.

Analog zu den Vorgängen beim Wareneingang ist der Bestand auch beim Warenausgang und somit in beiden Systemen immer gleich.

Buchung im WM-System

Bei folgenden Lagerbewegungen wird die Bestandsveränderung erst im **WM-System** gebucht und dann an die Bestandsführung weitergegeben:

- Warenausgang für Lieferungen aus Bestellungen
- Wareneingang aus Produktion

Warenausgang aufgrund einer Bestellung

Der Vertrieb erzeugt im Modul SD von SAP-R/3 über die Lieferung an einen Kunden einen Transportbedarf im WM-System. Dieser Lieferbeleg ersetzt in diesem Fall den Transportbedarf. Aufgrund der Angaben auf dem Transportauftrag wird die Ware auf einen Schnittstellenlagerplatz **„Warenausgänge für Lieferungen"** gebracht.

Wareneingang aus der Produktion

Bei fortlaufenden Wareneingängen aus der Produktion möchte man vermeiden, dass jeder Wareneingang einzeln im Bestandsführungssystem (IM) gebucht werden muss. Aus diesem Grund werden zunächst im LVS-System zu jedem Wareneingang aus der Produktion Transportaufträge erzeugt. Durch diese Transportaufträge wird auf dem Schnittstellenlagerplatz **„Wareneingang aus Produktion"** jeweils eine negative Mengenbuchung und auf dem Nachlagerplatz im Lagerinnen eine positive Mengenbuchung erzeugt.

Zu einem frei bestimmbaren Zeitpunkt wird ein Batch-Lauf angestoßen, der die Daten des Schnittstellenlagertyps (Mengen und Materialart) ausliest und die Verwendungsfunktion **„Buchen Wareneingang zum Fertigungsauftrag"** anstößt. Dadurch wird der Bestand in der Bestandsführung aktualisiert und der Schnittstellenlagerplatz ausgeglichen.

Differenzen-Schnittstellenlagertyp

Über diesen Schnittstellenlagertyp werden Bestandsdifferenzen ausgebucht. Diese können z. B. durch Fehlmengen oder Beschädigung herbeigeführt werden. Sind die Differenzen geklärt, werden die Differenzen über eine Differenzenbuchung im WM-System über das IM-System ausgeglichen und der aktuelle Bestand wieder angeglichen.

1.5.5 Transportbedarf

Wie im vorigen Kapitel bereits beschrieben, wird ein Transportbedarf (TB) aufgrund einer im Lagerverwaltungssystem WM oder eines der angeschlossenen SAP-Komponenten (z. B. IM oder PPS) angestoßenen Lagerbewegung erzeugt. In einem Transportbedarf werden alle relevanten Daten für eine Lagerbewegung festgehalten:

- Was soll bewegt werden?
- Wie groß ist die Menge?
- Wer hat den TB ausgelöst?
- Was ist schon abgearbeitet?

Falls aber ein Lieferschein vorhanden ist, wird kein Transportauftrag erstellt, da der Lieferschein alle relevanten Daten enthält und somit als Transportauftrag gilt.

Normalerweise geschieht die Abarbeitung eines TB automatisch. Allerdings können die in der Praxis auftretenden Sonderfälle berücksichtigt werden.

Durch die Anwahl von:

Lagerverwaltung ⇨ TransBedarf ⇨ Ändern

können folgende Eigenschaften eines Transportbedarfs vor der Weiterverarbeitung geändert werden:

Eigenschaften eines Transportbedarfs

- Langtext
- Bedarfsnummer
- Transportpriorität
- Plandatum / -zeit
- Lagerplatzkoordinaten
- Transportbedarfsmenge
- Alternative Mengeneinheit
- Bestandsqualifikation
- Löschen von Transportbedarfen

1.5.6 Transportauftrag

Der Transportbedarf aus dem vorherigen Kapitel enthält die Information über die geplante Lagerbewegung. Der Transportauftrag hingegen enthält die Informationen über den physischen Transport einer Ware. Transportaufträge werden i. d. R. direkt nach der Erstellung auf einem Drucker im Lager ausgegeben und somit ohne Zeitverlust kommissioniert.

Transportauftrag anlegen

Die Menüfolge zum Anlegen eines Transportauftrages lautet (siehe Abb. 1.69):

Lagerverwaltung ⇨ Transportauftrag ⇨ Anlegen

Über die notwendigen Angaben der Lagernummer etc. in der Maske werden dem Anwender alle offenen Transportbedarfspositionen, die der Selektierung entsprechen, angezeigt. Der Anwender kann jetzt einzelne Positionen von der Weiterverarbeitung ausschließen oder alle offenen Transportbedarfspositionen zu Transportbedarfen weiterverarbeiten lassen.

Für jede Position des Transportbedarfs wird mindestens eine Position auf dem Transportauftrag erzeugt.

Mehrere Transportauftragspositionen werden pro Transportbedarfsposition erzeugt, wenn die Ware von oder auf mehreren verschiedenen Lagerplätzen pro Material ein-/ausgelagert werden muss. Das System sucht die Lagerplätze nach der im Materialstamm hinterlegten Auslagerungsstrategie (siehe hierzu Punkt 1.5.3.2) automatisch.

Auf einem Transportbedarf befinden sich **Informationen** über

- Materialnummer
- Menge
- Vonlagerplatz
- Nachlagerplatz

Abb. 1.69
Transportauftrag anlegen

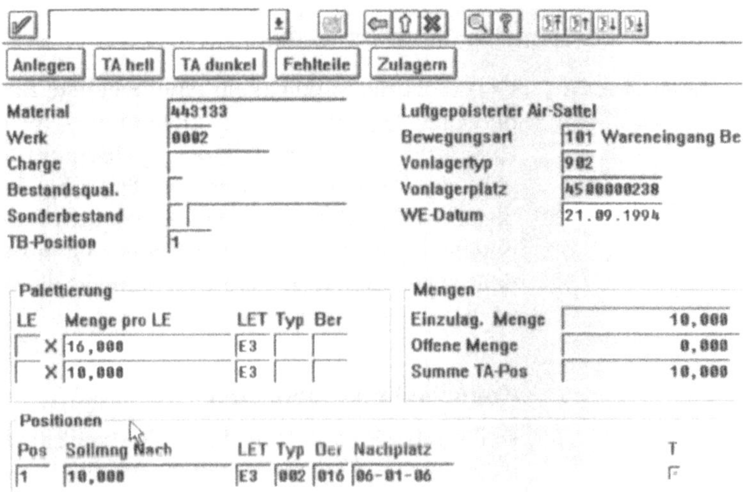

Für die Endverarbeitung der Transportaufträge bestehen für den Anwender zwei Möglichkeiten:

Entweder läuft die Buchung und die Verarbeitung zur Erzeugung des Transportauftrags im Hintergrund, also **dunkel**, oder im Vordergrund mit der Möglichkeit, vom System vorgeschlagene Werte zu ändern, also **hell**, ab.

Verarbeitungsprozess **„dunkel"**

Bei der Wahl von „dunkel" werden dem Benutzer nur eventuelle Fehler angezeigt, ansonsten geschieht die Verarbeitung im Hintergrund. Bei erfolgreichem Abschluss aller Transaktionen zeigt das System die Nummer des eben erzeugten Transportauftrags an. Wenn das Kennzeichen für sofortigen Druck gesetzt ist, werden für den Lageristen alle Transportauftragspositionen ausgedruckt.

Verarbeitungsprozess **„hell"**

Wenn der Verarbeitungsprozess „hell" abläuft, hat man als Benutzer die Möglichkeit, Vorgaben, die das System macht, zu ändern. Das System schlägt z. B. eine entsprechende Palettierung für das zu bewegende Material vor, sofern im Materialstammsatz die entsprechenden Angaben eingepflegt wurden. Für alle bearbeiteten Positionen erstellt das System sogenannte Arbeitspositionen.

Wenn alle Positionen bearbeitet wurden, wird der endgültige Transportauftrag mit *Transportauftrag ⇨ Buchen* im System erstellt und die Nummer ausgegeben.

Quittierung eines TA

Es besteht die Möglichkeit, eine beliebige Bewegungsart bzw. für beliebige Lagertypen eine Quittierungspflicht des ausführenden Lageristen zu setzen. Bei der Quittierung des Transportauftrags wird die korrekte Ein- bzw. Auslagerung durch den Ausführenden bestätigt. Eventuelle Differenzen zwischen körperlicher und buchmäßiger Menge werden bei der Quittierung automatisch auf den sogenannten Differenzen-Schnittstellenlagertyp ausgebucht (siehe hierzu Punkt 1.5.4.1).

1.5.7 Kommissioniertechniken

Der Vonlagerplatz kann durch drei verschiedene Kommissioniertechniken vom System ermittelt werden:

- Festplatzkommissionierung
- Chaotische Kommissionierung
- Groß- / Kleinmengenkommissionierung

Festplatzkommissionierung

Bei dieser Art der Kommissionierung wird kein Transportauftrag erstellt, da das System die Lagerorte der auf dem Lieferbeleg angeforderten Waren direkt aus dem Materialstammsatz entnimmt. Waren, für die das Kennzeichen für Festplatzkommissionierung gesetzt wurde, werden immer nur auf diese festen Lagerplätze ein- und ausgelagert. Der Schnittstellenlagertyp wird bei dieser Art der Kommissionierung nicht angesprochen, da die Ware direkt vom Vonlagerplatz ausgelagert wird.

Chaotische Kommissionierung

Diese Kommissioniertechnik wird immer dann angewandt, wenn die Ware aus einem chaotisch organisierten Lager entnommen wird. Die Vorlagerplätze werden vom System aufgrund der vorgegeben Auslagerungsstrategie ermittelt. Dabei wird die Auslagerung entweder aus dem Reservelager oder dem Kommissionierlager vorgenommen und die Ware mittels Transportauftrag, der in diesem Fall als Kommissionierliste verwendet wird, vom Lagerinnern auf den entsprechenden Schnittstellenlagertyp ausgelagert. Bei der anschließenden Warenausgangsbuchung im IM-System wird der Bestand auf dem Schnittstellenlagerplatz mitausgebucht und somit wieder ein einheitlicher Bestand in beiden Systemen erreicht.

Groß- und Kleinmengenkommissionierung

Bei dieser Technik der Kommissionierung wird, je nach Anforderungsmenge, eine der beiden Techniken der Kommissionierung angewandt. Im Feld *Manipulationsmenge* im Materialstammsatz wird hinterlegt, ab welcher Menge die Festplatzkommissionierung für **Kleinmengen** oder chaotische Kommissionierung für **Großmengen** angewandt wird. Der weitere Ablauf geschieht dann analog zu den oben beschriebenen Verfahren.

1.5.8 Inventur

Jedes Unternehmen ist gesetzlich verpflichtet, einmal pro Jahr für den gesamten Lagerbestand eine Inventur durchzuführen. Das System unterstützt mehrere Inventurverfahren.

1.5.8.1 Inventurverfahren

Nachfolgend werden die unterschiedliche Verfahren, die auch im R/3-System unterstützt werden, kurz vorgestellt:

- **Stichtagsinventur**
- **Permanente Stichtagsinventur**
- **Permanente Inventur durch Einlagerung**
- **Permanente Inventur durch Nullkontrolle**
- **Cycle-Counting**

Je nachdem wie das Lager organisiert ist, sind einige der Verfahren sinnvoll oder weniger sinnvoll. Hier ist eine Absprache mit einem Wirtschaftsprüfer bzw. Inventurverantwortlichen unbedingt anzuraten!

Im System ist es möglich, für jeden Lagertyp eine andere Inventurmethode zu hinterlegen. Wird bei einer Inventur eine Differenz zwischen Soll und Ist-Bestand festgestellt, wird die Differenz auf den Schnittstellenlagertyp für Differenzen gebucht und in der Bestandsführung zu einem späteren Zeitpunkt ausgebucht. Ist ein Lagerplatz gezählt, werden die Inventurdaten des Lagerplatzes und des gezählten Quants gespeichert und ein entsprechendes Inventurkennzeichen gesetzt.

Stichtagsinventur

Bei dieser Methode der Inventur wird zu einem bestimmten Tag im Jahr (meist zum Ende eines Geschäftsjahres) das gesamte Lager gezählt. Diese Inventurart birgt allerdings eine Menge an Nachteilen, z. B. Produktionsausfall durch Sperrung der zu zählenden Materialien, sehr personalintensiv etc. Bevor eine Stichtagsinventur durchgeführt werden kann, müssen alle Transportaufträge quittiert zurückgemeldet sein, um richtige Ergebnisse zu erzielen.

Dann werden im System die Lagerplätze gesperrt, um eine Zu- oder Auslagerung während des Zählvorgangs zu vermeiden. Nach der physischen Bestandsaufnahme und der Erfassung im System werden eventuelle Differenzen ausgebucht und die Lagerplätze wieder freigegeben.

Permanente Stichtagsinventur

Durch die permanente Stichtagsinventur verteilt sich die Inventur über das gesamte Jahr. Bei dieser Art von Inventur können Leerlaufzeiten (Betriebsurlaub etc.) dazu genutzt werden, die Inventur durchzuführen. Außerdem erhält man über das ganze Jahr verteilt ständig Rückmeldung über Übereinstimmung von Buchbestand und tatsächlichem Bestand. Während des Zählvorgangs auf den Lagerplätzen sind diese gesperrt und erhalten den Status *„Inventur aktiv“*. Nach der physischen Aufnahme und der Aufnahme der Ergebnisse in das System und der Ausbuchung der Differenzen erhalten die entsprechenden Lagerplätze den Status *„gezählt“*. Die Lagerplätze werden wieder freigegeben.

Permanente Inventur durch Einlagerung

Bei diesem System wird lediglich beim ersten Einlagerungsvorgang und dessen Quittierung im Geschäftsjahr das Inventurkennzeichen gesetzt. Durch die **lückenlose Nachweisbarkeit der Bewegungen** auf diesem Lagerplatz durch Transportaufträge ist während des Jahres keine weitere Inventur notwendig.

Dieses Verfahren setzt voraus, dass alle Transportaufträge archiviert werden. Da bei diesem Verfahren Lagerplätze, die während eines Jahres nicht angegriffen werden, ungezählt bleiben, empfiehlt es sich, für diesen Lagertyp zusätzlich noch ein Kennzeichen für Stichtagsinventur zu setzen. Damit ist sichergestellt, dass alle Lagerplätze eines Lagertyps einmal pro Jahr, wie es der Gesetzgeber fordert, physisch aufgenommen wurden.

Permanente Inventur durch Nullkontrolle

Um eine maximale Bestandssicherheit zu gewährleisten, genügt eine Inventur einmal pro Jahr nicht. Wenn die Nullkontrolle für einen Lagerplatz gesetzt ist, überprüft das System bei jeder Auslagerung, ob durch diesen Vorgang der Bestand auf diesem **Platz auf Null** zurückgeht. Ist dies der Fall, wird auf dem Transportauftragsbeleg ein entsprechender Hinweis angedruckt. Wird die Auslagerung quittiert, muss zusätzlich die **Kontrolle auf Nullbestand** quittiert werden.

Verbleibt noch Ware auf dem Lagerplatz, wird dieser Bestand erfasst und über „Differenzenschnittstelle" ausgebucht. Dadurch wird der Bestand sowohl in der Bestandsführung als auch im Lagerverwaltungssystem angeglichen. Der Lagerplatz erhält den Inventurstatus *„gezählt"* und die Inventurdaten werden fortgeschrieben.

Bei dieser Art der Bestandsaufnahme ist darauf zu achten, dass Transportauftragserstellung, physischer Transport und die Quittierung zeitlich in einem engen Rahmen geschehen, um genaue Ergebnisse zu erzielen. Bei einer Mischbelegung eines Lagerplatzes mit verschiedenen Materialien ist die Methode nicht sehr sinnvoll.

Da es durchaus vorkommen kann, dass für einen Lagerplatz während eines Geschäftsjahres vom System keine Nullkontrolle angefordert wird, ist es notwendig, als zusätzlichen Inventurtyp für diesen Lagertyp die Stichtagsinventur festzulegen.

Manuelle Nullkontrolle

Die Nullkontrolle kann auch manuell angefordert werden. Dies wird dann notwendig, wenn der Lagerist nach der Auslagerung einen Nullbestand meldet, das System für diesen Lagerplatz aber keine Nullkontrolle vorgeschrieben hat. Auch in diesem Fall muss die Bestandsdifferenz ausgebucht werden.

Cycle Counting

Das Verfahren des Cycle-Counting erlaubt die Einteilung der Materialien in Klassen (z. B. A, B, C, D, E) und deren Zählung mehrmals im Jahr. Durch den Report RLINV050 werden die entsprechenden Quants und deren Lagerplätze für das Datumsintervall zur Zählung vorgeschlagen. **Wichtig** dabei ist, dass bei dieser Inventur nur Materialien, die in einer Klasse eingeteilt sind zur Inventur vorgeschlagen werden. Deshalb muss dieses Inventurkennzeichen für eine normale permanente Inventur umgeändert werden.

1.5.8.2 Inventurablauf

Die Inventur wird in folgenden Schritten (siehe Abb. 1.70) durchgeführt:

1. Erstellen und Drucken der Inventurbelege;
2. Sperren der zu inventarisierenden Materialien oder Fixieren des Buchstands zum Inventurzeitpunkt;
3. Eingabe der Zählergebnisse;
4. Ausgabe von Inventurdifferenzen;
5. Erstellen von Nachzählbelegen bei großen Differenzen;
6. Ausbuchen der Inventurdifferenzen.

Für jedes Material werden die einzelnen Inventuren aufgezeichnet.

Abb. 1.70
Inventur-Ablauf

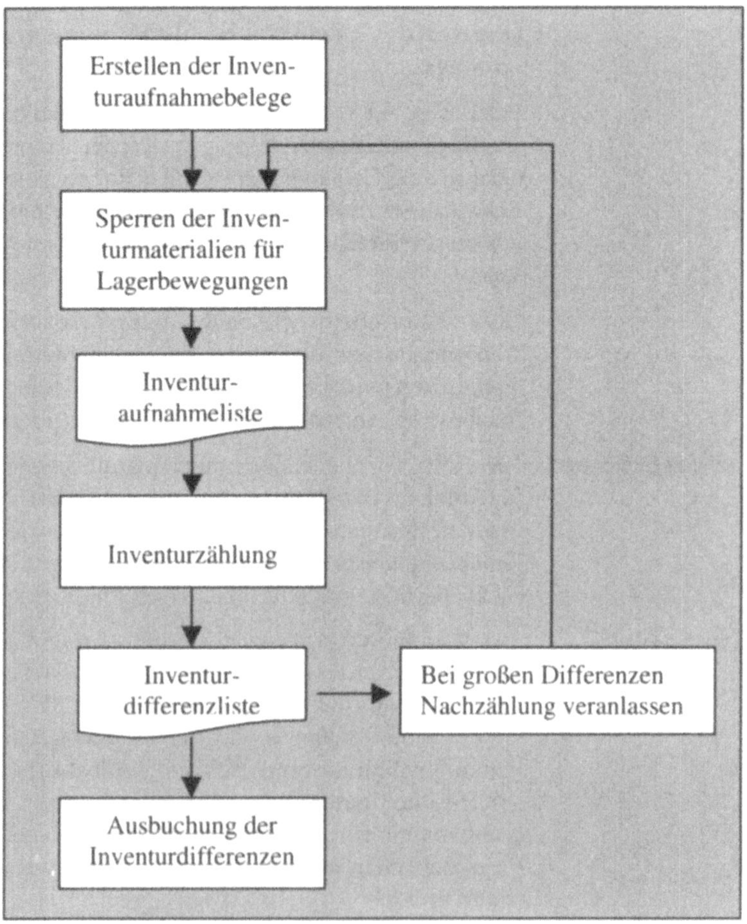

1.5.8.3 Inventurbeleg anlegen

Ausgangspunkt für das Anlegen eines Inventurbelegs ist die R/3-Oberfläche, danach geht man wie folgt vor:

1. Rufen Sie
   Logistik ⇨ Materialwirtschaft ⇨ Inventur auf.
   Das Fenster Inventur wird angezeigt.

2. Rufen Sie
   Inventurbeleg ⇨ anlegen auf.
   Das Fenster „*Inventurbeleg anlegen: Einstieg*“ wird angezeigt (vgl. Abb. 1.71).

Abb. 1.71
Inventurbeleg anlegen: Einstieg

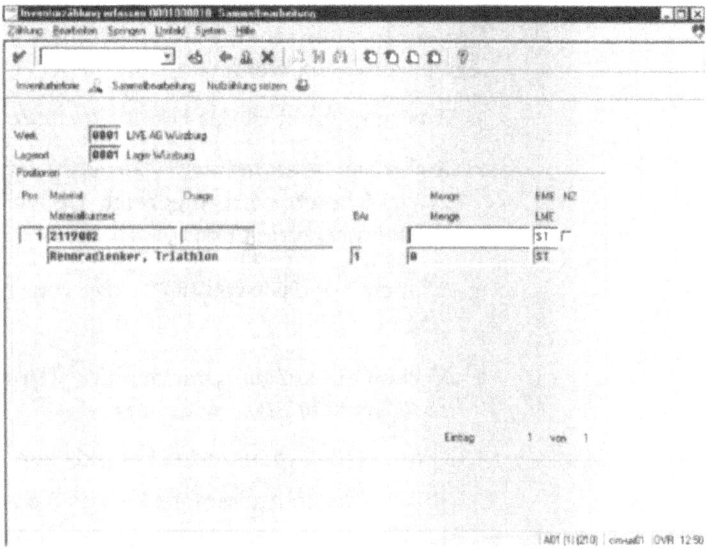

Hinweis

Hier können Sie das geplante Zähldatum sowie den Ort der Inventur erfassen. Weiter besteht die Möglichkeit, eine Buchungssperre zu setzen, um Materialbewegungen für die aufzunehmenden Materialien zu verbieten. Im Feld *Inventurnummer* kann eine Nummer oder ein Text erfasst werden, um für die spätere Bearbeitung mehrere Inventurbelege zu einem Vorgang zusammenzufassen. Über das Feld *Gruppierungsart* kann ein Kriterium definiert werden, das bei allen erfassten Materialien gleich sein muss (bspw. nur Materialien der Warengruppe 01).

3. Klicken Sie auf das Symbol ✔.

4. Das Fenster *Inventurbeleg anlegen: Sammelbearbeitung* wird angezeigt.
   Hinweis Im Feld *„BAr“* geben sie die gewünschte Bestandsart an (z. B. Lager). Das Kontrollkästchen *„AME“* markieren Sie, wenn die Abwicklung in einer alternativen Mengeneinheit erfolgen soll.
5. Erfassen Sie die erforderlichen Daten.
6. Klicken Sie auf das Symbol .
7. Das Fenster *Inventurbeleg anlegen: Einstieg* wird angezeigt.

1.5.8.4 Inventurbeleg drucken

Um die Inventurzählung durchzuführen, müssen die Inventurbelege ausgedruckt werden.

1. Ausgangspunkt ist das Fenster *Inventur:*
2. Rufen Sie *Inventurbeleg ⇨ drucken* auf; das Fenster *Inventurbeleg drucken* wird angezeigt. Geben Sie die erforderlichen Selektionskriterien ein.
3. Wählen Sie das Symbol ; das Fenster *Drucken* wird angezeigt.
4. Klicken Sie auf die Drucktaste (Druckansicht); das Fenster *Druckansicht für ...* wird angezeigt.
5. Um den Beleg auszudrucken, klicken Sie auf die Drucktaste (Drucken). Andernfalls klicken Sie auf das Symbol .

Abb. 1.72 Inventurbeleg drucken

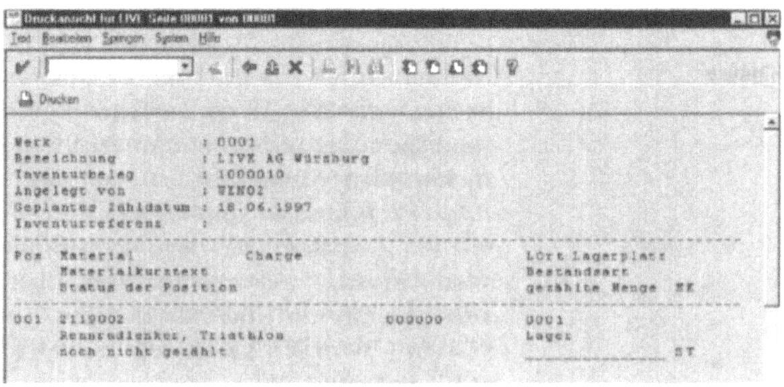

Das Fenster *Inventurbeleg drucken* wird angezeigt.

1.5.8.5 Inventurzählung erfassen

Ausgangspunkt ist das Fenster *Inventur*.

1. Rufen Sie *Zählung ⇨ erfassen* auf. Das Fenster *Inventurzählung erfassen: Einstieg* wird angezeigt.
2. Geben Sie die erforderlichen Daten ein. Klicken Sie auf das Symbol ✔.
3. Das Fenster *Inventurzählung erfassen...: Sammelbearbeitung* wird angezeigt (vgl. Abb. 1.73).

Abb. 1.73
Inventurzählung

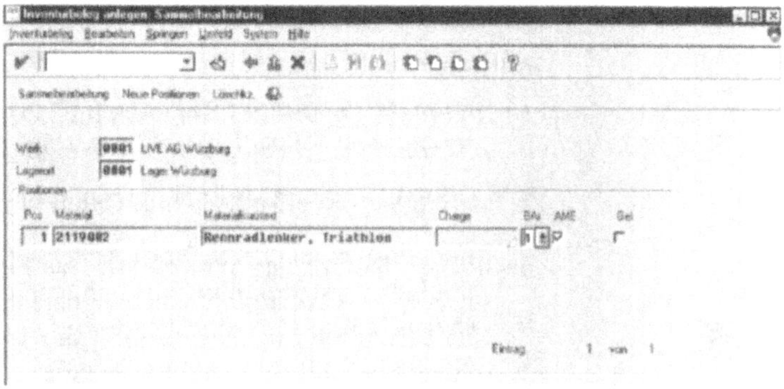

4. Erfassen Sie die Zählmengen für die einzelnen Materialien. Um die Zählmenge „null“ für eine Position zu erfassen, die Drucktaste *Nullzählung setzen* betätigen.
5. Zum Speichern der Zählung klicken Sie auf das Symbol.

1.5.8.6 Differenzliste drucken

Ausgangspunkt ist das Fenster *Inventur*.

1. Rufen Sie *Differenz ⇨ drucken* auf. Das Fenster *Inventurdifferenzliste* wird angezeigt.
2. Geben Sie die gewünschten Selektionsbedingungen ein.
   Hinweis: Sie können bspw. nach bestimmten Inventurbelegen oder Materialien selektieren. Darüber hinaus kann die Art der Listanzeige ausgewählt werden (einfache Liste, gruppiert nach Inventurbelegen, gruppiert nach Werken).
3. Klicken Sie auf das Symbol.
   Das Fenster *Differenzliste drucken* wird angezeigt.

Hinweis

Über *Liste ⇨ drucken* können Sie die Differenzliste auf einem Drucker ausgeben. Über die Drucktaste *Differenz buchen* können Sie für ausgewählte Positionen die Inventurdifferenz ausbuchen.

4. Klicken Sie auf das Symbol . Das Fenster *Inventurdifferenzliste* wird angezeigt.

Um bei größeren Differenzen eine Nachzählung zu veranlassen, rufen Sie im Fenster *Inventur* die Funktion *Inventur ⇨ Nachzählen* auf.

1.5.8.7 Inventurdifferenzen buchen

Ausgangspunkt ist das Fenster *Inventur*.

1. Rufen Sie *Differenz ⇨ buchen* auf. Das Fenster *Inventurdifferenz buchen: Einstieg* wird angezeigt.
2. Geben Sie die erforderlichen Daten ein.
3. Klicken Sie auf das Symbol . Das Fenster *Inventurdifferenz buchen ...: Auswahlbild* wird angezeigt.
   Hinweis: Hier sehen Sie für jede Position des Inventurbelegs die Differenzmenge und den Differenzbetrag.
4. Markieren Sie die zu buchenden Positionen.
5. Klicken Sie auf die Drucktaste *Inventurhistorie*. Das Fenster *Inventurhistorie anzeigen ...* wird angezeigt.
   Hinweis: In diesem Fenster werden der Status der Inventur und die einzelnen Mengenfelder angezeigt.
6. Klicken Sie auf das Symbol . Das Fenster *Inventurdifferenz buchen...: Auswahlbild* wird angezeigt.
7. Zum Buchen wählen Sie das Symbol . Das Fenster *Inventurdifferenz buchen: Einstieg* wird angezeigt.

1.5.9 Dezentrale Lagerverwaltung

Die dezentrale Lagerverwaltung ist für Kunden, die noch SAP R/2 auf einem Host laufen haben, aber schon die Lagerverwaltung über die R/3-Benutzeroberfläche abwickeln wollen.

Auf Ebene 1 eines modernen automatischen Lagersystems würde dann weiterhin SAP R/2 laufen und auf Ebene 2 das Lagerverwaltungssystems der R/3-Applikation.

Vier Ebenen-Modell

- **Ebene 1: Host-System**
  Hier ist die zentrale EDV-Anlage mit der Bestandsführung und Disposition angesiedelt.
- **Ebene 2: WM-System**
  Auf dieser Ebene arbeitet ein Lagerverwaltungssystem, das für die Lagerplatzvergabe und Steuerung der Transporte zuständig ist.
- **Ebene 3: LSR-System**
  Das Lagersteuerungssystem (LSR) gehört zur Ebene 3 und wandelt die Transportaufträge in Fahrbefehle der Förderanlage um, überwacht und optimiert diese.
- **Ebene 4: SPS-System**
  In der letzten Ebene befindet sich eine speicherprogrammierbare Steuerung (SPS), welche die Fahrbefehle ausführt.

Vorteile der dezentralen Lagerverwaltung

Folgende Vorteile bietet eine dezentrale Lagerverwaltung:

- 24-Stunden-Verfügbarkeit, auch wenn das zentrale System der Ebene 1 nicht verfügbar ist.
- Systementlastung auf dem Host, da die Lagerverwaltung aufgegliedert ist.
- Unabhängigkeit vom Host, da alle Funktionen des Lagers auch direkt im Lagerverwaltungssystem ausgeführt werden können.
- R/3-Oberfläche
- Automatisches Nachbuchen bestimmter Buchungen automatisch im R/2-System.
- Dezentrales Arbeiten, da auf einem Bildschirm sowohl die R/2 Bestandsführung als auch die R/3-Lagerverwaltung aktiv ist.

Über spezielle Reports und Kommunikationsbelege werden die Daten sowohl von R/2 in R/3 als auch umgekehrt übertragen.

1.6 Lieferantenbeurteilungssystem

Diese Komponente ist eine Unterstützung bei der Optimierung der Bestellungen sowohl von **Materialien** als auch von **Dienstleistungen**.

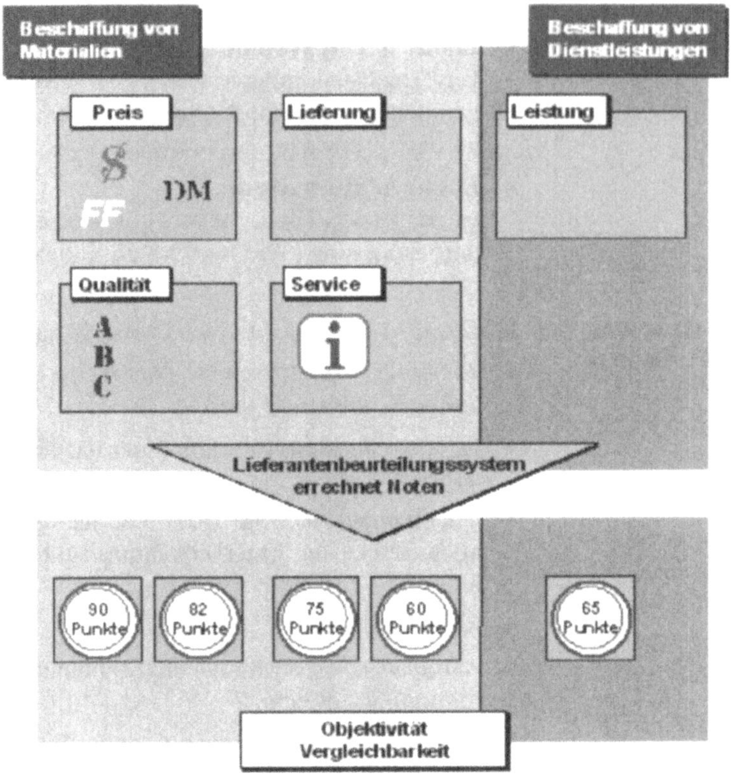

Abb. 1.74 Aufgaben der Lieferantenbeurteilung

Die Lieferantenbeurteilung ist vollständig in die Komponente **MM-Einkauf** innerhalb der Materialwirtschaft integriert. Das heißt, dass z. B. Daten wie Liefertermine, Preise und Mengen aus Bestellungen verwendet werden.

Weiter übernimmt die Lieferantenbeurteilung Daten aus der Komponente **Qualitätsmanagement**, wie z. B. Ergebnisse von Wareneingangsprüfungen oder Qualitätsaudits.

Die Lieferantenbeurteilung greift auf Grunddaten der Materialwirtschaft zu, auf Daten der Bestandsführung, z. B. Wareneingänge sowie auf Daten des Logistikinformationssystems (LIS).

1.6.1 Funktionen der Lieferantenbeurteilung

Beschaffung von Materialien

Die Lieferantenbeurteilung erleichtert die Auswahl von Bezugsquellen und die laufende Kontrolle bestehender Lieferbeziehungen. Es bietet genaue Informationen über die günstigsten Preise, Zahlungs- und Lieferbedingungen und hilft somit, die Wettbewerbsfähigkeit zu sichern.

Eventuelle Schwierigkeiten, die bei der Beschaffung auftreten, können schnell festgestellt und anhand detaillierter Informationen in Zusammenarbeit mit den jeweiligen Lieferanten behoben werden.

Beschaffung von Dienstleistungen

Hier wird die Zuverlässigkeit der Lieferanten, von denen man Dienstleistungen bezieht, pro Werk überprüft und festgestellt, ob die Lieferanten die Dienstleistungen u. a. zum gewünschten Termin durchführen und wie die Qualität der Arbeit ist.

1.6.2 Organisationsebene der Lieferantenbeurteilung

Die Organisationsebene, auf der Lieferanten beurteilt werden, ist die **Einkaufsorganisation:**

Abb. 1.75 Organisationsebenen eines Unternehmens

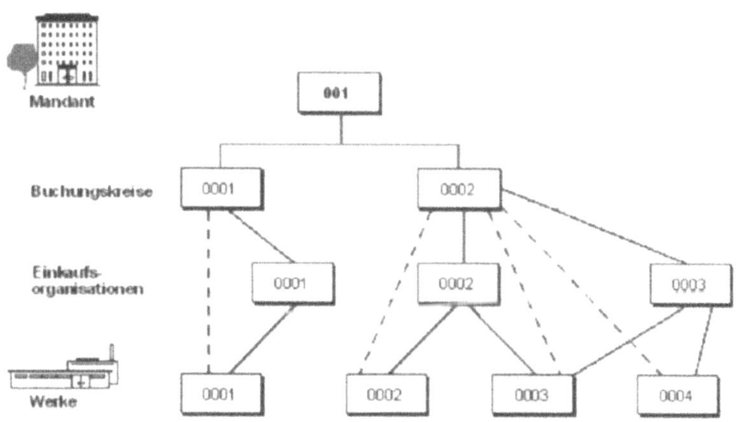

Definition: Einkaufsorganisation

Die Einkauforganisation ist eine organisatorische Einheit, die Materialien oder Dienstleistungen für ein oder mehrere Werke beschafft und allgemeine Einkaufskonditionen mit den Lieferanten aushandelt. Jede Einkaufsorganisation beurteilt die ihr zugeordneten Lieferanten.

1.6.3 Stammdaten der Lieferantenbeurteilung

Die Lieferantenbeurteilung arbeitet mit folgenden Stammsätzen:

- Lieferantenstammsatz
- Materialstammsatz
- Einkaufsinfosatz

Lieferantenstamm

Der Lieferantenstamm enthält Informationen über die Lieferanten eines Unternehmens. Diese Informationen sind in einzelnen Lieferantenstammsätzen abgelegt. Neben Name und Anschrift des Lieferanten umfasst ein Lieferantenstammsatz Angaben über:

- die in Verbindung mit dem Lieferanten geltende Währung;
- Zahlungsbedingungen und
- Namen wichtiger Kontaktpersonen (Verkäufer).

Materialstamm

Im Materialstamm befinden sich Beschreibungen der Materialien, die ein Unternehmen beschafft, fertigt und lagert. Die einzelnen Materialstammsätze enthalten Daten wie bspw. Bestellmengeneinheit, zuständige Einkäufergruppe oder Über- bzw. Unterlieferungstoleranzen.

Einkaufsinfosatz

Der Einkaufsinfosatz (auch als Infosatz bezeichnet) dient als Informationsquelle für den Einkauf. Er stellt die Beziehung zwischen einem Lieferanten und einem Material dar.

Dadurch hat der Einkäufer jederzeit die Möglichkeit festzustellen,

- welche Materialien hat ein bestimmter Lieferant bisher angeboten oder geliefert?
- welche Lieferanten haben ein bestimmtes Material angeboten oder geliefert?

Zum Inhalt des Einkaufsinfosatzes zählen:

- die aktuellen Preise und Konditionen;
- die Nummer der letzten Bestellung;
- die Toleranzgrenzen für Über- bzw. Unterlieferungen;
- die Planlieferzeit des Lieferanten für das Material usw.

Daneben enthält der Infosatz Angebots- und Bestelldaten.

1.6.4 Elemente der Lieferantenbeurteilung

Gesamtnote

In der Gesamtnote drückt sich die Beurteilung eines Lieferanten aus. Sie ist die Zusammenfassung der Noten, die der Lieferant für alle Hauptkriterien unter Berücksichtigung der Gewichtungsanteile erhalten hat.

Anhand der Gesamtnote gewinnt man einen allgemeinen Eindruck über die Lieferanten-Leistungen, die somit auf einen Blick miteinander vergleichbar sind.

Hauptkriterien

Sog. Hauptkriterien bilden die Basis zur Einschätzung der Leistung eines Lieferanten. Die Hauptkriterien im Standardsystem sind:

- Preis
- Qualität
- Lieferung
- Service

Diese vier Hauptkriterien dienen zur Beurteilung von Lieferanten, von denen Material und Dienstleistungen bezogen werden. Es können bei Bedarf auch andere bzw. weitere Hauptkriterien (max. 99) definiert werden.

Teilkriterien

Damit die Beurteilung im Detail nachvollziehbar ist, kann jedes Hauptkriterium in mehrere Teilkriterien untergliedert werden. Das Standardsystem stellt einige Teilkriterien zur Verfügung, die als Beurteilungsbasis ausreichen. Außerdem hat man die Möglichkeit, zusätzlich eigene zu definieren.

Notenskala

Damit die Leistung eines Lieferanten im Vergleich zu anderen einschätzbar ist, benötigt man eine Notenskala. Das SAP-Standardsystem bietet ein Notensystem von 1 bis 100 Punkten, das übersichtlich ist und gleichzeitig eine feine Abstufung in der Darstellung der Leistung einzelner Lieferanten ermöglicht.

Notengewichtung

Mit Hilfe von **Gewichtungsanteilen** verleiht man bestimmten Kriterien größeren bzw. geringeren Einfluss bei der Berechnung der Note auf nächsthöherer Ebene.

Die Nutzung des Lieferantenbeurteilungssystems gewährleistet eine relativ **objektive** Bewertung, weil alle Lieferanten nach einheitlichen Kriterien beurteilt und die Noten vom System berechnet werden.

1.6.5 Ermittlung der Noten

Die Note, die ein Lieferant für ein Hauptkriterium erhält, errechnet das System aus den Noten für die Teilkriterien, in die das Hauptkriterium gegliedert wurde. Wenn keine Teilkriterien für ein Hauptkriterium definiert sind, dann kann das System keine Note ermitteln.

Ermittlung der Noten für Teilkriterien

Noten für Teilkriterien können manuell, teilautomatisch oder automatisch ermittelt werden:

- **Manuelle Ermittlungsmethode**
  Bei dieser Methode wird die Note eines Lieferanten für ein Teilkriterium selbst ins Lieferantenbeurteilungssystem eingegeben, bevor man eine Beurteilung durchführt. Das System rechnet diese Note in das übergeordnete Hauptkriterium ein.

Abb. 1.76
Ablaufschritte zur Beurteilung eines Lieferanten

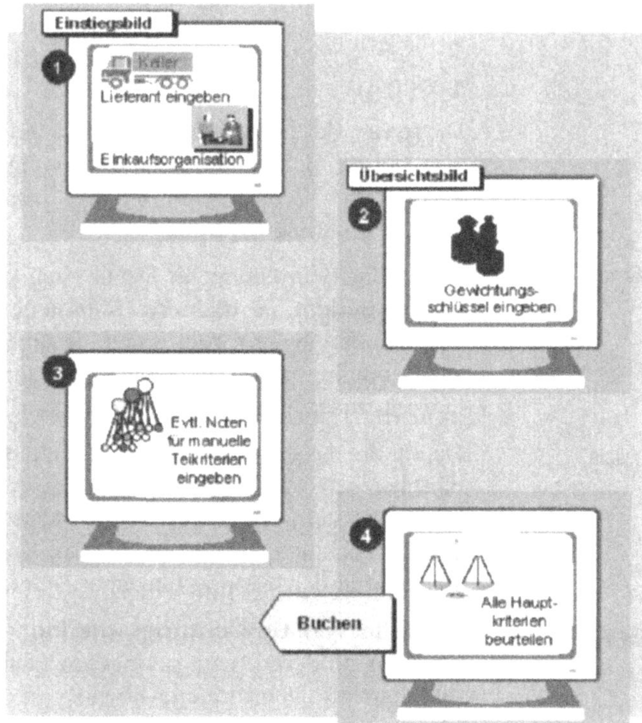

- **Teilautomatische Ermittlungsmethode**
  Bei dieser Methode wird die Note eines Lieferanten für ein Teilkriterium über Infosätze ins Lieferantenbeurteilungssystem eingetragen. Daraus ermittelt das System die Note für Teilkriterium.
- **Automatische Ermittlungsmethode**
  Das System ermittelt Noten anhand bereits im System vorhandener Daten.

Manuelles Ändern von Noten

In bestimmten Fällen kann es vorkommen, dass Noten nachträglich verändert werden müssen. Dies setzt jedoch eine Berechtigung für Notenänderung im R/3-System voraus.

1.6.6 Durchführung der Lieferantenbeurteilung

1.6.6.1 Lieferantenbeurteilung mit automatischen Teilkriterien

Um eine Lieferantenbeurteilung mit automatischen Teilkriterien durchführen zu können, geht man wie folgt vor:

Vorgehensweise

Man wählt aus dem Systemmenü *Logistik* ⇨ *Materialwirtschaft* ⇨ *Einkauf* ⇨ *Stammdaten* ⇨ *Lieferantenbeurt.* ⇨ *Pflegen.* Man gelangt auf das Einstiegsbild.

1. Nun gibt man die Schlüssel für die Einkaufsorganisation und den Lieferanten ein und wählt [Enter]. Somit erhält man die Übersicht über die Hauptkriterien, die für diese Einkaufsorganisation gepflegt sind.
2. Das Mussfeld *Gewichtschl.* sollte gepflegt sein.
3. Als nächstes wählt man in der Menüleiste *Bearbeiten* ⇨ *Auto.Neubeurteilung*.
   Daraufhin ermittelt das System zunächst die Noten für die automatischen Teilkriterien, aus ihnen die Noten der Hauptkriterien und daraus die Gesamtnote für den Lieferanten.

Abb. 1.77 Lieferantenbeurteilung

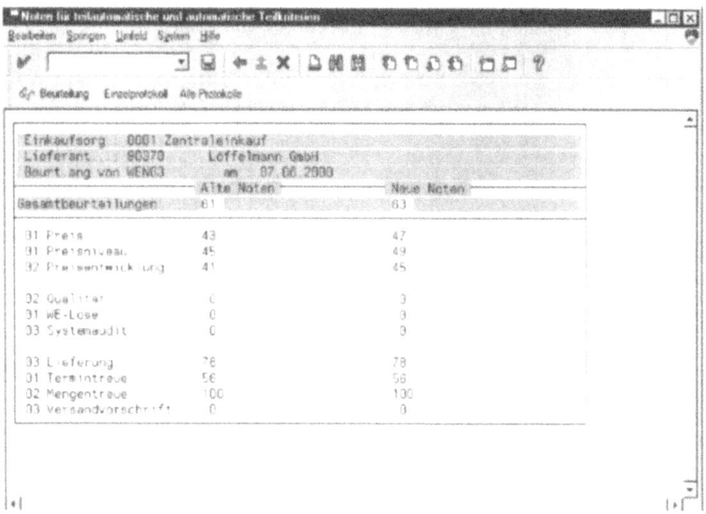

4. Beurteilung sichern.

1.6.6.2 Lieferantenbeurteilung mit teilautomatischen Teilkriterien

Wenn man Noten für Hauptkriterien nicht nur auf Basis automatischer Teilkriterien ermitteln, sondern auch teilautomatische Teilkriterien in die Beurteilung einbeziehen möchte, muss man zuvor über einen Zeitraum Noten für teilautomatische Teilkriterien pflegen.

Noten für teilautomatische Kriterien pflegen

Man kann Noten für teilautomatische Teilkriterien pro Material und Lieferant auf **Infosatzebene** oder bei der Erfassung einer **Dienstleistung** eingeben:

Noten auf Infosatzebene pflegen

1. Vom Übersichtsbild der Hauptkriterien wählt man *Springen ⇨ Beurt. pro Infosatz*, um auf die Ebene des Infosatzes zu gelangen. Man erhält ein Fenster, in dem man die Nummer des Materials eingeben kann, für das man die Noten erfassen möchte.
2. Nun gibt man Material oder den Infosatz ein und wählt [Enter]; man erhält das Bild des ersten Hauptkriteriums.
3. Im Folgenden erfasst man die Noten für die gewünschten Teilkriterien.
4. Danach verzweigt man zum Bild des folgenden Hauptkriteriums und pflegt die Noten.
5. So wird für alle weiteren Hauptkriterien verfahren. Anschließend die Beurteilung sichern.

Noten für eine Dienstleistung kann man wie folgt erfassen über:

Noten für eine Dienstleistung erfassen

1. Ausgehend vom Systemmenü wählt man *Logistik ⇨ Materialwirtschaft ⇨ Leistungserfassung*.
2. *Leistungserfassung ⇨ Pflegen*.
3. Im Folgenden gibt man die Bestellung und eventuell andere Parameter ein und wählt [Enter].
4. Man gelangt zum Pflegebildschirm der Leistungserfassung.
5. Nun platziert man den Cursor auf eine Position und legt über *Bearbeiten ⇨ Hinzufügen* ein Erfassungsblatt an.

1.6.6.3 Lieferantenbeurteilung mit manuellen Teilkriterien

Wenn man Lieferanten auch auf der Basis manueller Teilkriterien beurteilen möchte, müssen vor der Beurteilung Noten für die manuellen Teilkriterien gepflegt sein.

Vorgehensweise für die manuelle Lieferantenbeurteilung

1. Von der Übersicht zum Bild des ersten Hauptkriteriums verzweigen und Noten für die manuellen Teilkriterien eingeben.
2. Zum nächsten Teilkriterium verzweigen, um dafür Noten für manuelle Teilkriterien einzugeben.
3. So für alle weiteren Hauptkriterien verfahren.

Wenn man über das Menü *Bearbeiten* ⇨ *Auto.Neubeurteilung* die nächste Lieferantenbeurteilung durchführt, ermittelt das System die Noten anhand der automatischen, teilautomatischen **und** manuellen Teilkriterien.

1.6.6.4 Lieferantenbeurteilung im Hintergrund

Lieferanten können über den Pfad *Stammdaten* ⇨ *Lieferantenbeurt* ⇨ *Folgefunktionen* ⇨ *Beurt. im Hintergrund* regelmäßig in Hintergrundverfahren beurteilt werden. Eine Voraussetzung dafür ist jedoch, dass Intervalle existieren, die die Lieferantenanzahl, die im Hintergrund beurteilt werden sollen, einschränken. Diese Intervalle können über den Menüpunkt *Variantenpflege* neu angelegt oder verändert werden.

Anlegen eines Hintergrundverfahrens

Beim Anlegen eines Hintergrundverfahrens wird ein Jobname und der Name des Intervalls (Variante) eingegeben. Dazu wird festgelegt, wann und in welchen Zeitabständen die Hintergrundbeurteilung gestartet werden soll.

Um sich die Lieferantenbeurteilung anzeigen zu lassen, geht man wie folgt vor:

Lieferantenbeurteilung anzeigen

1. Aus dem Systemmenü zunächst *Logistik* ⇨ *Materialwirtschaft* ⇨ *Einkauf* und dann *Stammdaten* ⇨ *Lieferantenbeurt.* ⇨ *Anzeigen* wählen.
2. Man gelangt auf das Einstiegsbild der Lieferantenbeurteilung.
3. Nun gibt man die Einkaufsorganisation und den Schlüssel des Lieferanten, dessen Beurteilung man sehen möchte, ein.
4. Mit [Enter] erhält man das Übersichtsbild.

Daten im Übersichtsbild

Die Daten im Übersichtsbild setzen sich wie folgt zusammen:

- **Kopfdaten**
  Einkaufsorganisation und Lieferant.
- **Beurteilungsdaten**
  Gewichtungsschlüssel, Gesamtnote, Löschkennzeichen, Name des Sachbearbeiters und Datum der letzten Beurteilung.
- **Beurteilung der Hauptkriterien**
  Noten der Hauptkriterien sowie die Gewichtungsanteile, mit denen die einzelnen Hauptkriterien in die Gesamtnote eingegangen sind.

Lieferantenbeurteilung löschen

Ausgehend vom Systemmenü wählt man zum Löschen einer Lieferantenbeurteilung: *Logistik ⇨ Materialwirtschaft ⇨ Einkauf und dann Stammdaten ⇨ Lieferantenbeurt. ⇨ Pflegen.*

1. Im folgenden Einstiegsbild gibt man den Schlüssel für die Einkaufsorganisation und den Schlüssel des Lieferanten, dessen Beurteilung man löschen möchte, ein.
2. Nach Betätigung von [Enter] erhält man das Übersichtsbild.
3. Nun setzt man das Kennzeichen im Feld *Löschkennzeichen*.

Beim nächsten Lauf des Reorganisationsprogramms wird der Beurteilungssatz dieses Lieferanten gelöscht.

1.6.7 Graphische Darstellung der Lieferantenbeurteilung

Man kann Lieferantenbeurteilungen mit der **SAP-Hierarchie-** oder **Präsentationsgrafik** aufbereiten und gewinnt somit eine bessere Übersicht über die Haupt- und Teilkriterien. Die grafische Darstellung bietet den Vorteil, die Entwicklung von Noten auf einen Blick zu erkennen.

Ausgehend vom Übersichtsbild der Lieferantenbeurteilung wählt man *Springen ⇨ Grafik* und erhält somit die Grafikübersicht.

Die Grafikanzeige ist in zwei Bereiche gegliedert:

- **Darstellungsbereich**
  Im Darstellungsbereich wird die Beurteilung angezeigt. Wenn er viele Haupt- und Teilkriterien enthält, ist es möglich, dass sie nicht vollständig dargestellt werden können.
- **Navigationsbereich**
  Der Navigationsbereich stellt die gesamte Grafik verkleinert dar. Er dient der Orientierung in umfangreichen Grafiken mit vielen Details.

1.6.8 Systeminterne Notenberechnung

Gesamtnote

Die Ermittlung der Gesamtnote sowie der Noten für die Hauptkriterien erfolgt auf der Basis von eingegebenen Gewichtungsfaktoren. Die Gewichtungsanteile der Hauptkriterien für die Ermittlung der Gesamtnote werden neben den jeweiligen Hauptkriterien als Prozentwert angezeigt. Hierzu rechnet das System die eingegebenen Gewichtungsfaktoren für jedes Kriterium in einen Prozentwert um. Wird nun eine Lieferantenbeurteilung gestartet, errechnet das System anhand dieser Prozentsätze die Gesamtnote sowie die Noten für die Hauptkriterien, indem die darunterliegenden Noten entsprechend ihrem prozentualen Anteil in die Beurteilung einbezogen werden.

Teilnoten

Die Ermittlung der Noten für die vollautomatischen **Teilkriterien** hingegen erfolgt aufgrund von Steuerparametern, die im Rahmen der Systemeinstellungen gepflegt werden. Diese Steuerparameter beinhalten Punktvorgaben für die Bewertung prozentualer Abweichungen von Soll- oder Durchschnittswerten, die der Ermittlung einer, für eine einzelne Lieferung bzw. Qualitätsprüfung geltenden Note als Grundlage dienen. Die so ermittelte Einzelnote wird im Anschluss geglättet, d. h. in einem bestimmten Verhältnis in die bereits bestehende Note eingerechnet und trägt so zur Fortschreibung der Note des Teilkriteriums bei.

Sonderfälle bei der Ermittlung der Noten für Teilkriterien werden auch hier beachtet. So besteht z. B. bei der Ermittlung des Preisniveaus eines Lieferanten die Möglichkeit, die Benotung zu beeinflussen, wenn es für ein Material nur einen Lieferanten gibt. Dies kann dann verhindern, dass ein monopolistischer Anbieter aufgrund eines fehlenden Marktpreises eine gute Benotung für seine Preise erhält.

Werden Noten für **Teilkriterien teilautomatisch** ermittelt, so müssen die zur Ermittlung heranzuziehenden Daten zuerst auf Infosatzebene eingegeben, d. h. für jedes einzubeziehende Material manuell erfasst werden. Wird dann eine Beurteilung gestartet, ermittelt das System den Durchschnitt der Einzelnoten, der die Note für das Teilkriterium darstellt.

1.6.9 Auswertungen in der Lieferantenbeurteilung

Auswertungen der Lieferantenbeurteilungsdaten ermöglichen Gesamtbeurteilungen - wie auch Noten für einzelne Hauptkriterien - der Lieferanten unter verschiedenen Gesichtspunkten zueinander in Beziehung zu setzen.

Weiter behält man mit Auswertungen den Überblick über Lieferanten, die noch nicht beurteilt wurden oder solche, deren Beurteilung veraltet ist.

Beispielinformationen von Auswertungen

Mit den Auswertungen kann man sich z. B. folgende Informationen verschaffen:

- Welche Lieferanten haben die beste Gesamtnote?
- Welche der insgesamt besten Lieferanten schneiden in der Beurteilung des Hauptkriteriums „Preis" besonders gut oder schlecht ab?
- Welche Lieferanten haben zwar eine gute Gesamtnote, erzielen aber für das Hauptkriterium „Qualität" eine unterdurchschnittliche Note?
- Welche Lieferanten haben eine schlechtere Gesamtnote erhalten, schneiden aber bei ausschließlicher Betrachtung des Materials X gut ab?
- Welche Lieferanten führen Dienstleistungen termintreu und von hoher Qualität aus?

Auswertungen erzeugen

Um Auswertungen zu erzeugen, müssen die Menüpunkte:

Stammdaten ⇨ Lieferantenbeurteilung ⇨ Listanzeigen

angewählt werden.

Im Anschluss an diese Wahl werden die Auswertungen angeboten (siehe Abb. 1.78):

- Hitliste der Lieferantenbeurteilung,
- Beurteilung zur Material- bzw. Materialgruppe,
- alle Lieferanten, die keine Beurteilung haben sowie
- alle Lieferanten, die seit einem bestimmten Datum nicht mehr beurteilt wurden.

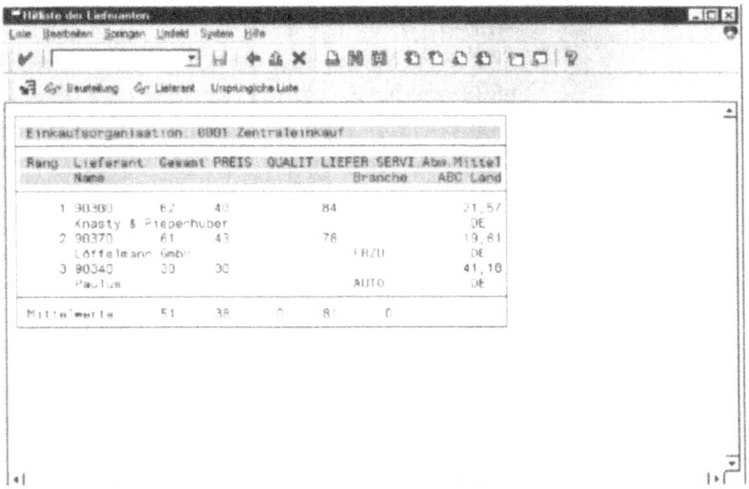

Abb. 1.78
Hitliste der Lieferanten

Um einen **Beurteilungsvergleich** zu erzeugen, müssen die Menüpunkte:

Stammdaten ⇨ Lieferantenbeurteilung ⇨ Beurt.Vergleich

angewählt werden.

Beurteilungsvergleich

Eine Besonderheit bei der Anzeige von Auswertungen weisen Hitlisten (siehe Abb. 178) auf. Hier wird ein zusätzliches Feld generiert, das die Abweichung der einzelnen Lieferanten vom Mittelwert anzeigt. Dies ist vor allem dann von Interesse, wenn sich die Auswertung auf bestimmte Materialien bezieht.

Die folgende Grafik zeigt die einzelnen Schritte, die ausgeführt werden müssen, um eine Auswertung zu erstellen:

Abb. 1.79
Ablaufschritte zur Erstellung der Auswertung

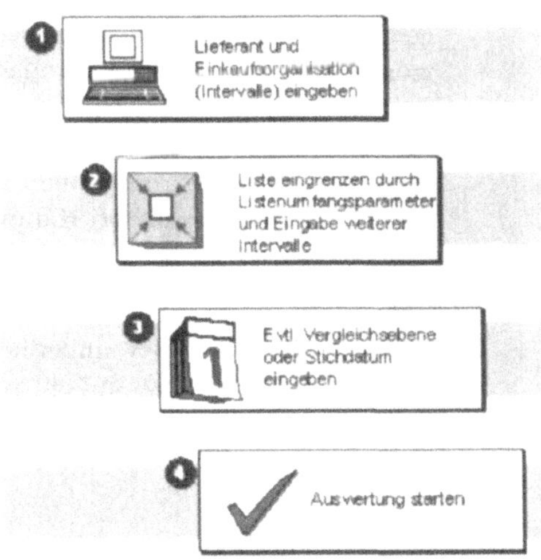

1.6.10 Systemeinstellungen

SAP geht davon aus, dass die Systemeinstellungen zur Lieferantenbeurteilung von der jeweiligen Einkaufsorganisation gepflegt werden. Um eine individuell zugeschnittene Beurteilung oder Auswertung erzeugen zu können, bedarf es einiger Einstellungen, die in das Gebiet der Systemsteuerung fallen. Zu beachten ist, dass es Systemeinstellungen geben kann, die für alle Einkaufsorganisationen gelten und welche, die nur für eine oder mehrere Einkaufsorganisationen gültig sind. **Allgemeine Einstellungen** sind der Gewichtungsschlüssel, Kriterien, Listumfang sowie der inhaltliche Umfang der Hitliste. Werden für einzelne Einkaufsorganisationen **individuelle Einstellungen** getroffen, hier sind Steuerungsparameter, Beurteilungskriterien, Gewichtungsschlüssel und Punktewerte als automatische Teilkriterien möglich, gelten diese vor den allgemeinen Einstellungen.

Gewichtungsschlüssel

Zusätzlich zu den vorgegebenen Gewichtungsschlüsseln 01, der sämtliche Kriterien gleich und 02, der die Kriterien Preis, Qualität, Lieferung und Service im Verhältnis 5:3:2:1 bewertet, können weitere Gewichtungsschlüssel definiert werden.

Kriterien einstellen

Es besteht die Möglichkeit, zu den bereits existierenden Hauptkriterien bis zu 99 weitere zu definieren und die jeweiligen Teilkriterien dazu festzulegen.

Der Inhalt von Hitlisten wird über die Listumfangsparameter und die Eingabe der anzuzeigenden Daten bestimmt, wobei zusätzliche Listen erzeugt und deren Umfang individuell eingeschränkt werden können.

Systemeinstellungen pro Einkaufsorganisation

Systemeinstellungen, die nur für einzelne Einkaufsorganisationen gelten, stellen ebenfalls wesentliche Merkmale zur Beeinflussung von Lieferantenbeurteilungen dar. Hier werden Glättungsfaktoren zur Einbindung neuer Daten in bestehende Beurteilungen, Toleranzen bezüglich der Termintreue, Zuordnungen von Hauptkriterien zu Einkaufsorganisationen, einkaufsorganisationsspezifische Gewichtungsschlüssel der Hauptkriterien und vieles mehr gepflegt.

Hinweis

Vor Aufbau eines umfangreichen Lieferantenbeurteilungssystems sollten diese Parameter unbedingt mit den im Einkauf Verantwortlichen besprochen und entsprechend eingerichtet werden.

2 Fertigungswirtschaft

2.1 Grundlagen

Aufgaben der Produktionsplanung und -steuerung

Die **Produktionsplanung und -steuerung (PPS)** ist eine der ältesten und umfangreichsten EDV-Anwendungen im Industriebetrieb und für ein Unternehmen eine der wichtigsten. Die Marktstellung eines Unternehmens hängt in erster Linie von der Qualität, Funktionalität und Innovation seiner Produkte ab. Das allein kann aber nicht ausschlaggebend sein, denn auch Unternehmen mit hochwertigen Produkten verschwinden vom Markt. Es gibt also noch einen weiteren, entscheidenden Einfluss für das Gedeihen eines Unternehmens, nämlich die Organisation des Güterflusses. Auffällig ist, dass florierende Unternehmen eine straffe Organisation des logistischen Flusses vom Lieferanten bis hin zum Kunden besitzen; sie verwenden besonders gute PPS-Systeme. Die Produktionsplanung und -steuerung befasst sich mit der Organisation aller Vorgänge, die beim Güterfluss durch die Produktion zu planen und zu steuern sind.

Jeder Industriebetrieb stellt Produkte aus den drei Elementarfaktoren Material, Personal und Betriebsmittel her. Die Aufgabe der PPS ist es nun, diese Elementarfaktoren terminlich und mengenmäßig zu koordinieren. Die Optimierung einzelner Elemente kann kaum zu einem Optimum führen, da bei einer Optimierung der Beschaffungsteile z. B. vorausgesetzt werden muss, dass Personal- und Maschinenkapazitäten in beliebiger Menge zur Verfügung stehen. Daraus wird erkenntlich, dass es wichtiger ist, die drei Elementarfaktoren gemeinsam zu planen und zu optimieren.

Forderungen an PPS-Systeme

Aus den Aufgaben, die ein PPS-System zu erfüllen hat, lassen sich fünf wichtige Forderungen ableiten:

1. **Simultane Planung der Elementarfaktoren**
   Wer zuerst das Material, anschließend die Kapazität und danach die Werkzeuge plant, muss entweder das Material, die Kapazität oder die Werkzeuge im Überfluss planen, weil sonst die sukzessive Planung nur zu Sonderfällen und Eilaufträgen führen würde.

Man plant also in allen Ressourcen Puffer ein und verlängert so die Durchlaufzeit um ein Vielfaches.

Sobald andererseits einer der Elementarfaktoren in zu geringer Menge oder zu spät bereitgestellt wird, entstehen bei allen anderen Elementarfaktoren Gemeinkosten (Brach-, Liege- und Wartezeiten). Es kommt im Industriebetrieb weniger darauf an, dass die Planung eines Faktors mit großer Genauigkeit erfolgt - vielmehr ist es wichtig, jederzeit das Zusammenspiel planerisch zu erfassen. In jeder Planungs- und Steuerungsphase müssen Material und Kapazität gleichzeitig geplant und überwacht werden.

2. **Grundprinzip der knappen Mengenplanung**

   Sobald einer der Elementarfaktoren in zu hoher Menge oder zu früh verfügbar ist, entstehen ebenfalls vermeidbare Gemeinkosten. Ein PPS-System muss also aufzeigen, welche Elementarfaktoren in zu großer Menge eingeplant werden.

3. **Grundprinzip der knappen Terminplanung**

   Ungenauigkeiten in der Mengenplanung können durch kleine Sicherheitsreserven aufgefangen werden. Terminliche Ungenauigkeiten dagegen verlängern die Durchlaufzeit. Just-in-time ist hier das Schlagwort. Die Terminabweichung eines Arbeitsgangs kann sich auf alle noch nicht bearbeiteten Arbeitsgänge und Baugruppen eines Kundenauftragsnetzes auswirken. Eine Terminabweichung hat viel krassere Konsequenzen als eine Verbrauchsabweichung und muss somit bei einem PPS-System mit Vorrang behandelt werden. Wer seinen Informationsfluss straffen will, muss möglichst knapp planen. Alle Puffer verzögern den Güter- und Informationsfluss.

4. **Echtzeitplanung**

   Im kommerziellen Bereich ist unter Echtzeitplanung zu verstehen, dass Ereignisse in ihren direkten und indirekten Folgen möglichst zeitnah verbucht werden. Es genügt nicht, einen Auftrag im Dialog zu stornieren; auch die anderen Aufträge, die jetzt vorgezogen werden können, müssen möglichst zeitnah umterminiert werden, was bedeutet, dass die PPS-Datenbank stets aktuelle Daten enthalten muss. Batch-Läufe reichen dafür nicht mehr aus.

5. Abteilungsübergreifende Planung

Ziel ist es, dass alle Abteilungen zeitgleich ihren Auftrag erledigen können. Wenn jeder wartet, bis er an der Reihe ist, ist die Verweilzeit riesig (z. B. Arbeiten mit Karteien).

Ziele von PPS-Systemen

Befragungen unter PPS-Anwendern haben bestätigt, dass die Verringerung der Durchlaufzeit, die Reduzierung der Lagerbestände, die Steigerung der Termintreue und eine Verbesserung der Kapazitätsauslastung zu den wichtigsten Zielen zählen. Diese vier Ziele stehen im engsten Zusammenhang, da die Änderung einer Zielsetzung Einfluss auf alle Größen hat. Alle Bereiche müssen gemeinsam geplant und ein individuelles Gleichgewicht festgelegt werden.

Notwendigkeit von PPS-Systemen

Zur EDV-gestützten Produktionsplanung und -steuerung gibt es in naher Zukunft keine Alternative. Der Markt fordert von den Unternehmen hohe Variantenvielfalt, kurze Lieferzeiten, ständige Produktinnovationen und hohe Produktqualität. Folgen sind immer größeres Datenvolumen und erhöhter Planungs- und Steuerungsaufwand.

Struktur von PPS-Systemen

In den PPS-Systemen der 3. Generation sind die betrieblichen Funktionen eng miteinander verzahnt. Die PPS hat die Aufgabe, die Informationen zwischen allen Funktionen in **allen** Richtungen schnell auszutauschen.

PPS-Systeme der 1. Generation versuchten in Teilbereichen optimale Lösungen zu errechnen. PPS-Systeme der 3. Generation basieren auf denselben betriebswirtschaftlichen Methoden. Heute weiß man aber, dass Insellösungen zwar Teiloptima schaffen, aber das Gesamtoptimum eventuell schwächen. Der Algorithmus, der für einen Betrieb die optimale Lösung findet, ist noch nicht erfunden.

2.1.1 Material

Unter Material versteht man im R/3-System Roh-, Hilfs-, Betriebsstoffe, Handelswaren, Halbfertigerzeugnisse, Fertigerzeugnisse und Dienstleistungen. Diese Materialien können in:

- **Lagermaterial** (mengen- und wertmäßige Bestandsführung)
- und **Verbrauchsmaterial** (keine Bestandführung)

unterschieden werden.

Ausgehend vom Eröffnungsbildschirm des R/3-Systems gelangt man in das Einstiegsbild für die Produktionsstammdaten wie folgt:

Logistik ⇨ Produktion ⇨ Stammdaten

Die **Datenstruktur** ist flexibel aufgebaut, um einen hohen Grad an Anpassungsfähigkeit zu erreichen. Jede Abteilung kann die für sie notwendigen Daten im Materialstamm hinterlegen. Die Daten sind entsprechend der Organisationsebenen zugeteilt.

So können gepflegt werden:

- allgemeine Daten, die im gesamten Unternehmen gültig sind (z. B. Materialnummer);
- auf Werkebene (Produktionsstätten) Fertigungsdaten sowie die entsprechende Stückliste und der gültige Arbeitsplan;
- auf Ebene von Lagerorten, z. B. Materialbestandsdaten;
- sowie Vertriebsdaten der einzelnen Verkaufs- und Vertriebsorganisation.

Zugriffsberechtigung

Da nicht alle Mitarbeiter die gleichen Rechte zur Pflege der Materialstammsätze haben, werden sog. Zugriffsberechtigungen verteilt.

Materialart

Die Materialart teilt das Material in Gruppen ein, um keine unnötigen Datenmengen im Materialstammsatz „mitschleifen" zu müssen. Sie kann unternehmensspezifisch angepasst werden und steuert u. a. die Beschaffungsart (Eigen- o. Fremdfertigung) und die Fachbereiche, die den Materialstammsatz pflegen können.

Die Materialart legt fest:

- wie die Nummernvergabe zu erfolgen hat (intern, extern, Nummernkreis);
- welche Bildschirmbilder in welcher Reihenfolge angezeigt werden;
- welche fachbereichsspezifischen Daten zum Erfassen angeboten werden.

Vorlagen

Soll ein neues Material angelegt werden, so kann ein bereits bestehendes als Vorlage genutzt werden. Außerdem kann jeder Benutzer, die für sich relevanten Einstellungen für zu pflegende Sichten und zu bearbeitende Organisationsebenen festlegen. Diese Einstellungen werden dann bei jeder Pflege des Materialstamms vom System vorgeschlagen.

2.1.2 Stücklisten

Die Stückliste (siehe hierzu Abschnitt 2.2.4) ist die Beschreibung von Produktionsstrukturen und bildet die zentrale Basis zur Planung von Materialbedarf und Erzeugniskalkulationen.

Aus dem Eröffnungsbildschirm des R/3-Systems gelangt man in das Einstiegsbild für die Stücklisten über:

Logistik ⇨ Produktion ⇨ Stammdaten ⇨ Stücklisten.

Eine Stückliste ist ein Verzeichnis, das alle Komponenten unter Angabe von Bezeichnung, Menge und Einheit enthält. Sie bildet die Basis zur Materialbedarfs- und Erzeugniskalkulationsplanung.

Stücklistenformen

Folgende Stücklistenformen sind möglich:

- Einfache Stückliste
- Variantenstückliste
- Mehrfachstückliste
- Kundenauftragsstückliste
- Frei konfigurierbare Stückliste (seit Release 3.0)

Der Aufbau einer Stückliste enthält mindestens folgende Parameter:

Stücklistenaufbau

- **Stücklistenkopf** enthält Angaben über Werke und Gültigkeitsdauer;
- **Stücklistenposition** beschreibt verschiedene sog. Positionen, welche weitere zugehörige Daten enthalten (z. B. Nichtlagerpositionen enthält Einkaufsdaten).

Stücklistenpflege

Die Stücklistenpflege erfolgt gewöhnlich durch die PP-Stücklistenverwaltung, sie kann aber auch aus einem CAD-System heraus erfolgen. Sollten bei einer Änderung Zusatzinformationen benötigt werden, erscheint beim Anwender das entsprechende Bild.

Eine bereits bestehende Stückliste kann als Vorlage dienen.

Die **Darstellung zur Auswertung** kann auf dem Bildschirm u. a. auch als grafische Stückliste erfolgen und entsprechend ausgedruckt werden; Abb. 2.1 zeigt ein Beispiel für die Baukastenansicht:

Abb. 2.1
Stückliste
(Baukastenansicht)

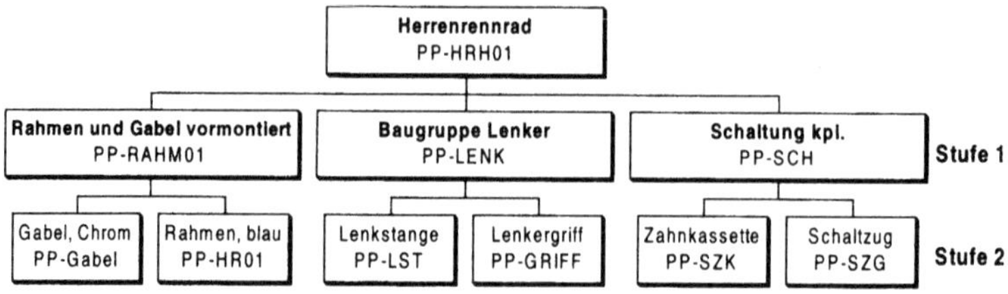

2.1.3 Arbeitsplatz

Ein Arbeitsplatz ist eine organisatorische Einheit, in der bzw. von der ein Vorgang ausgeführt wird und damit eine Arbeitsleistung erbracht wird.

Mit dem Arbeitsplatz kann in den Vorgängen festgelegt werden, welche Maschinen oder Personen eingesetzt werden. Zu den Vorgängen können Kosten, Kapazitäten und Termine ermittelt werden.

Der Arbeitsplatz bildet die Grundlage zur Pflege von Arbeitsvorgängen in Arbeitsplänen. Über den Eröffnungsbildschirm der R/3-Sitzung gelangt man in das Einstiegsbild für die Arbeitsplätze folgendermaßen:

Logistik ⇨ Produktion ⇨ Stammdaten ⇨ Arbeitsplätze.

Die Arbeitsplätze enthalten Daten, die die Terminierung, die Kalkulation und die Kapazitätsrechnung steuern. Die Standardformeln können über das Customizing eingestellt und jederzeit erweitert werden.

Verbindung zur Kostenstelle

Bei der Pflege von Arbeitsplatzdaten weist der Planer dem Arbeitsplatz eine Kostenstelle zu (Verbindung zwischen Kostenrechnung und PPS-System).

Dem Arbeitsplatz kann eine beliebige Anzahl von **Kapazitäten** zugewiesen werden. Diese sind die Basis für die Funktionen der Kapazitätenplanung und Fertigungssteuerung. So lässt sich jederzeit die Auslastung der Maschinen und des Personals feststellen (Reservekapazität).

2.1.4 Arbeitsplan

Der Arbeitsplan beschreibt eine Folge von Arbeitsvorgängen zur Fertigung eines Erzeugnisses sowie die hierfür notwendigen Ressourcen. Er ist auftragsneutral und dient als Vorlage für den Fertigungsauftrag.

Der Arbeitsplan bildet die Grundlage für die Erzeugniskalkulation, Auftragsabwicklung, Terminierung, Fertigungssteuerung und die Kapazitätenrechnung.

Aus dem Eröffnungsbildschirm des R/3-Systems gelangt man in das Einstiegsbild für die Arbeitspläne wie folgt:

Logistik ⇨ Produktion ⇨ Stammdaten ⇨ Arbeitspläne.

Unter einheitlicher Oberfläche erlauben die Arbeitspläne eine einfache Beschreibung linearer Fertigungsabläufe sowie komplexer bzw. gesplitteter oder überlappender Strukturen. Die Arbeitspläne werden werkstattbezogen gepflegt.

Man unterscheidet dabei:

- Normalarbeitsplan (materialbezogen)
- Standardarbeitsplan

Arbeitsvorgang

Der Arbeitsvorgang (siehe Tab. 2.1) ist ein einzelner Schritt in einem Arbeitsplan. Er besteht aus folgenden Daten:

- **Arbeitsplatz**
- **Steuerschlüssel** (legt fest, ob der Vorgang kalkuliert, die Kapazitätenbelastung ermittelt und der Vorgang zurückgemeldet werden soll.)
- **Vorgangsbeschreibung** (kurze Anweisungstexte)
- **Vorgabewerte** (werden manuell gepflegt oder können über die automatische Vorgabezeitermittlung errechnet werden.)

Tab. 2.1 Beispiel für einen Arbeitsplan

Arbeitsplan für die Reifenmontage

Nr.	Arbeitsplatz	Arbeitsgangbeschreibung	Rüstzeit (in min)	Maschinenzeit (in min)	Personenzeit (in min)
10	L14	Mantel mit Felge in Maschine geben	0,01	0,18	0,18
20	L14	Reifen-Montage, automatisch	0,01	0,33	0
30	L14	Stabilitätstest Laufrad	0,01	0,1	0,2
40	L14	Rad in Radkäfig legen	0,01	0	0,06

Als **Folgen** bezeichnet man den Ablauf der Vorgänge eines Arbeitsplanes. Dadurch lassen sich netzartige Fertigungsprozesse einfach abbilden.

Man unterscheidet:

Arten von Folgen

- Stammfolge (lineare Fertigung)
- Parallele Folge (parallele Fertigungsprozesse)
- Alternative Folge (kann bei Kapazitätenüberlastung auf eine alternative Maschinenfolge ausweichen)

Auswertungsfunktion

Vorgang bzw. Übersichtslisten werden im Customizing in Layout und Inhalt individuell an den Benutzer angepasst.

Dokumente

Mit dem Dokumentenverwaltungssystem können alle Dokumente beschrieben, verwaltet und visualisiert werden. So können z. B. durch Verknüpfen oder durch Suchfunktionen einem einzelnen Material oder Fertigungsschritt entsprechende Dokumente (z. B. Zeichnungsänderungen, Nachrichten oder Anweisungen) zugeordnet und so die entsprechenden Stellen informiert werden.

Das Visualisieren erfolgt durch Einbinden beliebiger Standardformate (z. B. *.tif, *.dxf) in das SAP-Format.

2.1.5 Fertigungshilfsmittel

Fertigungshilfsmittel sind ortungebundene Betriebsmittel, die an der Formgebung beteiligt sind (z. B. Werkzeuge und Vorrichtungen) oder die dazu dienen, Maßhaltigkeit, Beschaffenheit und Funktionstüchtigkeit zu prüfen (z. B. Mess- und Prüfmittel).

Ausgehend vom Eröffnungsbildschirm der SAP-Sitzung gelangt man in das Einstiegsbild für die Fertigungshilfsmittel wie folgt (siehe Abb. 2.2):

Logistik ⇨ Produktion ⇨ Stammdaten ⇨ FertHilfsmittel.

Abb. 2.2 Fertigungshilfsmittel

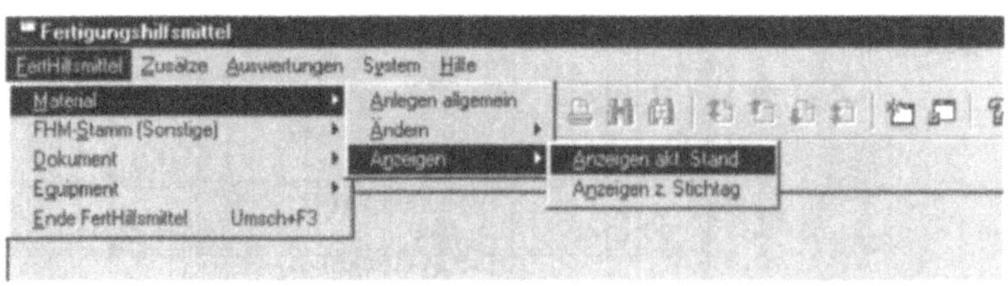

2.1.6 Prüfplan und Prüfmerkmale

Die Aufgabe des **Prüfplans** liegt in der Festlegung der Prüfvorgänge sowie der je Prüfvorgang zu prüfenden Merkmale und der zu verwendenden Prüfmittel.

Der Prüfplan (siehe hierzu Kapitel 3) ist mit dem Arbeitsplan in der Fertigung verwandt.

Planzuordnung

Prüfpläne werden den zu prüfenden Materialien zugeordnet. Darüber hinaus kann man sie je nach Prüflosherkunft auch noch Lieferanten oder Kunden zuordnen. Man kann einen bestimmten Prüfplan auch mehreren Materialien und mehreren Lieferanten oder Kunden zuordnen.

Planverwendung

Prüfpläne gelten für bestimmte Verwendungszwecke, wie z. B. für Wareneingangsprüfungen oder für Erstmusterprüfungen. Zu einem Material kann es daher verschiedene Prüfpläne geben, die sich durch ihre Verwendungen oder Zuordnungen unterscheiden.

Weitere Unterteilungen des Prüfplanes sind:

- **Materialprüfplan** (ist dem zu prüfenden Material zugeordnet);
- **Individualprüfplan** (legt den Prüfumfang für Material in Beziehung zu einem Lieferanten oder Kunden fest);
- **Familienprüfplan** (beinhaltet Prüfung einer Teilefamilie zusätzlich mit Toleranzen für Beziehungen untereinander).

Ein **Prüfmerkmal** (siehe hierzu Kapitel 3) beschreibt, was zu prüfen ist. Es definiert die Prüfanforderungen für Materialien, Teile und Erzeugnisse.

Dynamisierung

Durch die Analyse der Prüfhistorie werden Lieferanten oder Prozesse mit schlechter Qualität intensiver überwacht als Lieferanten oder Prozesse mit ständig verbesserter Qualität.

2.1.7 CAD Integration

Die CAD-Funktionsbibliothek erlaubt die Anbindung grafischer Fremdsysteme an das R/3-System. Informationen können **beiderseitig** ausgetauscht werden.

Koppelung CAD-PPS

Durch eine **Schnittstelle** zwischen SAP R/3 und einem CAD-System ist ein engeres Zusammenspiel zwischen Konstruktion und Fertigung möglich. Schnellere Reaktion auf Kundenwünsche und eine Verkürzung der Entwicklungszeiten erhöhen die Flexibilität einer Unternehmung.

Das bedeutet:

- Zugriff auf Grunddaten des PPS-Systems, die Materialstückliste oder die Dokumentenverwaltung;
- während der Erstellung einer Zusammenbauzeichnung im CAD überprüft das angeschlossene R/3-System automatisch die Stückliste auf die Verfügbarkeit des gewählten Materials;
- Anbindung der Dokumentenverwaltung an das CAD-System.

2.1.8 Vorgabewertermittlung (CAP)

Mit der Vorgabewertermittlung können Werte und/oder Formeln in Arbeitsplänen automatisch erzeugt werden. Die Funktionen der CAP (**C**omputer **A**ided **P**lanning) bestehen aus zwei zentralen Elementen:

- Automatische Arbeitsplangenerierung (ab Release 3.0)
- Automatische Vorgabewertermittlung (Einmal in Tabellen hinterlegte Werte und Formeln können schnell zusammengefasst, kombiniert und neuen Arbeitsplätzen zugeordnet werden.)

In die CAP-Vorgabewertermittlung gelangt man über:

Logistik ⇨ Produktion ⇨ Stammdaten ⇨ CAP-Vorgabewerte.

2.1.9 Änderungsdienst

Der Änderungsdienst erlaubt die zentrale Verwaltung und Steuerung von Änderungen an Grunddaten (z. B. Stücklisten, Prüfplänen oder Arbeitsplänen).

Er kann für folgende Objekte genutzt werden:

Einsatzmöglichkeiten

- Material
- Dokument
- Stückliste
- Plan

Aus dem Eröffnungsbildschirm der SAP-Sitzung gelangt man in das Einstiegsbild für den Änderungsdienst wie folgt:

Logistik ⇨ Produktion ⇨ Stammdaten ⇨ Änderungsdienst.

2.2 Absatz- und Produktionsgrobplanung

Planungskonzept

Manufactoring Resource Planning (MRP) ist ein Planungskonzept, das international anerkannt und verwendet wird. Die Absatz- und Produktionsgrobplanung im Modul PP ist somit ein Bestandteil dieses Konzeptes. Sie steht zwischen den Modulen der Absatz- und Ergebnisplanung und der Produktionsplanung.

Aufgaben der SOP

Mit Hilfe der **Absatz- und Produktionsgrobplanung (SOP)** sollen die mittel- bis langfristigen Absatzmengen festgelegt und die zur Verwirklichung dieses Absatzes notwendigen Schritte grob geplant werden (d. h. es findet eine grobe Abschätzung der Realisierbarkeit der Pläne statt).

2.2.1 Grobplanung

2.2.1.1 Einordnung in den Planungsprozess

Während die Geschäfts- und Ergebnisplanung für das gesamte Unternehmen oder für eine bestimmte Region des Unternehmens durchgeführt wird, gilt die Absatz- und Produktionsgrobplanung nur für Produktgruppen (siehe Abb. 2.3). Aus der Absatz- und Produktionsgrobplanung gehen die Produktionsplanung und, nach der Stücklistenauflösung, die Bedarfsplanung für die Produktion hervor.

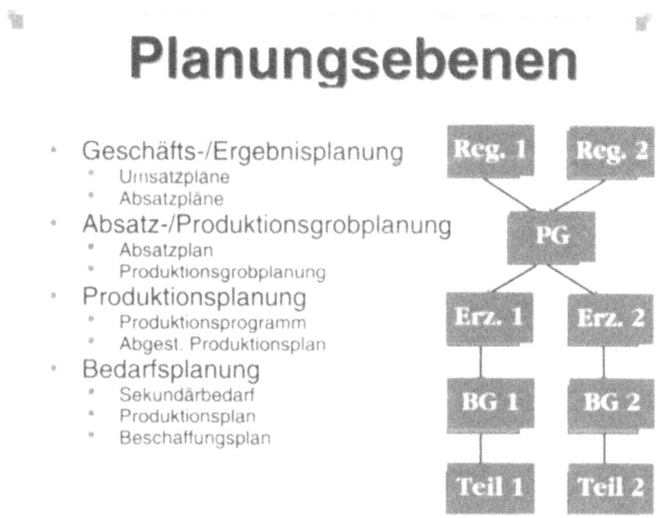

Abb. 2.3 Planungsebenen im Planungsprozess (Quelle: R/3-Schulungsunterlagen)

2.2.1.2 Vorlauf zur Absatz- und Produktionsgrobplanung

Vor der Durchführung der Absatzplanung müssen folgende Fragen beantwortet werden:

- Wie wird sich die Gesamtnachfrage entwickeln?
- Welchen Marktanteil kann der planende Betrieb erreichen?
- Entspricht die gegenwärtige Kapazität diesem Marktanteil?
- Welche Absatzmengen ergeben sich für die einzelnen Jahresperioden?
- Auf welchen Betrag soll der langfristig zu erwartende Durchschnittsertrag festgelegt werden?

Mit der Beantwortung dieser Fragen kann der Absatzplan erstellt werden.

2.2.1.3 Wesen der Absatz- und Produktionsgrobplanung

Im Rahmen der Absatz- und Produktionsgrobplanung werden die lang- und mittelfristigen Absatzmengen festgelegt (siehe Abb. 2.4). Die nötige Materialbeschaffung, die zur Verfügung stehenden Kapazitäten und die zu erstellende Leistung können zu erheblichen Fertigungsengpässen führen. Deshalb ist es sinnvoll, die Absatz- und Produktionsgrobplanung einer detaillierten Produktionsplanung zugrunde zu legen.

Abb. 2.4
Aufgaben der Absatz- und Produktionsplanung (Quelle: R/3-Schulungsunterlagen)

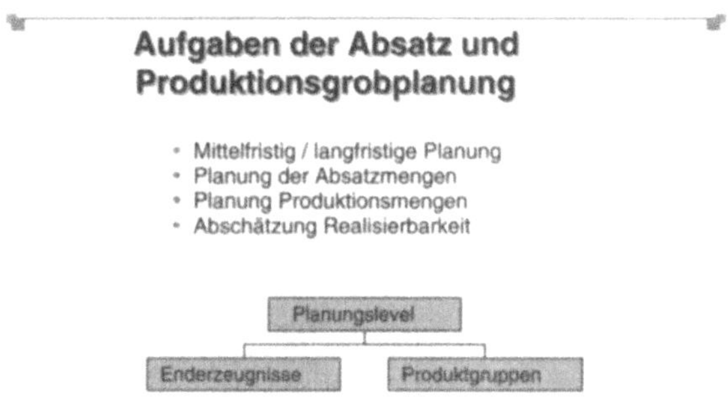

Aufgrund der Fülle der Daten werden die benötigten Produktionsaktivitäten grob geplant, d. h. es wird vorerst keine detaillierte Planung über Stücklistenauflösung und Arbeitsplanterminierung erstellt. Das Ziel dieser Planung ist es vielmehr, die Realisierbarkeit der aufgestellten Pläne abzuschätzen.

Dabei bietet die Absatz- und Produktionsgrobplanung die Möglichkeit, die Planung für Produktgruppen oder für Enderzeugnisse durchzuführen.

2.2.2 Absatzplan

Der Ausgangspunkt der Planung bildet die Ermittlung der Absatzmengen für zukünftige Perioden. Für die Planungsdatengewinnung können unterschiedliche Verfahren (siehe Abb. 2.5) verwendet werden:

- manuelle Eingabe der Absatzmengen;
- maschinelle Prognose der Absatzmengen auf Basis von Vergangenheitswerten;
- Übernahme der Absatzmengen aus der monetär orientierten Ergebnis- und Marktsegmentrechnung (CO-PA);
- Übernahme der Absatzmengen aus dem Vertriebsinformationssystem (SD-IS);
- Übernahme aus einem externen System.

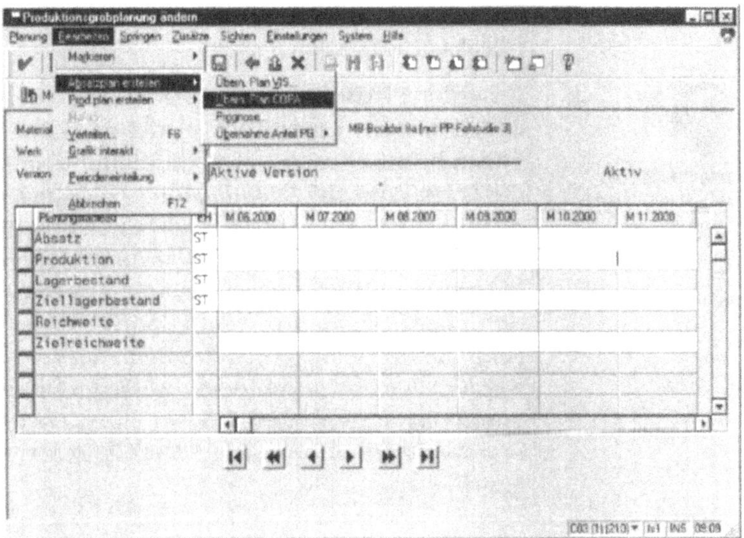

Abb. 2.5 Absatzgrobplanung anlegen

Die Ergebnisse der Absatz- und Produktionsgrobplanung können auf die Produktgruppenmitglieder aufgeteilt werden (**Disaggregation**) und an die Produktionsplanung übergeben werden.

Die folgenden **zwei Fallbeispiele** sollen die Vorgehensweise zum Anlegen und Ändern einer Grobplanung erläutern und den Ablauf schildern (siehe hierzu Serveradresse, FH-Konstanz, am Ende des Vorwortes).

Anlegen einer inaktiven Absatz- und Produktionsgrobplanung „PPGB.scm"

Die Screencam „**PPGB**" beschreibt, wie eine inaktive Absatz- und Produktionsgrobplanung angelegt wird. Hierzu muss der Absatzplan als Absatzgrobplan in das Produktionsmodul übergeben werden. Dazu wählt man *Logistik* ⇨ *Produktion* ⇨ *Absatz/Grobplanung*. Nun befindet man sich im Menü „Absatz- und Produktionsplanung", wo *Planung* ⇨ *Für Material* ⇨ *Anlegen* ausgewählt werden muss. Daraufhin ist eine Materialnummer einzugeben und das dazugehörige Werk auszuwählen. Nach Bestätigung der Angaben ist im Feld „Definition Version" eine Version und die zugehörige Bezeichnung einzutragen. Dann sind die Eingaben wie gewohnt abzuschließen.

Im nächsten Schritt wird die Produktionsgrobplanung angelegt. Hierzu trägt man im Feld „Absatz" die gewünschten Werte ein. Um den Produktionsplan aus dem Absatzplan zu erstellen, wählt man *Bearbeiten* ⇨ *Prod.Plan erstellen* ⇨ *Absatzsynchron*. Nun werden die Absatzzahlen in die Produktion so übernommen wie sie zuvor angegeben wurden. Abschließend können nun die Plandaten gesichert werden.

Ändern eines Absatzgrobplanes „PPMRP.scm"

Das File „**PPMRP**" veranschaulicht, wie ein Absatzgrobplan verändert werden kann. Auch hierzu muss der Absatzplan als Absatzgrobplan in das Produktionsmodul übergeben werden. Über den Pfad *Logistik* ⇨ *Produktion* ⇨ *Absatz/Grobplanung* gelangt man in das Menü „Absatz- und Produktionsplanung". Hier wählt man *Planung* ⇨ *Für Material* ⇨ *Ändern*. Nun müssen wiederum Material und Werk angegeben und das Steuerfeld „Aktive Version" angeklickt werden. Nun können die gewünschten Werte im Feld „Absatz" eingegeben werden. Auch in diesem Fallbeispiel werden die Daten aus dem Absatzgrobplan an den Produktionsgrobplan übergeben, indem man *Bearbeiten* ⇨ *Prod.Plan erstellen* ⇨ *Absatzsynchron* wählt. Zuletzt werden die Plandaten gesichert.

2.2.2.1 Produktgruppen

In der Absatz- und Produktionsgrobplanung besteht die Möglichkeit, verschiedene Materialien zu einer Gruppe (eine Produktgruppe) zusammenzufassen und somit die Planung auf der Ebene von Produktgruppen zu konsolidieren. Im Rahmen der Produktgruppenverwaltung werden beliebige Materialien zu Produktgruppen gegliedert. Die Produktgruppenstruktur kann mehrstufig sein und damit beliebige Produktgruppenhierarchien darstellen (siehe Abb. 2.6).

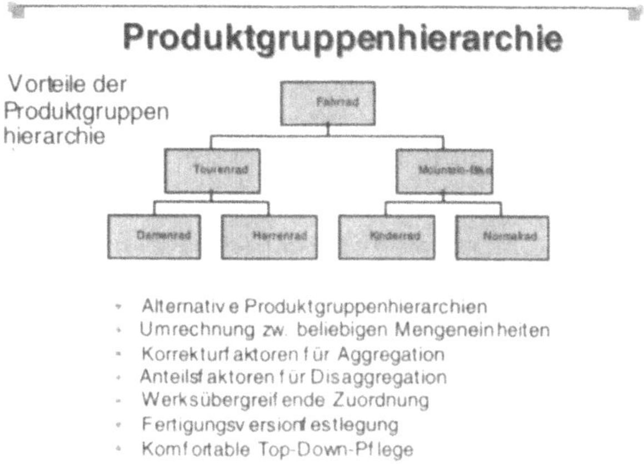

Abb. 2.6 Produktgruppenhierarchie (Quelle: R/3-Schulungsunterlagen)

Darüber hinaus kann ein Material mehreren Produktgruppen zugeordnet werden. Es ist möglich, alternative Produktgruppenhierarchien zu erstellen.

Durch die Alternative Produktgruppen werksübergreifend zu definieren und zu planen, können Materialien aus verschiedenen Werken Bestandteil einer Produktgruppe sein. Das Ermitteln der geplanten Absatzmengen bildet die Grundlage der Planung. Diese Angaben ermöglichen es, die Produktionsmengen zu bestimmen. Die daraus resultierenden Ergebnisse können an die Produktionsplanung weitergegeben werden.

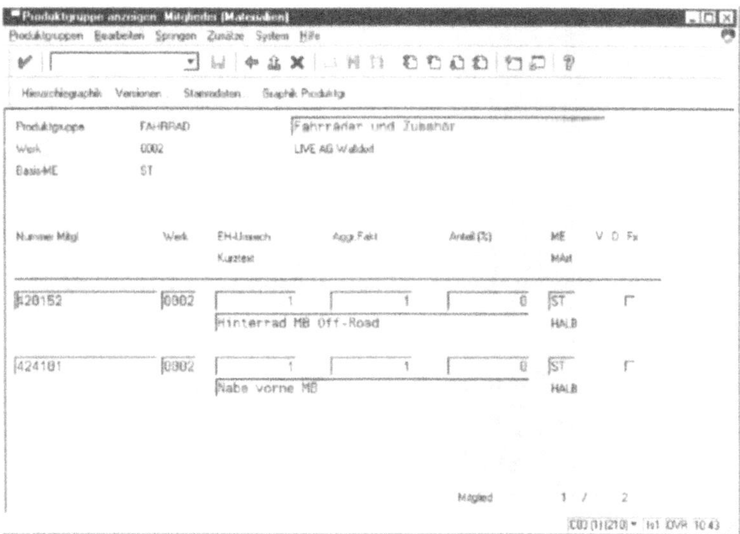

Abb. 2.7 Aufbau einer Produktgruppe

Wichtige Daten für die Produktgruppenstruktur (siehe Abb. 2.7) sind zum einen die Mengenrelationen zwischen der Produktgruppe und dem jeweiligen Mitglied (z. B. Produktgruppe wird in Tonnen dargestellt und das Mitglied in Stück) und zum anderen der Anteilsfaktor des jeweiligen Produktgruppenmitglieds an der gesamten Produktgruppe.

Deshalb können solche Gruppen ein- oder mehrstufig sein (mehrstufig bedeutet, dass die Gruppe als Mitglieder Gruppen enthält). Die letzte Ebene der Produktgruppe muss ein Material sein.

2.2.2.2 Produktionsgrobplan

Es gibt drei Möglichkeiten aus dem Absatzplan den Produktionsgrobplan zu erstellen. Dabei wird die Produktionsplanung nach verschiedenen Daten des Absatzplanes ausgerichtet.

Diese Daten müssen **absatzsynchron** gehalten werden, damit sie den **Ziellagerbestand** und die **Zielreichweite** exakt vorhalten.

Die Mengen und Termine werden dabei exakt übernommen. Das System errechnet aus den Zielangaben automatisch die notwendigen Produktionsmengen für die entsprechenden Perioden.

Abb. 2.8
Beispiel für die Umsetzung des Absatzplans
(Quelle: R/3-Schulungsunterlagen)

Vom Absatzplan zur Produktionsgrobplanung

Via. Ziellagerbestand

	W29	W30	W31	W32
Absatz	50	70	220	250
Produktion	60	70	250	250
Ziellagerbestand	10	10	40	40

In der oben gezeigten Abbildung 2.8 wird deutlich, dass sich die Produktion nach dem Absatz und nach dem gewünschten Ziellagerbestand richtet.

2.2.2.3 Disaggregation

Zweck der Disaggregation

Unter der Disaggregation ist die Splittung der Prozesse zu verstehen, d. h. die Planung wird grob begonnen und anschließend verfeinert wird. Der Absatzplan des Mitglieds ist schließlich das Resultat der Aggregation. Die Disaggregation kann für den Absatzplan und den Produktionsgrobplan gemacht werden, außerdem können aktive und inaktive Versionen der Planung verwendet werden.

Je nach Auswahl kann die Disaggregation für alle oder einzelne Mitglieder gemacht werden (Komplett-/Teildisaggregation). Die Durchführung kann als Einzel- oder Sammeldisaggregation bearbeitet werden (siehe Abb. 2.9).

Abb. 2.9 Disaggregation

Das Ziel der Absatz- und Produktionsgrobplanung ist es, die Durchführbarkeit der Planung zumindest grob zu überprüfen. Der Absatzplan und der Produktionsgrobplan können damit als Vorgabe für die nachfolgenden Planungsebenen (Produktionsplanung, Materialbedarfsplanung) herangezogen werden. Zu diesem Zweck ist es möglich, die Produktgruppenpläne automatisch auf die Produktgruppenmitglieder „herunterzubrechen". Diesen Vorgang (siehe Abb. 2.10) nennt man **Disaggregation (TOP-DOWN)**. Es ist aber auch möglich, von den Produktgruppenmitgliedern auf die gesamte Produktgruppe zu schließen. Dieses Verfahren nennt man **Aggregation (BOTTOM-UP).** Unter Aggregation versteht man im allgemeinen die Funktion, die Kennzahlenwerte auf der Detailebene zur Laufzeit automatisch summiert und auf einer hohen Ebene anzeigt.

Abb. 2.10 Vorgehensweise bei der Planung

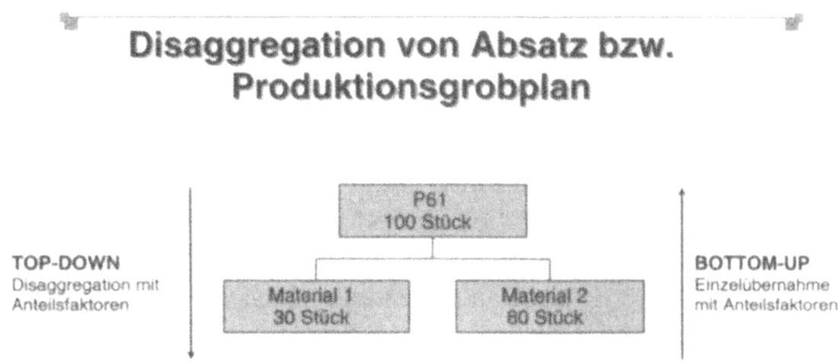

Bei der Disaggregation werden die Produktgruppenmengen entsprechend der Anteilsfaktoren auf die Produktgruppenmitglieder heruntergebrochen. Gleichzeitig mit dieser sachlichen Disaggregation kann auch eine zeitliche Disaggregation erfolgen. So ist es möglich, die auf Wochen- oder Monatsbasis aufgestellten Pläne auf Tage herunterzubrechen. Als Aufteilungsschlüssel kann hierzu die Anzahl der Arbeitstage in der jeweiligen Periode verwendet werden.

Fallbeispiele:
„PPGB02.scm"
„PPMRP02.scm"

Ein Fallbeispiel zur Disaggregation findet man im nachfolgenden Kap. 2.2.5 zur Programmplanung. Die Disaggregation bildet im Beispiel zur Programmplanung einen wesentlichen Bestandteil. Die Disaggregation wird in der Fallstudie „MRP2-Lauf" (PPMRP.EXE) behandelt.

2.2.2.4 Planungsmethoden

In der Absatz- und Produktionsgrobplanung gibt es drei unterschiedliche Planungsmethoden:

- konsistente Planung
- Stufenplanung
- Deltaplanung

Die Planungsmethoden werden im **Customizing** festgelegt. Mit Hilfe einer Tabelle innerhalb des Logistikinformationssystems wird die jeweilige Planungsmethode eingestellt. Am gebräuchlichsten in der Absatz-/Grobplanung ist die Stufenplanung. Nachfolgend die Hauptmerkmale der Planungsmethoden:

Konsistente Planung:

- Nur auf der Planungshierarchie-Ebene mit dem höchsten Detaillierungsgrad werden die Daten gespeichert.
- Es bestehen Abhängigkeiten zwischen den Planungsebenen, d. h. Änderungen, die man an einer Ebene vornimmt, wirken sich unmittelbar auf alle anderen Planungsebenen aus. Die Aggregation und Disaggregation von Daten erfolgt automatisch zur Laufzeit.
- Die für die automatische Disaggregation benötigten Anteilsfaktoren lassen sich auf zweierlei Weise definieren: entweder mit Bezug auf bisher geplante Daten oder entsprechend konstanten Anteilsfaktoren. Man hat auch die Möglichkeit, Anteilsfaktoren durch das System automatisch berechnen zu lassen.

- Die Planung basiert auf einer eigendefinierten Informationsstruktur.
- Plandaten sind von jeder Ebene aus zugänglich.
- Die Sicht auf das Planungstableau ist nicht hierarchisch: Man plant eine oder mehrere Merkmalswertekombinationen.

Vorteile der konsistenten Planung

Vorteile der konsistenten Planung:

- Einfache Handhabung: Man erfasst Planzahlen auf einer Ebene und kann davon ausgehen, dass automatisch auf allen anderen Ebenen Datenkonsistenz gegeben ist.
- Plandaten kann man unter beliebigen Gesichtspunkten anlegen.

Stufenplanung:

- Daten werden auf allen Planungsebenen gespeichert.
- Die Ebenen können einzeln geplant werden.
- Planungsebenen sind unabhängig voneinander, d. h. Pläne auf unterschiedlichen Ebenen müssen nicht zwangsläufig konsistent sein.
- Sowohl Top-Down- als auch Bottom-Up-Planungen sind möglich.
- Man kann die Anteilsfaktoren der Merkmalswerte auch durch das System auf der Grundlage vorhandener Daten (Vergangenheitsdaten oder Plandaten) automatisch vorgeben lassen.
- Man hat eine hierarchische Sicht auf das Planungstableau.

Vorteil der Stufenplanung

Vorteil der Stufenplanung: Die Daten können geprüft und ggf. geändert werden, bevor man sie auf oberen oder unteren Ebenen der Planungshierarchie aggregiert bzw. disaggregiert.

Deltaplanung:

- Auf einer Ebene eingegebene Daten werden zur Laufzeit automatisch auf höheren Ebenen aggregiert.
- Auf einer Ebene durchgeführte Änderungen werden nicht automatisch disaggregiert. Die Differenz zwischen der Summe der Einzelwerte auf der niedrigeren Ebene und dem auf der höheren Ebene gezeigten Gesamtwert bleibt bestehen.

Vorteile der Deltaplanung

Vorteile der Deltaplanung:

- Man muss keine Planungshierarchie erstellen, wenn eine Planung durchgeführt werden soll.
- Diese Planungsmethode steht für Informationsstrukturen seit Release 2.1 des R/3-Systems zur Verfügung.

2.2.2.5 Application Link Enabling (ALE)

Zweck von ALE

Um verteilte Anwendungen (z. B. in SOP) ggf. über Landesgrenzen hinaus aufzubauen und einzusetzen, benötigt man die R/3-Technologie Application Link Enabling (ALE). ALE sorgt für den kontrollierten Nachrichtenaustausch zwischen SAP-Anwendungen bei konsistenter Datenhaltung. Die Anwendungsintegration erfolgt nicht über eine zentrale Datenbank, sondern über synchrone und asynchrone Kommunikation.

Anhand des folgenden Beispiels (siehe Abb. 2.11) soll gezeigt werden, wie sich das ALE-Konzept in einem Unternehmen implementieren lässt:

Abb. 2.11 Beispiel zu ALE (Quelle: SAP Online Hilfe 4.5B)

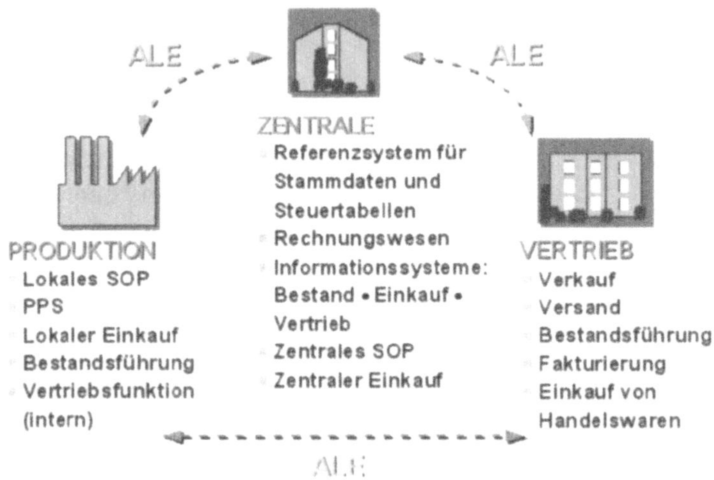

Ein solches Verbundszenario besteht aus drei mit ALE kommunizierenden Anwendungssystemen und soll wie folgt aussehen:

- In der Firmenzentrale wird ein Referenzsystem für Stammdaten und Steuerungsdaten eingesetzt. Hier laufen die Anwendungen: Rechnungswesen, Personalwirtschaft, zentraler Einkauf und Absatzplanung. Gleichzeitig wird es als unternehmensweites Informationssystem für die Logistik verwendet.

- In den Produktionsstätten dient R/3 als lokales Absatz- und Grobplanungssystem (SOP) und als Produktionsplanungs- und -steuerungssystem (PPS). Ebenso werden der lokale Einkauf und die Bestandsführung darüber abgewickelt.
- In den Vertriebsniederlassungen wird R/3 für den Verkauf, den Versand, die Bestandsführung und den Einkauf von Handelswaren eingesetzt.

2.2.3 Produktionsplanung

Im Rahmen der Produktionsplanung werden die grundlegenden Entscheidungen über die operative Nutzung der Produktionsressourcen getroffen.

Hauptaufgaben

Die Produktionsplanung hat drei Hauptaufgaben:

- Auswahl der Planungs- und Fertigungsstrategie
- Festlegung der Bedarfsmengen und Liefertermine
- Festlegung des Produktionsplans für Leitteile

2.2.3.1 Programmplanung

In der Programmplanung werden die Bedarfsmengen und die Liefertermine für die Enderzeugnisse und die wichtigen Baugruppen festgelegt. Das Produktionsprogramm kann entweder direkt als Primärbedarf vom Disponenten erstellt werden oder auf vorgelagerten Planungsergebnissen aufbauen. So können z. B. die Ergebnisse der Produktionsgrobplanung die Basis für die Programmplanung bilden.

Neben der Mengen- und Terminplanung wird im Rahmen der Programmplanung die Strategie bestimmt, mit der ein Erzeugnis geplant und gefertigt bzw. beschafft wird. Drei Planungsstrategien stehen zur Verfügung:

- Anonyme Lagerfertigung
- Kundeneinzelfertigung
- Losfertigung für Kunden- und Lageraufträge

Darüber hinaus wird im Rahmen der Programmplanung festgelegt, nach welcher Vorplanungsstrategie die auftragsorientierte Fertigung abgewickelt werden soll.

Zur Programmplanung findet man anbei zwei Beispiele, die vom eigentlichen Ablauf fast identisch sind, aber mit unterschiedlichen Daten durchgeführt wurden, da sie zu unterschiedlichen Fallstudien gehören.

2.2.3.2 Primärbedarfsverwaltung

Primärbedarfe dienen der auftragsneutralen Vorplanung der Produktion.

Neben der manuellen Primärbedarfspflege kann der Disponent im Rahmen einer integrierten Planung auf die Ergebnisse vorgelagerter Planungsstufen zurückgreifen. Durch den Bezug auf übergeordnete Planungsstufen ist so eine kontinuierliche Verfeinerung und Abstimmung errechenbar.

Folgende **Vorlagen** können zur Primärbedarfspflege benutzt werden:

- Absatzplanung für das Erzeugnis
- Maschinell ermittelte Prognose aus der Absatzplanung
- Produktionsgrobplan für das Erzeugnis
- Primärbedarf für ein beliebiges Erzeugnis

Die Primärbedarfe können in beliebigen Zeitrastern geplant werden, wobei unterschiedliche Zeitraster miteinander kombinierbar sind. Dies eröffnet dem Disponenten die Möglichkeit, das Produktionsprogramm für die nähere Zukunft, z. B. in Wochen, für die weitere Zukunft oder in Monaten, zu planen. Die automatische Aufteilung von Primärbedarfen von einem gröberen Zeitraster in ein feineres Zeitraster erweist sich insbesondere bei einer rollierenden Planung als vorteilhaft.

2.2.3.3 Leitteileplanung

In der MPS-Planung (Planung von Leitteilen) werden die Teile oder Erzeugnisse, die die Wertschöpfung im Unternehmen in hohem Maße beeinflussen oder kritische Ressourcen belegen, als Leitteile gekennzeichnet und mit erhöhter Aufmerksamkeit geplant. Leitteile können sowohl Enderzeugnisse als auch Baugruppen oder Rohmaterialien sein. In einem separaten Planungslauf werden nur die Leitteile geplant.

2.2.3.4 Standortübergreifende Produktionsplanung

Das PP-System gewährleistet auch für die Produktion eines Artikels an verschiedenen Standorten oder bei ausgelagerter Komponentenvorfertigung einen reibungslosen Material- und Informationsfluss zwischen den beteiligten Standorten bzw. Werken.

Charakteristisch für diese Art der Planung ist die Produktion an verschieden Standorten, wobei die Planung, Überwachung und Auslieferung **zentral** erfolgt. Bei der Verteilung der Produktionsmengen auf die unterschiedlichen Standorte kann der Planer mit Beschaffungsquotierungen pro Artikel arbeiten.

2.2.3.5 Distribution Requirements Planing

Die Internationalisierung der Märkte erfordert zunehmend leistungsfähigere Distributionssysteme. So ist es vielfach aus Gründen der geographischen Entfernung nicht mehr möglich, den Kunden unmittelbar vom Produktionsstandort aus zu beliefern. Vor diesem Hintergrund gehen viele Unternehmen dazu über, ihre Kunden über Distributionslager oder Distributionszentren, die von Produktionswerken versorgt werden, zu beliefern.

Das PP-System ist in seinem planerischen und operativen Komponenten so ausgerichtet, dass firmen- und länderübergreifende Produktions- und Distributionseinheiten komfortabel abgebildet werden können.

Distributionsläger können firmen- oder länderübergreifend als Werke definiert werden. Sie stellen damit eine disponierende Einheit dar, für die eine Bedarfsplanung durchgeführt wird. Dieses Verfahren hat den Vorteil, dass für einen Artikel, je nach Distributionslager, unterschiedliche Distributionsstrategien angewendet werden können.

Die Versorgung der Distributionsläger aus den Produktionswerken erfolgt unter Nutzung der Einkaufs- und Vertriebsfunktionen aus den Systemen MM und SD.

Auswertungen auf Produktgruppen- und Enderzeugnisebene geben dem Planer jederzeit einen Überblick über alle beteiligten Produktionsstätten und Distributionsläger.

2.2.4 Stücklisten

Stücklisten, wie auch Arbeitspläne, sind die Informationsträger in einem Fertigungsbetrieb. Sie stellen die zentralen Stammdaten für die Produktionsplanung und -steuerung dar. Gleichwohl benötigen Stücklisten und Arbeitspläne Basisinformationen aus der Materialwirtschaft, Konstruktion, Controlling und Personalwirtschaft. Umgekehrt geben sie Informationen an andere Bereiche ab: Konstruktion, Normenstelle, Arbeitsvorbereitung, Terminplanung, Materialbedarfsermittlung, Fertigungsauftragsverwaltung, Fertigungssteuerung, Montage, Einkauf (Bestellanforderung), Kostenrechnung (Kalkulation) etc.[1]

Dabei benötigen alle diese Abteilungen die Unterlagen in verschiedenen Ausführungen und Zusammensetzungen. Die CIM-Modulvielfalt von SAP bietet hierfür optimale Voraussetzungen.

Stücklistendefinition

Eine Stückliste beschreibt die Zusammensetzung der Produkte aus den einzelnen Komponenten. Sie enthält die Menge aller Baugruppen, Teile und Werkstoffe, die für die Herstellung einer Einheit des Erzeugnisses notwendig sind.
Die **Stückliste** ist:[2]

- Ausgangsbasis zur Ermittlung des Bedarfs an Baugruppen, Teilen, Rohmaterial und deren Disposition;
- Bereitstellungs- und Entnahmebeleg;
- Grundlage zur Terminierung des Fertigungs- und Beschaffungsvorganges;
- Dokumentation der konstruierten bzw. gelieferten Erzeugnisse (Voraussetzung für weitere Auswertungen, wie z. B. Ersatzteillisten, Materialliste, Typenübersichten oder Einkaufslisten).

1 vgl. Roschmann, K.: Fertigungssteuerung, Hanser Verlag, München, 1980, S. 30-35

2 vgl. Hackstein, R.: Produktionsplanung und -steuerung (PPS), VDI-Verlag, Düsseldorf, 1984, S. 134

In der folgenden Darstellung sind den Unternehmensfunktionen die entsprechenden **Stücklistenaufgaben** zugeordnet:[1]

Tab. 2.2
Aufgaben von Stücklisten

Funktionen	Aufgaben der Stückliste
Arbeitsplanung	• Arbeitsplanerstellung • Montageanleitung
Fertigungsplanung Disposition Lager	• Fertigungsablauf (Montageablauf) • Bedarfsermittlung • Bereitstellung von Teilen/Materialien • Verfügbarkeitskontrolle
Fertigung und Montage	• Reservierung • Aufstellung einer Erzeugnishierarchie (-aufbau) • Mengenübersicht über benötigte Teile/Gruppen • Entnahme
Beschaffungswesen	• Einkauf von Fertigteilen/Rohmaterial • Fremdfertigung • Preisermittlung
Verkauf und Kundendienst	• Ermittlung der Bruttoverkaufspreise • Ersatzteillisten
Rechnungswesen	• Vorkalkulation • Nachkalkulation • statistische Auswertungen

Klassifizierung von Stücklisten

Das Stücklistenwesen ist in vielen Betrieben historisch gewachsen. Daher gibt es viele verschiedene Stücklisten hinsichtlich Aufbau und Inhalt. Es soll ein kurzer Überblick über die verschiedenen Stücklistentypen gegeben werden.

2.2.4.1 Stücklistenarten

Für die Unterteilung von Stücklisten gibt es verschiedene Möglichkeiten. Einerseits gibt es die Unterscheidung nach **Art des Aufbaus** einer Stückliste und andererseits nach **Art der Verwendung**:[2]

1 vgl. Hackstein, R.: Produktionsplanung und -steuerung (PPS), VDI-Verlag, Düsseldorf, 1984, S. 135

2 vgl. Hackstein, R.: a.a.O., S. 136ff und Roschmann, K.: Fertigungssteuerung, Hanser Verlag, München, 1980, S. 30 ff

Strukturlose Stücklisten

- **Aufzählungsstückliste**
  Die Baugruppen[1] Eigen- und Kaufteile aller niederen Ebenen eines Erzeugnisses werden ohne Strukturierung (Zuordnung) dargestellt. Diese Stücklistenart ist als Produktübersicht hilfreich.
- **Mengenstückliste**
  Dies ist eine Stückliste, die nur die Eigen- und Kaufteile aller niederen Ebenen eines Erzeugnisses oder einer Gruppe enthält. Sie ist oft Grundlage für die Kalkulation.

Strukturierte Stücklisten

- **Strukturstückliste**
  Die Eigenschaften gleichen deren der Aufzählungsstückliste, wobei die Darstellung in strukturierter Form erfolgt. Diese Strukturierung kann z. B. durch Einrückungen, Zahlenangaben oder Pfeile erreicht werden.
- **Baukastenstückliste**
  Die Baukastenstückliste dient als Basis für die Datenspeicherung. Es werden nur die Gruppen bzw. die Eigen- und Kaufteile der nächsten Ebene ohne Strukturierung dargestellt. Dennoch zählt sie zu den strukturierten Stücklisten.
- **Baukastenstrukturstückliste**
  Sie ist eine unvollständige Strukturstückliste, in der die Gruppen nicht weiter untergliedert sind, für die eine Baukastenstückliste vorhanden ist.
- **Variantenstückliste**
  Hierbei handelt es sich um eine Zusammenfassung mehrerer Stücklisten auf einem Vordruck, um verschiedene Erzeugnisse oder Gruppen, mit einem in der Regel hohen Anteil identischer Bestandteile, gemeinsam aufführen zu können. In diese Kategorie fallen die Endform-Gleichteil-Stückliste, die Komplexstückliste, die Grund- und Plus-/Minus-Stückliste und die Typenstückliste.

Unterscheidung nach Art der Verwendung

Stücklisten, die sich nach der **Verwendungsart** unterscheiden, sind bspw.:[2]

- Konstruktionsstückliste
- Fertigungsstückliste
- Bedarfsermittlungsstückliste
- Montage- und Ersatzteilstückliste

---

[1] Definition **Baugruppe**: in sich geschlossener aus zwei oder mehr Teilen und/oder Gruppen niederer Ordnung bestehender Gegenstand.

[2] vgl. Hackstein, a.a.O., S. 136

2.2.4.2 Stücklistenarten im R/3-System

SAP stellt für die unterschiedlichen Einsatzgebiete verschiedene Typen von Stücklisten bereit. Bestimmte Typen sind analog zur Literatur, andere bieten neue Ansätze und Einsatzmöglichkeiten. Im System R/3 gibt es zwei verschiedene Möglichkeiten die Stücklistenarten zu unterscheiden: **„Stücklisten mit Objektbezug“** und **„Technische Typen“.**

Stücklisten mit Objektbezug

Zu den Stücklisten mit Objektbezug zählen:

- **Materialstückliste**
  Die Materialstückliste ist der klassische Stücklistentyp. Sie stellt den Aufbau von Erzeugnissen dar. Dem Benutzer bleibt es überlassen, ob er die Materialstückliste in strukturierter oder unstrukturierter Form realisiert.
- **Equipmentstückliste**
  Dieser Stücklistentyp wird verwendet, um den strukturierten Aufbau einer Maschine zu beschreiben und um die Ersatzteile für Instandhaltungszwecke einer Maschine zuzuordnen.
- **Dokumentenstückliste**
  Mit der Dokumentenstückliste will SAP die Stücklistentechnik einem ganz anderen Bereich zugänglich machen. Die Dokumentenverwaltung im Rahmen der Konstruktion, Verwaltung und Dokumentation und sicherlich auch der Bürokommunikation, soll mit Stücklisten strukturiert werden. Ein Dokument kann sich mehrstufig aus vielen anderen Dokumenten zusammensetzen, z. B. aus technischen Zeichnungen, Schriftstücken und Fotos.

Technische Typen

Technische Typen klassifizieren Stücklisten, die ein Erzeugnis oder ähnliches durch eine gemeinsame Stücklistengruppe beschreiben. Die Einteilung der Stücklisten hinsichtlich der Abbildung von Produktvarianten und Fertigungsalternativen erfolgt durch das System. Erst nachdem für z. B. eine Materialstückliste eine weitere Alternative hinzugefügt bzw. zu einer bereits erstellten Stückliste eine Variante angelegt wird, legt das Programm den technischen Typ fest.

- **Einfache Stückliste**
  Einem Material wird eine fest definierte Stückliste zugeordnet. Diese einfache Stückliste wird verwendet, wenn es zu dem Produkt keine Varianten gibt und das Produkt immer nach dem gleichen Produktionsverfahren gefertigt wird. Die einfache Stückliste lässt sich mit der Strukturstückliste und der Baukastenstückliste aus der Literatur vergleichen, da sie nur

die Gruppen und Einzelteile der nächst niederen Ebene enthält.

- **Variantenstückliste**
  Mehrere ähnliche Materialien können mit Hilfe einer gemeinsamen Stücklistenstruktur abgebildet werden. Wie die einfache Stückliste, so ist auch die Variantenstückliste aus der Literatur bekannt. Wird im System R/3 zu einer Stückliste eines Materials eine Variante angelegt, so kennzeichnet sie das System automatisch als Variantenstückliste.
- **Mehrfachstückliste**
  Ein Erzeugnis kann in Abhängigkeit von der zu fertigenden Menge (Losgröße) in alternativer Materialzusammensetzung produziert werden. Es wird mehrfach durch alternative Stücklisten dargestellt. Werden im System R/3 zu einem Material mehrere Alternativen angelegt, dann wird die Stückliste als Mehrfachstückliste gekennzeichnet.

Seit Release 3.0 gibt es die **„konfigurierbare Stückliste"**. Auf der Basis von Beziehungswissen wird automatisch eine Stücklistenstruktur konfiguriert. Anwendung findet dieser Typ bei komplexen Variantenstrukturen oder bei verfahrensabhängigen Stücklistenkonfigurationen in der Prozessindustrie.

Fallbeispiele zu Stücklisten in Kap. 2.5 „Fertigungssteuerung"

Fallbeispiele zu den Stücklisten sind dem Kapitel 2.5 „Fertigungssteuerung" entnehmbar. Dort wird beschrieben, wie Stücklisten angelegt und geändert werden. In dem Kapitel zur Fertigungssteuerung im Modul PP & QM wird außerdem auf die Stücklistenauflösung eingegangen.

2.2.5 Fallbeispiel

MRP2-Lauf

Im Bereich der Absatz- und Produktionsgrobplanung wird eine Fallstudie durchgespielt, die den Inhalt dieses Kapitels nochmals verdeutlicht und als praxisorientiertes Beispiel dient. Es wird ein MRP2-Lauf dargestellt, wobei jedoch nur der Lauf bis zur Erfassung der Bestellung gezeigt wird. Dieses Beispiel greift auch in andere Module über, um den Ablauf zu verdeutlichen. In der Praxis wird es daher selten vorkommen, dass ein solches Beispiel von nur einem Sachbearbeiter komplett durchgeführt wird.

Fallbeispiel: PPMRP.EXE

Das File **„PPMRP"** veranschaulicht, wie ein Absatzgrobplan verändert werden kann. Auch hierzu muss der Absatzplan als Absatzgrobplan in das Produktionsmodul übergeben werden. Über den Pfad *Logistik ⇨ Produktion ⇨ Absatz/Grobplanung* gelangt man in das Menü „Absatz- und Produktionsplanung".

Hier wählt man *Planung ⇨ Für Material ⇨ Ändern.* Nun müssen wiederum Material und Werk angegeben und das Steuerfeld *Aktive Version* angeklickt werden. Nun können die gewünschten Werte im Feld *Absatz* eingegeben werden. Auch in diesem Fallbeispiel werden die Daten aus dem Absatzgrobplan an den Produktionsgrobplan übergeben, indem *Bearbeiten ⇨ Prod.Plan erstellen ⇨ Absatzsynchron* gewählt wird. Zuletzt werden die Plandaten gesichert.

Im zweiten Abschnitt wird der erstellte Produktionsplan an die Programmplanung übergeben. Über die Pfade *Logistik ⇨ Produktion ⇨ Absatz-/Grobplanung und Disaggregation ⇨ Überg. Progr.pl.Ma* kommt man zur Einstiegsmaske der Programmplanung. Hier gibt man die Materialnummer, das Werk, den ersten Tag des ersten Planungsmonats sowie die Bedarfsart und die Version an. Auch in diesem Beispiel wurde in der Gruppe „Übergabestrategie und -zeitraum" die Strategie „Produktionsplan Material(ien) direkt" gewählt und die Markierung *Verbuchung dunkel* gelöscht. Nachdem diese Einstellungen getroffen wurden, klickt man mit der Maus auf *Übergabe ausführen.* Man gelangt nun automatisch in das Bild *Planprimärbedarf: Planungstableau.* Hier können die Ergebnisse der Grobplanung weiter spezifiziert werden. Dann ist auf *Einteilungen* zu klicken; auf diesem Bild werden die nächsten Monate mit dem Periodenkennzeichen „M" für Monat dargestellt.

Die Einteilung soll nun verfeinert werden. Zunächst soll eine neue Aufteilung auf Wochen erfolgen. Dazu markiert man den ersten Monat in der Spalte „S" mit einem Mausklick und wählt *Bearbeiten ⇨ Aufteilung über Zeit.* In dem daraufhin eingeblendeten Fenster wählt man das zugehörige Periodenkennzeichen und den Zeitraum sowie das Aufteilungskennzeichen aus und bestätigt. Die Einteilung erfolgt gleichmäßig, wobei jedoch berücksichtigt wird, wie viele Arbeitstage eine Woche laut Fabrikkalender hat. Nun erfolgt nochmals eine genauere Disaggregation, indem die Wochen auf Tage aufgeteilt werden. Die Vorgehensweise hierzu ist identisch mit der soeben erklärten Vorgehensweise. Nach dieser weiteren Aufteilung ist die Programmplanung in unserem Beispiel abgeschlossen und kann gesichert werden.

Im nächsten Schritt wird beschrieben, wie eine Materialbedarfsplanung durchgeführt wird. Über den *Pfad Logistik ⇨ Produktion ⇨ Bedarfsplanung* gelangt man in das Bedarfsplanungsmenü.

Zunächst soll anhand der Bedarfs-/Bestandsliste die erfolgte Übergabe gezeigt werden. Dazu wählt man *Auswertungen* ⇨ *Bedarfs/Best.Liste* und markiert die gewünschte Material- und Werksnummer. Nachdem die aktuelle Bedarfs-/Bestandsliste angezeigt wurde, kann diese wieder verlassen werden.

Nun muss in das Einstiegsbild der Bedarfsplanung gewechselt werden, indem man den Pfad *Bedarfsplanung* ⇨ *Einzelpl. mehrstufig* wählt. Hier muss wiederum die Materialnummer und das Werk angegeben sowie das Feld *Ergebnis anzeigen* aktiviert werden. Nachdem diese Einstellungen getroffen wurden, bestätigt man die Eingabe. Wenn nochmals das Steuerfeld *Bestätigen* gedrückt wird, erhält man das Ergebnis der Planung. Jedem Planbedarf ist jetzt ein Planauftrag zugeordnet worden. Da die Planung in diesem Fall nur für das Enderzeugnis durchgeführt wurde, kann die Planung über *Planung* ⇨ *Sichern* ⇨ *Weiter* auch für die Sekundärmaterialien durchgeführt werden.

Nach einiger Zeit wird ein Pop Up-Fenster mit der Bezeichnung *Nächster Haltepunkt* eingeblendet, wo man *weiter ohne Haltepunkt* anklickt und danach die Schaltfläche *Weiter* drückt. Nach einer Wartezeit erhält man das Planungsprotokoll mit der Laufzeitstatistik.

Der vierte Schritt zeigt, wie die Materialien laut Bedarfsplan bestellt werden. So wurden durch den vorherigen Planungslauf nach einem Lagerabgleich bereits automatisch entsprechende Bestellanforderungen erzeugt. Diese müssen den zuständigen Lieferanten zugeordnet und in Bestellungen umgewandelt werden. Über *Logistik* ⇨ *Materialwirtschaft* ⇨ *Einkauf* gelangt man in das Einkaufsmenü und über *Banf* ⇨ *Folgefunktionen* ⇨ *Zuordnen* ins Einstiegsbild zur Zuordnung der Bestellanforderungen. Hier muss man die Einkäufergruppe und das Material wählen. Daraufhin drückt man die Schaltfläche *Ausführen*, um die Anzeige zu starten.

Nun müssen die Bestellanforderungen einem Stammlieferanten zugeordnet werden, indem die gewünschte Position gekennzeichnet und *Bezugsquelle zuordnen* gewählt wird. Die gefundenen Infosätze werden unter der jeweiligen Position eingeblendet (es ist empfehlenswert die Nummer des Lieferanten zu notieren). Nun können die gewünschten Sätze gesichert werden.

Vom Einkaufsmenü aus geht man über den Pfad *Banf ⇨ Folgefunktionen ⇨ Bestellung anlegen ⇨ Selektiv über Banf* in das Bild zur Umwandlung der Bestellanforderungen. Wiederum ist die Einkäufergruppe anzugeben und die Schaltfläche *Ausführen* zu drücken. Jetzt erhält man eine Aufstellung aller Lieferanten, für die bereits zugeordnete Bestellanforderungen existieren.

Wandelt man nun für den gewünschten Lieferanten die Bestellanforderung in eine Bestellung um, indem man einen Doppelklick auf die jeweilige Zeile unterhalb des Lieferanten ausführt, werden im folgenden Fenster die Kopfdaten der Bestellung festgelegt. Die *Bestätigen*-Taste ist zu drücken, nachdem man die gewünschten Eingaben getroffen hat. Nun wählt man die gewünschte Position, indem man mit einem Mausklick markiert. Zuletzt drückt man die Schaltfläche *Übernehmen + Detail*, dann kann die Bestellung gesichert werden.

Fazit zur Absatz- u. Produktionsplanung

Der große Vorteil des Systems R/3 liegt darin, dass klassische CIM-Anwendungen, die früher über aufwendige Schnittstellen mit dem PPS-System verbunden werden mussten, im PP-System als anwendungsübergreifende Funktionen integriert sind. Die Daten müssen, soweit möglich, nur einmal erfasst und in der gemeinsamen Datenbank abgespeichert werden. Das spart Zeit bei der Datenerfassung.

Durch die wechselseitigen Einflussmöglichkeiten von Partnermodulen auf die von PP initiierten Stücklisten (Materialdisposition, Bestellanforderung, Kalkulation etc.) werden die Datenstrukturen widerspruchsfrei in unternehmensglobalen Datenbanken geführt. Die Informationen sind deshalb aktuell und bereichsübergreifend (Berechtigung vorausgesetzt) verfügbar. SAP-Stücklisten unterstützen damit den wesentlichen CIM-Grundgedanken und die Anforderungen unseres Informationszeitalters.

Übersichtlichkeit

Aufgrund des Funktionsumfanges und der vielen Wahlmöglichkeiten leidet allerdings die Übersichtlichkeit. Das Zusammenspiel mit anderen Modulen setzt wesentliche bereichsübergreifende Kenntnisse voraus. Wünschenswert wäre ein „Verbergen“ von weniger wichtigen Informationen. Für Experten stellen diese sicher eine wesentliche Arbeitserleichterung dar, für Laien dagegen stiften sie Verwirrung und Orientierungslosigkeit.

Warum also nicht in einem Menü verstecken oder noch mehr benutzerspezifische Einstellungen ermöglichen?

2.3 Produktions-/Materialbedarfsplanung

Das SAP-System bedient sich im Bereich der Produktionsplanung- und Steuerung des MRPII-Konzepts. Im Gegensatz zu den traditionellen PPS-Systemen, die erst die Programmplanung als erste Planungsstufe einstellen, werden innerhalb des MRPII-Konzepts (siehe Abb. 2.12) alle Vorgänge berücksichtigt, die den Leistungserstellungsprozess eines Unternehmens beeinflussen.

Abb. 2.12
MRPII-Konzept

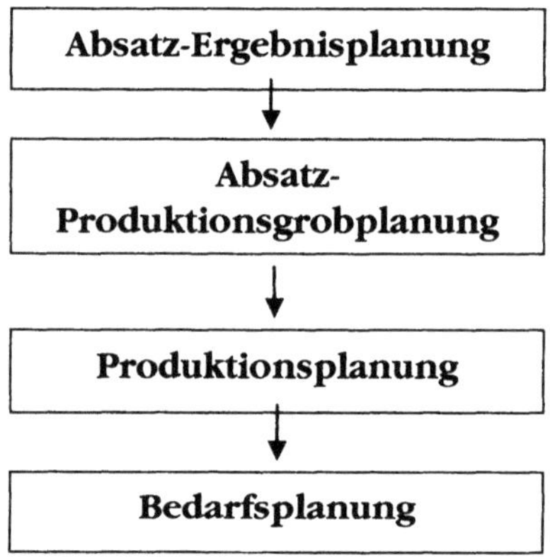

Hervorzuheben ist, dass die Prüfung der Ressourcenbelastung nicht erst in der Phase der Fertigungssteuerung möglich ist, sondern bereits in der Grobplanung zur Verfügung steht. Darüber hinaus kann die Verlässlichkeit der Planungsdaten mit Hilfe der integrierten Verfügbarkeitsprüfung nach ATP-Logik (Available-To-Promise) gewährleistet werden, wobei die einzelnen Planungsstufen als Teilpläne betrachtet werden können.

2.3.1 Stammdatenpflege

2.3.1.1 Pflege von Dispositionsparametern

Um in der Lage zu sein, Dispositionen durchzuführen, müssen zuerst die Parameter im Materialstammsatz gepflegt werden, die das System zur Disposition benötigt.

Hierzu kann man wie folgt vorgehen:

- Ausgehend vom Menüfenster des Materialstammes im MM-Modul wählt man ⇨ *Material* ⇨ *Anlegen allgemein*.
- Eintragen der Materialart und Materialbranche, dann [Enter].

- Im Dialogfenster zur Sichtenauswahl Markierung von Disposition 1-3 und [Enter].
- Ausfüllen der notwendigen Felder in nachfolgenden Datenbildern 1-3 und anschließend ⇨ *Material* ⇨ *Sichern.*

Im Materialstammsatz muss durch Spezialisierung des Dispositionsmerkmals festgelegt werden, nach welchem Dispositionsverfahren das Material disponiert werden soll.

Dispositionsverfahren

Die wichtigsten Dispositionsverfahren sind:

- **PD** Plangesteuerte Disposition
- **MO** Leitteileplanung
- **VB** Bestellpunktdisposition (mit manueller Bestimmung)
- **VM** Bestellpunktdisposition (mit maschineller Best.)
- **VV** Stochastische Disposition
- **RD** Rhythmische Disposition

Danach müssen die vom Verfahren abhängigen Parameter eingegeben werden (siehe Abb. 2.13):

Abb. 2.13 Dispositionsmerkmale

Merkmal / Parameter	VB	VM	VV	PD	M*
Sicherheitsbestand	*	*	*	*	*
Meldebestand	+	+	-	-	-
Prognosedaten	*	+	+	*	*
Lieferbereitschaftsgrad	-	+	*	*	*
Aufteilungskennzeichen	-	-	*	*	*
Fixierungshorizont	-	-	-	*	+

+	Eingabe erforderlich
*	Kanneingabe
-	Eingabe nicht sinnvoll

2.3.1.2 Parameter zur Losgrößenberechnung für Profil und Seriennummer

Nach der Bestimmung des Dispositionsverfahrens und der abhängigen Parameter ist festzulegen, nach welchem Verfahren das System bei der Disposition die Losgrößen (Bestell- und Fertigungsmengen) berechnen soll.

Profil

Profil ist ein Satz von Informationen zum Konfigurieren bestimmter Objekte. Es enthält Standardinformationen, die immer wieder benötigt werden und der Erleichterung der Verwaltung von Objekten dienen.

In einem **Profil** wird folgendes festgelegt:

- welche Felder beim Erfassen der Objektdateien mit Werten gefüllt werden;
- mit welchen Werten diese Felder gefüllt werden;
- welche dieser Werte überschrieben werden können (Vorschlagswerte) und welche nicht (Festwerte).

Profile kann man mit folgenden Funktionen bearbeiten:

- Profil anlegen
- Profil anzeigen
- Profil ändern
- Profil löschen

Um diese Funktionen ausführen zu können, muss man aus der Materialstammdatenverwaltung die folgende Auswahl aus dem Menübild des Materialstammes treffen:

Profil ⇨ Dispositionsprofil ⇨ gewünschte Funktion

Seriennummer

Mit der Seriennummer wird eine Fertigungseinheit versehen, um ihr einen festgelegten Termin für die Stücklistenauflösung zuzuordnen. Mittels Seriennummer kann ein einheitlicher Auflösungstermin für alle Stücklistenstufen festgelegt werden. Diesen Termin nennt man **Bruttotermin**, der in der Seriennummer festgehalten wird. Die Seriennummer kann sowohl beim Erstellen des Planprimär- oder Kundenprimärbedarfs oder des Kundenauftrags als auch manuell eingegeben oder geändert werden.

Dafür muss man, ausgehend vom Menü der Bedarfsplanung, *Stammdaten ⇨ Seriennummer ⇨ gewünschte Funktion* anwählen.

2.3.1.3 Pflege des PPS-Planungskalenders

PPS-Planungskalender sind dazu bestimmt, flexible Perioden für die Produktions- und Materialbedarfsplanung festzulegen.

Zwecke des PPS-Planungskalenders

Erstens kann der Gesamtplanprimärbedarf einer bestimmten Periode (z. B. 1 Jahr) gemäß der Periodenvorgaben im Planungskalender aufgeteilt werden. Zweitens ist es möglich, flexible Perioden für ein periodisches Losgrößenverfahren im Rahmen der Leitteile- und Bedarfsplanung festzulegen. Hierzu werden die Bestellvorschläge, die innerhalb der im Planungskalender definierten Periode anfallen, zu einer Losgröße zusammengefasst. Drittens gibt es die Möglichkeit, die Perioden des Planungskalenders für die Periodensummen-Auswertung in der Bedarfs-/Bestandsliste zu verwenden.

Um einen Planungskalender zu pflegen, anzulegen, zu ändern usw., muss man vom Bedarfsplanungsmenü folgendes auswählen (siehe Abb. 2.14):

Stammdaten ⇨ Planungskalender ⇨ gewünschte Funktion.

Abb. 2.14 Planungskalender anwählen

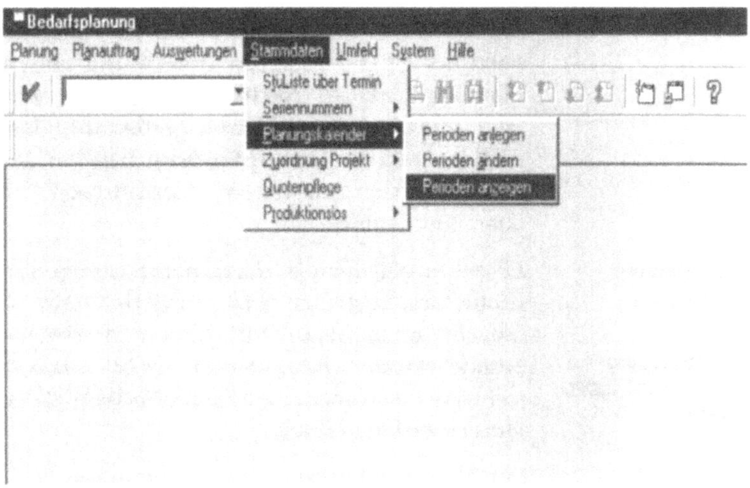

2.3.2 Produktionsplanung

Die Produktionsplanung hat die Aufgabe grundlegende Entscheidungen über die operative und effiziente Nutzung der Produktressourcen bereitzustellen. Die Produktionsplanung beinhaltet Programmplanung und Produktionsprogramme für Leitteile.

2.3.2.1 Programmplanung

Die Aufgabe der Programmplanung besteht in der Festlegung von Bedarfsmengen und Lieferterminen für Enderzeugnisbaugruppen. Das Produktionsprogramm resultiert somit aus der Programmplanung. Im R/3-System *Bedarfsart* muss eine Planungs- und Verrechnungsstrategie ausgewählt werden, mit der das Produktionsprogramm erstellt werden soll.

Planungsstrategien der Programmplanung

Im SAP-System stehen dem Benutzer grundsätzlich drei Arten der Planung zur Verfügung:

- Anonyme Lagerfertigung
- Kundeneinzelfertigung
- Losfertigung für Kunden- und Lageraufträge

Anonyme Lagerfertigung

Anonyme Lagerfertigung ist besonders ratsam für die Massenfertigungsumgebungen und wird oft mit der Serienfertigung kombiniert. Man wählt diese Strategie immer, wenn der Bestand auftragsunabhängig produziert wird, weil man die Kunden später sofort mit Waren aus diesem Bestand versorgen möchte. Die voraussichtlichen Absatzmengen werden durch anonyme Planprimärbedarfe vorgeplant. In der anschließenden Bedarfsplanung wird der Produktionsplan erstellt und auf Lager gefertigt. Diese Planung kann als **Nettoplanung** durchgeführt werden, wobei eine Abstimmung mit dem Lagerbestand, den Zu- und Abgängen erfolgt. Bei der **Bruttoplanung** dagegen wird eine Prüfung gegenüber den erwarteten Planaufträgen, Bestellanforderungen usw. durchgeführt.

Kundeneinzelfertigung

Bspw. erfolgt für die Kundeneinzelfertigung die Übernahme der Kundenaufträge aus dem Vertriebssystem direkt als Bedarf für die Fertigung. Außerdem können Kundenaufträge im PP-System erfasst werden. Die Losfertigung für Kunden- und Lager-aufträge sieht vor, dass mehrere Kundenbedarfe als gemeinsames Los gefertigt werden können.

Losfertigung für Kunden- und Lageraufträge

Vorplanungsmöglichkeiten für kundenauftragsorientierte Fertigung

Für kundenauftragsorientierte Fertigung gibt es folgende Vorplanungsmöglichkeiten. Bei der Vorplanung und Bedarfsverrechnung geht es darum, durch die Vorplanung die Fertigung anzustoßen und nötige Baugruppen und Rohmaterialien im voraus zu beschaffen bzw. zu produzieren. Dies ist bei Kundenaufträgen anzuraten, bei denen die Fertigungszeit im Verhältnis zur marktüblichen Lieferzeit relativ lang ist. Die **Vorplanung mit Endmontage** erfolgt z. B. durch die Eingabe von Planprimärbedarfen auf Enderzeugnisebene (siehe Abb. 2.15).

Bei der Vorplanung ohne Endmontage erfolgt die Beschaffung von Rohmaterialien und die Fertigung von Baugruppen nur bis zur festgelegten Fertigungsstufe.

Die **Vorplanung mit Vorplanungsmaterial** sorgt dafür, dass für ähnliche Erzeugnisse die gleichen Teile mit Hilfe eines Vorplanungsmaterials vorgeplant werden. Wenn sich für häufig benötigte Baugruppen leichter eine Bedarfsprognose erstellen lässt als auf Enderzeugnisebene ist es sinnvoll, die **Vorplanung auf Baugruppenebene** durchzuführen. Kundenaufträge müssen zu diesem Zeitpunkt noch nicht vorhanden sein. Gibt es Komponenten, die immer zu bestimmten Enderzeugnissen montiert werden und zusammen geplant werden, aber keine Baugruppe bilden, ist eine Vorplanung auf Dummybaugruppenebene sinnvoll.

Nachfolgend sind die **Planungsstrategien** im R/3-System zusammenfassend dargestellt:

Abb. 2.15 Planungsstrategien

Planungsart	Bezeichnung im System
Anonyme Lagerfertigung	LSF
Vorplanung mit Endmontage	VSF
Vorplanung ohne Endmontage	VSE
Vorplanung des Vorplanungsmaterials	VSEV
Vorplanung auf Baugruppenebene	VSFB
Losfertigung	VSF
Vorplanung; Dummybaugruppe	VSEB
Vorplanung für Baugruppen ohne Endmontage	VSEM

Verwaltung von Planprimärbedarfen

Die Vorplanung wird mit Hilfe von Planprimärbedarfen durchgeführt. Ein **Planprimärbedarf** besteht aus einer Planmenge und einem Termin oder aus einer Planmenge, die in einem Zeitintervall auf einzelne Termine aufgeteilt wird.

Funktionen der Planprimärbedarfsverwaltung

Welche Funktionen bietet die Planprimärbedarfsverwaltung?

- Man kann zwischen verschiedenen Bedarfsarten wählen. Die Bedarfsarten sind im Customizing durch die Planungsstrategie vorgegeben.
- Es ist möglich, unterschiedliche Parameter für das Anlegen, Anzeigen und Ändern der Vorplanung als Bedarfsparameter einzugeben.
- Vorlagen aus Absatz- oder Produktionsgrobplanung können übernommen, Planprimärbedarfsversionen eines beliebigen Materials oder die Prognose der aktuellen Vorplanung können benutzt werden.
- Eine bestimmte Planmenge innerhalb eines Intervalls kann auf kleinere Perioden aufgeteilt werden.
- Der Planungskalender kann genutzt werden, um bei Bedarf die Zeitintervalle und Bedarfstermine nach betrieblichen Bedürfnissen auszurichten.
- Eine Anzeige des Planungswertes für den aktuellen Primärbedarf ist möglich.

Um sich die Arbeit bei der Pflege des Produktionsprogramms leichter zu machen, kann man diverse **Bedarfsparameter** für die Funktionen *Vorplanung anlegen*, *Vorplanung ändern*, *Vorplanung anzeigen* und die Auswertung der Programmplanung benutzerspezifisch voreinstellen.

Um dies zu bewerkstelligen, wählt man, ausgehend vom Einstiegsfenster der Vorplanung, ⇨ *Einstellungen* ⇨ *Bedarfsparameter* und gibt die gewünschten Parameter ein. Unter anderem können durch die zur Auswahl stehenden Vorlagearten die Ergebnisse vorgelagerter Planungen (siehe Abb. 2.16) genutzt werden.

Abb. 2.16
Planvorlagen

Anlegen eines Planprimärbedarfs

Beim Anlegen eines Planprimärbedarfs wählt man (siehe Abb. 2.17):

Programmplanung ⇨ *Planprimärbedarf* ⇨ *anlegen.*

Anschließend sind die gewünschten Positionen einzugeben:

- Zur Übernahme von Vorlagen: Drücken der Taste *Vorlage;* man erhält das Fenster *Vorlage übernehmen.*
- Zur Aufteilung nach Planungskalendern: ausgehend vom Einteilungsbild der Primärbedarfspflege wählt man *Planungskalender ⇨ Anlegen Planperioden.*

Um eine **Vorplanung zu ändern**, wählt man ausgehend vom Menü der *Programmplanung ⇨ Planprimärbedarf ⇨ ändern* (siehe Abb. 2.17). Anschließend müssen die gewünschten Komponenten eingegeben werden. Hier besteht die Wahl zwischen verschiedenen Versionen eines Materials.

Zum **Anzeigen einer Vorplanung** wählt man: *Vorplanung ⇨ anzeigen.* Um sich den Wert der Vorplanung, gemäß des im Materialstammsatz gepflegten Preises, anzeigen zu lassen, drückt man im Anzeigemodus der Programmplanung die Taste *Wertanzeige.*

Für die **Auswertung der Vorplanung** geht man wie folgt vor: ausgehend vom Fenster der Programmplanung anklicken:

Auswertungen ⇨ Gesamtbed.anzeigen.

Abb. 2.17 Vorplanung

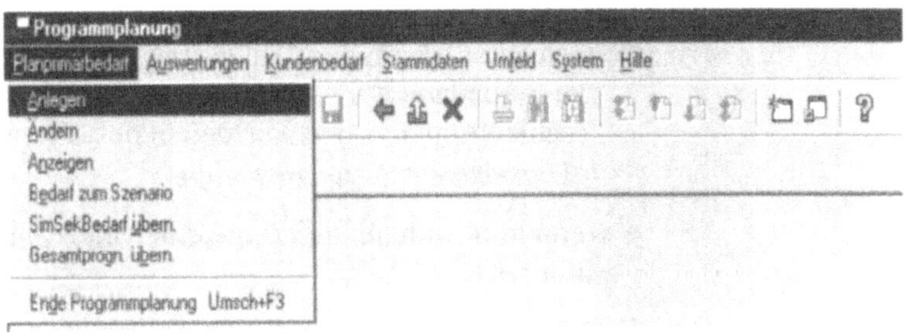

Verwaltung des Kundenprimärbedarfs

Kundenprimärbedarfe dienen der Darstellung von Kundenaufträgen im System. Ein Kundenauftrag ist eine vertragliche Vereinbarung zwischen einer Verkaufsorganisation und einem Auftraggeber. Er enthält Informationen über die Lieferung einer Materialmenge (oder Serviceleistung) zu einem bestimmten Termin. Wie bei den Planprimärbedarfen werden die Planungsstrategien als Bedarfsarten eingetragen.

Wenn ein Kundenprimärbedarf angelegt werden soll, wählt man ausgehend vom Menü Programmplanung (siehe Abb. 2.18):

Kundenbedarf ⇨ Anlegen.

Abb. 2.18
Kundenbedarf

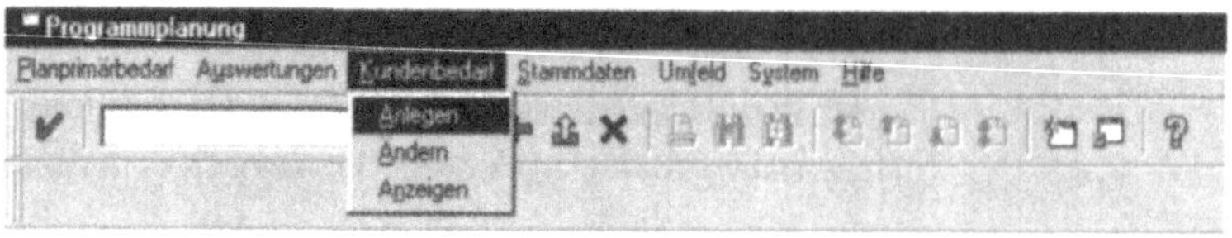

Anschließend werden die gewünschten Daten, wie Wunschlieferdatum, Bedarfsart, Auslieferungswerk (siehe Abb. 2.19) eingegeben. Der Kundenbedarf wird im System als Verkaufsbeleg gespeichert. Beim Sichern findet eine automatische Verfügbarkeitsprüfung statt. Wenn ein Kundenbedarf teilweise oder gar nicht lieferbar ist, erscheint automatisch das Fenster *Kundenprimärbedarf- Verfügbarkeitskontrolle.*

Im Fenster *Reaktion im Verkaufsbeleg* kann zwischen folgenden Liefervorschlägen gewählt werden:

- **Einmallieferung zum Wunschliefertermin**: Es wird überprüft, ob das Wunschlieferdatum eingehalten werden kann (*Bearbeiten ⇨ Einmallieferung*).
- **Vollständige Lieferung**: Es wird festgestellt, ob zu einem beliebigen zukünftigen Termin ausreichend Bestand für eine vollständige Lieferung vorhanden ist *(Bearbeiten ⇨ Vollieferung).*
- **Liefervorschlag**: Es findet eine Überprüfung statt, ob und zu welchen Terminen Teillieferungen möglich sind. Aufgrund der geplanten Zu- und Abgänge auf der Zeitachse werden Teillieferungen zu verschiedenen Terminen vorgeschlagen (*Bearbeiten ⇨ Liefervorschlag*).

Wenn ein Kundenbedarf geändert oder gelöscht werden soll, wählt man

Kundenbedarf ⇨ Ändern oder *Primärbedarf ⇨ Löschen*

Abb. 2.19
Kundenbedarf anlegen

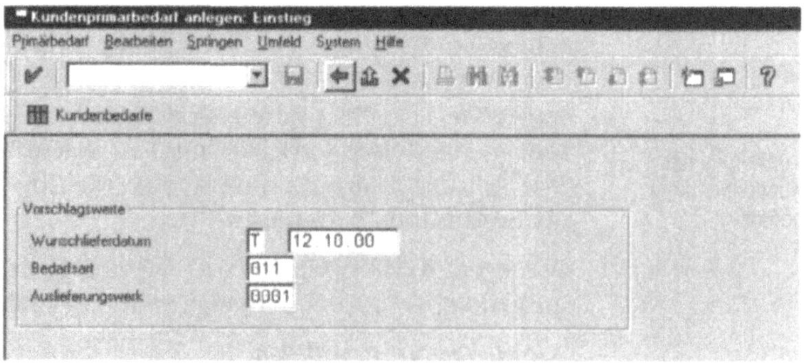

2.3.2.2 Leitteileplanung

Als **Leitteile** werden in der Leitteileplanung (MPS-Planung) die Teile oder Erzeugnisse bezeichnet, die „im hohen Maße die Wertschöpfung des Unternehmens beeinflussen oder kritische Ressourcen belegen". Leitteile können Enderzeugnisse, Baugruppen oder Rohmaterialien darstellen.

Funktionen zur Leitteileplanung

Das R/3-System verfügt über mehrere Funktionen zur Leitteileplanung; u. a. sind dies folgende:

- **Separater Planungslauf für Leitteile**
  Für die unmittelbar darunterliegenden Stücklisten können Sekundärbedarfe erzeugt werden, ohne dass in die weitere Stücklistenstruktur eingegriffen wird. Folglich kann man den Produktionsplan ohne globale Auswirkung ändern.
- **Fixierungshorizont**
  Der Produktionsplan für Leitteile kann bis zu einem bestimmten Datum (Horizont) vor maschinellen Änderungen geschützt werden.
- **Interaktive Leitteileplanung**
  Hiermit können die Ergebnisse des maschinellen Planungslaufs für Leitteile bequem bearbeitet werden.
- **Auswertungslayout für die Leitteileplanung**
  Dem Benutzer stehen MPRII-Standard-Auswertungen zur Verfügung, die im Einstellungsmenü der Leitteileplanung weiter spezifiziert werden können.

Die Leitteileplanung kann man auf zwei Arten durchführen. Die Planung für ein einzelnes Material heißt **Einzelplanung**. Die Planung für ein bestimmtes Werk, in dem alle zu planenden Leitteile disponiert werden, nennt man **Gesamtplanung**.

Durchführung der Gesamtplanung für Leitteile

Um die Gesamtplanung für Leitteile einzuleiten, wählt man ausgehend vom Menübild der Disposition *Leitteile ⇨ Gesamtplanung*. Anschließend muss das gewünschte Werk angegeben werden, um in den Bereich *Steuerungsparameter Disposition* zu gelangen, wo weitere Parameter eingegeben werden. Um danach den Planungslauf zu starten, drückt man [Enter]. So erhält man die Statistik über die Informationen zum Planungslauf, Ausnahmesituationen und Abbrüche.

Durchführung der einstufigen Einzelplanung für Leitteile

Soll die einstufige Einzelplanung durchgeführt werden, wählt man ausgehend vom Menübild der Leitteileplanung *Leitteile ⇨ Einzelpl. einstufig* (siehe Abb. 2.20).

Vom nächsten Fenster aus gelangt man nach der Eingabe der Materialnummer des Leitteils in den Bereich *Steuerungsparameter Disposition*, wo verschiedene Parameter für den Ablauf eingegeben werden können. Nach Beendigung der Eingabe schließt man mit *Einstellungen ⇨ Parameter Sichern*. Das Ergebnis kann gedruckt werden über *Planung ⇨ drucken*.

Abb. 2.20
Leitteileplanung

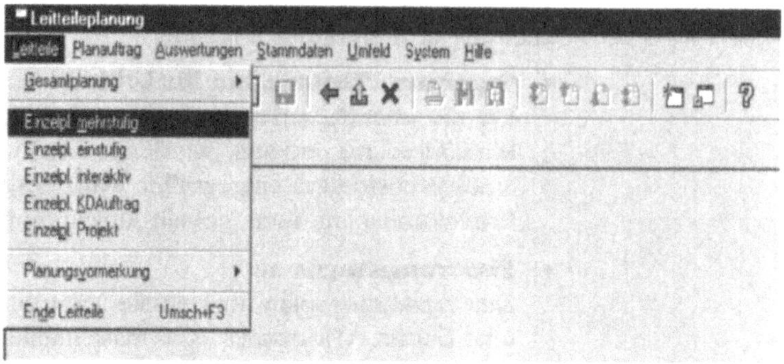

Diese Planung ist empfehlenswert, wenn die Planung mit besonderer Aufmerksamkeit durchgeführt wird und die Auswirkung der Leitteileplanung auf die folgenden Stücklistenstufen überprüft werden soll.

Bei dieser Art von Planung erfolgt die Auflösung der Stückliste des Leitteils, und Sekundärbedarfe für Baugruppen und Komponenten werden erzeugt. Man kann die Planung im ganzen Verlauf verfolgen, wobei noch zu planende Materialien als **Haltepunkte** angezeigt werden. Ausgehend vom Menübild der Leitteileplanung wählt man *Leitteile ⇨ Einzelpl. mehrstufig*. Nach der Eingabe der Materialnummer des Leitteils gelangt man, wie in den vorhergehenden Fällen, in den Bereich *Steuerungsparameter Disposition*, wo weitere Parameter eingegeben werden können. Die Sicherung erfolgt durch *Einstellungen ⇨ Parameter Sichern*. Die Weiterplanung kann nach Wunsch mit Haltepunkten oder ohne Haltepunkte erfolgen; diese ist erreichbar über das Dialogfenster *nächster Haltepunkt*.

Interaktive Leitteileplanung

Die interaktive Leitteileplanung soll das Planungsergebnis überprüfen und bezüglich der Leitteile eine Feinabstimmung durchführen, die im Fixierungshorizont vor maschinellen Änderungen geschützt ist. Nachfolgend sind einige der Möglichkeiten, die die Leitteileplanung bietet, aufgeführt:

- Man kann Bestellvorschläge für eigen- und fremdbeschaffte Materialien erfassen.
- Man hat die Möglichkeit, die vom Leitteile-Planungslauf erstellten Bestellvorschläge zu ändern oder umzuterminieren.

Durchführen der interaktiven Leitteileplanung

Zum Durchführen der interaktiven Leitteileplanung wählt man, ausgehend vom Menü der Leitteileplanung, *Leitteile ⇨ Einzelpl. interaktiv*. Nach der Eingabe der Materialnummer gelangt man in den Bereich *Steuerungsparameter* zur weiteren Eingabe, an deren Ende die Sicherung steht. Wenn die Dispositionsrechnung durchgeführt werden soll, wählt man *Planungslauf ⇨ Disp.-Rechnung*; für die ATP-Mengenberechnung *Springen ⇨ ATP-Menge berechnen*. Darüber hinaus besteht die Möglichkeit, in dem Menübild Bestellvorschläge zu verwalten (Ändern, Löschen).

Auswertung für die Leitteileplanung

Für die Leitteileplanung sind spezielle Auswertungen vorgesehen. Das Ergebnis des letzten Planungslaufs wird im Bereich der Materialbedarfsplanung im **Planungsergebnis** festgehalten. Aus der **Planungssituation** kann man die Bedarfs-/Bestandssituation ersehen.

Um sich z. B. das **Planungsergebnis für ein Material** anzuschauen, wählt man aus dem Menü der Leitteileplanung ⇨ *Auswertungen ⇨ Planungsergebnis Material*. Im Einstiegsbild *Planungsergebnis* muss die Materialnummer eingegeben werden. Um sich zusätzliche Materialdaten anzeigen zu lassen, wählt man *Sicht ⇨ Großer Kopf*. Die Lagerbestände eines Materials sind ebenfalls anzeigbar über *Springen ⇨ Materialdaten ⇨ Bestandsstatistik*. Planungsergebnisse sind selbstverständlich ausdruckbar.

Die Anzeige *Planungsergebnis zum Disponent* ermöglicht es, mehrere Planungsergebnisse zu einem Werk und zu einem Disponenten zu wählen. Dies veranlasst man vom Menübild der Disposition durch *Auswertungen ⇨ Planungsergebnis Sammelanz.* Die Vorgehensweise bei der Planungssituation ist analog der des Planungsergebnisses. Die Basis hierzu bildet ebenfalls die Bedarfs-/Bestandsliste der Materialbedarfsplanung.

2.3.3 Materialbedarfsplanung

Die wichtigste Aufgabe der Materialbedarfsplanung ist die Sicherstellung der Materialverfügbarkeit, d. h. für Betrieb und für den Vertrieb die nötigen Bedarfsmengen pünktlich zu beschaffen. Das beinhaltet die ständige Kontrolle der Bestände und die automatische Generierung von Bestellvorschlägen für den Einkauf und die Fertigung.

2.3.3.1 Verarbeitungsschritte des Planungslaufs

Bei einem Planungslauf innerhalb der Materialbedarfsplanung des R/3-Systems werden verschiedene Verarbeitungsschritte durchlaufen, die an unternehmensspezifische Anforderungen angepasst werden können. Die wichtigsten Schritte sind:

- Nettobedarfsrechnung
- Losgrößenrechnung, Ausschussberechnung
- Terminierung
- Ermittlung des Sekundärbedarfs
- Ermittlung des Bestellvorschlags
- Ausnahmemeldungen, Umterminierungsprüfung
- Lagerortdisposition
- Werkübergreifende Planung

Nettobedarfs-rechnung

Bei der Nettobedarfsrechnung findet der Planungslauf auf der Werksebene statt. Die Nettobedarfsrechnung erfolgt in **drei Schritten**:

1. Ermittlung des verfügbaren Bestandes
2. Ermittlung der eingeplanten Zu- und Abgänge
3. Ermittlung der Unterdeckungsmenge

Außerdem kann im **Materialstammsatz** festgelegt werden, nach welcher Planungsstrategie die Nettobedarfsrechnung durchgeführt werden soll. Grundsätzlich stehen zwei Arten der Materialbedarfsplanung zur Verfügung:

- **Plangesteuerte Disposition**
- **Verbrauchsgesteuerte Disposition** (Bestellpunktdisposition; stochastische Disposition)

Die **plangesteuerte Disposition** prüft, ob jeder exakte Bedarf und jeder Prognosebedarf pro Bedarfstermin durch Lagerbestand/Zugänge gedeckt ist. Der verfügbare Bestand ergibt sich wie aus Abb. 2.21 ersichtlich wird:

Abb. 2.21 Plangesteuerte Disposition

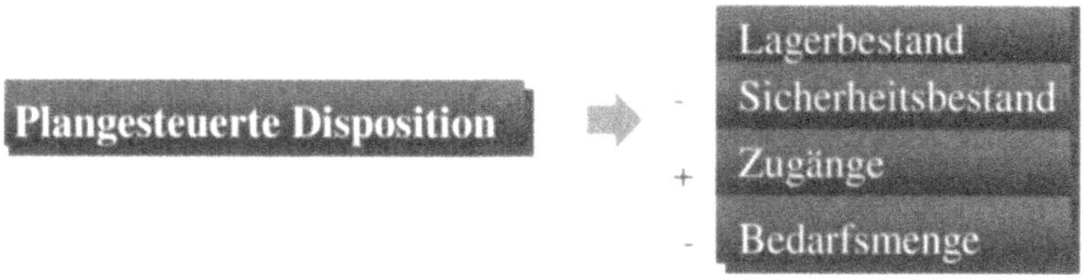

Die Unterdeckungsmenge, die vom System fortan festgehalten wird, entsteht, wenn die Bedarfsmenge größer ist als die Bestands- oder die Zugangsmenge.

Bei der **Bestellpunktdisposition** errechnet sich der verfügbare Bestand folgendermaßen:

Abb. 2.22 Bestellpunkt-disposition

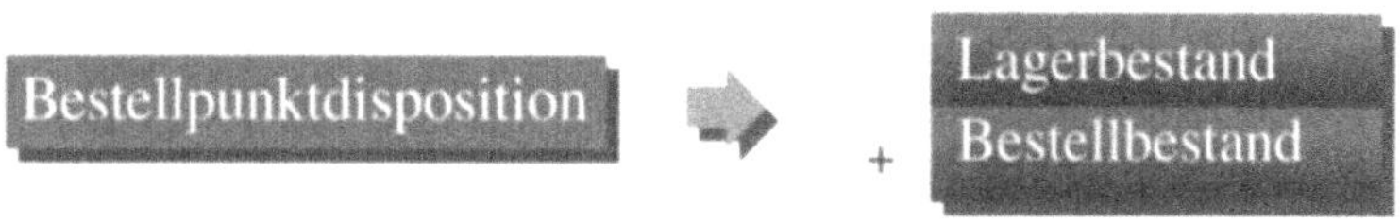

Falls der verfügbare Bestand kleiner als der Meldebestand ist, ergibt sich die Unterdeckungsmenge als Differenz zwischen Meldebestand und verfügbarem Lagerbestand.

Die **stochastische Disposition** nimmt als Grundlage die Prognose des Gesamtbedarfs. Der verfügbare Bestand wird wie folgt bestimmt:

Abb. 2.23 Stochastische Disposition

Die Unterdeckung ist erreicht, wenn die Bedarfsmengen größer sind als die Zugänge.

Losgrößen-berechnung

Die Unterdeckungsmengen, die während der Nettobedarfsrechnung ermittelt wurden, müssen nun durch Zugänge gedeckt werden. Durch die Losgrößenberechnung bestimmt das System die Höhe dieser Zugänge.

Die Losgrößenberechnung bedient sich dreier Methoden:

- Statische Losgrößenverfahren
- Periodische Losgrößenverfahren
- Optimierende Losgrößenverfahren

Die Wahl, wie die Losgrößen ermittelt werden, legt man bei der Materialstammsatzpflege fest.

Abb. 2.24
Einstellung der Losgrößen

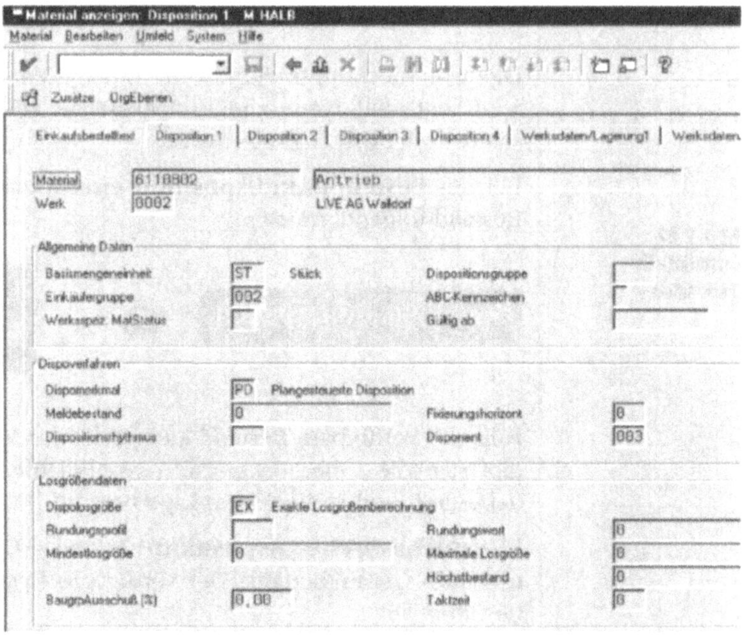

Statische Losgrößenverfahren haben unter anderem das Verfahren der **exakten Losgröße** zur Verfügung. Dabei setzt das System gerade die Unterdeckungsmenge, die sich aus der Differenz zwischen Bedarf und Lagerbestand ergibt, in die Berechnungen ein, wobei die Planung tagesgenau erfolgt. Das Verfahren **feste Losgröße** ist sinnvoll, wenn die Losgröße für ein Material berechnet werden soll, das technische Besonderheiten aufweist (z. B. Plattengröße, Tankinhalte). Es ist aber zu beachten, dass im Materialstammsatz im Feld *Feste Losgröße* die Bestellmenge eingetragen werden muss, die bei Unterdeckung beschafft oder gefertigt werden soll. Für die Unterdeckung gilt das Kriterium der festen Losgröße.

Bei **periodischen Losgrößenverfahren** werden mehrere Bedarfsmengen innerhalb eines Zeitraumes zu einer Losgröße zusammengefasst. Als Periodenlängen können Tage, Wochen, Monate oder freidefinierbare Perioden nach dem Planungskalender gewählt werden. Der Liefertermin wird standardmäßig auf den ersten Bedarfstermin der Periode gesetzt.

Im Gegensatz zu den oben genannten Verfahren werden bei **optimierenden Losgrößenverfahren** die Kosten, die durch die Lagerhaltung sowie das Rüsten oder den Einkaufsvorgang entstehen, berücksichtigt. Das Ziel ist, die Losgröße so zu wählen, dass minimale Gesamtkosten entstehen. Die Gesamtkosten bestehen aus losgrößenfixen Kosten (Rüst- oder Bestellkosten) und Lagerhaltungskosten.

Bei allen optimierenden Losgrößenverfahren ist der Ausgangspunkt der erste aus der Nettobedarfsrechnung ermittelte Unterdeckungstermin. Das Verfahren des **Stück-Perioden-Ausgleichs** geht von der klassischen Losgrößenformel aus, die besagt, dass bei einem Kostenminimum die Lagerkosten gleich den losgrößenfixen Kosten sind.

Abb. 2.25 Stück-Perioden-Ausgleich

Bedarfs-termin	Bedarfs-menge	Los-größe	losgrößen-fixe Kosten	Lager-kosten	gesamte Lager-kosten
09.08.2000	1000	1000	100	0	0
15.08.2000	1000	2000		38.36	38.36
22.08.2000	1000	3000		76.71	115.07
30.08.2000	1000	4000		105.07	168.78

Die **günstigste Losgröße** im Beispiel liegt bei **2000 Stück**.

Bei der **dynamischen Planungsrechnung** fasst das System, ausgehend vom Unterdeckungstermin, Bedarfsmengen zu einem Los zusammen, bis die aktuellen anfallenden Lagerkosten größer als die losgrößenfixen Kosten sind.

Abb. 2.26
Dynamische Planungsrechnung

Bedarfs-termin	Bedarfs-menge	Los-größe	losgrößen-fixe Kosten	Lager-kosten
09.08.2000	1000	1000	100	0
15.08.2000	1000	2000		38.36
22.08.2000	1000	3000		76.71
30.08.2000	1000	4000		105.07

Die **günstigste Losgröße** ist in diesem Fall **3000 Stück**.

Terminierung

Durch die Nettobedarfsplanung werden die Unterdeckungsmengen und -termine, bei der Losgrößenrechnung die Losgrößen, die zur Bedarfsdeckung notwendig sind, errechnet. Die Terminierung hat die Aufgabe Fertigungs- und Beschaffungstermine für eigengefertigte und fremdbeschaffte Materialien festzulegen. Die Terminierung bei Eigenfertigung beinhaltet zwei nacheinander folgende Stufen:

- Bestimmung der Auftragsecktermine
- Durchlaufterminierung

Rückwärts-terminierung

Ecktermine können einerseits durch Rückwärtsterminierung bestimmt werden. In dem Fall sind die Bedarfstermine in der Zukunft bekannt. Der Eckendtermin wird dadurch ermittelt, dass die Wareneingangsbearbeitungszeit vom Bedarfstermin abgezogen wird. Vom Eckendtermin rechnet das System um die Eigenfertigungszeit zurück, um den Eckstarttermin zu bestimmen.

Vorwärts-terminierung

Andererseits können Termine durch Vorwärtsterminierung bestimmt werden, wobei als Eckstarttermin das aktuelle Datum eingesetzt wird. Zum aktuellen Datum addiert das System die Eigenfertigungszeit und ermittelt damit den Eckendtermin. Der Dispositionstermin, zu dem das Material zur Verfügung steht, wird durch Addition der Wareneingangsbearbeitungszeit zum Eckendtermin bestimmt.

Durchlauf-terminierung

Im Rahmen der Durchlaufterminierung werden die genauen Fertigungszeiten (Produktionsstart- und Produktionsendtermin für eigengefertigte Materialien) festgelegt und gleichzeitig Kapazitätsbelastungssätze erzeugt. Die Art der Terminierung kann im Einstiegsbild des Planungslaufs gesteuert werden (siehe Abb. 2.27):

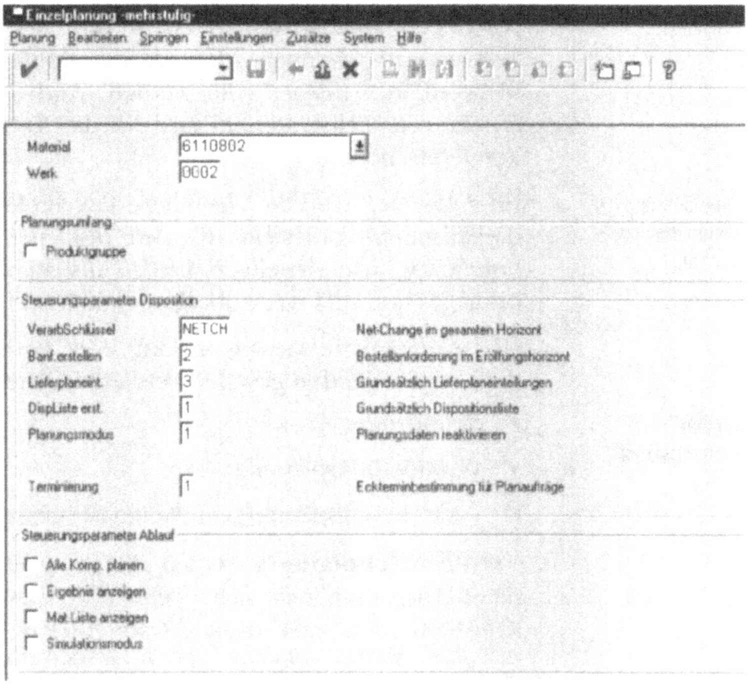

Abb. 2.27
Einstiegsbild des Planungslaufs

Terminierung bei Fremdbeschaffung

Im Rahmen der Terminierung bei Fremdbeschaffung, bei der ausschließlich die Ecktermine bestimmt werden, gibt es wiederum die Möglichkeit der **Rückwärtsterminierung,** wobei vom Dispositionstermin die Wareneingangsbearbeitungszeit, Planlieferzeit und Bearbeitungszeit für den Einkauf abgezogen werden, um den Freigabetermin für die Bestellanforderung zu ermitteln. Die **Vorwärtsterminierung** bestimmt ausgehend vom Unterdeckungstermin den Termin, an dem das Material zur Verfügung stehen soll. Diese Art der Terminierung wird oft in der Bestellpunktdisposition angewendet.

Sekundärbedarfsermittlung

Im nächsten Schritt der Materialbedarfsplanung erfolgt die Sekundärbedarfsermittlung, deren Ziel ist es, für eigengefertigte Baugruppen die Einsatzmengen der benötigten Komponenten und Baugruppen zu bestimmen. Die Sekundärbedarfsermittlung verläuft in zwei Phasen:

- Auflösung der Stückliste und Übernahme der fertigungsrelevanten Positionen in den Planauftrag;
- der Sekundärbedarf, der die Menge und den Bedarfstermin der Komponente enthält, wird für diese Positionen ermittelt.

Als Sekundärbedarfstermin erhält man den Eckstarttermin des bedarfsverursachenden Planauftrags. Damit die Komponenten nicht zu früh bereitgestellt werden, wird der Sekundärbedarfstermin vom Eckstarttermin aus um die Nachlaufzeit in die Zukunft verschoben.

Durchführung der Materialbedarfsplanung

Im Folgenden wird die eigentliche Durchführung der Materialbedarfsplanung vorgestellt mit den restlichen Punkten des Planungslaufs, wie Bestellvorschläge, Ausnahmemeldungen, Lagerortdisposition und werksübergreifende Disposition.

Hat man sich für Gesamtplanung oder Einzelplanung entschieden, kann weiterhin gewählt werden zwischen:

Art des Planungslaufs

- Neuplanung
- Veränderungsplanung
- Veränderungsplanung im Planungshorizont

Nach der **Neuplanung** werden alle Materialien für ein Werk geplant. Dies empfiehlt sich, wenn durch technische Fehler die Konsistenz der Daten nicht gewährleistet ist. Der Nachteil dabei ist, dass alle betroffenen und nicht betroffenen Materialien geplant werden, dadurch entsteht eine hohe Rechnerbelastung.

Üblich im SAP-System ist die **Veränderungsplanung** (auch Net-Change-Planung genannt). Bei der Art von Planung werden nur die Materialien geplant, die eine dispositionsrelevante Änderung erfahren haben. Außerdem kann die Planung in z. B. kurzen Intervallen durchgeführt und mit aktuellem Planungsergebnis gearbeitet werden.

Veränderungsplanung mit Planungshorizont

Die Veränderungsplanung mit Planungshorizont ermöglicht weitere Verkürzungen des Planungslaufs, d. h. es werden nur die Materialien disponiert, die innerhalb des Planungshorizonts geplant wurden.

Die Art des Planungslaufs kann im Einstiegsmenü der Planung im Feld durch *Verarb.Schlüssel* ausgewählt werden.

Arten von Bestellvorschlägen

Im R/3-System werden drei Arten der Bestellvorschläge unterschieden:

- Planaufträge
- Bestellanforderungen
- Lieferplaneinteilungen

Im Falle von Eigenfertigung erstellt das System grundsätzlich Planaufträge, bei Fremdbeschaffung Bestellanforderungen (Banf) oder Lieferplaneinteilungen (wenn für ein Material ein Lieferplan und im Orderbuch ein dispositionsrelevanter Eintrag besteht). Zum Durchführen der Planung können im Bereich *Erstellungskennzeichen für Bestellanforderungen* folgende einstellbaren Möglichkeiten gewählt werden:

- grundsätzlich Planaufträge erzeugen;
- grundsätzlich Bestellanforderungen erzeugen;
- innerhalb des Eröffnungshorizonts Bestellanforderungen und außerhalb Planaufträge erzeugen (der Eröffnungshorizont ist über Customizing einstellbar und stellt einen Zeitpuffer dar, um Planaufträge in Bestellanforderungen umzusetzen).

Im Bereich der Erstellungskennzeichen für Lieferplaneinteilungen hat man die Möglichkeit, vom System Lieferplaneinteilungen erzeugen zu lassen. Ferner steht im System die Funktion zur Verfügung, Dispositionslisten erstellen zu lassen, die mit *Erstellungskennzeichen für Dispositionslisten* angestoßen werden können.

Ähnlich wie in der Leitteileplanung kann man sich für die **einstufige Einzelplanung** entscheiden. Das bedeutet, dass die Planung ohne Stücklistenauflösung verläuft und somit nur eine Stufe geplant wird. Ausgehend vom Menü der Disposition wählt man *Planung ⇨ Einzelpl. einstufig* (siehe Abb. 2.28).

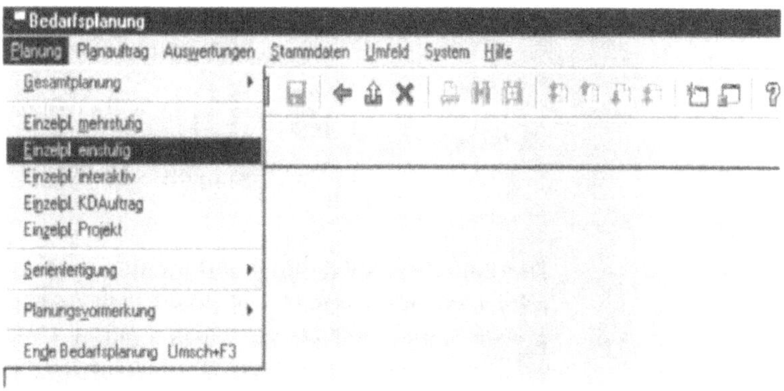

Abb. 2.28 Anlegen der Bedarfsplanung

Im Bereich *Steuerungsparameter Disposition* können weitere Parameter eingegeben werden.

plmehr.scm

Das folgende Fallbeispiel erläutert die Vorgehensweise zur Bedarfsplanung für Materialien und Halbfabrikate. Zunächst soll anhand der Bedarfs-/Bestandsliste die erfolgte Übergabe gezeigt werden. Dazu soll man sich den Bericht „Aktuelle Bedarfs-/Bestandsliste" anschauen. Danach gelangt man mit *Planung ⇨ Einzelpl. Mehrstufig* in das Einstiegsbild der Bedarfsplanung.

Die Steuerungsparameter zur Disposition müssen wie folgt eingestellt werden:

VerarbSchlüssel	Der Verarbeitungsschlüssel für die Disposition ist auf Veränderungsplanung im gesamten Horizont eingestellt.
Banf. erstellen	Das Erstellungskennzeichen für Bestellanforderungen ist so eingestellt, dass grundsätzlich Bestellanforderungen erstellt werden.
Lieferplaneint.	Das Kennzeichen steuert die Lieferplaneinteilung. Für die Zulieferteile sind keine Lieferplaneinteilungen vorhanden, so dass auch keine Einteilung erfolgt.
DispListe erst.	Das Kennzeichen steuert die Erstellung einer Dispositionsliste.
Planungsmodus	Der Planungsmodus steuert, wie bereits vorhandene Planungsdaten behandelt werden sollen.
Terminierung	Das Kennzeichen steuert, welche Terminierung für die erzeugten Planaufträge durchgeführt wird.

Die Eingaben für die Materialnummer und das Werk müssten bereits vorhanden sein. Die Felder *Alle Komp. planen*, *Ergebnis anzeigen* und *Mat.Liste anzeigen* müssen markiert und dann die -Taste gedrückt werden. Man erhält eine Warnung in der Fußzeile, die zur Kontrolle der Eingabewerte auffordert.

Abb. 2.29
Einzelplanung mehrstufig

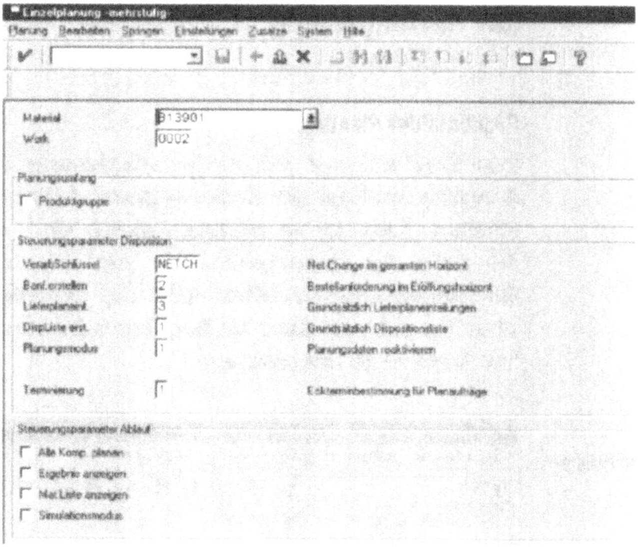

Nach dem erneutem Drücken  erhält man das Ergebnis der Planung. Jedem Planbedarf ist jetzt ein Planauftrag, d. h. jedem geplantem Abgang ein Zugang, zugeordnet worden. Die verfügbare Menge ist somit ausgeglichen.

Abb. 2.30
Planungsergebnis

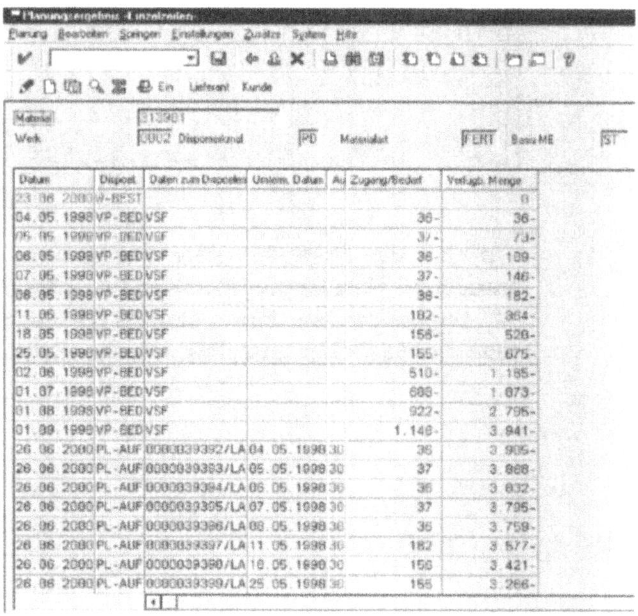

Die **Gesamtplanung** ist durchführbar über *Bedarfsplanung ⇨ Gesamtplanung*.

2.3.3.2 Ergebnis der Planung

Das Ergebnis der Materialbedarfsplanung ist aus der Dispositionsliste und aus der Bedarfs-/Bestandsliste (siehe Abb. 2.31) zu ersehen. Obwohl sie inhaltlich gleich sind, spiegelt die Dispositionsliste die Planungssituation zum Planungszeitpunkt wider. Die Bedarfs-/Bestandsliste stellt die aktuelle Bestands-/Bedarfssituation dar und dient als bequemes Instrument, um den aktuellen Bestand zu überwachen.

Abb. 2.31
Bedarf-/Bestandsliste

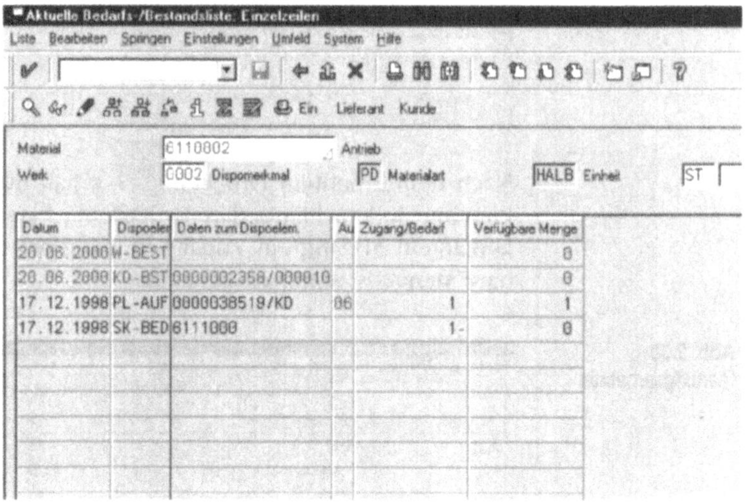

Beliste.scm

Um sich die Dispositionsliste anzeigen zu lassen, wählt man, ausgehend vom Einstiegsbild der Bedarfsplanung, *Auswertungen ⇨ Dispositionsliste* bzw. *Bedarfs-/Bestandsliste.* Anschließend sind die Mussfelder auszufüllen (siehe „Beliste.scm").

2.4 Kapazitätsplanung

Die Kapazitätsplanung setzt sich im Wesentlichen aus der Durchlaufterminierung, der Kapazitätsbedarfsrechnung und deren Minimierung zusammen.

Die **Produktionsprogrammplanungsaktivität** steht im Bereich der PPS am Anfang der Prozesskette. Dieser schließt sich die **Mengenplanung** an, auf deren Basis die Kapazitätsplanung beruht.

Abb. 2.32 Stellung der Kapazitätsplanung im Stufenkonzept der PPS

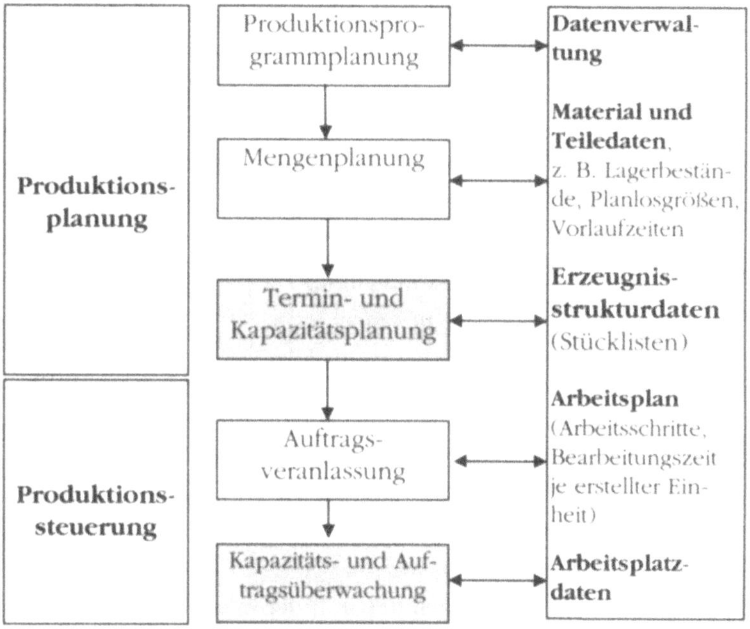

Kapazitätsauswertung

Mittelpunkt der Kapazitätsplanung ist die Kapazitätsauswertung, in der Kapazitätsangebote und Bedarfe gegenübergestellt werden. In Listen und Grafiken aufbereitet stellen sie eine Entscheidungsgrundlage für den Kapazitätsplaner dar.

In der Kapazitätsauswertung betrachtet man den Istzustand. Wie stehen sich Kapazitätsangebot und Kapazitätsbedarf gegenüber? Ziel des Kapazitätsabgleichs ist es, die Kapazitäten möglichst gut und gleichmäßig zu verteilen.

Kapazitätsabgleich

Ein Kapazitätsabgleich kann auf Basis von Fertigungsaufträgen vollzogen werden. Dieser hat zum Ziel, die Kapazitäten im Hinblick auf optimale Auslastung, kurze Durchlaufzeiten, niedrige

Bestandshaltung und hohe Termintreue zu sichern. Diese Ziele sind zum Teil gegenläufig, so hat eine hohe Auslastung der Kapazitäten im Regelfall hohe Bestände zur Folge. Die Kapazitäts- und Auftragsüberwachung gliedert sich auf in die Auftragsfortschrittsüberwachung sowie die Kapazitätsüberwachung.

2.4.1 Grundbegriffe

Kapazität

Unter einer Kapazität versteht man eine Ressource, deren Angebot über einen vorgegebenen Zeitraum geplant wird. Kapazitäten können im Gegensatz zu anderen Ressourcen, wie Finanzen, Material oder Fertigungshilfsmittel, nicht abgespeichert werden, da sich die Kapazitätsverwendbarkeit von Plan zu Plan verändert. Kapazitäten bilden das Leistungsvermögen ab.

Kapazitätsplanung

Die Kapazitätsplanung ist ein zentraler Baustein innerhalb des SAP-Systems. Ihre Funktionen werden u. a. in folgenden Modulen verwendet:

- Produktionsplanung und -steuerung
- Instandhaltung
- Qualitätssicherung
- Projektsystem

Da sämtliche Module **Realtime-Anwendungen** sind, werden Mengen und Werte direkt gesichert.

Aufträge bilden den Mittelpunkt der Kapazitätsplanung. Sie liefern die Ecktermine für die Kapazitätsterminierung und werden erstellt als:

- Planaufträge in der Materialbedarfsplanung
- Fertigungsaufträge in der Fertigungssteuerung
- Instandhaltungsaufträge in der Instandhaltung
- Prüfaufträge im Qualitätsmanagement
- Netzpläne im Projektsystem

Kapazitätsarten

Abhängig von der Art des Arbeitsplatzes existieren verschiedene Kapazitätsarten. So kann z. B. eine Maschine in der Fertigungssteuerung oder auch eine Gruppe von Konstrukteuren im Projektsystem eine Kapazität darstellen.

Die **Kapazitätsplanung** besteht aus den Komponenten Sichtendefinition, Benutzungsoberfläche und aus einer Funktionsbibliothek.

Sichtendefinition

Da unterschiedliche Benutzer der Kapazitätsplanung unterschiedliche Anforderungen an das System stellen, können über das Customizing sog. Anforderungsprofile erstellt werden, die individuell auf den Anwender zugeschnitten sind. Ergebnisse der Kapazitätsplanung können in tabellarischer Form oder als Grafik ausgegeben werden. Hier stehen u. a. Balken-, Linien- oder Ganttdiagramme zur Verfügung.

Funktionsbibliothek

Die Funktionsbibliothek umfasst u. a.:

- Die Auswertung des Kapazitätsangebots am Arbeitsplatz mit Verdichtungsmöglichkeiten über Arbeitsplatzhierarchien.
- Das Terminieren von Fertigungsaufträgen mit Zeitelementen, Arbeitsplatzformeln, Verteilungsfunktionen und Reduzierungsmaßnahmen.
- Die Berechnung des Kapazitätsbedarfs mittels Verteilungsfunktion über die Vorgangsdauer.
- Die Belastungsanalyse des Kapazitätsbedarfs von Plan und Fertigungsaufträgen mittels diverser Gruppierungen, Sortierungen und Verdichtungen.

Kapazitätsauswertung

Mittels einer Datenbasis, die sich aus Grunddaten wie Materialstämmen, Arbeitsplänen und Arbeitsplätzen zusammensetzt, wird die Möglichkeit geschaffen, die Kapazitätsangebote sowie die Kapazitätsbedarfe abzubilden. Die Gegenüberstellung der Angebote und Bedarfe führt zur Kapazitätsauswertung.

2.4.2 Kapazitätsangebot

Das Kapazitätsangebot muss zunächst ermittelt werden. Es bezieht sich auf das Leistungsvermögen einer Kapazität und wird durch die Faktoren Arbeitsbeginn und Arbeitsende, Pausendauer, technische und organisatorische Störungen, den Nutzungsgrad einer Kapazität und die Anzahl der Einzelkapazitäten, aus denen sich eine Kapazität zusammensetzt, bestimmt (siehe Abb. 2.33).

Abb. 2.33 Kapazitätsangebot mit der Dimension Zeit

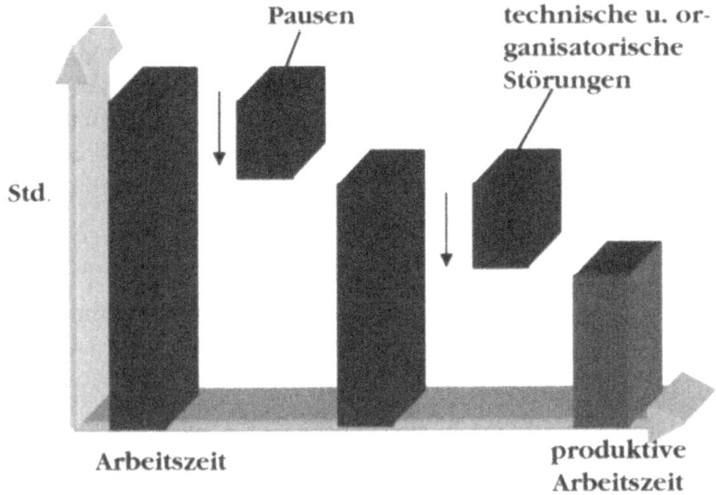

Um eine Kapazität in der Terminierung als Terminierungsbasis zu nutzen, muss das Kapazitätsangebot die Dimension „Zeit" besitzen. Ein Kapazitätsangebot mit zeitlicher Gültigkeit wird auch als Angebotsintervall bezeichnet. Dieses Intervall besteht aus mehreren Angebotsversionen. Hierdurch wird z. B. das Kapazitätsangebot bei Mehrschichtarbeit dargestellt. Wird kein Angebotsintervall definiert, gilt das Standardangebot. Hierfür müssen Daten, wie Arbeitsbeginn und Arbeitsende, Pausendauer, Nutzungsgrad der Kapazität und die Anzahl der Einzelkapazitäten, gesondert gepflegt werden, damit das System die Einsatzzeit und das Kapazitätsangebot in der Basismengeneinheit der Kapazität errechnen kann.

2.4.2.1 Schichtprogramm

Typische Folgen von Schichtdefinitionen können mittels eines Schichtprogramms zur Vereinfachung arbeitsplatzübergreifend definiert werden. Dadurch muss z. B. bei Verschiebung der Arbeitszeiten in einem Fertigungsbereich nur das entsprechende Schichtprogramm (siehe Abb. 2.34) geändert werden, das Kapazitätsangebot wird dann für jede Kapazität automatisch mitgeändert.

Abb. 2.34
Schichtprogramm

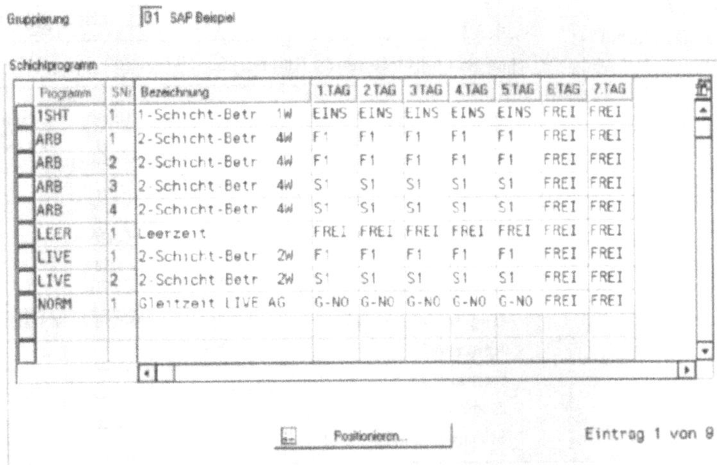

Gruppierung 01 SAP Beispiel

Schichtprogramm

Programm	SNr	Bezeichnung	1.TAG	2.TAG	3.TAG	4.TAG	5.TAG	6.TAG	7.TAG
1SHT	1	1-Schicht-Betr 1W	EINS	EINS	EINS	EINS	EINS	FREI	FREI
ARB	1	2-Schicht-Betr 4W	F1	F1	F1	F1	F1	FREI	FREI
ARB	2	2-Schicht-Betr 4W	F1	F1	F1	F1	F1	FREI	FREI
ARB	3	2-Schicht-Betr 4W	S1	S1	S1	S1	S1	FREI	FREI
ARB	4	2-Schicht-Betr 4W	S1	S1	S1	S1	S1	FREI	FREI
LEER	1	Leerzeit	FREI	FREI	FREI	FREI	FREI	FREI	FREI
LIVE	1	2-Schicht-Betr 2W	F1	F1	F1	F1	F1	FREI	FREI
LIVE	2	2-Schicht-Betr 2W	S1	S1	S1	S1	S1	FREI	FREI
NORM	1	Gleitzeit LIVE AG	G-NO	G-NO	G-NO	G-NO	G-NO	FREI	FREI

Positionieren... Eintrag 1 von 9

Zeitliche Gültigkeiten für Tagesprogramme werden in der Schichtdefinition gepflegt, die (siehe Abb. 2.35), wie das Schichtprogramm auch, eine Tabelle darstellt.

Abb. 2.35
Schichtdefinition

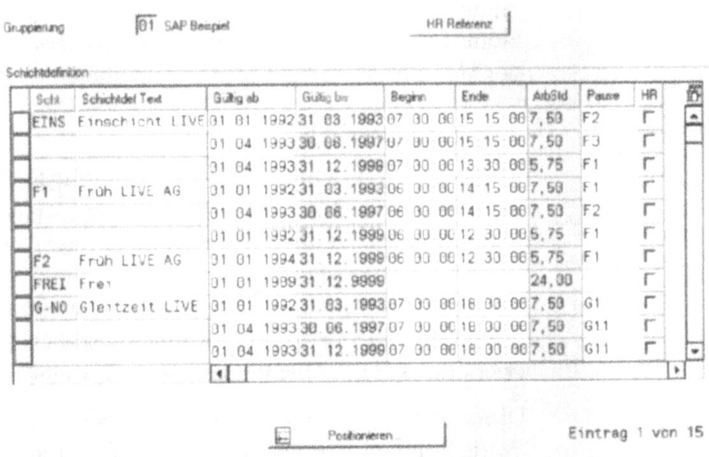

Gruppierung 01 SAP Beispiel HR Referenz

Schichtdefinition

Scht	Schichtdef Text	Gültig ab	Gültig bis	Beginn	Ende	ArbStd	Pause	HR
EINS	Einschicht LIVE	01.01.1992	31.03.1993	07:00:00	15:15:00	7,50	F2	
		01.04.1993	30.06.1997	07:00:00	15:15:00	7,50	F3	
		01.04.1993	31.12.1999	07:00:00	13:30:00	5,75	F1	
F1	Früh LIVE AG	01.01.1992	31.03.1993	06:00:00	14:15:00	7,50	F1	
		01.04.1993	30.06.1997	06:00:00	14:15:00	7,50	F2	
		01.01.1992	31.12.1999	06:00:00	12:30:00	5,75	F1	
F2	Früh LIVE AG	01.01.1994	31.12.1999	06:00:00	12:30:00	5,75	F1	
FREI	Frei	01.01.1989	31.12.9999			24,00		
G-NO	Gleitzeit LIVE	01.01.1992	31.03.1993	07:00:00	18:00:00	7,50	G1	
		01.04.1993	30.06.1997	07:00:00	18:00:00	7,50	G11	
		01.04.1993	31.12.1999	07:00:00	18:00:00	7,50	G11	

Positionieren... Eintrag 1 von 15

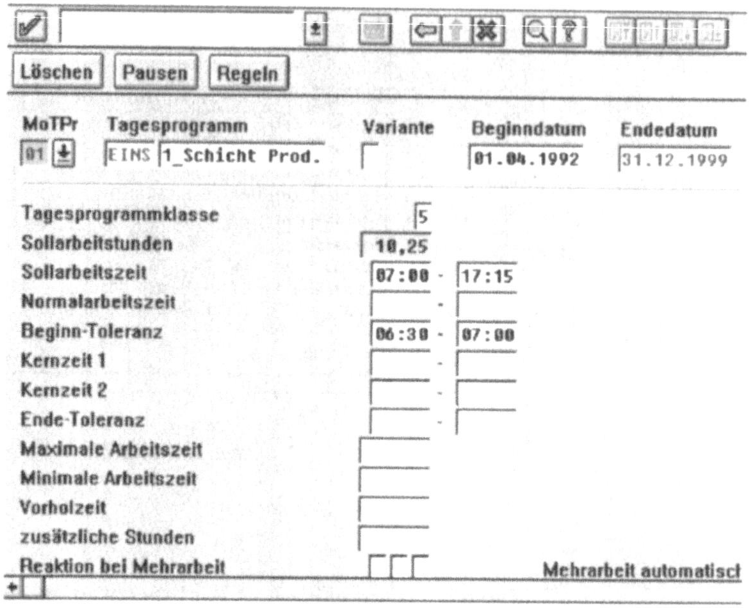

Abb. 2.36 Tagesprogramm

Das **Tagesprogramm** (siehe Abb. 2.36) ist von der Schichtdefinition aus einzusehen und ggf. zu verändern. Es bildet die täglichen Einsatzzeiten einer Schicht ab. Für jedes Tagesprogramm können mehrere Varianten definiert werden. Pausen, Toleranzen, die maximale/minimale Arbeitszeit sowie die Reaktion bei Mehrarbeit werden hier festgehalten.

2.4.2.2 Arbeitsplatzhierarchie

Arbeitsplätze können in einer **Arbeitsplatzhierarchie** zusammengefasst werden (siehe Kapitel PM-Instandhaltung). Mit Hilfe von Arbeitsplatzhierarchien können das Kapazitätsangebot und der Kapazitätsbedarf von untergeordneten Arbeitsplätzen auf übergeordnete Hierarchien verdichtet werden, d. h. die Summe der Angebote der untergeordneten Arbeitsplätze bildet das Angebot des Hierarchiearbeitsplatzes. Dasselbe gilt für die Bedarfe.

Die Spitze der Hierarchie bildet der Auswertungsarbeitsplatz. Verdichtungen (siehe Abb. 2.37) auf diesen Arbeitsplatz ermöglichen es, die Belastung einer gesamten Arbeitsgruppe zu betrachten.

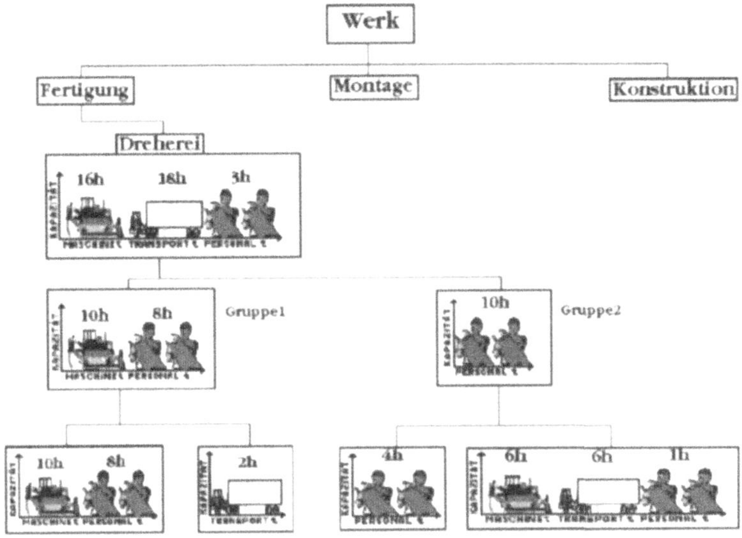

Abb. 2.37 Hierarchieverdichtung

Verdichtungsarten

Es gibt zwei Verdichtungsarten: Die **statische Verdichtung**, bei der das Angebot bereits bei der Pflege der Kapazität verdichtet wird und die **dynamische Verdichtung**. Hier wird erst bei der Kapazitätsplanung verdichtet.

Die statische Verdichtung ist aufgrund der höheren Verarbeitungsgeschwindigkeit der dynamischen vorzuziehen. Allerdings hat sie den Nachteil, dass sich bei einer Änderung des Kapazitätsangebotes eines untergeordneten Arbeitsplatzes das des übergeordneten nicht automatisch mitverändert, wie dies bei dynamischer Verdichtung der Fall ist.

2.4.3 Terminierung

Die Ecktermine für die Terminierung werden in der Materialbedarfsplanung ermittelt. Die zu terminierenden Aufträge sind Planaufträge, Fertigungsaufträge, Instandhaltungsaufträge und Netzpläne. Anhand eines Wunschlieferdatums, das über den Vertrieb ermittelt wird, erfolgt eine Rückwärtsterminierung.

Beschaffungsrelevante Zeiten

Als beschaffungsrelevante Zeiten kommen die Beschaffungszeit sowie die Durchlaufzeit in Frage. Die **Beschaffungszeit** wird durch die Faktoren:

- Einkaufsorganisation,
- Wiederbeschaffungszeiten,

- Lieferantenverhalten,
- Lagerorganisation und
- innerbetrieblichen Transport

eindeutig bestimmt. Es sind sowohl innerbetriebliche als auch außerbetriebliche Gegebenheiten zu betrachten.

Die **Durchlaufzeit** stellt die zweite beschaffungsrelevante Zeit dar. Es ist die Zeit, die für ein Erzeugnis von der Bereitstellung über die einzelnen Bearbeitungsstellen bis hin zum letzten Arbeitsgang benötigt wird.

Im Rahmen der **Durchlaufterminierung** werden früheste bzw. spätestmögliche Anfangs- und Endtermine der einzelnen Arbeitsgänge festgestellt. Die Durchlaufterminierung versteht sich als wichtiges Teilgebiet der Beschaffungslogistik und darf nicht isoliert durchgeführt werden, sondern ist stets im Zusammenhang mit der Kapazitätsbedarfsrechnung vorzunehmen.

Arten der Terminierung im R/3-Logistiksystem

Das R/3-Logistiksystem kennt verschiedene Arten der Terminierung:

- In der Materialbedarfsplanung werden die Ecktermine eines Planauftrages für jede Stücklistenstufe ermittelt. Hierzu dienen die Eigenfertigungszeiten im Materialstamm. Die Planungsgenauigkeit erfolgt tagesgenau.
- Im Vertrieb werden die Ecktermine eines Kundenauftrages ermittelt, wie z. B. Verpackungs-/Ladetermin, Transporttermin, Versandtermin. Hierzu wird der vom Kunden angegebene Wunschliefertermin verwendet, um eine Rückwärtsterminierung durchzuführen.
- Die Terminierung in der Kapazitätsplanung setzt auf den Eckterminen auf, die entweder in der Materialbedarfsplanung ermittelt worden sind oder vom Benutzer manuell eingegeben wurden. Die zu terminierenden Aufträge sind Planaufträge, Fertigungsaufträge, Prozessaufträge, Instandhaltungsaufträge, PD-Aufträge (dies sind Aufträge, die die Personalplanung und Personalentwicklung betreffen) sowie Netzpläne.

Elemente der Terminierung

Folgende Elemente werden in der Terminierung unterschieden:

- Vorgänge, die die einzelnen Ablaufschritte in einem Auftrag beschreiben.
- Anordnungsbeziehungen, die festlegen, in welcher Reihenfolge die Vorgänge ausgeführt werden sollen.

Für die Terminierung von Plan- und Fertigungsaufträgen sind andere Elemente ausschlaggebend als für die Terminierung von Netzplänen, Instandhaltungsaufträgen, Prozessaufträgen und PD-Aufträgen.

Anordnungsbeziehungen

Anordnungsbeziehungen werden mittels der Termine der Vorgangsabschnitte für Plan und Fertigungsaufträge vom System ermittelt, müssen bei den Netzplänen aber gesondert gepflegt werden. Bei den Instandhaltungsaufträgen werden die Anordnungsbeziehungen ebenfalls vom System generiert.

Vorgangsabschnitte

Vorgangsabschnitte (vgl. Abb. 2.36), aus denen das System Termine für die Ermittlung der Anordnungsbeziehungen bei Plan- und Fertigungsaufträgen ermittelt, sind:

- Wartezeit (Zeit zwischen Transport und Beginn der Durchführung)
- Rüstzeit (Arbeitsplatz vorbereiten)
- Bearbeitungszeit (Bearbeitung des Werkstücks)
- Abrüstzeit (Arbeitsplatz aufräumen, Werkzeug versorgen)
- Liegezeit (prozessbedingte Liegezeit, z. B. Abkühlen des Werkstücks)

Dabei bildet die Summe aus Rüstzeit, Bearbeitungszeit und Abrüstzeit die **Durchführungszeit** des Auftrages.

Abb. 2.38
Relevante Zeiten bei Plan- u. Fertigungsaufträgen

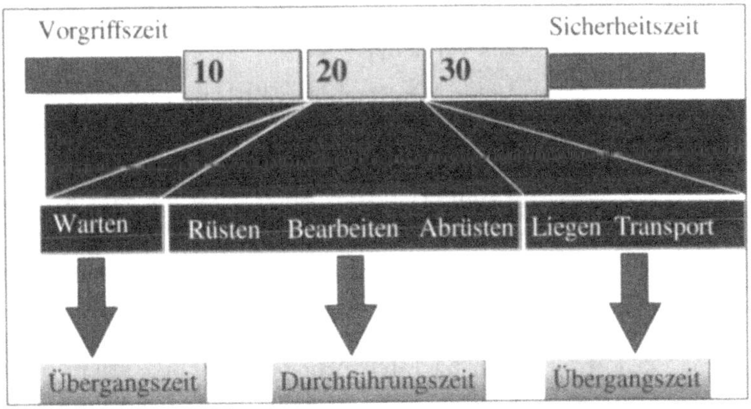

Die Anordnungsbeziehungen werden durch interne Nummernvergabe vom System gebildet und stehen als Platzhalter für die Transportzeiten, die ein Werkstück von einer „Bearbeitungsstation" zur nächsten für sich beansprucht.

Die Wartezeit, die Transportzeit sowie die prozessbedingte Liegezeit sind Zeiten, die pro Vorgang gepflegt werden können.

Die Dauer für Rüsten, Bearbeiten und Abrüsten wird über eine Formel aus dem Arbeitsplatz berechnet.

Bei Fertigungs- u. Planaufträgen werden außerdem Vorgriffs- und Sicherheitszeiten berücksichtigt.

Vorgriffs- und Sicherheitszeit

Die **Vorgriffszeit** stellt die Zeit zwischen Eckstarttermin und dem terminierten Start eines Auftrages in Arbeitstagen dar (Puffer). Die **Sicherheitszeit** ist die Zeit zwischen dem terminierten Ende und dem Endecktermin eines Auftrages.

Eckstarttermin 24.05.2000 → **terminierter Start 28.05.2000**

Vorgriffszeit: 5 Tage

Die Vorgänge in Netzplänen, Instandhaltungsaufträgen, Prozessaufträgen und PD-Aufträgen (sog. Eigenbearbeitungsvorgänge) werden nicht in Vorgangsabschnitte unterteilt, wie das z. B. bei den Vorgängen in Plan- und Fertigungsaufträgen der Fall ist. Die Dauer der Vorgänge wird hierbei über eine Formel aus dem Arbeitsplatz berechnet.

Strategien zur Verkürzung der Durchlaufzeiten

Bei der **Losteilung** wird die Auftragsmenge des Loses in mehrere kleine Aufträge aufgeteilt. Die Bearbeitungszeit für die kleineren Lose verkürzt sich gegenüber dem Gesamtauftrag, die Rüstzeit vervielfacht sich.

Unter **Arbeitsgangsplitting** versteht man die Trennung des Auftrages bei nur einem Arbeitsgang. Der Arbeitsgang wird an mehreren Arbeitsplätzen parallel durchgeführt. Neben den sachlichen Voraussetzungen muss auch die Rechtfertigung für die höheren Rüstkosten gegeben sein.

Bei der **Überlappung** wird die Durchlaufzeit durch zeitlich parallele Durchführung mehrerer Arbeitsgänge verkürzt. Nach der Bearbeitung eines Werkstückes an einem Arbeitsplatz wird es zum nächsten Arbeitsplatz transportiert; der nächste Arbeitsgang kann gestartet werden, ohne abzuwarten, bis alle Werkstücke am ersten Arbeitsplatz bearbeitet sind.

Weitere Verkürzungen der Durchlaufzeit sind möglich durch **Überlappung des Rüstens** des Arbeitsplatzes. Die zusätzlich entstehenden Kosten müssen sich aber hierbei rechtfertigen lassen.

Die Durchlaufzeit kann verkürzt werden, indem man auf ein Fertigungsverfahren ausweicht, das höhere Kosten, aber kürzere Belegungszeit beansprucht, wenn sich die Kostenerhöhung durch eine Zeitminderung ausreichend kompensieren lässt.

Reduzierungsstrategien

Im Rahmen der **Übergangszeitverkürzung** kann sowohl die Transport-, aber auch die Liegezeit des Werkstücks verkürzt werden.

Eine **Rüstzeitminimierung** wird durch Optimierungen der Belegungsreihenfolge erreicht.

Die **Familienfertigung** fasst mehrere Aufträge mit gleichen oder ähnlichen Fertigungsverfahren mit den Zielen der Verminderung des Rüstzeitbedarfes, dem Einsatz eines besseren Fertigungsverfahrens, geringeren Transporterfordernissen oder des Erreichens eines höheren Leistungsgrades durch Lernkurvenentwicklung zusammen.

R/3 unterstützt die Verfahren der Wartezeitreduzierung, Splittung, Überlappung, Transportzeitverkürzung sowie der Reduzierung der Auftragspuffer. Jede dieser Strategien kann einem Arbeitsgang zugewiesen werden. Eine andere Reduzierungsstrategie kommt bei Netzplänen und Instandhaltungsaufträgen zum Einsatz, hierbei werden die Zeiten prozentual reduziert.

2.4.4 Kapazitätsbedarf

Aufträge verursachen Kapazitätsbedarf und damit eine Belastung der Ressourcen, auf denen sie bearbeitet werden sollen. Der Kapazitätsbedarf muss für das Rüsten, Bearbeiten und Abrüsten im Kapazitätsbild des Arbeitsplatzes gepflegt werden. Im Rahmen der Terminierung errechnet das System aus den abgelegten Formeln den **Gesamtbedarf** des Vorgangs.

Verteilung des Bedarfes

Der Bedarf muss nach der Berechnung auf die gesamte Vorgangsdauer verteilt werden. Über einen Verteilungsschlüssel, der im Kapazitätsbild des Arbeitsplatzes gepflegt wird, wird die Art der Verteilung gesteuert. Der Verteilungsschlüssel besteht aus einer **Verteilungsstrategie**, die Lage, Basis und Art der Verteilung festlegt. Die **Lage** besagt, ob der Bedarf zwischen den frühesten oder den spätesten Terminen eines Vorgangs verteilt wird, die **Basis** bestimmt den zugrundegelegten Kalender (Fabrikkalender, Gregorianischer Kalender oder Verteilung nach der Einsatzzeit) und die **Art** gibt an, wie die Stützwerte der Verteilungsfunktion interpretiert werden sollen.

Ebenfalls im Verteilungsschlüssel enthalten ist die Verteilungsfunktion, die eine Reihe von Stützwerten (prozentuale Zeit und Bedarfswerte) enthält. Die Stützwerte geben an, bis zu welchem Zeitpunkt welcher Bedarf eingelastet sein muss. Zwei Verteilungsarten sind zu unterscheiden:

- **Verteilung nach Zeitpunkt**
  (Die Bedarfseinlastung erfolgt genau zu dem Zeitpunkt, der durch den prozentualen Zeitwert bestimmt ist.)
- **Verteilung nach Funktion**
  (Mittels linearer Interpolation wird zwischen den Stützstellen der Bedarf eingelastet.)

Kapazitätsbedarfsrechnung

Die Berechnung des Kapazitätsbedarfs erfolgt in der Kapazitätsbedarfsrechnung, die auf einen definierten Zeitraum angewendet genau diesen Bedarf als Summe der Bedarfe aus den anstehenden und teilrückgemeldeten Aufträgen bildet.

Der Vorgang hierzu stellt sich in etwa wie folgt dar: Wenn ein Fertigungsauftrag angelegt wird, wird das zu produzierende Gut festgesetzt. Über eine Stücklistenauflösung, eine Funktion der Materialbedarfsplanung, wird die Menge der anzufertigenden Baugruppen und Einzelteile bekannt gegeben.

Zu jedem Bauteil existieren Arbeitspläne. Aus Datenstrukturen, wie der Arbeitsgangdatei oder der Arbeitsplatzdatei, kann das System sowohl die Reihenfolge der Bearbeitungsvorgänge sowie deren Zuordnung zu den vorhandenen Kapazitäten und die zeitliche Beanspruchung an den Kapazitäten ermitteln.

Die Kapazitätsbedarfsberechnung wird im SAP-System mit Hilfe von Formeln, die zur Berechnung des Bedarfs eines Vorgangs für jeden der drei Vorgangsabschnitte - Rüsten, Bearbeiten und Abrüsten (außerdem für Netzpläne und Instandhaltungsaufträge eine Formel zur Berechnung des Gesamtbedarfs) - im Customizing abgelegt.

Die Berechnung des Kapazitätsbedarfes erlaubt allerdings noch keine Aussagen darüber, wie sich der Kapazitätsbedarf über die gesamte Vorgangsdauer verteilt. Dies geschieht erst im Rahmen der Kapazitätsplanung über einen kapazitätsartenabhängigen Verteilungsschlüssel des dort eingestellten Periodenrasters.

2.4.4.1 Kapazitätsentlastung

Rückmeldungen

Werden Fertigungsaufträge rückgemeldet, wird der Restkapazitätsbedarf auf „0" gesetzt. Im Fall der Teilrückmeldung muss der Kapazitätsbedarf anhand der Restmenge neu berechnet werden. Die Formeln für die Rüstzeit werden bei einer einmal erfolgten Teilrückmeldung nicht mehr berücksichtigt. Die Verteilung muss durch den Verteilungsschlüssel neu interpretiert werden. Hierzu wird der Fertigstellungsgrad berechnet:

Fertigstellungsgrad = 1 - (Restbedarf/Gesamtbedarf) • 100 %

Aus der Verteilungsfunktion kann mit Hilfe des Fertigstellungsgrades ermittelt werden, welcher Anteil der Vorgangsdauer bereits vergangen sein muss. Der errechnete Anteil der vergangenen Vorgangsdauer bildet über eine Nullpunktverschiebung die Basis der neuen Verteilungsfunktion.

2.4.4.2 Kapazitätsauswertung

Im Mittelpunkt der Kapazitätsplanung steht die Auswertung. In der Auswertung kann man Angebote und Bedarfe der verschiedenen Kapazitätsarten gegenüberstellen, um die Belastung von Arbeitsplätzen oder Maschinen zu kontrollieren oder um beispielsweise einzusehen, welche Aufträge an welcher Kapazität Bedarf haben.

Ist der **Bedarf** über einen festen Planungshorizont erst einmal berechnet, kann über dieses Raster bereits eine Kapazitätsauswertung stattfinden. Die Kapazitätsauswertung ist Entscheidungsgrundlage für den Kapazitätsplaner.

Die Differenz zwischen Kapazitätsangebot und Kapazitätsbedarf bestimmt den Nutzungsgrad einer Kapazität im Zeitraum XY. Liegt dieser unter 100 %, können theoretisch noch weitere Aufträge dieser Kapazität eingelastet werden, ist der Nutzungsgrad höher als 100 %, besteht eine Überlast an dieser Kapazität.

Anhand der in der Kapazitätsauswertung ermittelten Daten, die die Dimension „Zeit" besitzen, kann der Auftrag den Kapazitäten eingelastet werden, dies geschieht durch Freigabe eines Fertigungsauftrages. Eine Entlastung der Kapazität hingegen findet statt bei der Rückmeldung bzw. Teilrückmeldung von Aufträgen. Bei der Teilrückmeldung wird der Restkapazitätsbedarf anhand der Restmenge neu berechnet, wobei eine evtl. hinterlegte Formel für die Rüstzeit nicht mehr zur Berechnung herangezogen wird.

Die Kapazitätsauswertung dient dazu, dass sich der Planer eine Übersicht über den Einlastungsgrad der Einzelkapazitätsbedarfe (siehe Abb. 2.40) verschaffen kann.

Über *Logistik ⇨ Produktion ⇨ Kapazitätsplanung* gelangt man in das Hauptmenü. Hier kann man über *Auswertung ⇨ Arbeitsplatz ⇨ Aufträge* die Belastung einzelner Aufträge an den selektierten Arbeitsplätzen (siehe Abb. 2.39) über mehrere Perioden hinweg einsehen.

Abb. 2.39
Selektion der Arbeitsplätze

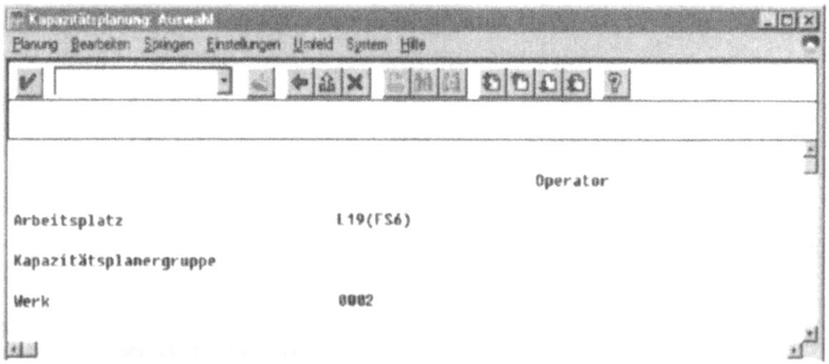

Kapazitätsübersicht der Aufträge

Nach der Selektion der Arbeitsplätze (≥ L10) erhält man das Bild der Kapazitätsdetailliste. Hier werden die einzelnen Aufträge angezeigt, die in den ausgewählten Perioden Bedarf an den Arbeitsplätzen haben.

Über *Planung ⇨ Profile ⇨ Einstellungsprofil* (siehe Abb. 2.40) hat man die Möglichkeit, das Periodenraster zu verändern und so die tagesgenaue Auftragseinlastung zu sehen.

Abb. 2.40
Einstellungsprofil

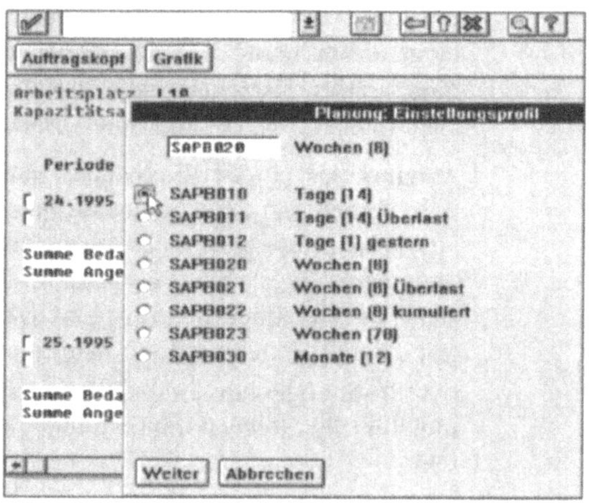

Die Auftragseinlastung ist auch graphisch - hier in Form von 3D-Balkendiagrammen - anzeigbar:

Abb. 2.41
Auftragseinlastung Arbeitsplatz L10

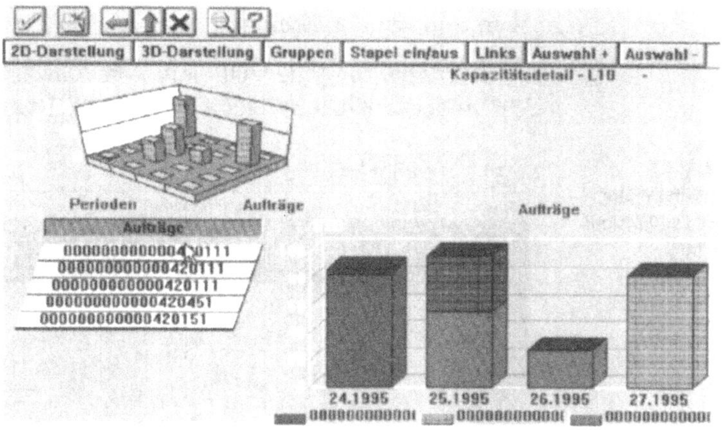

Kapazitätsplanung nach Belastung

Nach dem Einstieg in die Kapazitätsplanung wählt man *Arbeitsplatz ⇨ Belastung* und selektiert einen Arbeitsplatz (L11). Über *Einstellungen⇨ Allgemein* wird die kumulierte Darstellung aktiviert, die die Angebote und Bedarfe periodisch aufsummiert.

Damit ist feststellbar, bis zu welchem Zeitpunkt der Bedarf am selektierten Arbeitsplatz abgebaut werden kann. Der markierte Bereich (siehe Abb. 2.42) signalisiert Überlast, d. h. Belastung über 100%. Es werden alle Aufträge zur Kapazitätsplanung herangezogen, die über den Betrachtungszeitraum (8 Wochen ab dem Tagesdatum) Bedarf am ausgewählten Arbeitsplatz haben.

Abb. 2.42
Standardübersicht: kumulierte Darstellung (L11)

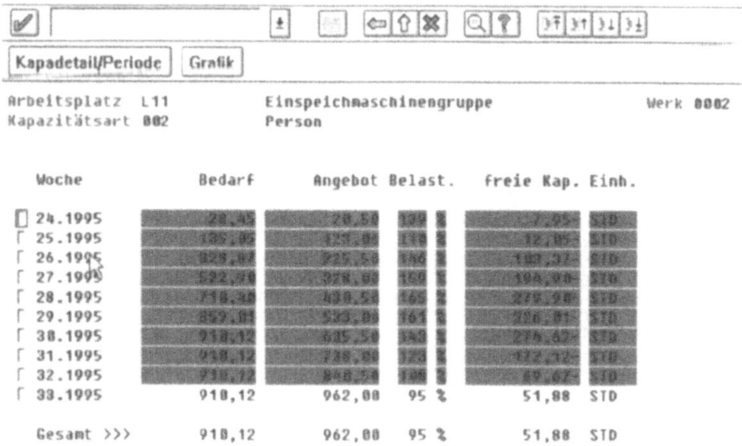
Kapadetail/Periode   Grafik

Arbeitsplatz L11   Einspeichmaschinengruppe   Werk 0002
Kapazitätsart 002   Person

Woche	Bedarf	Angebot	Belast.	freie Kap.	Einh.
24.1995	28,45	20,50	139 %	7,95-	STD
25.1995	135,05	123,00	110 %	12,05-	STD
26.1995	328,87	225,50	146 %	103,37-	STD
27.1995	522,90	328,00	159 %	194,90-	STD
28.1995	718,40	438,50	165 %	279,90-	STD
29.1995	859,01	533,00	161 %	326,01-	STD
30.1995	910,12	635,50	143 %	274,62-	STD
31.1995	910,12	738,00	123 %	172,12-	STD
32.1995	910,12	840,50	108 %	69,62-	STD
33.1995	910,12	962,00	95 %	51,88	STD
Gesamt >>>	910,12	962,00	95 %	51,88	STD

Die Basismengeneinheit der vorliegenden Kapazitätsart ist Stunde, die freie Kapazität bildet die Anzahl der Stunden ab, an denen noch kein Bedarf eingelastet wurde. Dies ist ein negativer Wert im Falle der Überlast.

Nach Änderung des Graphikprofils in Liniendarstellung kann man den zeitlichen Verlauf als Durchlaufdiagramm darstellen:

Abb. 2.43
Kumulierte Darstellung als Durchlaufdiagramm

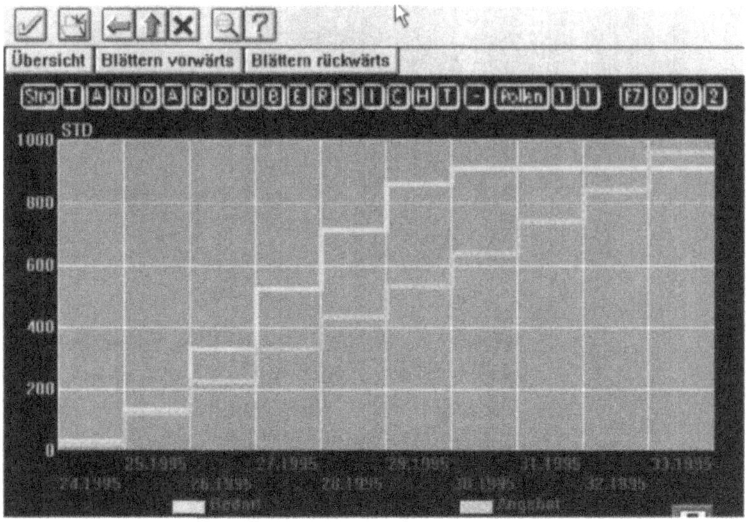

Man erkennt, bei der momentanen Auftragslage kann die Überlast erst zur 33. Kalenderwoche abgebaut werden. Um festzustellen, wie sich der Bedarf zum Angebot verhält, wenn z. B. die Anzahl der Einzelkapazitäten verdoppelt wird, springt man über *Umfeld* ⇨ *Kapazität* in das Kapazitätsbild des Arbeitsplatzes:

Abb. 2.44
Kapazitätsbild Arbeitsplatz

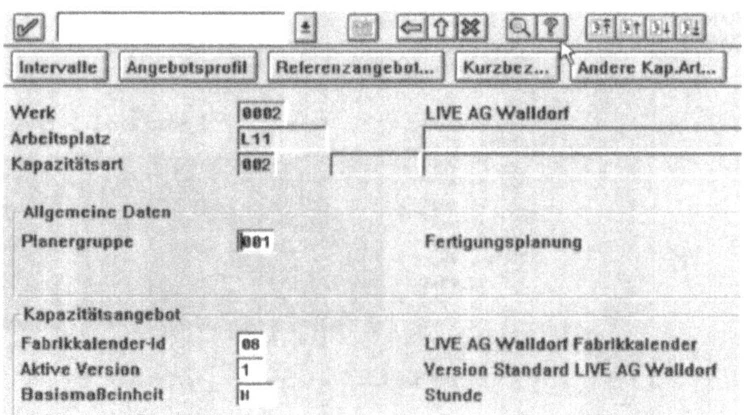

Von hier aus kann man in das Angebotsintervall (siehe Schichtdefinition) wechseln und dort die Anzahl der Einzelkapazitäten festlegen:

Abb. 2.45
Angebotsintervall einfügen

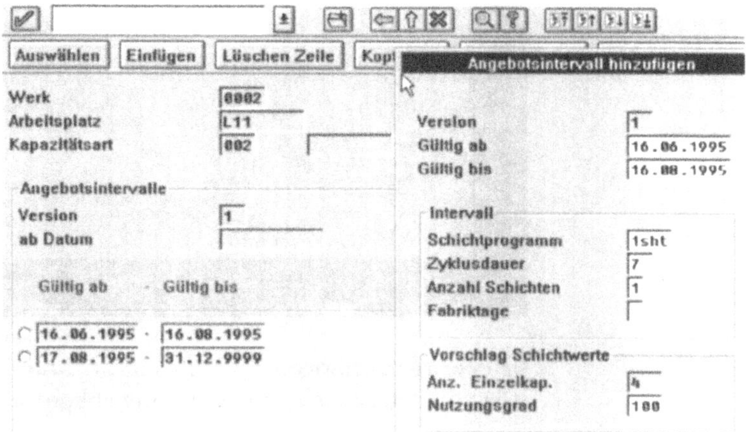

Nach Sicherung des Angebotsintervalls erfolgt der Rücksprung in die Standardübersicht, in der die Daten mittels Doppelklick der linken Maustaste in der Übersicht über *Auffrischen* aufgrund der asynchronen Verbuchung aktualisiert werden müssen. Man sieht, dass keine Überlast mehr auftritt:

Abb. 2.46
Belastung Arbeitsplatz L11

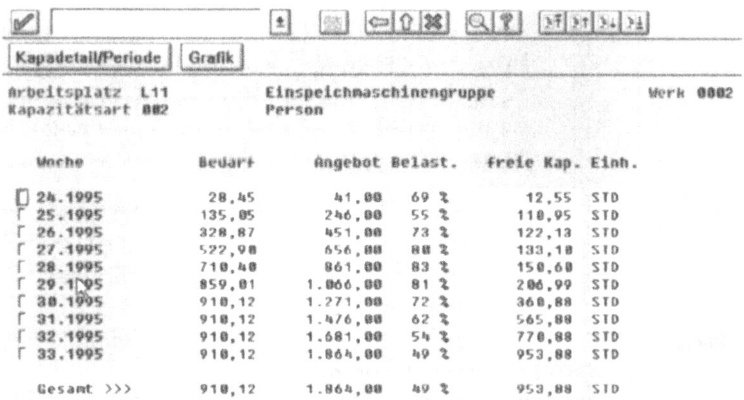

Woche	Bedarf	Angebot	Belast.	freie Kap.	Einh.
24.1995	28,45	41,00	69 %	12,55	STD
25.1995	135,05	246,00	55 %	110,95	STD
26.1995	328,87	451,00	73 %	122,13	STD
27.1995	522,90	656,00	80 %	133,10	STD
28.1995	710,40	861,00	83 %	150,60	STD
29.1995	859,01	1.066,00	81 %	206,99	STD
30.1995	910,12	1.271,00	72 %	360,88	STD
31.1995	910,12	1.476,00	62 %	565,88	STD
32.1995	910,12	1.681,00	54 %	770,88	STD
33.1995	910,12	1.864,00	49 %	953,88	STD
Gesamt >>>	910,12	1.864,00	49 %	953,88	STD

Abb. 2.47 Belastung Arbeitsplatz L11 (Graphik)

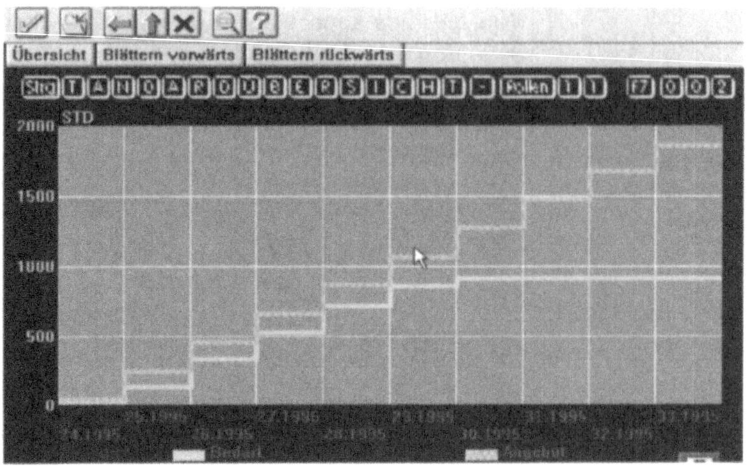

In der dazugehörigen Graphik (siehe Abb. 2.47) erkennt man, dass der Bedarf zu jedem Zeitpunkt abgebaut werden kann.

2.4.4.3 Kapazitätsabgleich

Um einen möglichst exakten Kapazitätsabgleich zu gewährleisten, sollte ein fester Betrachtungszeitraum bekannt sein. Der dem Kapazitätsangebot gegenüberzustellende Kapazitätsbedarf ist durch terminierte und freigegebene Aufträge klar definiert, so dass sich über die Kapazitätsbedarfsrechnung exakte Werte bestimmen lassen. Es ist nicht möglich eine Planungsperiode von einem Zeitpunkt ausgehend ganz zu überblicken, denn bspw. der Ausfall von Maschinen ist nur mit statistischen Methoden in etwa vorhersagbar; das Produktionsprogramm stellt keine statische Struktur dar, auf die sich das Management 100%ig verlassen kann. Aufträge werden aus dem Programm eliminiert, neue kommen während des Planungszeitraums dazu.

Um das System an die Betriebsrealität anzunähern, ist es notwendig, den Kapazitätsabgleich auf verschiedenen Planungsebenen durchzuführen, wobei folgende Planungsebenen unterschieden werden:

Planungsebenen

- Absatz und Produktionsprogrammplanung (Sales and Operations Planning SOP)
- Langfristplanung (Long Term Planning LTP)
- Leitteileplanung (Master Production Schedule MPS)
- Materialbedarfsplanung (Material Requirements Planning MRP)
- Serienfertigung (Repetitive Manufacturing REM)
- Fertigungssteuerung (Shop Floor Control SFC)

2.5 Fertigungssteuerung

2.5.1 Grundbegriffe

Die Fertigungssteuerung setzt auf den Ergebnissen aus der Planung auf und setzt sie in der Fertigung um. Sie benutzt den Fertigungsauftrag als zentrales Steuerinstrument bei der Durchführung der Fertigung.

Fertigungsauftrag

Ein Fertigungsauftrag ist ein Auftrag, der an die Fertigung eines Betriebes gegeben wird, mit dem Ziel der Erstellung eines Materials oder der Erbringung einer Leistung.

Ein Fertigungsauftrag legt fest, welches Material an welcher Stelle mit welcher Leistung zu welchem Termin gefertigt werden soll. Er legt zusätzlich fest, welche Ressourcen eingesetzt werden müssen und wie die Auftragskosten zu verrechnen sind.

Er beinhaltet u. a. Vorgänge, Materialkomponenten, Fertigungshilfsmittel und Kostendaten.

Fertigungsaufträge werden zur Steuerung und Überwachung der Produktion innerhalb eines Betriebes verwendet sowie als Controllinginstrument der Kostenrechnung.

Ein Fertigungsauftrag kann durch Einbringung der PLAN- sowie der IST-Daten alle fertigungsrelevanten Faktoren beschreiben und damit überwachen.

Fertigungsaufträge werden eingesetzt zur:

- Steuerung,
- Überwachung,
- Kostenermittlung und als Controllinginstrument in der Kostenrechnung.

Fertigungsauftrag im R/3-System

Die Fertigungsaufträge sind ein wesentlicher Bestandteil der Produktionsplanung und -steuerung (PP). PP ist voll in die Komponente Logistik integriert und besitzt u. a. Schnittstellen zu:

- Vertrieb (SD)
- Materialwirtschaft (MM)
- Controlling (CO)

Auswirkungen

Fertigungsaufträge haben, bedingt durch ihre Zusammensetzung, einen sehr großen Einflussbereich. Sie haben auf folgende Bereiche Auswirkungen:

- **Fertigung/Montage**
  - Zeiten
  - Steuerdaten
  - Texte
  - Fertigungshilfsmittel
  - Material
  - Qualitätssicherung
- **Terminierung**
  - Starttermin
  - Endtermin
- **Arbeitsplatz**
  - Personalkapazität
  - Maschinenkapazität
- **Kalkulation**
  - Materialkosten
  - Materialgemeinkosten
  - Fertigungskosten
  - Fertigungsgemeinkosten

Wird ein neuer Fertigungsauftrag angelegt, so werden im allgemeinen folgende **Aktionen** ausgeführt:

- Übernahme der Vorgänge und Folgen eines Arbeitsplanes
- Übernahme der Stücklistenpositionen durch Auflösung derselben
- Reservierung von am Lager befindlichen Stücklistenpositionen
- Ermittlung der Plankosten
- Erzeugung der Belastungssätze für Arbeitsplatzkapazität und Fertigungshilfsmittel
- Erzeugung von Bestellanforderungen für Fremdbearbeitung oder Fremdbezug

Mit dem Fertigungsauftrag kann festgelegt werden:

- was gefertigt wird;
- zu welchem Termin die Fertigung stattfinden soll;
- wo die Kapazität eingelastet werden soll;
- wie viel die Fertigung kostet.

Abb. 2.48
Funktionsumfang

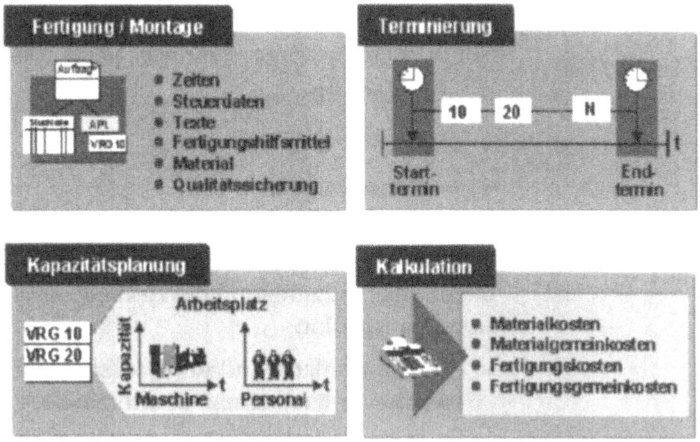

Bestandteile

Ein Fertigungsauftrag hat folgende Bestandteile:

- Auftragskopf
- Vorgang
- Folge
- Komponente
- Fertigungshilfsmittel

Auftragskopf

Der Auftragskopf beinhaltet allgemeine Daten zu dem zu fertigenden Material. So sind im Auftragskopf Angaben über die zu fertigende Menge, den erwarteten Ausschuss, die prozentuale Unter- und Überlieferung, die Terminierungsart sowie die Eckstart- bzw. Eckendtermine und die Pufferzeiten zu machen.

Vorgang

Unter einem Vorgang versteht man einen zur Erstellung des Materials notwendigen Arbeitsschritt. Alle Vorgänge werden sequentiell abgearbeitet.

Folge

Eine Folge fasst eine Gruppe von Vorgängen innerhalb eines Auftrages zusammen. Folgen werden netzartig miteinander verbunden, so dass Vorgänger- und Nachfolgerbeziehungen, eine Stammfolge und dazu alternative und parallele Folgen entstehen.

Komponente

Ein Objekt, das mit einer Objektnummer innerhalb einer Stückliste geführt wird, bezeichnet man als Komponente. Bspw. stellt ein Material, das mit der Materialnummer in der Stückliste angegeben wird, eine Komponente dar.

Fertigungshilfsmittel

Fertigungshilfsmittel (FHM) sind Maschinen und Vorrichtungen, die zur Erstellung des Materials beitragen oder dazu dienen, die Funktionstüchtigkeit, Beschaffenheit und Qualität eines Materials zu prüfen.

2.5.2 Phasen der Fertigungssteuerung

Die Abwicklung eines Auftrages gliedert sich in **drei Phasen**:

- Auftragseröffnung
- Auftragsabwicklung
- Auftragsabschluss

2.5.2.1 Auftragseröffnung

Wenn ein Fertigungsauftrag eröffnet wird, werden folgende Aktionen ausgeführt:

- Ein Arbeitsplan wird ausgewählt, seine Vorgänge und Folgen werden in den Auftrag übernommen.
- Die Stückliste wird aufgelöst, und die Stücklistenpositionen werden in den Auftrag übernommen.
- Für lagerhaltige Stücklistenpositionen werden Reservierungen erzeugt.
- Die Plankosten für den Auftrag werden ermittelt.
- Die Kapazitätsbedarfe für die Arbeitsplätze werden erzeugt.
- Für Nichtlagerkomponenten und fremdbearbeitete Vorgänge werden Bestellanforderungen erzeugt.

Das R/3-System bietet drei Möglichkeiten zur Eröffnung eines Fertigungsauftrages.

Durch eine integrierte Produktionsplanung und -steuerung ist es möglich, Fertigungsaufträge durch direkte Umsetzung von Planaufträgen aus der Materialbedarfsplanung zu erzeugen.

Für Sonderaufträge oder Aufträge ohne Planauftrag besteht die Möglichkeit der manuellen Eröffnung.

2.5.2.1.1 Umsetzung der Planaufträge

Die häufigste und auch schnellste Art einen Fertigungsauftrag anzulegen, ist die Übernahme eines Planauftrages aus der Materialbedarfsplanung.

Hierzu sind die Menüpunkte *Logistik ⇨ Produktion ⇨ Fertigungssteuerung; Auftrag ⇨ Anlegen ⇨ Mit Planauftrag* anzuwählen, um auf das Einstiegsbild zur Umsetzung zu gelangen.

Nun muss die **Nummer des Planauftrages** und die **Auftragsart des Fertigungsauftrages** angegeben werden.

Das System ermittelt den Planauftrag und übergibt an den Fertigungsauftrag die Positionen:

- Bedarfsmenge
- Start- und End- bzw. Liefertermin
- Materialnummer
- Materialkomponenten

Fallstudie: Fertigungsauftrag „ausplan.exe", „umfrplan.exe", „analys.exe"

Danach wird ein zum Material gültiger Arbeitsplan ermittelt und ebenfalls überstellt.

Die übernommenen Daten können nun geprüft und dem Fertigungsauftrag entsprechend geändert werden. Es ist notwendig sofort den Fertigungsauftrag abzuspeichern, da das System den Planauftrag nach der Übernahme löscht und somit eine erneute Übernahme der Daten nicht möglich ist.

2.5.2.1.2 Eröffnung durch Montageauftrag

Beim Anlegen eines Kundenauftrags kann automatisch entweder

Verwendung

- ein Netzplan oder
- ein Montageauftrag erzeugt werden. Dabei handelt es sich um die automatische Erzeugung eines Plan- oder Fertigungsauftrags zur Deckung des Primärbedarfs.

Die **Strategiegruppe** im Materialstamm legt fest, ob ein Auftrag/Netzplan im Hintergrund angelegt werden soll.

Damit ein Montageauftrag angelegt werden kann, müssen folgende Bedingungen erfüllt sein:

Voraussetzungen

- Das Feld *Strategiegruppe* im Materialstammsatz des Enderzeugnisses muss eine Strategiegruppe enthalten, die Montageaufträge zulässt.
- Das Enderzeugnis muss eine Stückliste haben.
- Das Feld *Einzel-/Sammelbedarf* im Materialstammsatz der Komponenten sollte das Kennzeichen *ausschließlich Sammelbedarf möglich* tragen.

2.5.2.1.3 Manuelle Eröffnung

Bei der manuellen Eröffnung existiert, im Gegensatz zur Umsetzung von Planaufträgen, kein Auftrag aus der Materialbedarfsplanung. Dies kann bedingt durch eine Sonderfertigung oder Einzelanfertigung auftreten.

„Fertigungsauftrag"

Die manuelle Eröffnung verbirgt sich im Menü *Auftrag ⇨ Anlegen ⇨ Mit Material* (siehe Abb. 2.49).

Dort wird man aufgefordert die **Materialnummer**, das **Produktionswerk, Planungswerk,** die **Auftragsart** und den **Auftrag** anzugeben oder aus den entsprechenden Auswahltabellen auszuwählen. Wurde bei der Auftragsart die Auftragsart mit externer Nummernvergabe (PP02) gewählt, so muss die Auftragsnummer in das Feld „Auftrag" eingegeben werden.

PP01 / PP02

R/3 vergibt bei der Auftragsart **„PP01"** selbständig fortlaufende Nummern für Fertigungsaufträge, d. h. es wird ein (system-)interner Nummernkreis verwendet. Die Auftragsart **„PP02"** hingegen erlaubt die benutzerdefinierte Vergabe von Auftragsnummern und verwendet somit einen (system-)externen Nummernkreis.

Abb. 2.49
Einstiegsbild bei manuellem Anlegen

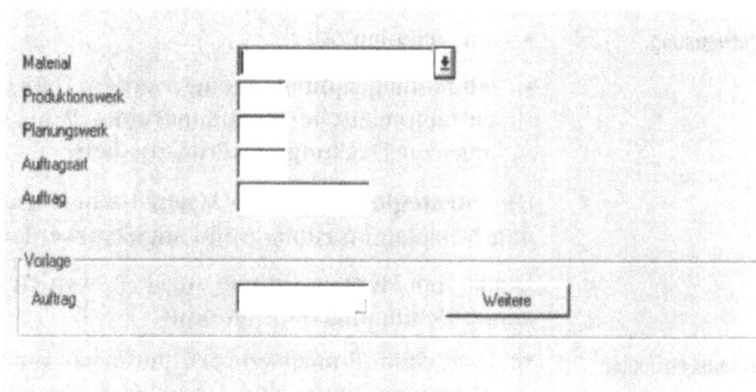

Durch Betätigen der Taste  gelangt man in den zentralen Auftragskopf des Fertigungsauftrages.

Während des Wechsels in den Auftragskopf (bei der manuellen Erstellung) bzw. dem Sichern und Umsetzen der Planaufträge werden im Hintergrund die Arbeitspläne ausgewählt und damit die Vorgangs- und Fertigungshilfsmitteldaten übernommen und die Stücklisten aufgelöst.

2.5.2.1.4 Zentraler Auftragskopf

Im „Auftragskopf zentral“ werden alle komponenten- und folgenrelevanten, allgemeinen Auftragsdaten gespeichert.

Abb. 2.50
Auftragskopf zentral

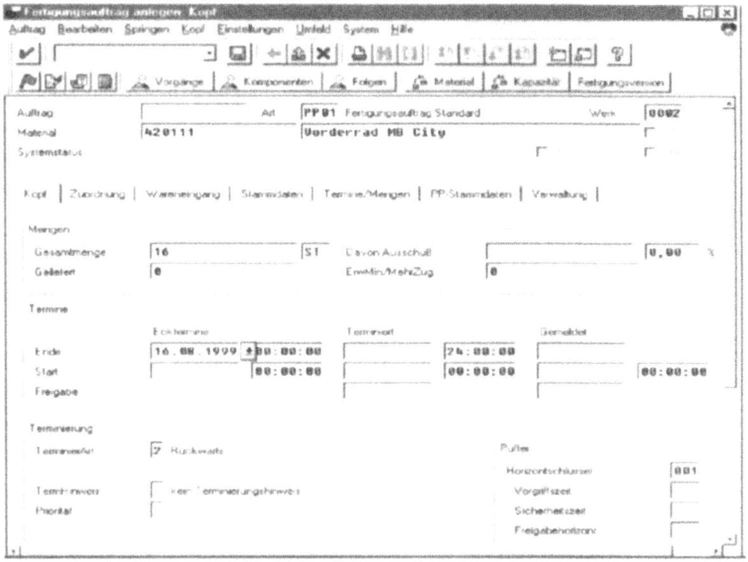

Im zentralen Auftragskopf werden die zu produzierende Gesamtmenge, der Eckstart- oder der Eckendtermin, die entsprechende Terminierungsart und optional der anteilige Ausschuss angegeben:

1. Der Eckendtermin muss in der Form von TT.MM.JJJJ angegeben werden.
2. Im Customizing ist die Terminierungsart über die Auftragsart bereits auf „Rückwärts“ voreingestellt.
3. Der Horizontschlüssel ist von vornherein mit „001“ festgelegt im Feld Puffer.
4. Eventuell auftretende Warnmeldungen werden einfach übergangen.

Weitere **Kopfdaten** findet man in den Menüpunkten:

- *Kopf ⇨ Wareneingang/Bewertung*
- *Kopf ⇨ Zuordnung*
- *Kopf ⇨ Stammdaten*
- *Kopf ⇨ Termine/Mengen*

Dort sind u. a. Über- und Unterlieferungen, Angaben zur Anlieferung und Charge sowie zum Lagerort untergebracht. Weitere Angaben dienen der Zuordnung zu Disponenten, Fertigungssteuerung, Geschäftsbereiche und Profit-Center. Innerhalb der Stammdaten können Informationen zu den zugrundeliegenden Stücklisten und Arbeitsplänen erhalten bleiben.

Verfügbarkeitsprüfung und Terminierung

Nachdem im zentralen Auftragskopf die Mengen und Termine eingetragen wurden, können die Angaben durch [Enter] bestätigt werden. Das System prüft nun Verfügbarkeit von Fertigungshilfsmitteln sowie von Materialkomponenten und führt gleichzeitig eine Terminierung durch. Das bedeutet, dass bei einer **Rückwärtsterminierung** der Eckstarttermin anhand der Vorgangsdauer und den entsprechenden Übergangszeiten retrograd ermittelt wird. Bei einem Terminkonflikt (z. B. durch einen zu frühen Eckendtermin, damit verbunden wäre ein Eckstarttermin in der Vergangenheit) versucht das System durch Optimierung die Durchlaufzeit zu verringern. Bleibt dieser Versuch ohne Erfolg, so wird der Eckendtermin entsprechend angepasst.

Bei einer **Vorwärtsterminierung** wird, ausgehend vom Eckstarttermin, der Eckendtermin progressiv ermittelt. Hierbei treten selten Schwierigkeiten auf, da der Eckendtermin vom System frei errechnet werden kann.

Nachträgliche Terminierung

Sollen die Termine auch nach einer Terminierung verändert werden, so kann über den Menüpunkt *Kopf ⇨ Terminänderung ⇨ Termine ermittelt* bzw. *⇨ Ecktermine* der entsprechende Termin zum Ändern angewählt werden. Der Fertigungsauftrag darf, um Termine ändern zu können, noch nicht freigegeben worden sein. Nachdem die gewünschten Änderungen vorgenommen wurden, muss der Auftrag neu terminiert werden. Dies ist durch den Menüpunkt *Auftrag ⇨ Funktion ⇨ Terminieren* möglich.

Die folgende Tabelle zeigt, welche Termine eingegeben werden müssen und welche Termine über die Terminierung ermittelt werden.

Tab. 2.3
Terminermittlung im Fertigungsauftrag

Wenn das System laut Terminierungsart:	erfassen	Terminierung ermitteln
vorwärts terminiert	Eckstarttermin	terminierten Start terminiertes Ende Eckendtermin
	Eckstarttermin und Eckendtermin	terminierten Start terminiertes Ende
rückwärts terminiert	Eckendtermin	Eckstarttermin terminierten Start terminiertes Ende
	Eckendtermine und Eckstarttermin	terminierten Start terminiertes Ende
nur Kapazitätsbedarfe ermittelt	Eckstarttermin und Eckendtermin	terminierten Start terminiertes Ende
mit dem Tagesdatum terminiert	-	Eckendtermin terminierten Start terminiertes Ende
	Eckendtermin	terminierten Start terminiertes Ende

Zu weiteren Terminierungsarten zählen:

Andere Terminierungsarten

- **Tagesdatumsterminierung**
  Bei dieser Terminierungsart verwendet das System das Tagesdatum als Eckstarttermin und terminiert vorwärts.
- Nur **Kapazitätsbedarfe**
  Bei dieser Terminierungsart werden nur die Kapazitätsbedarfe errechnet. die einzelnen Vorgänge **nicht** terminiert. Das System übernimmt die Ecktermine in die terminierten Termine. Diese Termine werden als Vorgangstermine übernommen.

2.5.2.1.5 Planselektion

Bei diesem Vorgang werden die eingegebenen Daten durch das System auf Korrektheit geprüft und nach einem geeigneten Arbeitsplan für das bereits vorhandene Material gesucht. Die Planselektion erfolgt manuell, da im Customizing die Auftragsart „PP01" schon eingestellt ist.

D. h. das System bietet alle Normalarbeitspläne, deren Materialnummern vorhandenen sind, zur Selektion an. Zunächst wird ein Arbeitsplan in entsprechender Landessprache (z. B. deutsche Sprache bei German Version) gewählt und mit [Enter] bestätigt. Danach erscheint ein Pop Up-Fenster, das verneint wird, um auf die Alternativenselektion zu verzichten.

Sobald ein Arbeitsplan gefunden worden ist, prüft das System die Einbindung in die Kostenrechnung und ob die Materialien und Fertigungshilfsmittel verfügbar sind. Diese Vorgänge der Überprüfung sind jeweils im Customizing zur Auftragsart „PP01“ zugeordnet. Schließlich wird die Terminierung durchgeführt, wobei auftretende Warnmeldungen einfach mit  übergangen werden; auf diese Weise kommt man zurück zum vorherigen Menü (Abb. 2.51):

Abb. 2.51
Planselektion

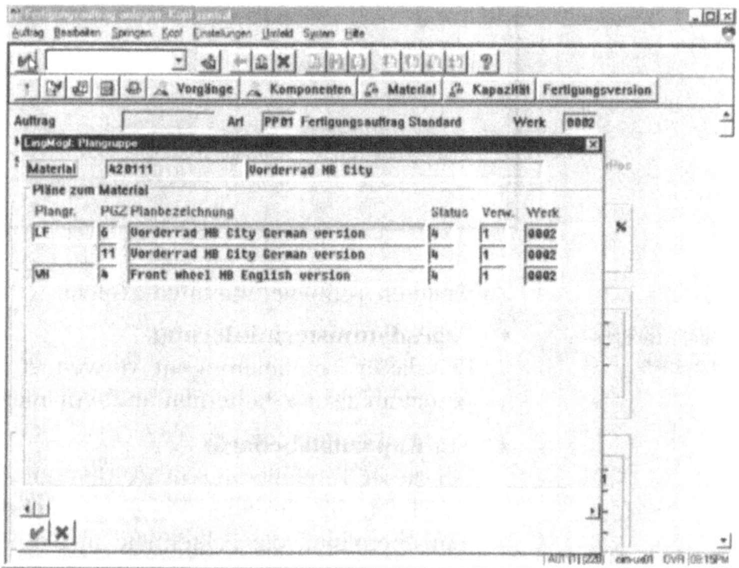

2.5.2.1.6

Manuelle Änderungen

Innerhalb des Fertigungsauftrages ist es jederzeit möglich, Änderungen vorzunehmen. Damit kann ein Fertigungsauftrag durch Veränderung der Werte aus den Arbeitsplänen und Stücklisten individuell gestaltet werden. Die Komponenten und Vorgänge des Auftrages sind über die Komponenten- bzw. Vorgangsübersicht zugänglich. Dort ist die entsprechende Position zu markieren und anschließend für Vorgänge aus dem Menü *Vorgänge*, für Komponenten aus dem Menü *Komponenten*, der gewünschte Punkt auszuwählen.

Vorgangsdaten ändern

Für Änderungen an Vorgängen steht dem Benutzer eine breite Palette an Auswahlpunkten zur Verfügung. Über den Menüpunkt *Vorgang* innerhalb der **Vorgangsübersicht** (siehe Abb. 2.52) können Veränderungen bzw. Informationen durch folgende Unterpunkte gemacht bzw. erhalten werden:

- allgemeine Sicht
- Vorgabewerte
- Übergangszeiten
- Fremdbearbeitung
- Vorgabewertermittlung
- Splittung
- Überlappung
- Vorgangstermine
- Benutzerdaten
- Untervorgang terminliche Lage
- Mengen/Leistungen
- Termine rückgemeldet

Es können somit alle von einem Planauftrag übernommenen Vorgangswerte individuell verändert und dem jeweiligen Auftrag angepasst werden, unabhängig vom zugrundeliegenden Planauftrag.

Abb. 2.52
Vorgangsübersicht

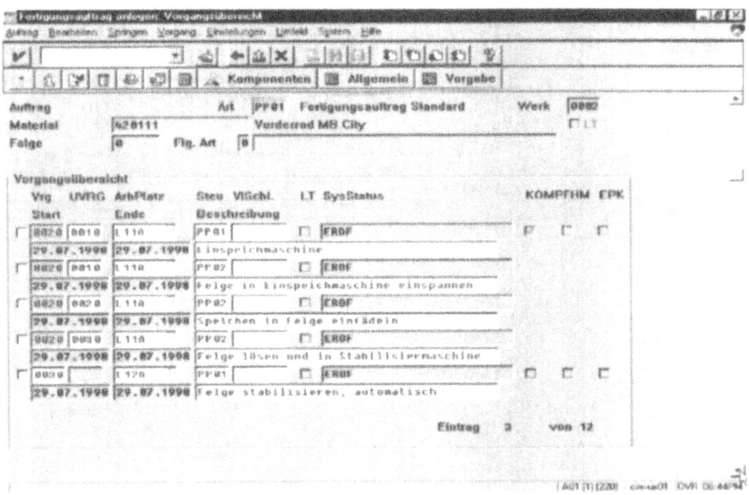

Analog zur Vorgangsbearbeitung ist es möglich, Komponentendaten zu ändern, selbst hinzuzufügen und zu löschen.

In der Vorgangsübersicht werden die einzelnen Vorgänge aufgelistet. Jeder Vorgang besitzt zwei Zeilen. In der ersten Zeile kann man jeden Vorgang in der Art, wie er auch im Arbeitsplan angelegt worden ist, erkennen. Die zweite Zeile zeigt die Daten für Start- und Endtermin des Vorgangs und den Systemstatus an.

Über den Systemstatus kann man den Zustand des Vorgangs erkennen, z. B. *„EROF"* steht für *„eröffnet"*. Die letzte Spalte der Zeile gibt an, ob Materialkomponenten oder Fertigungshilfsmittel dem Vorgang zugeordnet sind. Hat ein Vorgang den Steuerschlüssel *„PPMS"*, so ist eine spätere Meilensteinrückmeldung möglich.

Veränderung von Komponenten

Änderungen an Komponentendaten werden in der Komponentenübersicht (siehe Abb. 2.53) vollzogen. Dort wird die Komponente markiert. Dann erfolgt die Auswahl aus folgenden Unterpunkten des Menüpunktes *Komponente*:

- allgemeine Daten
- Rohteildaten
- Einkaufsdaten
- Textposition
- Verfügbarkeit Material
- Status

Abb. 2.53 Komponentenübersicht

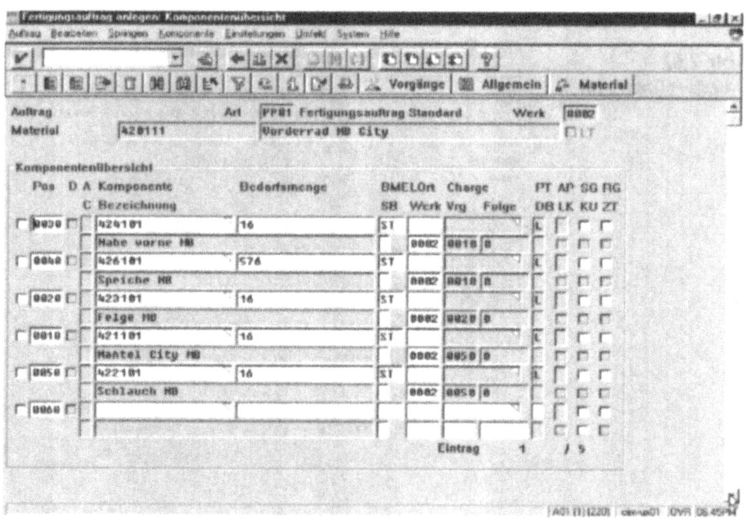

Zusätzlich kann über das Detailbild *Allgemeine Daten* die **Zuschnittsmaße** einer Materialkomponente angezeigt werden, sofern diese im Arbeitsplan gepflegt wurden (auf dem Bildschirm *Allgemeine Daten*).

Auf jedem dieser Detailbilder sind folgende Informationen enthalten:

- **Position**: Positionsnummer der Komponente
- **Positionstyp**: Positionstyp der Komponente
- **Komponente**: Beschreibende Texte des Materials
- **Bedarfsmenge**: Menge der Komponente, die benötigt wird, um die Auftragsmenge zu fertigen. Wurde die Komponente über eine Stücklistenauflösung in den Auftrag übernommen, so wird diese Menge automatisch vom System errechnet.

Um Komponentendaten zu ändern, gehen Sie folgendermaßen vor:

1. Wählen Sie die Menüeinträge *Springen ⇨ Objekte zum Vorgang ⇨ Komponenten.*
2. Markieren Sie den Vorgang, dem die Komponente zugeordnet ist und wählen Sie die Menüeinträge *Vorgang ⇨ Komp. zum Vorgang*. Das System listet alle Komponenten auf, die dem Vorgang zugeordnet sind.
3. Markieren Sie die Komponente, die Sie ändern wollen. Wählen Sie den Menüeintrag *Komponente* und das jeweilige Detailbild.
   Es gibt folgende Komponentendetailbilder:

   Komponentendetailbilder

   - Allgemeine Sicht
   - Rohteildaten
   - Einkaufsdaten
   - Textposition
4. Geben Sie die gewünschten Änderungen ein, und sichern Sie die Änderungen.

In der Komponentenübersicht werden die einzelnen Komponenten identisch wie in der Stückliste aufgelistet. In der zweiten Zeile jeder Komponente steht die Zuordnung zu den jeweiligen Vorgängen.

„Komponenten.scm“

Beim Hinzufügen von Komponenten ist zu beachten, dass man zuerst in die Vorgangsübersicht wechselt, dort den Vorgang markiert, bei dem eine Komponente hinzugefügt werden soll und anschließend über die Menüpunkte *Vorgang ⇨ Komp. zum Vorgang* die Komponente einträgt. Nur so ist eine korrekte Zuordnung der Komponente zum Vorgang gewährleistet.

Die Kosten des Fertigungsauftrages lassen sich durch Auswahl über die Menüpunkte *Springen ⇨ Kosten ⇨ Schichtung* anzeigen.

Hier werden Rohstoffe, Fertigungslöhne sowie Gemeinkosten der Materialien und der Fertigung ausgewiesen.

Abb. 2.54
Kostenelemente

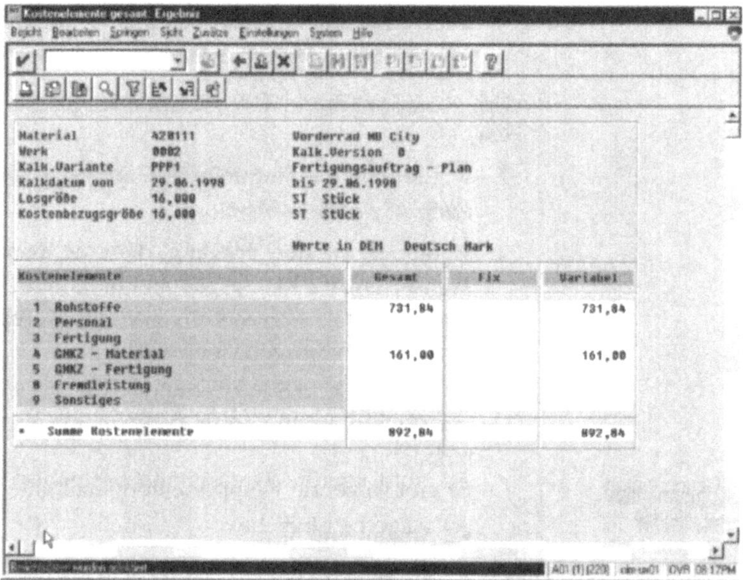

„Kostenelemente“

Mit Hilfe eines Gantt-Diagramms lässt sich die Terminierung des Fertigungsauftrages optisch darstellen. Zunächst muss die Kostenaufstellung mit  beendet werden.

2.5.2.1.7 Graphische Präsentation

Für einen Planer ist es nützlich seine Vorgänge graphisch aufbereitet zu präsentieren oder für eigene Zwecke eine anschauliche Darstellung des Auftragsablaufes präsent zu haben. Grafische Präsentationen sind meist effektiver als reine Zahlenkolonnen, sie ermöglichen damit einen schnellen Überblick über die aktuelle Terminsituation eines Auftrages.

„Gantt" und „Objektübersicht"

R/3 besitzt hierzu ein Grafikmodul, das anschauliche Grafiken erstellen kann. Dieses Grafikmodul ist über den Menüpunkt *Springen ⇨ Grafik ⇨ Gantt-Grafik* innerhalb des Auftragskopfes zentral zugänglich (siehe Abb. 2.55).

Im Diagramm werden die Vorgänge gemäß ihrer zeitlichen Lage angezeigt. Um eine bessere Darstellung zu erhalten wird empfohlen, unter dem Menüpunkt *Zeiteinheit ⇨ Minute* auszuwählen. Durch Anklicken der Button **Legende** erhält man eine detaillierte Erläuterung über die Bedeutung der verschiedenen Farben.

Es ist deutlich erkennbar, dass die Weitergabe der Vorgänge zeitlich aufeinander abgestimmt ist (Prinzip der Fließfertigung). Dadurch ist der früheste und späteste Anfangstermin erkennbar. Um wieder in die Komponentenübersicht zu gelangen, drückt man auf ⇦. Die Aufforderung „Abfrage" muss mit „ja" beantwortet werden.

Abb. 2.55
Gantt-Diagramm

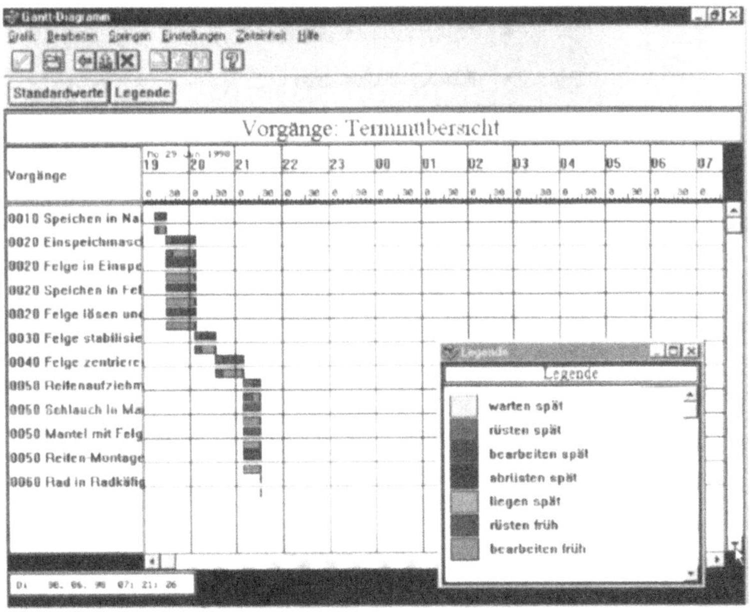

Bevor man mit der Bearbeitung fortfährt, muss der Fertigungsauftrag über den Pfad *Auftrag⇨ Funktionen ⇨ Terminieren* terminiert werden.

2.5.2.1.8 Abschluss der Auftragseröffnung

Wurden alle Anpassungen des Auftrages vorgenommen, muss der Fertigungsauftrag gesichert werden.

Eine Auftragsspeicherung kann über das  Symbol oder über die Menüpunkte *Auftrag ⇨ Sichern* durchgeführt werden.

Hierbei werden im Hintergrund alle grundlegenden Prüfungen nochmals durchgeführt. So wird der Auftrag erneut terminiert, die Verfügbarkeit der Komponenten und der Fertigungshilfsmittel wird geprüft, eine Auftragskalkulation wird durchgeführt und für Komponenten, die fremdbearbeitet werden, erzeugt das System Bestellanforderungen für den Einkauf.

2.5.2.2 Auftragsabwicklung

Zur Phase der Auftragsabwicklung zählen speziell folgende Funktionen (siehe Abb. 2.56):

- Auftragsfreigabe
- Materialentnahmen
- Rückmeldungen
- Lagerzugang

Abb. 2.56
Ablauf einer Auftragsabwicklung

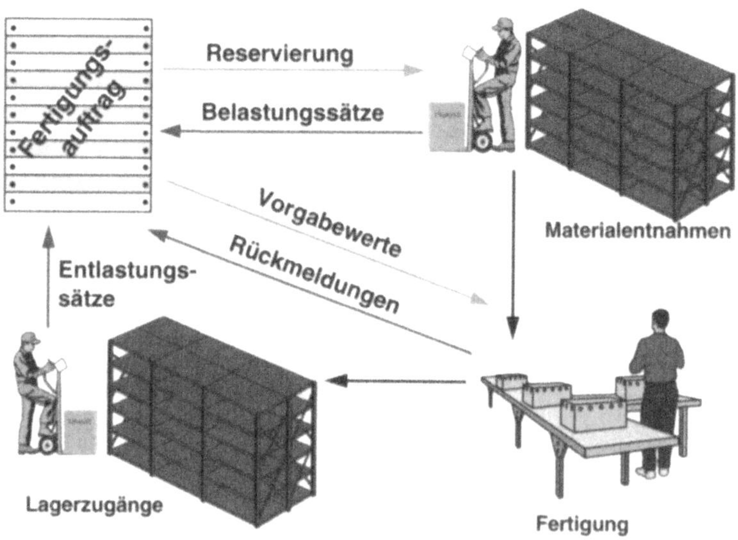

2.5.2.2.1 Auftragsfreigabe

Alle Aufträge, die neu angelegt und gespeichert worden sind, haben automatisch den Status „eröffnet".

Um einen Auftrag zu produzieren, muss er zuerst „freigegeben" werden. Das bedeutet, dass durch die Auftragsfreigabe der erstellte Fertigungsauftrag an die Produktion weitergereicht wird. Die Zeitspanne zwischen Eröffnung eines Fertigungsauftrages und der Freigabe kann z. B. genutzt werden, um betriebliche Prüfungen und Vorbereitungen durchzuführen. Wenn diese Zeitspanne nicht benötigt wird, dann kann der Fertigungsauftrag automatisch bei der Eröffnung freigegeben werden.

Ist ein Auftrag noch nicht freigegeben, so können:

- erzeugte Reservierungen für Material rein dispositiven Charakter besitzen. Es werden noch keine Veränderungen am verfügbaren und reservierten Bestand im Materialstammsatz ausgeführt;
- keine Rückmeldungen für den Auftrag durchgeführt werden;
- keine Auftragspapiere gedruckt werden;
- keine Lagerbewegungen durchgeführt werden.

Anlege- / Änderungsmodus

Fertigungsaufträge können im Anlege- und Änderungsmodus freigegeben werden, indem die Menüpunkte *Auftrag ⇨ Funktionen ⇨ Freigeben* angewählt werden. Der Fertigungsauftrag hat nach dem Sichern den Status „freigegeben". Durch die Freigabe ändert sich der Status der Vorgänge von „*EROF*" auf „*FREI*".

Die Auftragsfreigabe kann auf folgenden Ebenen durchgeführt werden:

- Mit der **Freigabe auf Auftragskopfebene** werden alle Vorgänge freigegeben. Der Auftrag und die Vorgänge erhalten den Status FREI (freigegeben).
- Bei **Freigabe eines Vorgangs** erhält der Vorgang den Status FREI und der Auftrag den Status „*TFRE*" (teilfreigegeben). Wenn alle Vorgänge eines Auftrags freigegeben sind, hat der Auftrag den Status „*FREI*".

2.5.2.2.2 Materialentnahmen

Um eine Materialentnahme vorzunehmen, muss der Fertigungsauftrag den Status *„freigegeben“* oder *„teilfreigegeben“* aufweisen.

Auswirkungen

Eine Materialentnahme am Lager erzeugt folgende Aktionen:

- Erzeugung eines Materialbeleges als Nachweis für Bewegung
- Fortschreibung der Bestandsmengen
- Fortschreibung der Bestands-/Verbrauchskonten und der Bestandswerte im Materialstammsatz

Durch die Erstellung eines Fertigungsauftrages wird automatisch eine Reservierung der dort angegebenen Materialkomponenten erzeugt.

Eine Entnahme der Materialkomponente bewirkt im Auftrag eine Fortschreibung der Istkosten in Höhe der Komponente nach Kostenart und Herkunft.

Zum Verbuchen einer Materialentnahme geht man wie folgt vor:

Warenausgang buchen

1. Vom Einstiegsbild ausgehend wählen Sie *Logistik ⇨ Materialwirtschaft ⇨ Bestandsführung ⇨ Warenbewegung ⇨ Warenausgang.*
2. Wählen Sie den Menüeintrag *Warenausgang ⇨ Erfassen mit Bezug* und anschließend entweder *⇨ Zur Reservierung* oder *⇨ Zum Auftrag.* Sie erhalten ein Dialogfenster, auf dem Sie die Reservierungs- bzw. Auftragsnummer direkt eingeben können oder über Suchkriterien ausfindig machen können.
3. Geben Sie nun die Reservierungsnummer bzw. die Auftragsnummer direkt ein oder wählen Sie eine Nummer über die angegebenen Suchkriterien aus. Drücken Sie die Taste *Weiter.*
4. Das System schlägt automatisch die Bewegungsart „261“ (Warenausgang zum Auftrag) vor sowie alle Materialkomponenten des Auftrags, die nicht als Schüttgut oder als „retrograd zu entnehmen“ gekennzeichnet sind.
5. Überprüfen Sie die Liste der Materialkomponenten, die für die Entnahme vorgeschlagen sind und sichern Sie den Warenausgang.
6. Nehmen Sie bei der Entnahme von Materialkomponenten keinen Bezug auf die Reservierung bzw. auf den Fertigungsauftrag, dann bleiben die bei der Freigabe erzeugten Reser-

vierungen offen und die angeforderten Mengen reserviert, obwohl die Anforderung physisch nicht mehr besteht.

7. Belegnummer notieren und zurückkehren in das Hauptmenü.

Die Vorgehensweise der Verbuchung von **Bestandsveränderungen** in das Lagerverwaltungssystem ist folgendermaßen durchzuführen:

Transportauftrag verbuchen

1. Gehen Sie über den Pfad *Logistik* ⇨ *Logistics Execution* ⇨ *Lagerverwaltung*, um in das Menü *Lagerverwaltung* zu gelangen.
2. Wählen Sie danach *TransAuftrag* ⇨ *Anlegen* ⇨ *Zum Materialbeleg*.
3. Eingabe der Daten in den folgenden Feldern: *Materialbeleg, MatBelegJahr, Lagernummer, Hell/Dunkel.*
4. Beachten Sie dabei, dass durch die Eingabe des Buchstabens „D“ im Feld *Hell/Dunkel* die Verbuchung des Transportauftrags im Hintergrund ausgeführt wird.

Abb. 2.57
Transportauftrag verbuchen

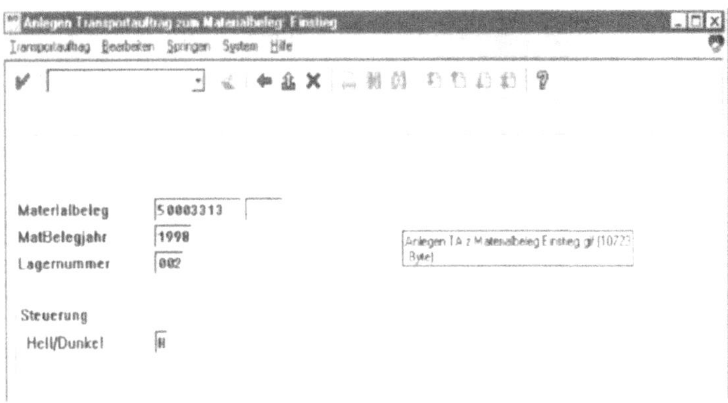

5. Bestätigung der Eingabe mit  und Rückkehr in das Hauptmenü.

2.5.2.2.3

Rückmeldungen

Unter einer Rückmeldung versteht man eine Meldung der Produktion an den Fertigungsauftrag in Höhe der Istdaten (siehe Abb. 2.58).

Abb. 2.58
Datenaustausch: Fertigungsauftrag - Produktion

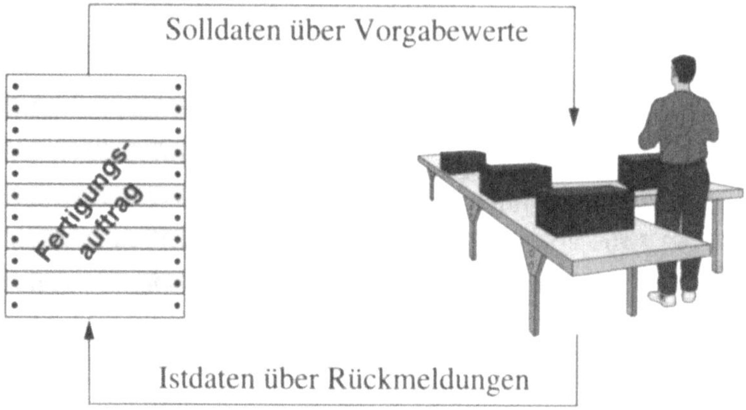

Eine Rückmeldung dokumentiert somit den aktuellen Stand der Vorgänge und Untervorgänge. Sie dient der Auftragsüberwachung in Bezug auf Zeiten und Mengen.

Rückmeldungen geben an:

- welche Mengen als Gut- und als Ausschussmenge an einem Vorgang angefallen sind;
- welche Zeiten benötigt wurden, um die geforderten Mengen zu produzieren;
- welcher Arbeitsplatz den Vorgang bearbeitet hat;
- welche Mitarbeiter an dem Arbeitsplatz gearbeitet haben.

Manuelle Rückmeldungsarten

R/3 ermöglicht vier Arten von manuellen Rückmeldungen:

1. Sammelrückmeldung
2. Standardrückmeldung
3. Meilensteinrückmeldung
4. Summenrückmeldung

Man kann eine Rückmeldung erfassen:

- zu einem **Vorgang**;
  Sie haben folgende Möglichkeiten:
  - Um Mengen, Dauer, Leistungen oder Personaldaten rückzumelden, erfassen Sie eine Rückmeldung zum **Lohn-Rückmeldeschein** oder eine **Fortschrittsrückmeldung**.

- Um zeitpunktorientiert rückzumelden (z. B. Rüststart oder Bearbeitungsende), erfassen Sie eine Rückmeldung zum **Zeitereignis**.
- Bei der Rückmeldung von Zeitereignissen berechnet das System die benötigte Dauer, z. B. ergibt sich aus der Differenzzeit zwischen Rüststart und Rüstende die Rüstdauer.

- zu einem **Auftrag**;
  Wenn Sie eine Rückmeldung auf Auftragskopfebene erfassen, dann meldet das System alle Vorgänge zurück, deren Steuerschlüssel angibt, dass sie rückgemeldet werden können oder müssen. Die Vorgänge werden im Verhältnis zur rückgemeldeten Menge des Auftragskopfes rückgemeldet.

- mit einer anderen Rückmeldung als **Vorlage**;
  Sie können die Daten einer bereits erfassten Rückmeldung als Vorlage für Ihre aktuelle Rückmeldung nehmen. Geben Sie die Rückmeldenummer der Vorlage ein, um sie eindeutig zu identifizieren.
  Der **Steuerschlüssel** wird dem einzelnen Vorgang im Arbeitsplan zugeordnet. Er steuert u. a.,
  - **ob eine Rückmeldung zum Vorgang vorgesehen, möglich oder nicht möglich ist**. Als rückmeldefähig wird ein Vorgang bezeichnet, für den eine Rückmeldung möglich ist. Als rückmeldepflichtig wird ein Vorgang bezeichnet, für den eine Rückmeldung vorgesehen ist.
  - **ob der Vorgang als Meilensteinrückmeldung gekennzeichnet werden soll**. Durch Rückmeldungen verändern sich die Stati auf Vorgangs- bzw. auf Auftragskopfebene (TRÜC = teilrückgemeldet, RÜCK = endrückgemeldet). Ein Auftrag ist teilrückgemeldet, wenn mindestens einer aber nicht alle rückmeldepflichtigen Vorgänge des Auftrags rückgemeldet sind (Vorgangsstatus TRÜC bzw. RÜCK). Ein Auftrag ist teilrückgemeldet, wenn alle rückmeldepflichtigen Vorgänge endrückgemeldet sind, es aber rückmeldefähige Vorgänge gibt, die teilrückgemeldet sind. Ein Auftrag ist endrückgemeldet, wenn alle rückmeldepflichtigen Vorgänge endrückgemeldet sind (Vorgangsstatus RÜCK) und es keine rückmeldefähigen Vorgänge gibt, die teilrückgemeldet sind.
    Wenn Sie einen Vorgang rückmelden, können Sie festlegen, ob eine Teil- oder eine Endrückmeldung vorliegt. Diese Festlegung kann auch automatisch erfolgen, indem das System die rückgemeldete Menge prüft und daraufhin

eine Entscheidung fällt (Kennzeichen Teil-/Endrückmeldung in den Rückmeldeparametern, siehe Rückmeldung: Fixe Parameter). Ein Vorgang der manuell rückgemeldet wurde, erhält zusätzlich noch den Status „RMAN" (manuelle Rückmeldung).

Nach einer Vorgangsrückmeldung ist keine Rückmeldung auf Auftragsebene mehr möglich. Möchten Sie eine Rückmeldung auf Auftragsebene erfassen, müssen Sie zunächst die Rückmeldung auf Vorgangsebene stornieren. Entsprechendes gilt auf Vorgangsebene für eine Lohnscheinrückmeldung und für eine Zeitereignisrückmeldung zum selben Vorgang.

Nach Produktion der Erzeugnisse muss der Fertigungsauftrag zurückgemeldet werden. Über den Pfad:

Logistik ⇨ Produktion ⇨ Fertigungssteuerung
Rückmeldung ⇨ Erfassen ⇨ Zum Auftrag

Bei der Erfassung ist die Auftragsnummer einzugeben, um den Vorgang eindeutig zu identifizieren.

Danach besteht über das Menü *Springen* die Möglichkeit, folgende Daten rückzumelden:

- Mengen/Leistungen
- Termine
- Personaldaten
- Mengen/Leistungen/Prognose
- Arbeitsplatz
- Buchungsdatum
- Warenbewegungen
- Ursache der Abweichung
- Fortschreibung des Nutzungszählers bei Equipment-Fertigungshilfsmitteln
- Langtext

Zur Rückmeldung von Mengen, Leistungen und Terminen ist das Bildschirmbild *Istdaten* am zweckmäßigsten, da hier alle drei Bereiche auf einem Bildschirm dargestellt werden. Hierfür wählt man *Springen ⇨ Istdaten* und sichert anschließend die Rückmeldung (siehe Abb. 2.59).

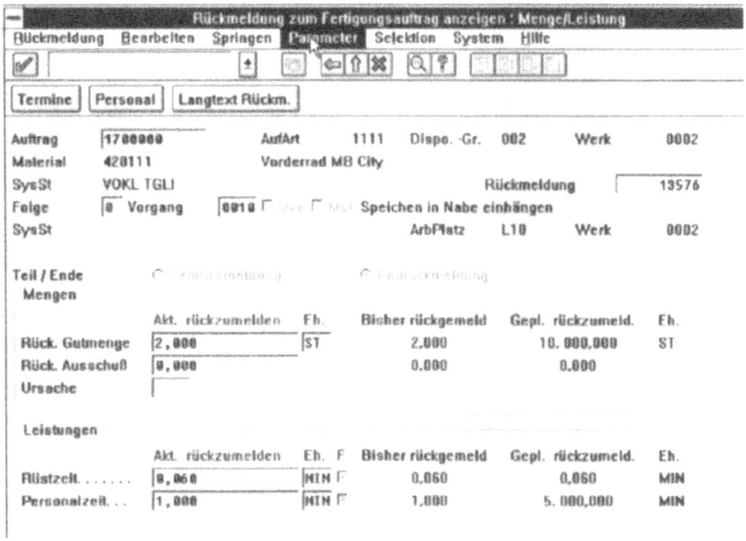

Abb. 2.59
Rückmeldung von Mengen/Leistungen

Die Standardrückmeldung gehört zu den Sonderformen der Rückmeldungen. Sie meldet die vorgegebenen Planwerte als Istwerte zurück.

Standardrückmeldung

Zur Erfassung einer Standardrückmeldung geht man folgendermaßen vor:

1. Auswahl der Menüeinträge *Rückmeldung ⇨ Erfassen.*
2. Eingabe der Auftragsnummer.
3. Markierung des rückzumeldenden Vorgangs auf dem Vorgangsübersichtsbild.
4. Sicherung der Rückmeldung: Durch das Sichern werden nun die Planwerte als Istwerte übernommen.

Es ist zu beachten, dass man über die Standardrückmeldung immer nur einen Vorgang rückmelden kann.

Jede erfasste oder automatisch erzeugte Rückmeldung kann vollständig storniert werden.

Rückmeldung stornieren

Die **Stornierung** wird folgendermaßen erreicht:

1. Auswahl von *Rückmeldung ⇨ Stornieren.*
2. Angabe der Rückmeldenummer, die beim Anlegen erzeugt wurde oder Angabe der Auftragsnummer und Auswahl des Vorgangs aus den entsprechenden Listbildern mit abschließender Rückmeldung.

3. Überprüfung der zu stornierenden Daten anhand des Detailbildes.
4. Durch Sichern der Stornierung wird die Rückmeldung storniert. Eine Stornierung kann nur durch erneutes Erfassen der Daten rückgängig gemacht werden.

Offenheit des PP-Moduls

Im Rahmen der CIM-Konzepte mit den Bestandteilen CAD, CAM, CAP und CAQ ist es unumgänglich, auch ein PPS-System an solche Systeme anzubinden. Da das PP-Modul als ein offenes System ausgelegt wurde, ist es somit möglich mit anderen technischen Systemen in kommunikative Verbindung zu treten.

Rückmeldungen automatisieren

Somit können u. a. auch Rückmeldungen automatisch über den BDE/MDE-Kanal erzeugt werden, ohne dass eine manuelle Erfassung der Daten notwendig ist.

Mit Hilfe von Barcode-Lesegeräten und barcodefähigen Druckern können innerhalb der manuellen Erfassung Arbeitserleichterungen geschaffen werden.

R/3 bietet die Möglichkeit, über nachfolgende Kommunikationskanäle in bidirektionaler Richtung einen Informationsaustausch vorzunehmen:

- **BDE/MDE**
  (Betriebsdatenerfassung/Maschinendatenerfassung)
  Hierüber können Anwesenheitszeit, Betriebsdaten und Maschinendaten für die Module PP und HR erfasst werden.
- **DNC** (Distributed Numerical Control oder auch Direct Numerical Control)
  Über diesen Kanal können Informationen vom R/3-System an eine untergelagerte DNC- oder Fertigungshilfsmittelverwaltung übergeben werden.
- **Transportsteuerung**
  Dieser Kanal kann Transportanforderungen an Transportsysteme im Produktionsbereich übermitteln.
- **Prozessvisualisierung**
  Hierüber können Stamm- und Bewegungsdaten mit Prozesssteuerungs- und Prozessvisualisierungssystemen ausgetauscht werden.
- **Messdatenerfassung**
  Über die Verbindung zur Messdatenerfassung können Informationen zu Prüfvorgängen an automatische Erfassungssysteme für das Modul QM bereitgestellt werden.

- **Technische Optimierung**
  Dieser Kanal dient der Anbindung von bspw. Verschnittoptimierungssystemen oder anderen technischen Optimierungssystemen an das PP-Modul.

Kosten analysieren

Nach der Rückmeldung ist es möglich, die Istkosten des Auftrags manuell berechnen zu lassen. Vorgehensweise:

1. Wählen Sie den Pfad *Auftrag* ⇨ *Ändern* und geben Sie die Auftragsnummer ein.
2. Eingabe mit  bestätigen.
3. Wählen Sie dann *Auftrag* ⇨ *Funktionen* ⇨ *Kosten ermitteln*.
4. Wechseln Sie anschließend über *Springen* ⇨ *Kosten* ⇨ *Analyse* in die Anzeige der Kosten.

Abb. 2.60
Plan/Ist-Vergleich

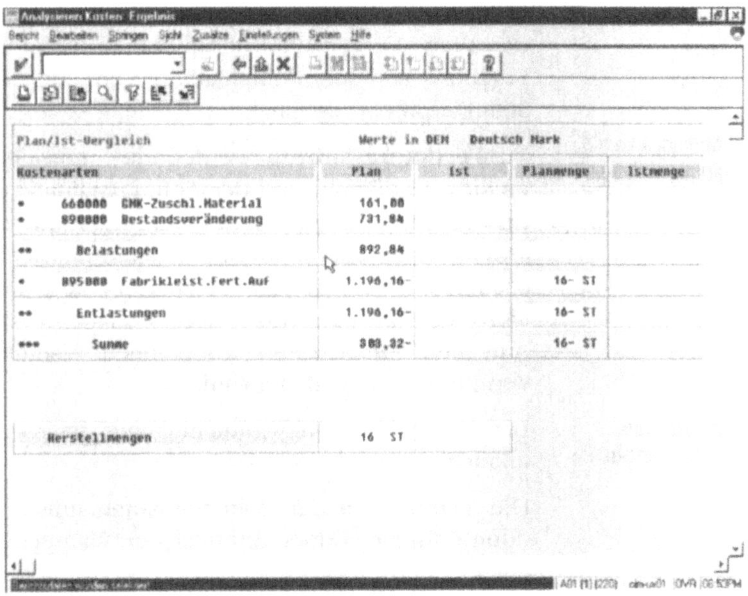

Nun erhält man eine Übersicht über die Plan- und Istkosten des Auftrags.

2.5.2.2.4 Lagerzugang

Nach erfolgter Produktion eines Materials wird dieses am Lager abgeliefert und als Lagerzugang verbucht.

Zur Verwaltung von allgemeinen **Lagerzugangsdaten** steht im Auftragskopf der Teil Wareneingang/Bewertung zur Verfügung. Dieser Teil des Auftragskopfes ist über die Menüeinträge *Kopf* ⇨ *Wareneingang/Bewert.* zugänglich. Dort sind die Unter-/Überlieferungssätze, Kennzeichen für Qualitätsprüfung, Wareneingang und Endlieferung sowie der Lagerort untergebracht.

Bei der **Ablieferung** des gefertigten Materials prüft das System zunächst, ob ein Wareneingang für den Fertigungsauftrag zulässig ist. Danach wird kontrolliert, ob sich die abgelieferte Menge innerhalb der Unter-/Überlieferungstoleranzen, die im Auftragskopf angegeben wurde, befindet. Ist dies nicht der Fall, so wird eine Warn- bzw. eine Fehlermeldung ausgegeben.

Auswirkungen auf Materialstamm

Eine korrekte Ablieferung verändert im Materialstamm den Gesamtbestand des Materials, den Gesamtwert sowie den gleitenden Preis. Vorgenannte Positionen werden automatisch mit dem Ergebnis aus der Multiplikation von abgelieferter Menge und Standardpreis verrechnet.

Auswirkungen auf Fertigungsauftrag

Im **Fertigungsauftrag** werden die gemeldete Menge, der gemeldete Endtermin und der Auftragsstatus verändert. Die gemeldete Menge wird um die Ablieferung erhöht, der gemeldete Endtermin erhält das Datum der Ablieferung, der Auftragsstatus wird solange auf „*Teilgeliefert*" gesetzt, bis die gelieferte Menge innerhalb der Toleranzgrenzen liegt. Danach erfolgt eine Statusänderung auf „*Endgeliefert*", wobei noch Wareneingangsbuchungen von Restmengen erlaubt sind.

Verbuchen von Wareneingängen

Das Verbuchen von Wareneingängen wird im Modul MM abgehandelt.

Die Verbuchung der Wareneingänge muss nach der Rückmeldung erfolgen. Dabei verbucht der Wareneingang die Lieferung des Fertigerzeugnisses an das Lager. Die Vorgehensweise ist analog der zum Warenausgang.

Die Menüfolge bis zur Verbuchung lautet:

1. *Logistik* ⇨ *Materialwirtschaft* ⇨ *Bestandsführung*.
2. Dort muss *Warenbewegung* ⇨ *Wareneingang* ⇨ *Zum Auftrag* ausgewählt werden, um Wareneingänge zu verbuchen.
3. Eingabe der Daten in die entsprechenden Felder.

4. *Bewegungsart, Auftrag, Werk* und *Lagerort*, wobei der Zahlenschlüssel für die Bewegung „zum Auftrag in das Lager" ist.
5. Danach folgt *Transportauftrag verbuchen* wie beim Warenausgang.
6. Sichern und Rückkehr in das Hauptmenü.

2.5.2.3 Auftragsabschluss

Die letzte Phase der Fertigungssteuerung bildet der Auftragsabschluss.

Abrechnung

Durch die Abrechnung eines Auftrages werden die angefallenen Istkosten, bspw. material- oder kundenauftragsbezogen, abgerechnet. Den Belastungen werden dabei automatisch die Entlastungen gegenübergestellt.

Zur Ausführung einer Abrechnung müssen folgende **Abrechnungsparameter** gepflegt oder übernommen werden:

- Abrechnungsart
- Abrechnungsempfänger
- Abrechnungsanteil

Abrechnungsart

Über Abrechnungsparameter wird die Art der Abrechnung festgelegt. So ist es möglich, eine **Gesamtabrechnung**, d. h. alle angefallenen Kosten des Auftrages werden abgerechnet oder eine **periodische Abrechnung**, d. h. die Kosten werden periodengerecht abgerechnet, zu erzeugen.

Abrechungs-empfänger

Des Weiteren wird der Empfänger der Abrechnung festgelegt; dies können sein:

- ein Material
- eine Kostenstelle
- ein Innenauftrag
- ein Kundenauftrag
- ein Projekt
- ein Netzplan
- eine Anlage

Es ist auch möglich, mehrere Abrechnungsempfänger gleichzeitig anzugeben.

Über den **Abrechnungsanteil** sind die Kosten prozentual auf einzelne Abrechnungsempfänger verteilbar.

Standardeinstellungen für Abrechnungsparameter

Das System hat als Standardeinstellungen für die Abrechnungsparameter:

- eine Kontierung an das Material;
- einen Abrechnungsanteil von 100 %;
- als Abrechnungsart „Gesamtabrechnung".

Zum **Aufrufen der Abrechnungsparameter** geht man wie folgt vor:

1. Öffnen des Fertigungsauftrags.
2. Fertigungsauftrag abrechnen über den Pfad *Logistik ⇨ Produktion ⇨ Fertigungssteuerung* und weiter über Auftrag ⇨ Ändern.

Fertigungsauftrag abrechnen

Das **Abrechnen eines Fertigungsauftrages** wird folgendermaßen realisiert:

1. Wahl von *Umfeld ⇨ Abrechnen ⇨ Einzelverarbeitung.*
2. Man gelangt dann in das Einstiegsbild der Abrechnung.
3. Angabe der Nummer des Fertigungsauftrages.
4. Eintrag von Geschäftsjahr und Periode.
5. Bezugsdatum wird vom System automatisch ermittelt.
6. Im Feld *Ablaufsteuerung* kann der Vorgang durch Markieren von Testlauf simuliert werden.
7. Zum Ausführen drückt man auf den Button mit dem Schlüsselsymbol.

Abrechnen von Ausschuss

Fällt in einem Fertigungsauftrag Ausschuss an, so würde bei einem Abrechnungsanteil von 100 % und nur einem Abrechnungsempfänger der **Ausschuss** zu 100 % dem Abrechnungsempfänger belastet. Dieser genannte Fall entspricht der Standardeinstellung, wobei der Abrechnungsempfänger das Materialkonto darstellt.

Soll der Ausschuss einem gesonderten Empfänger belastet werden, so ist in den Abrechnungsparametern ein weiterer Abrechnungsempfänger mit einem anzugebenden Ausschussprozentsatz als Abrechnungsanteil anzugeben.

Der Abrechnungsanteil für den ersten Empfänger ist um den angegebenen Ausschussprozentsatz zu verringern, so dass die Gesamtabrechnungsanteile wiederum 100 % ergeben.

Technisch abschließen

Das sog. „technische Abschließen" umfasst das Beenden eines Fertigungsauftrages aus logistischer Sicht. Diese Funktion wird normalerweise verwendet, wenn die Durchführung eines Auftrages vorzeitig abgebrochen werden soll oder wenn ein Auftrag nicht ordnungsgemäß abgewickelt wurde und noch offene Bedarfe des Auftrages (Reservierungen, Kapazitätsbedarfe) gelöscht werden sollen.

Voraussetzungen

Die Funktion „Technisch abschließen" muss für den Vorgang erlaubt sein, d. h. sie darf nicht aufgrund eines System- oder Anwenderstatusses verboten sein. Dazu prüft das System den betriebswirtschaftliche Vorgang „BTAB".

Folgende **Aktionen** werden durchgeführt, wenn der Auftrag technisch abgeschlossen wird:

Funktionsumfang

- Der Auftrag wird als nicht mehr dispositiv relevant gekennzeichnet.
- Die Reservierungen werden gelöscht.
- Die Kapazitätsbedarfe werden gelöscht.
- Eventuell vorhandene Bestellanforderungen für Fremdvorgänge oder Nichtlagerkomponenten werden gelöscht.
- Für den Auftrag und die Vorgänge wird der Systemstatus *Technisch abgeschlossen* (TABG) gesetzt.

Wenn ein Auftrag technisch abgeschlossen ist, so sind **Änderungen am Auftrag nicht mehr erlaubt**, d. h. die Felder des Auftrages können angezeigt aber nicht geändert werden. Der Technische Abschluss des Auftrages kann jedoch wieder zurückgenommen werden, z. B. wenn Auftragsdaten geändert werden müssen.

Auch nach dem Technischen Abschluss können noch **Buchungen auf den Auftrag** durchgeführt werden, z. B. kann noch eine Materialentnahme oder eine Rückmeldung gebucht werden, wenn sie vergessen wurden.

Funktionsablauf

Die Funktion **„Technisch abschließen"** kann auf zwei Arten durchgeführt werden:

1. Beim Ändern eines Auftrages (*Fertigungssteuerungsmenü ⇨ Auftrag ändern*) wählen Sie: *Auftrag ⇨ Funktionen ⇨ Bearbeitung einschr. ⇨ Techn. Abschließen.*
2. Im Fertigungssteuerungsmenü bei der Massenbearbeitung ist das *Technische Abschließen* eine mögliche Aktion. Wählen

Sie: *Steuerung* ⇨ *Massenbearbeitung* und markieren Sie *Technisch abschließen.*

3. Den Technischen Abschluss nehmen Sie folgendermaßen zurück:
Beim Ändern eines Auftrages (*Fertigungssteuerungsmenü* ⇨ *Auftrag ändern*) wählen Sie: *Auftrag* ⇨ *Funktionen* ⇨ *Bearbeitung einschr.* ⇨ *Rücknahme Tabschl.*.

2.5.3 Fertigungsinformationssystem

2.5.3.1 Funktion

Produktionsplanungssysteme haben zur Aufgabe sämtliche Aktivitäten im Produktionsbereich so aufeinander abzustimmen, damit die vier Hauptziele:

Ziele von Produk-Tionsplanungs-systemen

- **kurze Durchlaufzeiten,**
- **hohe Termintreue,**
- **niedrige Bestände** und
- **gute Kapazitätsauslastung**

erfüllt werden können.

Das **SFIS (Shop Floor Information System)** bietet die Möglichkeit, diese Zielkriterien zu kontrollieren, um rechtzeitig zu reagieren. Es ist Bestandteil des Logistikinformationssystems, zu dem das Vertriebsinformationssystem und das Bestandscontrolling gehören. Die Datenanalyse wird als Standardanalyse oder als flexible Analyse ausgeführt.

2.5.3.2 Grundbegriffe

Datenbasis

Die Datenbasis im Fertigungsinformationssystem wird aus Informationen gebildet, die in der Fertigungssteuerung vorhanden sind, also Daten, die in der operativen Anwendung anfallen, wie bei Freigabe eines Fertigungsauftrages, Teilrückmeldung eines Auftrags oder Lieferung an das Lager.

Informationsstrukturen

Die wichtigsten dieser Daten werden in Informationsstrukturen fortgeschrieben. Dabei definiert eine Fertigungsinformationsstruktur eine Gruppe von Informationen, die für die Auswertung von Daten aus der Fertigungssteuerung genutzt wird. Es gibt die Fortschreibung, die synchron zur Belegverbuchung verläuft (V1-Verbuchung) und die asynchron verlaufende Fortschreibung (V2-

Verbuchung). Wann die Fortschreibung erfolgen soll, wird im Einstellungsmenü des Logistik-Controllings festgelegt.

Eine Informationsstruktur besteht aus drei Teilen:

- **Merkmalen**, das sind Informationen, die sich zur Verdichtung eignen, wie Werk, Arbeitsplatz, Material.
- **Kennzahlen**, betriebswirtschaftlich interessierende Werte, wie die Wartezeitabweichung oder die Durchführungszeit eines Auftrags.
- **Periodizität**, die den Zeitbezug zur jeweiligen Informationsstruktur darstellt.

Arten von Informationsstrukturen

Es existieren zwei Arten von Informationsstrukturen:

- **Standardinformationsstrukturen**, die im SAP-System bereits enthalten sind und signifikante Kennzahlen zu den entsprechenden Strukturen beinhalten.
- **Auswerteinformationsstrukturen**, die eine Sicht auf eine oder mehrere bereits existierende Strukturen definieren und vom Anwender selbst zusammengestellt werden können.

Die Auswerteinformationsstrukturen bilden zusammen mit den Standardinformationsstrukturen die Basis für flexible Analysen (vgl. Abb. 2.61).

Abb. 2.61 Auswerte-informationsstruktur

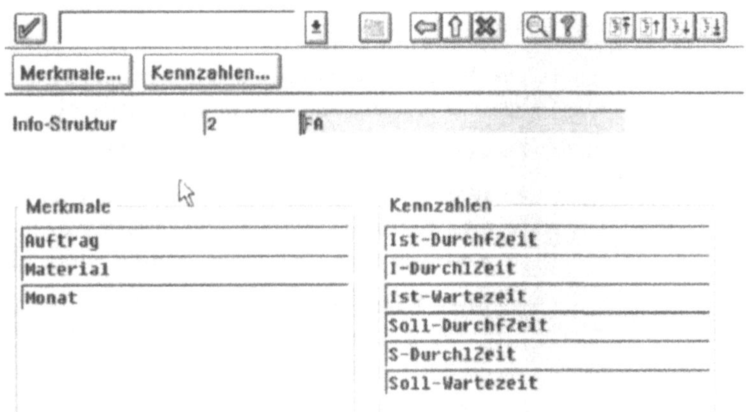

Mit Standardinformationsstrukturen werden Standardanalysen-durchgeführt. Mittels Pick-up-Technik können Kennzahlen frei zusammengestellt werden. Zur Auswahl stehen über 50 Kennzahlen.

Standardinformationsstrukturen

Man unterscheidet zwischen vier Standardinformationsstrukturen:

- S021 Fertigungsauftrag
- S022 Vorgang
- S023 Material
- S024 Arbeitsplatz

Aufrissfunktion

Man hat die Möglichkeit, nach den Merkmalen, die verdichtete Daten enthalten, aufzureißen, d. h. den Grad der Informationstiefe zu variieren.

Eine Reihe **weiterer Funktionen** sind im Fertigungsinformationssystem enthalten. So z. B.:

- **Summenkurve**
- **ABC-Analyse**
- **Klassifikation**
- **Hitliste**
- **Vorjahresvergleich** bei der Arbeitsplatz- u. Materialanalyse
- **Gantt- und Durchlaufdiagramm** bei der Vorgangs- und Fertigungsauftragsanalyse

Es lassen sich zusätzliche Detailinformationen zum Arbeitsplatz, Material und zu den Fertigungsaufträgen anzeigen.

Benutzerkreis

Das SFIS stellt detaillierte Informationen für den Sachbearbeiter, wie auch verdichtete Informationen für das Management bereit.

Die **Kennzahlensuche** erleichtert das Auffinden von Kennzahlen, wenn z. B. der Transaktionscode nicht bekannt ist.

Formen der Kennzahlensuche

Es werden drei Formen der Kennzahlensuche unterschieden:

- **über Textelemente**; hier werden ein oder mehrere Begriffe angegeben, die in der Beschreibung einer Kennzahl enthalten sind. Die Begriffe können logisch verknüpft werden.
- **über Klassifizierung**; hier werden Merkmale eines Klassifizierungsschemas ausgewählt. Alle Kennzahlen, die in den Merkmalen enthalten sind, werden angezeigt.
- **über Infosets**; innerhalb eines Info-Sets sind Kennzahlen enthalten, die zueinander in einer logischen Beziehung stehen. Info-Sets (siehe Abb. 2.62) können auch vom Anwender zusammengestellt werden. Info-Sets enthalten entweder Kennzahlen oder aber andere Info-Sets.

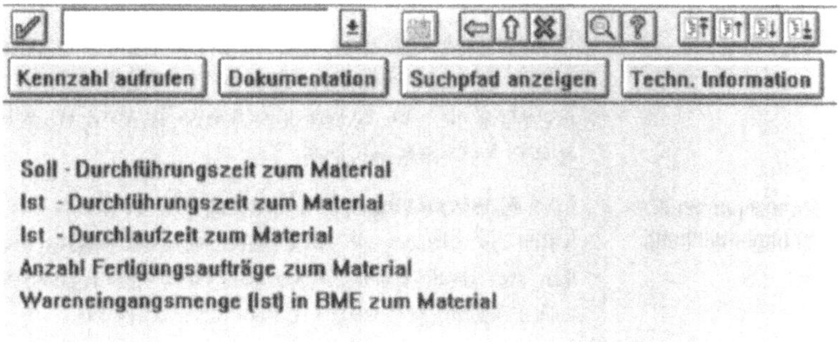

Abb. 2.62
Kennzahlensuche Infoset

Zu jedem Info-Set gibt es ein Protokoll, in dem die Nummern der einzelnen Kennzahlen sowie die dazugehörigen Standard-Informationsstrukturen abgebildet werden:

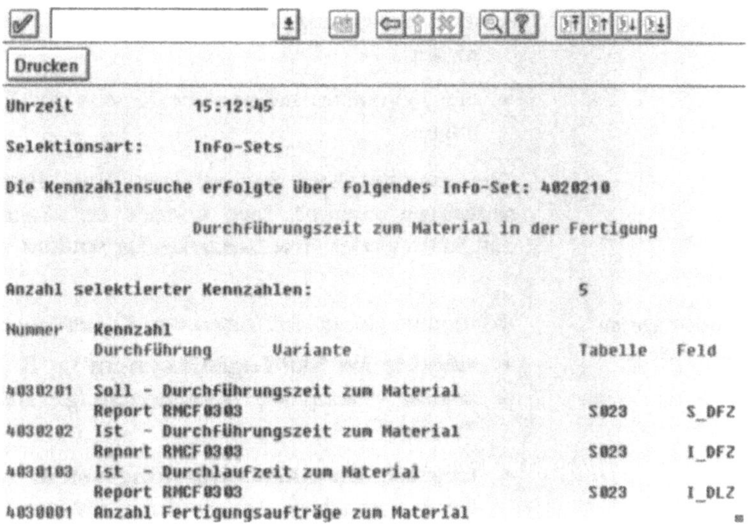

Abb. 2.63
Protokoll eines Info-Sets

2.6 Erzeugniskalkulation

Die Arbeit mit der Erzeugniskalkulation setzt gründliche Kenntnisse der Stücklisten, der Arbeitsplätze und Arbeitspläne voraus. Kenntnisse der Kostenstellenrechnung tragen ebenfalls zum besseren Verständnis bei.

Grundlagen der Kostenträgerrechnung

Die **Kostenträgerrechnung** als Teilbereich der Kostenrechnung klärt die Frage: „Wofür sind Kosten entstanden?" Sie rechnet hierfür die angefallenen Kosten den Erzeugnissen, Erzeugnisgruppen oder Aufträgen eines Unternehmens zu.

Zwecke der Kostenträgerrechnung

Die Kostenträgerrechnung hat die Aufgaben:

- der Feststellung der Kosten für betriebliche Leistungseinheiten;
- der Optimierung der Herstellkosten eines Produktes;
- der Ermittlung der Preisuntergrenze eines Produktes;
- der Bewertung von Beständen an Fertig-/Unfertigerzeugnissen;
- der Gegenüberstellung von Kosten und Erlösen eines Kostenträgers.

Die erstellten Leistungseinheiten eines Betriebes werden **Kostenträger** genannt. Dies können im allgemeinen ein Produkt, ein Auftrag oder eine hierarchische Struktur sein.

Kostenträger im SAP-System

R/3 unterscheidet drei Arten von Kostenträgern:

- **Objekte im SAP-Logistiksystem** (z. B. Material, Fertigungsauftrag, Netzplan, Kundenauftrag, Instandhaltungsauftrag, Projekte)
- **Objekte im SAP-Controllingsystem** (z. B. Material, CO-Fertigungsauftrag, Innenauftrag, Kostenträger-Identnummer)
- **Verdichtungsobjekte**

2.6.1 Durchführen einer Erzeugniskalkulation

Datenbasis einer Erzeugniskalkulation

Die Erzeugniskalkulation basiert auf Daten aus den Bereichen Produktionsplanung und -steuerung, Kostenstellenrechnung und der Materialwirtschaft.

Um eine Kalkulation aufzubauen, müssen technische und kaufmännische Daten zu Grunde liegen.

Mengengerüst

Technische Daten, auch Mengengerüst genannt, werden aus der Stückliste, dem Arbeitsplan und dem Arbeitsplatz ermittelt. Sie geben den mengenmäßigen Anteil an den Berechnungen an.

Wertgerüst

Kaufmännische Daten, auch Wertgerüst genannt, werden aus dem Materialstamm, den Tarifen, der verlängerten Werkbank (Fremdbearbeitung) und der Gemeinkostenbezuschlagung entnommen.

Die Erzeugniskalkulation benötigt für ihre Berechnungen diverse Daten. Hierzu werden aus den Stücklisten Materialeinsatzmengen, aus den Arbeitsplänen Vorgabezeiten, aus dem Materialstamm Materialpreise und aus der Kostenstellenrechnung Leistungstarife herangezogen. Die Zusammenführung dieser genannten Daten erfolgt innerhalb eines Kalkulationsschemas.

Kalkulationsarten

Die Erzeugniskalkulation in R/3 sieht folgende Kalkulationsarten vor (siehe Abb. 2.64):

- **Plankalkulation**
- **Vorkalkulation**
- **Sollkalkulation**
- **aktuelle Kalkulation**
- **Inventurkalkulation**

Abb. 2.64
Plankalkulation als zentrales Instrument

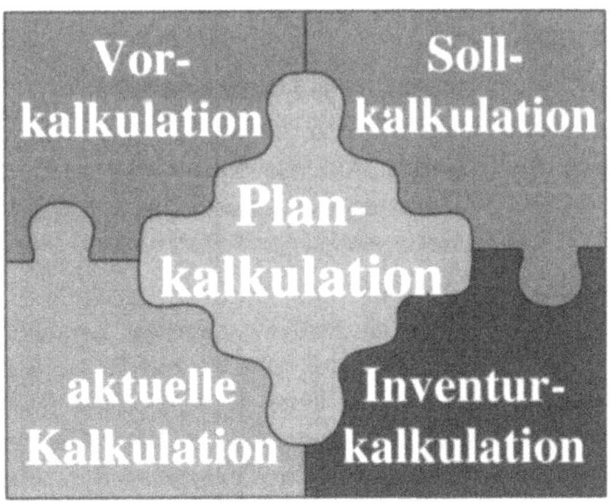

Die **Plankalkulation** stellt das zentrale Kalkulationsinstrument in der Erzeugniskalkulation dar. Ziel der Plankalkulation ist es, die geplanten Herstellkosten eines Produktes für eine Planungsperiode zu ermitteln. Die ermittelten Herstellkosten werden zur Festlegung des Material-Standardpreises herangezogen.

Zweck der **Vorkalkulation** ist es, die Vorabermittlung der Herstellkosten eines Produktes durchzuführen. Die Produkte der Vorkalkulation nehmen nicht an der Plankalkulation teil, da sie noch nicht im Produktionsprogramm aufgenommen wurden. Eine Vorkalkulation wird bei der Entwicklung neuer Stücklisten, Produktionsverfahren oder neuer Produkte eingesetzt.

Die **Sollkalkulation** errechnet auf der Basis der Plankalkulation mit einem veränderten Mengengerüst die Herstellkostenabweichungen gegenüber der Plankalkulation. Änderungen des Mengengerüstes können aufgrund von Stücklistenänderungen aus der Konstruktion oder durch Arbeitsplanänderungen durch die Arbeitsvorbereitung entstehen.

Die **aktuelle Kalkulation** basiert ebenfalls auf der Plankalkulation, im Gegensatz zur Sollkalkulation wurde hier eine Veränderung des Mengengerüstes und des Wertansatzes vorgenommen. Diese Form der Kalkulation dient der Ermittlung der aktuellen Herstellkosten. So werden die Herstellkosten von Halb- und Fertigprodukten aufgrund von abgewerteten Einsatzmaterialpreisen berechnet. Sie wird i. d. R. am Bilanzstichtag eingesetzt.

Die **Inventurkalkulation** stellt die Basis abgewerteter Einsatzmaterialpreise dar. Sie ermittelt die Herstellkosten von Halb- und Fertigfabrikaten.

2.6.1.1 Struktur einer Erzeugniskalkulation

Die Struktur einer Erzeugniskalkulation wird in **Steuerungstabellen** abgelegt. Diese sind im Customizing über die Menüfolge *Werkzeuge ⇨ Customizing ⇨ Logistik ⇨ Produktion ⇨ Produktkostenrechnung ⇨ Kalkulation* erreichbar.

Zuordnungstabellen

Mit Hilfe der Zuordnungstabellen werden die Kostenelemente der Kalkulation aufgebaut. Hierbei bildet das Elementeschema ein zentrales Objekt, welches erweitert oder neu angelegt werden kann. Über die Menüfolge *Werkzeuge ⇨ Customizing ⇨ Logistik ⇨ Produktion ⇨ Produktkostenrechnung ⇨ Kostenelemente* können die Zuordnungstabellen angezeigt werden.

Zur Kalkulation von Materialien gibt es zwei verschiedene Kalkulationsschemen, die nach Erzeugnistiefe unterscheiden. So wird zur Kalkulation von Material, dessen Komponenten keine Baugruppen enthalten, die **einstufige Erzeugniskalkulation** verwendet.

Materialien, bei denen Baugruppen verarbeitet werden, kalkuliert man über die **Standardkalkulation**. Dabei werden die Kosten der darunterliegenden Kalkulationen von unten nach oben verrechnet (siehe Abb. 2.65).

Abb. 2.65
Standardkalkulationsschema

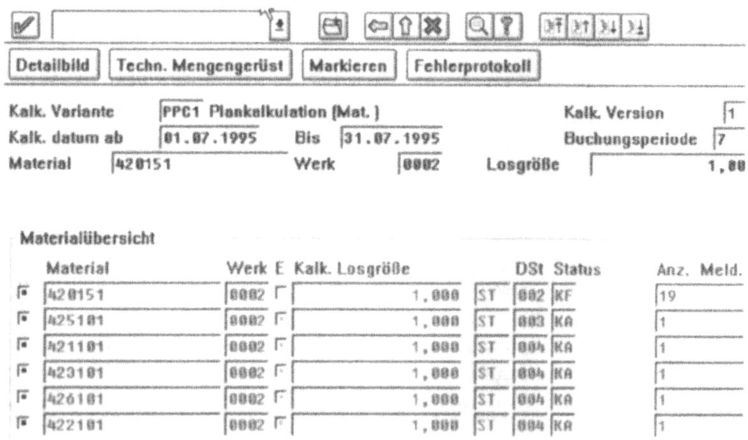

2.6.1.2 Kostenermittlung

Eine Kalkulation enthält drei Arten von Grunddaten, die zur Berechnung der Herstellkosten vorhanden sein müssen.

Grunddaten der Kalkulation

Die Grunddaten der Kalkulation sind:

- **Materialkosten**
- **Fertigungskosten**
- **Gemeinkosten**

2.6.1.2.1 Materialkostenermittlung

Grundlage der Materialkosten sind der **Materialstamm** und die **Stückliste**. Der Materialstamm trägt den wertmäßigen, die Stückliste den mengenmäßigen Anteil zur Berechnung bei.

Um eine Erzeugniskalkulation erstellen zu können, müssen eine Stückliste und die Materialstämme für die Komponenten der Stückliste angelegt sein. Ist dies nicht der Fall, so müssen die fehlenden Informationsquellen angelegt werden.

„Erzeugniskalkulation“

Eine Erzeugniskalkulation legt man über die Menüpunkte:

Logistik ⇨ Produktion ⇨ Erzeugniskalkulation ⇨ Kostenträger ⇨ Material ⇨ Anlegen an.

Es ist möglich, für ein Material verschiedene Kalkulationen durchzuführen, indem sog. Versionsnummern vergeben werden. Zur Kalkulation müssen Losgröße, Werk und die Materialnummer angegeben werden.

Das System ermittelt nun die notwendigen Kalkulationsdaten automatisch und verzweigt danach in ein Listbild der Kalkulation (siehe Abb. 2.66).

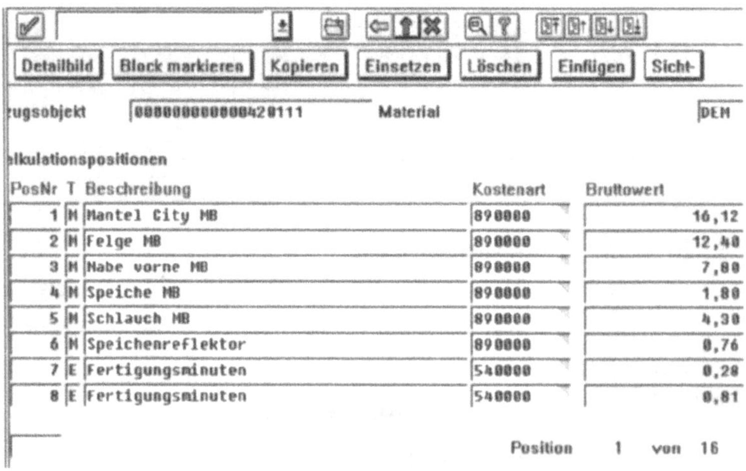

Abb. 2.66 Listbild einer einstufigen Einzelkalkulation

2.6.1.2.2 Fertigungskosten

Die Fertigungskosten werden, wie in obiger Abbildung angezeigt, bei der Erstellung der Kalkulation automatisch ermittelt. Hierzu werden Daten aus der Kostenstellenrechnung, dem Arbeitsplan und dem Arbeitsplatz herangezogen.

Voraussetzung dafür ist jedoch, dass ein Arbeitsplan und die passenden Arbeitsplätze existieren, da sonst keine Berechnung durchgeführt werden kann.

Aus der Kostenstellenrechnung wird ein Kostensatz, der die Höhe der Kosten an dem Arbeitsplatz angibt, selektiert. Der Arbeitsplatz steuert mit der Planzeit, die aus der Vorgabezeit und einem Nutzungsgrad zusammengesetzt ist, einen Teil der Bearbeitungszeit. Als Ergänzung zur Planzeit wird eine Produktionsmenge aus dem Arbeitsplan herangezogen. Die angegebenen Werte werden miteinander verrechnet und ermitteln somit die Fertigungskosten.

2.6.1.2.3 Gemeinkostenermittlung

Die Material- und Fertigungsgemeinkosten können in der Erzeugniskalkulation über Zuschläge errechnet werden.

Zur Gemeinkostenermittlung muss ein **Kalkulationsschema** angegeben werden (siehe Abb. 2.67). Dort werden die Zuschlagssätze, die Zuschlagsbasis und die Entlastungen angegeben.

Abb. 2.67
Kalkulationsschema

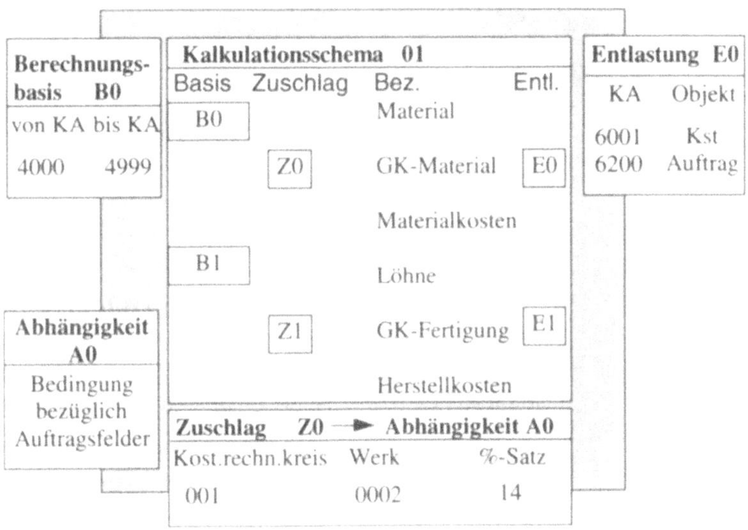

Kalkulationsschemen (vgl. Abb. 2.65) sind über die Menüpunkte:

Werkzeuge ⇨ Customizing ⇨ Einstellungsmenü ⇨ Logistik ⇨ Produktion ⇨ Produktkostenrechnung ⇨ Kostenelemente

verfügbar.

Hier werden die sog. **Zuordnungstabellen** gepflegt, in denen für jede Kostenart die Basis anhand von Kostenartenintervallen angegeben werden kann.

In dem abgebildeten Kalkulationsschema (siehe Abb. 2.67) besitzt das Material die Berechnungsbasis „B0". In der Tabelle der Berechnungsbasis „B0" ist ein Kostenartenintervall eingetragen, das die Kostenarten für das Material angibt.

Die **Materialgemeinkosten** werden über den Zuschlag „Z0" in Abhängigkeit von „A0" berechnet. Die Entlastung „E0" ist den Materialgemeinkosten zugeordnet und wird auf die in der Entlastungstabelle eingetragenen Objekte angewandt.

Zum Pflegen von Gemeinkostensätzen können über das Customizing der Produktkalkulation die Menüpunkte *Umfeld ⇨ GMK-Zuschlag pflegen* angewählt und die Zuschläge geändert werden.

2.6.2 Kalkulationsabschluss

Durch den Kalkulationsabschluss wird der ermittelte Materialpreis als Standardpreis im Kalkulationssegment bzw. im Buchhaltungssegment des Materialstammes fortgeschrieben.

Schritte des Kalkulationsabschlusses

Der Kalkulationsabschluss wird untergliedert in vier Vorgänge:

- **Vormerkung erlauben**
- **Vormerkung durchführen**
- **Freigabe erlauben**
- **Freigabe durchführen**

Mit der Aktion „**Vormerkung erlauben**" werden die organisatorischen und kalkulatorischen Daten der Fortschreibung festgelegt. Die Vormerkung beinhaltet den Buchungskreis, die zukünftige Periode, das Geschäftsjahr und die Bewertungsvariante.

Die Vormerkung findet man unter den Menüpunkten *Logistik ⇨ Produktion ⇨ Erzeugniskalkulation ⇨ Org.Maßnahmen ⇨ Freigabe ⇨ Vormerkung erlauben.*

Vormerkung durchführen

Nachdem eine Erlaubnis für eine Vormerkung erzeugt wurde, kann die Vormerkung durchgeführt werden. Dabei werden die Kalkulationsergebnisse als **zukünftiger** Standardpreis im Materialstamm geführt.

Für einzelne Materialien kann die Vormerkung über die Menüpunkte *Logistik ⇨ Produktion ⇨ Erzeugniskalkulation ⇨ Kostenträger ⇨ Material ⇨ Vormerken* durchgeführt werden. Eine abschließende Sicherung ist nötig, da sonst kein Eintrag im Materialstamm vorgenommen wird.

Freigabe erlauben

Ziel einer Plankalkulation ist die Ermittlung eines neuen Standardpreises für eine Planperiode. Um eine Vormerkung im Buchhaltungssegment des Materialstamms wirksam werden zu lassen, muss eine Freigabe erfolgen. Somit wird mit dieser Maßnahme für jeden Buchungskreis die Kalkulationsperiode festgelegt, die bei der Freigabe verwendet wird.

Ein Erlauben der Freigabe kann unter den Menüpunkten:

Logistik ⇨ Produktion ⇨ Erzeugniskalkulation ⇨ Org.Maßnahmen ⇨ Freigabe erlauben

erfolgen.

Freigabe durchführen

Nach der Erlaubnis zur Freigabe folgt die Durchführung. Hierbei wird der durch die Vormerkung als zukünftiger Standardpreis abgelegte Wert als Standardpreis eingetragen. Sobald eine Freigabe in einem Buchungskreis erfolgt, dürfen keine Änderungen an den Kalkulationsvormerkungen oder eine erneute Durchführung der Kalkulationsvormerkung erfolgen.

Eine Freigabe für einzelne Materialien kann über die Menüpunkte:

Logistik ⇨ Produktion ⇨ Erzeugniskalkulation ⇨ Kostenträger ⇨ Material ⇨ Freigeben

erfolgen.

3 Qualitätsmanagement

„Wenn der Kunde zurückkommt und nicht das Produkt, so nennt man das Qualität".

QM-System

Aus diesem Satz lassen sich die Aufgaben des **QM** bereits erahnen: die gesamten Maßnahmen der Qualitätssicherung aus den verschiedensten Abteilungen (z. B. Entwicklung, Planung, Einkauf, Fertigung usw.) ergeben das QM-System.

Aufgaben des QM-Systems

Das QM-System ist in der Produktionsplanung, Materialwirtschaft, Instandhaltung und dem Vertrieb als Bestandteil enthalten. Im Modul QM existieren die Hauptgruppen:

- **Qualitätsplanung**
- **Qualitätsprüfung**
- **Qualitätslenkung**

ISO-Normen

Das QM - Modul entspricht in den wesentlichen Teilen der **ISO 9004** und **EN 29000**.

Als Hilfe steht dem Anwender ein Leitfaden zur Verfügung (IMG), in dem Informationen über die Einstellungen des QM aufgerufen werden können. Er ist über die Befehlsfolge *Werkzeuge ⇨ Hypertext ⇨ Anzeigen* erreichbar.

ISO-Normenreihe

Die **Normen** der **ISO 9000 ff**. dienen der Darstellung der Zusammenhänge der QM-Elemente und bilden die Grundlage zum Aufbau eines QM-Systems. Von den fünf verschiedenen Normen können jedoch nur jeweils drei verwendet werden.

Die **ISO 9000** legt die Handhabung des Regelwerks fest und hat hauptsächlich das Erfüllen der Qualitätsanforderungen, Erwerben des Vertrauens der Unternehmensleitung und die Sicherstellung des Vertrauens gegenüber dem Kunden zum Ziel.

Die **ISO 9001** enthält Beschaffung, Produktentwicklung, Produktion, Marketing, Kundendienst usw. und ist somit am umfangreichsten.

Die **9002-Normen** sind für einen Produktionsbetrieb anwendbar (Beschreibung der Beschaffung, Herstellung usw.).

Die **ISO 9003** beschreibt nur die Endprüfung.

Die **ISO 9004** soll der Umsetzung der Normen in einem Unternehmen dienen. Somit gibt sie Hinweise zum Auf- und Ausbau eines QM-Systems.

Normierungszwecke

Die **Normierung** ist aus vielen Gründen unumgänglich; nachfolgend sind einige Punkte aufgeführt, aus denen die Gründe für eine Normierung ersichtlich werden:

- Festlegung der Qualitätspolitik;
- Erfüllung der Verträge;
- Qualitätssicherung beigestellter Produkte;
- richtiger Umgang mit den Qualitätsaufzeichnungen;
- Überprüfung der Wirksamkeit des Systems;
- Betreuung des Kunden;
- Überwachung der Eignung der Prozesse;
- Zuordnung der Produkte zu den Herstellungsphasen;
- Sicherstellung der Qualität der Produkte;
- Qualitätskontrolle in der Herstellung;
- Verwendung von Prüfmitteln;
- Lieferung fehlerfreier Produkte;
- sinnvolle Handhabung der Dokumente;
- Einkauf von Produkten nach festgelegten Kriterien;
- Kennzeichnung des Prüfstandes;
- Verhinderung des Einsatzes fehlerhafter Produkte;
- Vermeidung von Fehlern (keine Wiederholungsfehler);
- Qualitätssicherung bei der Lagerung.

3.1 QM-spezifische Grunddaten

„Auswahlmengen.scm" und „Grunddaten.scm"

Die spezifischen Grunddaten bzw. Stammdaten umfassen die Prüfkataloge, Prüfmethoden, Prüfmerkmale und die Dynamisierung. Sie sind von zentraler Bedeutung für die Qualitätssicherung und tragen erheblich zur Erleichterung und Standardisierung der Prüfplanung bei. Die Grunddaten bilden die Bausteine für den Aufbau von Prüfplänen. Die Prüfkataloge, Prüfmethoden und Prüfmerkmale können mehrsprachig im System gepflegt werden.

Prüfmittel

Zu den Grunddaten des Prüfplans gehören auch die Prüfmittel. Für ihre Beschreibung zieht man die allgemeinen Fertigungshilfsmittel heran, die je nach Anwendungsaufgabe als Equipment, Material, Dokument oder sonstiges Fertigungshilfsmittel definiert werden können.

Versionen

Auch im Modul QM besteht die Möglichkeit, verschiedene Versionen von Stammdaten zu führen (d. h. die Stammdaten müssen nicht in einer einzigen Ausführung vorliegen).

„Prüfmerkmal.scm"

Wenn eine Version eines schon bestehenden Stammsatzes angelegt werden soll, wählt man *Prüfmethode ⇨ Version anlegen* und für Merkmale *Prüfmerkmale ⇨ Version anlegen*. Danach geht man im Dialogfeld weiter. Die Eingabe des Stammsatzes kann durch direkte Eingabe, Suche über Matchcode oder Suche über *-Eingabe erfolgen. Nach dieser ist F5 und später F11 zum Speichern auszuwählen.

Ersetzen von Versionen

Alte Versionen von verwendeten Stammsätzen können ersetzt werden. Hier muss in einem Dialogfeld die Frage *„alte Pläne durch neue ersetzen"* mit *„JA"* beantwortet werden.

„Prüfmethode.scm"

Alle gültigen Versionen können angezeigt werden, indem man *Zusätze ⇨ Zeitachse* anwählt. Die angezeigten gültigen Versionen stehen in zeitlich sortierter Reihenfolge. Mit F2 kann die jeweilige Version des Stammsatzes angezeigt werden, auf der sich der Cursor gerade befindet.

Historienführung

Die Historienführung bietet die Möglichkeit, im QM-System alle Änderungen, die an Stammsätzen vorgenommen werden, zu dokumentieren. Wenn eine Änderung mit Historie vorgenommen wird, legt das System für den Stammsatz eine neue Version mit gleichem Gültigkeitsstand an. Sobald eine neue Version existiert, wird die alte zu einer historischen Version. Alte Versionen können generell durch neue ersetzt werden. Wenn man ohne Historie arbeitet, wird keine neue Version bei einer Veränderung erstellt.

Feldhistorie

Über den Befehl *Zusätze ⇨ Feldhistorie* kann für alle Felder, an denen eine Änderung vorgenommen worden ist, eine Feldhistorie angezeigt werden, die die Änderungen dokumentiert.

Kopiervorlage

Damit eine schnellere und einfachere Erfassung möglich ist, verwendet man am besten die Kopiervorlage. So besteht die Möglichkeit, die Kopiervorlage beim Anlegen einer neuen Version sowie eines bestehenden Stammsatzes bei der Verwendung eines Prüfmerkmals im Prüfplan zu verwenden.

Abb. 3.1
Grunddaten

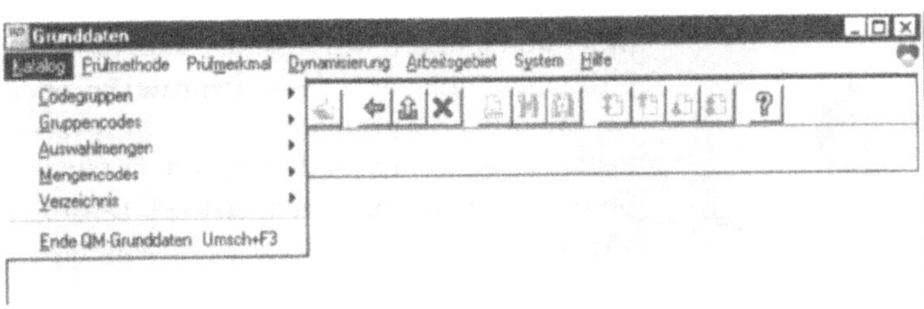

3.1.1 Prüfkataloge

Die textliche Beschreibung von Sachverhalten, z. B. bei der Erfassung von Prüfergebnissen zu qualitativen Prüfmerkmalen, birgt die Gefahr, dass gleiche Sachverhalte unterschiedlich benannt werden. Durch die hierarchisch aufgebauten Kataloge, z. B. für Merkmalsausprägungen, Fehlerarten, Fehlerursachen, Maßnahmen oder Verwendungsentscheide, wird die einheitliche Definition der Begriffe ermöglicht und die Erfassung und spätere Auswertung der Daten erleichtert. Die Katalogarten können über die Customizing-Funktion gepflegt werden.

Innerhalb eines Kataloges werden die Begriffe mittels vierstelliger **Gruppencodes** definiert und diese wiederum zu achtstelligen **Codegruppen** zusammengefasst.

„Auswahlmengen.scm"

Des Weiteren können Gruppencodes aus einer oder mehreren Codegruppen aggregiert werden. Eine Auswahlmenge stellt den Vorrat an möglichen Anworten (**Mengencodes**) auf eine qualitative Frage dar. Auswahlmengen können standardmäßig nur für die Katalogarten Merkmalsausprägungen und Verwendungsentscheide angelegt werden.

„Mengencodes.scm"

Bei allen zu einer Auswahlmenge gehörenden Merkmalsausprägungen sind die Zusatzinformationen „A annehmen" oder „R zurückweisen" sowie eine Fehlerklasse hinterlegt. Auswahlmengen zu Verwendungsentscheiden enthalten neben den Zusatzinformationen „A annehmen" oder „R zurückweisen" Vorschlagswerte für die Qualitätskennzahl (Lieferantenbewertung) und für automatische Folgeaktionen.

Die Pflege der Kataloge sollte bei den Codegruppen beginnen und mit der Pflege der Mengencodes enden.

„Gcodes.scm" und „Codespflege.scm"

Über *Katalog ⇨ Verzeichnis* können die kompletten Einträge, unterteilt nach Codegruppen und Auswahlmenge, nochmals eingesehen werden.

3.1.2 Prüfmethoden

„Prüfmethode.scm"

In Prüfmethoden werden die Verfahren festgelegt, nach denen Prüfungen ablaufen. Eine **Prüfmethode** beschreibt somit, wie ein Merkmal zu prüfen ist. Die Prüfmethoden werden Prüfmerkmalen zugeordnet und erhalten automatisch vom System das Verwendungskennzeichen gesetzt. Dieses Kennzeichen ist beim Löschen einer Prüfmethode zu beachten.

Des Weiteren ist beim Anlegen der Prüfmethode darauf zu achten, dass der **Status** richtig gesetzt wird, z. B. „2“ für „freigegeben“.

Versionen

Zentrale Verwendungsnachweise und Ersetzungsfunktionen helfen bei der Pflege der Prüfmethoden. Die Dokumentation der Änderungen wird durch eine **Versionsverwaltung** sichergestellt.

3.1.3 Stammprüfmerkmale

Ein Prüfmerkmal beschreibt, was zu prüfen ist. Es definiert die Prüfanforderungen für Materialien, Teile und Erzeugnisse.

Klassifizierung und Versionen

Das **Klassifizierungssystem** unterstützt die systematische Definition sowie die effiziente Suche und Wiederverwendung von Stammprüfmerkmalen. Eine **Versionsverwaltung** sichert die Dokumentation von Änderungen.

Sind Stammprüfmerkmale mit dem **Kennzeichen „vollständig gepflegt“** versehen, können sie als Bausteine in Prüfplänen verwendet werden. Gebraucht man sie auf diese Weise, dann stehen zentrale Verwendungsnachweise und Ersetzungsfunktionen für die Pflege der Prüfpläne zur Verfügung. Hierzu wird vom System automatisch nach der Zuordnung des Stammprüfmerkmals zum Prüfplan das Verwendungskennzeichen gesetzt. Ist das Kennzeichen „vollständig gepflegt“ nicht gesetzt, kann das Stammprüfmerkmal auch als Kopiervorlage für Prüfplanmerkmale dienen.

3.1.4 Dynamisierung

Ein wichtiger Teil der Prüfabwicklung ist die automatische Ermittlung von Stichproben. Als Grunddaten für die Stichprobenermittlung dienen die **Stichprobenverfahren** und **Dynamisierungsregeln**.

Dynamisierung bedeutet allgemein, dass die Stichproben einer Prüfung nicht generell feststehen, sondern abhängig von der Qualitätslage gesteuert werden. Folglich werden Lieferanten oder Prozesse mit schlechter Qualitätslage intensiver geprüft als solche mit guter oder immer besserer Qualitätslage.

„Stichprobenplan.scm“

Stichprobenpläne werden als eigene Stammsätze - losgelöst vom Stichprobenverfahren – im System abgelegt. Grundlage zur Erstellung eines Stichprobenplans ist z. B. eine AQL- oder LTPD-Tabelle.

Standardmäßig gibt es die **Prüfschärfen** verschärft, normal und reduziert. Mittels der Customizing-Funktion können diese Standardwerte abgeändert werden.

„Stichproben-verfahren.scm“

Das Stichprobenverfahren legt fest, auf welche Art der Stichprobenumfang ermittelt und in welcher Form das Prüfmerkmal bewertet wird.

Stichprobenarten

Folgende Stichprobenarten sind im Standard unterstützt:

- **100%-Prüfung;**
- **prozentuale Stichprobe;**
- **feste Stichprobe;**
- **Stichprobe nach Stichprobenplan.**

Dynamisierungs-regeln

Mit Hilfe von Stichprobenverfahren und Dynamisierungsregeln wird der Prüfumfang an die aktuelle Qualitätslage angepasst. Dynamisierungsregeln gelten entweder einheitlich für alle Prüfmerkmale eines Plans (**losweise Dynamisierung**) oder individuell für bestimmte Prüfmerkmale (**merkmalsweise Dynamisierung**). Der Stichprobenumfang kann dabei zwischen 100%-Prüfung und Prüfverzicht (Skip) in beliebigen Stufen variieren; ein Wechsel zwischen verschiedenen Prüfschärfen eines Stichprobenplans ist möglich.

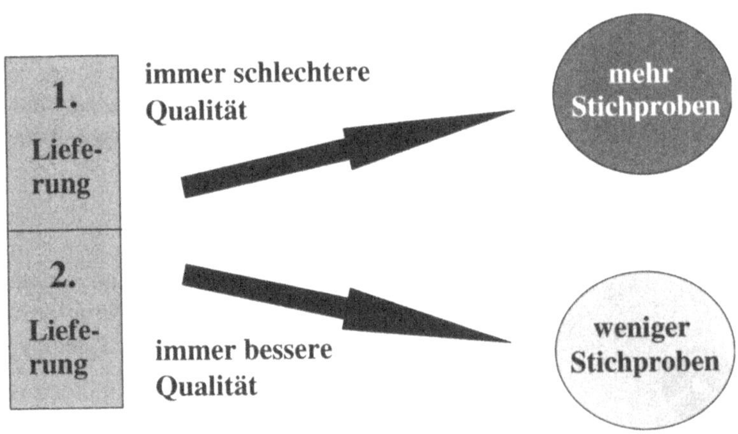

Abb. 3.2
Beispiel zur Dynamisierung

3.2 Prüfplanung

3.2.1 Prüfplan

„Prüfplan.scm“

Die Aufgabe des Prüfplans liegt in der Festlegung der Prüfvorgänge sowie der je Prüfvorgang zu prüfenden Merkmale und der zu verwendenden Prüfmittel.

Der Prüfplan ist mit dem Arbeitsplan in der Fertigung verwandt.

Planzuordung

Prüfpläne werden den zu prüfenden Materialien oder, je nach Prüflosherkunft, Lieferanten oder Kunden zugeordnet. Man kann einen bestimmten Prüfplan auch mehreren Materialien und mehreren Lieferanten oder Kunden zuordnen.

Planverwendung

Prüfpläne gelten für bestimmte Verwendungszwecke, wie z. B. für Wareneingangsprüfungen oder für Erstmusterprüfungen. Zu einem Material kann es daher verschiedene Prüfpläne geben, die sich durch ihre Verwendungen oder Zuordnungen unterscheiden.

„Wareneingangsbuch.scm“

Für Prüfungen in der Fertigung entfällt die Pflege von Prüfplänen. Die Prüfmerkmale werden im Arbeitsplan hinterlegt, entweder in den Fertigungsvorgängen selbst oder in eigens für die Prüfung vorgesehenen Vorgängen.

Auch die Prüfpläne sind an den zentralen **Änderungsdienst** für z. B. Materialstämme, Stücklisten, angeschlossen. Ein Änderungsstammsatz enthält neben der Änderungsnummer und dem Änderungstext eine Liste der betroffenen Stammsätze und das Datum, ab dem die Änderung wirksam werden soll.

Prüfplanstruktur

Der Prüfplan gliedert sich im Wesentlichen in die Elemente Prüfplankopf, Prüfvorgang, Prüfmerkmal und Prüfmittel.

Abb. 3.3
Beispiel für einen Prüfplanaufbau

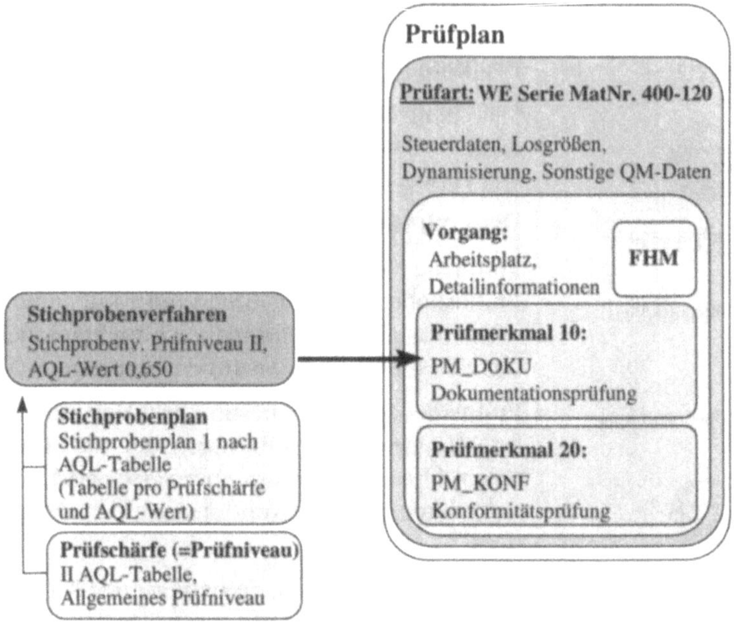

Wie aus der Abbildung 3.3 zu ersehen ist, kann ein Prüfplan somit mehrere Prüfarten, eine Prüfart mehrere Prüfvorgänge und ein Prüfvorgang mehrere Prüfmerkmale besitzen.

Innerhalb der **Prüfart** sind:

- die Dynamisierung, die zur Ermittlung des Prüfumfangs bei Prüfloserzeugung benötigt wird;
- die Prüfmerkmale;
- die Prüfmethode;
- der Arbeitsplatz (zur Prüfung für die Kalkulation, Terminierung und Kapazitätsplanung);
- die Fertigungshilfsmittel (FHM);
- die quantitativen Daten;
- allgemeine Daten

hinterlegt.

Anlegen eines Prüfplans

Die Erstellung des Prüfplans zu einer Materialnummer kann durch das Kopieren eines vorhandenen, gleichartigen Prüfplans, eines Standardplans, der z. B. für die Materialgruppe Dichtungsringe angelegt wurde oder mittels im Customizing hinterlegter Profile, vereinfacht werden.

Nach dem Kopieren müssen evtl. zusätzlich benötigte oder nicht benötigte Prüfmerkmale gepflegt werden. Zudem sollten die Dynamisierungskriterien, die Prüfmethoden, die Probeentnahmetexte wie auch die Steuerkennzeichen pro Prüfmerkmal überprüft und ggf. gepflegt werden.

Damit die Zuordnung der Prüfart (z. B. Serienprüfung) entsprechend der Qualitätslage, die im Q-Infosatz fortgeschrieben wird, erfolgen kann, muss im Kopfbild zur Prüfart die entsprechende Planverwendung (z. B. 5 Wareneingang) angegeben werden.

3.2.2 QM-Sicht im Materialstamm

Ist eine Qualitätsprüfung für eine Materialnummer durchzuführen, muss die dazugehörige QM-Sicht im Materialstamm gepflegt werden.

Abb. 3.4 Beispiel für einen Materialstamm – QM-Sicht

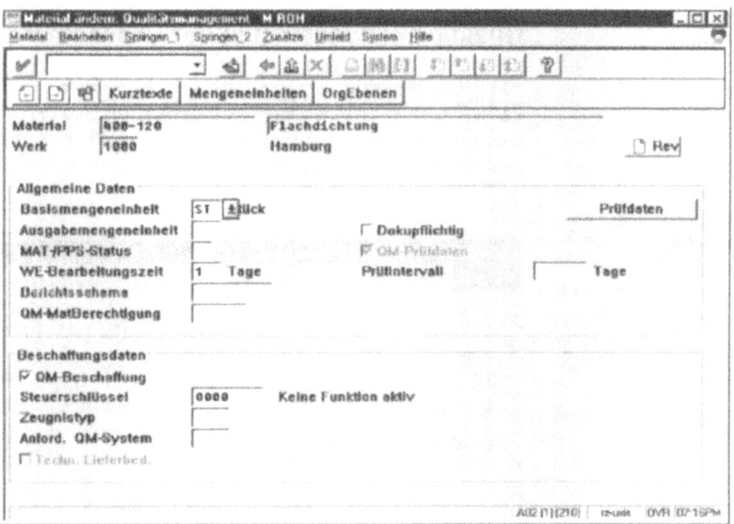

„Infosatz anlegen.scm“

Im Einstiegsbild werden allgemeine Daten wie „Dokumentationspflicht“ und die „QM-Prüfdaten“ sowie die „Beschaffungsdaten“ gepflegt. Die „Beschaffungsdaten“ beziehen sich auf den Q-Info-Satz.

In der QM-Sicht im Materialstamm werden die Prüfarten 01, 0101, 0102 gepflegt und aktiviert (siehe Abb. 3.5). Auch die Pflege dieser Einstellungen kann z. B. durch das Kopieren von einer vorhandenen Materialnummer oder durch Customizingvorgaben wesentlich vereinfacht werden.

Abb. 3.5
Beispiel für QM-Prüfdaten

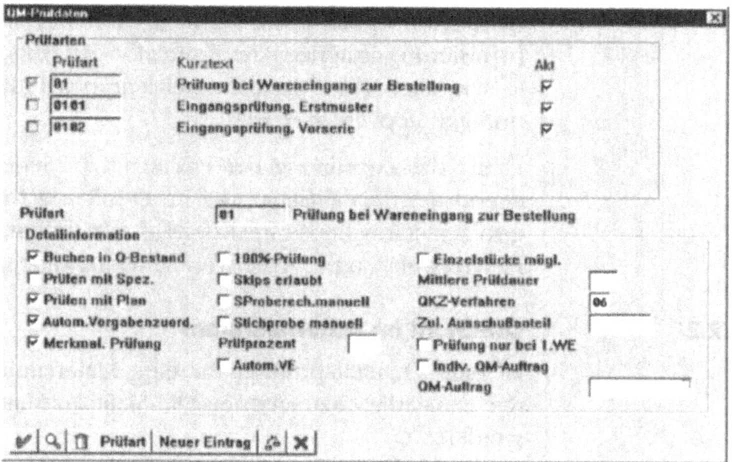

3.2.3 Qualitätsmanagement in der Beschaffung

Ist eine Qualitätssicherungsvereinbarung oder eine Lieferantenfreigabe für ein Material erforderlich, dann wird ein Qualitätsinformationssatz (Q-Infosatz) angelegt. Der Q-Infosatz steuert die weitere Bearbeitung des Materials.

Abb. 3.6
Q-Infosatz

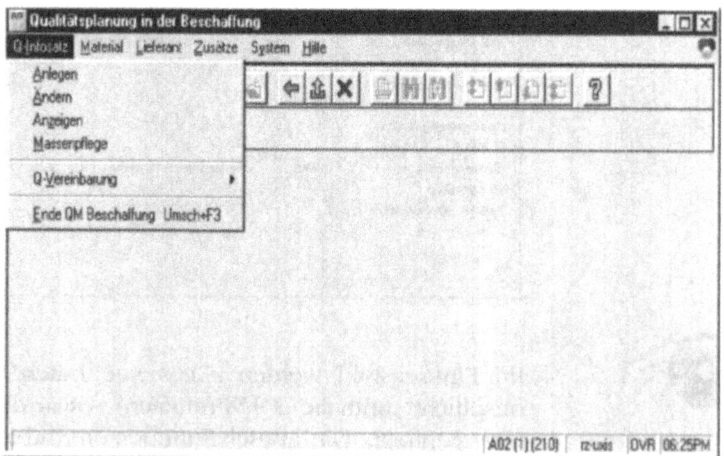

Mit der Pflege dieser Daten wird eine „Material-Lieferant-Beziehung“ angelegt.

Anwendung

Bei der Erstellung einer Anfrage oder Bestellung etc. prüft das System, ob ein Q-Infosatz für eine Material-Lieferant-Kombination erforderlich und vorhanden ist und ob eine Freigabe der Bestellung erfolgen kann.

Unabhängig vom Q-Infosatz checkt das System, ob der Lieferant und die Material-Lieferant-Kombination für Wareneingänge, Bestellungen oder Anfragen gesperrt oder freigegeben sind. Diese Überprüfung hängt von dem Steuerkennzeichen für die Beschaffung im Materialstammsatz ab.

Im Q-Infosatz kann ein Statusschema für die Freigabe der Lieferbeziehungen und ein zur Material-Lieferant-Kombination vorhandenes QM-System angegeben werden. Zudem kann festgelegt werden, ob die Wareneingangsprüfung deaktiviert oder eine Wareneingangsprüfung und/oder Abnahmeprüfung durchgeführt werden soll.

3.3 Qualitätsprüfungen

Die Qualitätsprüfung ist ein wesentlicher Bestandteil des Qualitätsmanagements. Sie stützt sich auf die Vorgaben der Qualitätsplanung und liefert essentielle Informationen für die Qualitätslenkung.

Die Qualitätsprüfung erfolgt anhand von Prüflosen für bestimmte Materialnummern.

3.3.1 Prüflosabwicklung

Die Prüflosabwicklung kann auf zwei Arten erfolgen:

Prüflosabwicklung mit Prüfplan

Bei der **Verwendung eines Prüfplans** wählt das System den zum Material und zur Prüflosherkunft passenden Prüfplan anhand der QM-Beschaffungsdaten aus. Ist eine merkmalsbezogene Ergebniserfassung vorgesehen, ermittelt das System zu allen im Plan enthaltenen Prüfmerkmalen die Stichprobenumfänge anhand der Qualitätslage. Für den anschließenden Druck der Arbeitspapiere, z. B. Probeziehanweisungen, Prüfanweisungen, wie auch für die spätere Erfassung der Prüfergebnisse und Fehlerdaten bilden die Prüfvorgaben die Grundlage. Abschließend wird der Verwendungsentscheid getroffen, die Qualitätskennzahl ermittelt sowie die Qualitätslage fortgeschrieben. Zusätzlich können noch Folgeaktionen angestoßen werden.

Prüflosabwicklung ohne Prüfplan

Wird **kein Prüfplan** verwendet, dann wird lediglich ein Prüflos angelegt, und es muss eine Stichprobe vorgegeben werden. Bei der Bearbeitung des Prüfloses werden die Fehlerdaten erfasst und abschließend der Verwendungsentscheid getroffen, in welchem auch die Qualitätskennzahl vorgegeben werden muss. Folgeaktionen können auch hier angestoßen werden.

3.3.2 Prüflos

Funktionen des Prüfloses

Prüflose erfüllen im Qualitätsmanagement von ihrer Erzeugung bis zur Archivierung unterschiedliche Funktionen. Nachdem ein Prüflos erzeugt worden ist, dokumentiert es zunächst eine Prüfanforderung, mit der ein Zustand eingetreten ist, der die Durchführung einer Prüfung verlangt. Die bei der Prüfung erfassten Prüfergebnisse werden im Prüflossatz abgelegt. Der Zugriff auf die einzelnen Prüfergebnisse erfolgt immer über das Prüflos. Der Verwendungsentscheid für das Prüflos beendet die Prüfung und wird mit dem Prüflos abgelegt.

„Prüflosanzeige.scm“

Ein Prüflos wird bei der Wareneingangsbuchung (siehe Abb. 3.7) pro Materialnummer angelegt. Während der gesamten Materialprüfung wird mit der Prüflosnummer gearbeitet.

Über die Prüflosnummer können die zugehörige Materialnummer, Serialnummer(n), Chargennummer, der Einkaufsbeleg, die Einkaufsbelegposition, der Materialbeleg, der Lagerort, das Werk usw. eingesehen werden.

Abb. 3.7
Prüflos

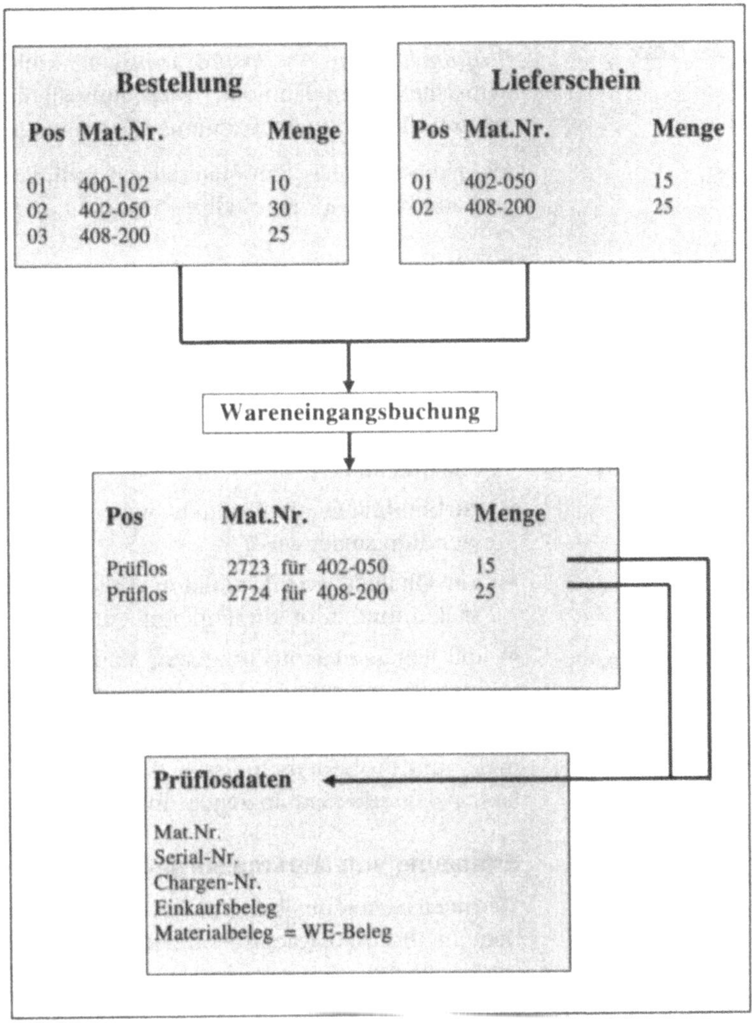

Der **Status des Prüfloses** zeigt, wieweit die Prüflosbearbeitung fortgeschritten ist. Neben dem Systemstatus kann ein Anwenderstatus definiert werden, mit welchem z. B. die unternehmensspezifische Prüfabwicklung abgebildet wird.

Voraussetzungen

Wenn ein Prüflos automatisch aggregiert werden soll, muss die QM-Sicht im Materialstamm gepflegt sowie das Kennzeichen „aktiv" für die jeweilige Prüfart gesetzt sein. Zusätzlich muss zur jeweiligen Bewegungsart, z. B. 101 für den Wareneingang, eine Prüflosherkunft im Customizing gepflegt werden.

Manuelle Erzeugung eines Loses

Ein Prüflos kann manuell erstellt werden, indem man im QM *Prüfabwicklung ⇨ Prüflos anlegen* wählt und dort das gewünschte Material angibt. Nach Anwahl des Buttons *Losdaten*, müssen die herkunftsbezogenen Daten eingegeben werden.

Als nächstes muss dem Material ein Prüfplan zugeordnet werden und abschließend der Stichprobenumfang ermittelt werden.

3.4 Prüfergebnisse

Art und Umfang der Prüfergebnisse werden durch die Erreichung verschiedener Ziele der Qualitätsprüfung bestimmt.

Ziele können bspw. sein:

Ziele der Qualitätsprüfung

- festzustellen, ob die Produkte den Qualitätsanforderungen entsprechen;
- zu beurteilen, ob Produkte verwendet werden können (Verwendungsnachweis);
- die Qualität von Produkten, Anlagen oder Prozessen festzustellen und zu dokumentieren (Audit);
- die Fähigkeit von Prozessen, Maschinen oder Fertigungshilfsmitteln zu ermitteln (Fähigkeitsuntersuchungen).

„Prüfergebnis.scm“

Im Vordergrund stehen Funktionen zur Bearbeitung von Merkmals- und Probenergebnissen. Merkmals- bzw. Probenergebnisse lassen sich erfassen, anzeigen und ändern.

3.4.1 Erfassung von Merkmalsergebnissen

Merkmalsbezogene Ergebnisse werden entsprechend der Vorgaben im Prüfplan (Steuerkennzeichen des Prüfmerkmals) erfasst und bewertet.

Wird während der Prüfung festgestellt, dass zusätzliche Merkmale erforderlich sind, die noch nicht im Prüfplan enthalten sind, können diese nachträglich bei der Ergebniserfassung zum Prüfplan ergänzt werden.

Man unterscheidet zwischen:

- Muss-Merkmalen, die bei der Ergebniserfassung auf jeden Fall bearbeitet werden müssen,
- Kann-Merkmalen oder im Skip-befindlichen Merkmalen, deren Bearbeitung unterlassen werden kann und
- bedingten Merkmalen, die geprüft werden müssen, je nachdem, ob das zugehörige Leitmerkmal angenommen oder zurückgewiesen wurde.

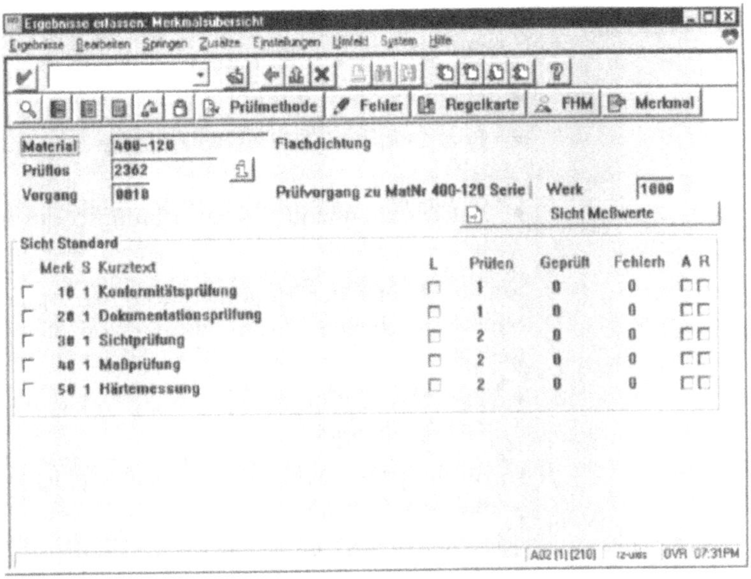

Abb. 3.8
Beispiel für das Ergebniserfassungsmenü

Zu folgenden Merkmalstypen kann man Prüfergebnisse rückmelden:

Merkmalstypen

- Quantitative Merkmale (Erfassung von Messwerten);
- Qualitative Merkmale mit Attributen (Erfassung von Ausprägungscodes);
- Alternativmerkmale (Erfassung einer Annahme oder Rückweisung).

Erfassungsformen

Je nachdem, wie detailliert die Prüfergebnisse notiert werden sollen, kann man unter mehreren Erfassungsformen wählen:

- Summarische Werte je Prüfmerkmal;
- Klassierte Ergebnisse mehrerer Messungen je Prüfmerkmal (Anzahl Werte innerhalb von Werteklassen);
- Einzelwerte mehrerer Messungen je Prüfmerkmal. Dies ist sinnvoll bei der Prüfung von Materialien, denen Serialnummern zugeordnet sind.

Nach der Ergebniserfassung wird jedes Prüfmerkmal mit einer Annahme oder Rückweisung bewertet und abgeschlossen.

Nachträgliche Änderungen bereits abgeschlossener Merkmale sind zwar erlaubt solange kein Verwendungsentscheid zum Prüflos getroffen wurde, das System dokumentiert aber alle Änderungen durch Änderungsbelege.

Bewertungsmodi

Auf der Ebene der Merkmalswerte und Werteklassen stehen folgende Bewertungsmodi zur Verfügung:

- Manuelle Bewertung;
- Entscheid anhand des Toleranzbereichs quantitativer Merkmale;
- Entscheid anhand des Ausprüfungscodes qualitativer Merkmale.

Auf der Ebene der Merkmale kommen weitere Bewertungsmodi hinzu. Sie dienen zur Abbildung von Stichprobenanweisungen für die

- Variablenprüfung mit einseitig oder zweiseitig begrenztem Toleranzbereich;
- Attributprüfung nach der Anzahl fehlerhafter Einheiten oder der Anzahl Fehler.

Fehleranteile

Nach Abschluss der Ergebniserfassung ermittelt das System zu allen Merkmalen die Anteile fehlerhafter Einheiten und errechnet daraus den Anteil fehlerhafter Einheiten im Prüflos. Diese Fehleranteile können zur Ermittlung der Qualitätskennzahl des Prüfloses herangezogen werden.

3.4.2 Fehlererfassung

Die Fehlererfassung kann beim Prüfen mit und ohne Prüfplan erfolgen. Liegt ein Prüfplan vor, können die erfassten Fehler einem darin enthaltenen Prüfvorgang oder Prüfmerkmal zugeordnet werden. Zu einem Prüflos können somit sowohl Merkmalsergebnisse als auch Fehlerdaten rückgemeldet werden.

Fehlerdatensätze können folgende Informationen enthalten:

- **Fehlerart**
- **Fehlerort**
- **Fehlerursache**
- **Maßnahme**
- **Fehlerbewertung**

Diese Informationen werden mit Hilfe von katalogisierten Begriffen eindeutig beschrieben und durch Texte ergänzt.

Je nach Detaillierungsgrad bei der Fehlererfassung unterscheidet man zwischen der

- summarischen Erfassung der Anzahl Fehler je Fehlerart

- und der individuellen Erfassung aller Einzelfehler, eventuell mit Serialnummern der Prüflinge.

Fehlerdatensätze kann man bei Bedarf in Form von Qualitätsmeldungen bearbeiten.

3.4.3 Prüfabschluß und Verwendungsentscheid

„Verwendungsentscheid.scm"

Nachdem die Ergebniserfassung abgeschlossen oder die Prüfung abgebrochen wurde, trifft der Prüfer bzw. ein dazu Berechtigter den Verwendungsentscheid für das Prüflos. Danach sind die Prüfergebnisse nicht mehr änderbar. Unter der Voraussetzung, dass keine Prüfmerkmale rückgewiesen wurden, kann das System den Verwendungsentscheid auch automatisch treffen.

Änderung eines Verwendungsentscheides

Die Ergebnisse zu einem Prüflos können nicht mehr geändert werden, wenn der Verwendungsentscheid einmal festgelegt wurde. Zur Änderung des Verwendungsentscheides existiert die Änderung mit und ohne Historie. Bei der Änderung mit Historie erzeugt das System einen Änderungsbeleg, bei der Änderung ohne Historie entfällt der Änderungsbeleg.

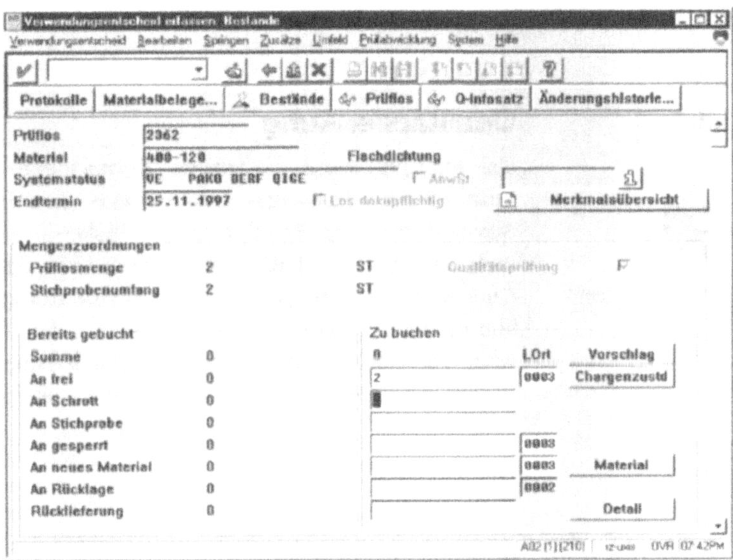

Abb. 3.9 Beispiel für Verwendungsentscheid erfassen

Bei der Bestandsbuchung ist zu beachten, dass serialnummernpflichtiges Material nur „an frei" oder „an gesperrt" gebucht werden kann. Wird serialnummernpflichtiges Material bei der Prüfung verwendet, so ist es empfehlenswert, dass man in diesem Bild die restlichen Bestandsbuchungsoptionen ausblendet.

Aus dem gesperrten Bestand kann nach dem Treffen des Verwendungsentscheids eine Rücklieferung, eine Schrottbuchung usw. erfolgen.

Qualitätskennzahl

Beim Treffen des Verwendungsentscheids ermittelt das System eine Qualitätskennzahl für das Prüflos nach einem im Materialstamm vorgegebenen Verfahren. Die Kennzahl ergibt sich beispielsweise aus

- dem Code des Verwendungsentscheids;
- dem Fehleranteil im Los;
- den Fehleranteilen der Merkmale.

Qualitätslage

Ebenfalls aktualisiert das System die Qualitätslage für das betreffende Material entsprechend den Bewertungen der Prüfmerkmale bzw. des Prüfloses. Die Qualitätslage ist ein Datensatz, der die Prüfstufen aller Merkmale für das nächste Prüflos entsprechend der im Prüfplan genannten Dynamisierungsregel festlegt. Sie wird in Bezug auf das Material und den zum Prüflos gehörenden Prüfplan aktualisiert; je nach Herkunft des Prüfloses ist nach zusätzlichen Kriterien, wie z. B. nach Lieferanten, weiter aufzuschlüsseln.

3.5 Qualitätslenkung

„QM-Meldung.scm"

Die im QM-Modul enthaltene Komponente „**Qualitätsmeldungen**" ist ein Erfassungs-, Informations- und Steuerungssystem zur Abwicklung von Problemfällen, insbesondere von Meldungen über mangelnde Qualität von Produkten oder Dienstleistungen. Dies können innerbetriebliche Störmeldungen und externe Reklamationen gegenüber Lieferanten oder seitens der Kunden sein. Mit Hilfe unterschiedlicher Qualitätsmeldungsarten werden solche betriebswirtschaftlichen Sichten auseinandergehalten.

Abb. 3.10
Struktur der Qualitätsmeldung

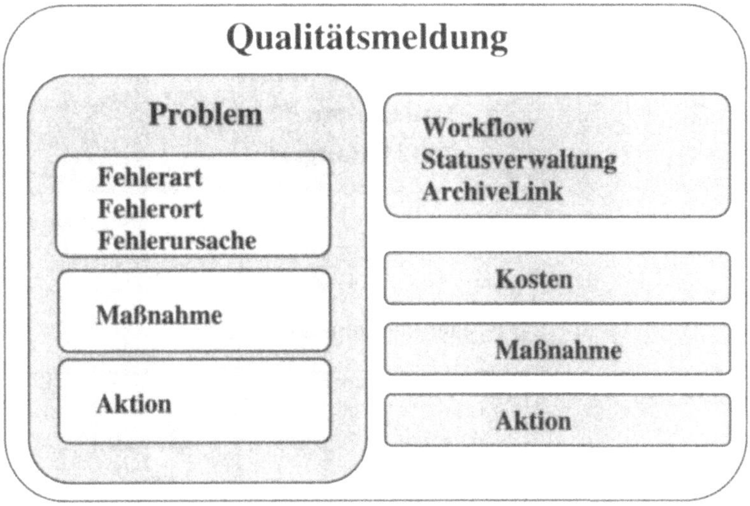

3.6 QM-Anwendungsbeispiel

„QM-Präsentation“

Der komplette Ablauf von der Erstellung der Grunddaten über die Ergebniserfassung mit anschließendem Prüfabschluss und Treffen des Verwendungsentscheides ist als Microsoft PowerPoint-Präsentation auf dem Internet-Server (siehe Vorwort) enthalten.

Der nachfolgend beschriebene Fall wurde im SAP R/3 IDES-Mandanten abgebildet.

Mit diesem Beispiel können bei weitem nicht alle Möglichkeiten des QM-Moduls dargestellt werden. Es soll lediglich als Motivation dienen und schlaglichtartig die Mächtigkeit dieses SAP-Moduls aufzeigen.

3.6.1 Fallbeschreibung

Im Werk Hamburg eines Motorenherstellers wird ein neuer Hochleistungsmotor entwickelt. Dazu wird eine neue Flachdichtung benötigt, die einer hohen Druckanforderung genügen soll.

In der Abteilung Qualitätswesen wurde für dieses Material eine Prüfanweisung geschrieben, die als Dokument vorliegt und aus der die benötigten Prüfdaten entnommen und im R/3-System abgebildet werden können.

Das Material wird vom **Lieferant 1003**:

Gußwerke GmbH
Daimler-Str. 77a
70321 Stuttgart

hergestellt.

Die Materialdaten lauten:

Materialdaten

Material-Nr.:	400-120	Flachdichtung
Werk:	1000	Hamburg
Einkäufergruppe:	001	
Einkaufsorganisation:	1	
Lager:	003	WE-Lager-Fertigung
Lieferant:	1003	

Da diese speziell angefertigten Flachdichtungen bisher in keinem eigenen Produkt eingesetzt wurden, muss eine neue Material-Lieferantenbeziehung und somit auch ein neues Statusschema für den Lieferungsablauf definiert werden.

Der Lieferungsablauf (entspricht dem Statusschema):

Lieferungsablauf

- Lieferbeziehung wird eröffnet
- Erstmuster
- Nullserie
- Serie

Der **Ablauf** kann wie folgt beschrieben werden:

1. Nur wenn die Erstmusterprüfung geprüft und als korrekt abgenommen wurde, wird der Status „Erstmuster" gesetzt.
2. Der Status „Nullserie" wird erst nach Korrektheit der Nullserie gesetzt.
3. Die Serie erhält diesen Status, wenn die erste Serie geprüft und als „in Ordnung" abgelegt wird. Der Status bleibt anschließend auf Serie.

Für dieses Fallbeispiel mussten folgende **Grunddaten** gepflegt werden:

„Grunddaten.scm"

• Kataloge 1 und 9	
• Auswahlmengen für die Katalogart 1	
• Prüfmethode	
• Prüfmerkmale	
• Konformitätsprüfung	qualitativ
• Dokumentationsprüfung	qualitativ
• Sichtprüfung	qualitativ, vollständig gepflegt
• Maßprüfung	qualitativ
• Härtemessung	quantitativ
• Prüfpläne	für n=1, N=beliebig mit c=0
• Stichprobenverfahren	für S-2 und n=1, N=beliebig mit c=0

Alle anderen benötigten Grundeinstellungen konnten aus den Voreinstellungen übernommen werden.

3.6.2 Prüfplanung

Im Beispiel sind die Prüfarten pro Status Erstmuster, Nullserie und Serie verschieden. Somit ist es erforderlich, dass für jeden Status eine eigene Prüfart mit der entsprechenden Planverwendung für den **Prüfplan** 400-120 angelegt wird.

„Prüfplan.scm"

Prüfplan für Materialnummer: 400-120

Prüfart:	*Planverwendung:*
→ Prüfplan zu MatNr 400-120 WE Muster	501
└ Prüfvorgang zu MatNr 400-120 Muster	
└ Prüfmerkmale	
→ Prüfplan zu MatNr 400-120 WE Vorserie	502
└ Prüfvorgang zu MatNr 400-120 Vorserie	
└ Prüfmerkmale	
→ Prüfplan zu MatNr 400-120 WE Serie 5	
└ Prüfvorgang zu MatNr 400-120 Serie	
└ Prüfmerkmale	

Fertigungshilfsmittel

Als Fertigungshilfsmittel wurden speziell für diesen Fall die „Leuchtlupe" und das „IRHD-Härtemeßgerät" als neues Fertigungshilfsmittel-Material und die „Zeichnung" als Dokument angelegt. Das Fertigungshilfsmittel „Meßmittel" war bereits im System vorgegeben.

Mit der „Zeichnung" als Fertigungshilfsmittel-Dokument soll beispielhaft gezeigt werden, dass Firmen, die z. B. ihre Prüfanweisungen als Worddokumente vorliegen haben, diese ohne großen organisatorischen oder zeitlichen Aufwand über das System dem Prüfer zur Verfügung stellen können. Hiermit kann die Pflege der Prüfmethode oder auch des Probenahmetextes entfallen.

• VOR-300	Meßmittel	MatArt FHMI
• VOR-301	Leuchtlupe	MatArt FHMI
• VOR-302	IRHD-Härtemeßgerät	MatArt FHMI
• FHM400-120	Zeichnung	Dokument

„QM-Meldung.scm"

Die weiteren Einstellungen für die QM-Sicht im Materialstamm sowie die QM-Einstellungen in der Beschaffung sind aus der „Erläuterung des QM-Moduls" dieses Kapitels zu entnehmen.

Abschließend erfolgt die Ergebniserfassung und der anschliessende Prüfabschluß mit Treffen des Verwendungsentscheides sowie die Durchführung der Qualitätslenkung in Form einer Qualitätsmeldung.

4 Vorkonfigurierte SAP-Systeme – LIVE MASTER

Kann eine betriebswirtschaftliche Standardanwendungssoftware für unterschiedliche Zielgruppen so voreingestellt werden, dass (branchen-) spezifische Geschäftsprozesse ablauffähig und gleichzeitig adaptierbar sind? Mit dieser Frage beschäftigen sich momentan Softwarehäuser und diverse Beratungsunternehmen. Am Lehrstuhl von Prof. Dr. R. Thome an der Universität Würzburg wurde hierfür im Rahmen einer Dissertation eine Methode entwickelt, die von der Siemens Business Services GmbH & Co. OHG in Kooperation mit der IBIS Prof. Thome GmbH bereits für verschiedene vorkonfigurierte Systeme (LIVE MASTER) auf Basis von SAP R/3 umgesetzt und erfolgreich eingesetzt wurde.

SPARTA-Methode

Die betriebswirtschaftliche Vorkonfiguration von Softwarebibliotheken und deren Adaption ist Bestandteil der **SPARTA-Methode** (**SP**ezifische **A**bleitung von **R**eferenzsystemen und **T**emplates für **A**nwendersegmente), wobei die Vorkonfiguration nicht auf Branchen, sondern auf zu definierende **Anwendersegmente** ausgerichtet ist. Kernpunkt des Ansatzes ist es, vorkonfigurierte Systeme für definierte Zielgruppen (Anwendersegmente) zu entwickeln und für den Projekteinsatz vorzubereiten.

Betriebswirtschaftliche Softwarebibliotheken

Grundlage eines vorkonfigurierten Systems muss eine **Softwarebibliothek**[1] sein, die sich gegenüber den herkömmlichen Standardsoftwarepaketen vor allem durch die individuelle **Kombinations**-, **Erweiterungs**- und **Adaptionsfähigkeit** der Lösung an zukünftige Anforderungen auszeichnet. Durch die Vielfalt an alternativen und ergänzenden Programmfunktionen, die eine Softwarebibliothek zur Verfügung stellt, kann der Anwender die von ihm benötigten Elemente selektieren, die aber noch auf seine Bedürfnisse zugeschnitten werden müssen. Die Vorkonfiguration muss an dieser Stelle aufsetzen, um dem Anwender hier schon „vorgedachte“ Lösungen anbieten zu können, die er ohne große Anpassungen übernehmen kann.

1 Thome, R.; Hufgard, A: Continuous System Engineering, Entdeckung der Standardsoftware als Organisator. Vogel-Verlag, Würzburg, 1996, S. 43-47.

Die betriebswirtschaftliche Softwarebibliothek ist durch folgende Merkmale gekennzeichnet, die eine betriebswirtschaftliche Vorkonfiguration erst ermöglichen[2]:

Merkmale betriebswirtschaftlicher Softwarebibliotheken

1. sehr großer Funktionsumfang,
2. gleichmäßige Funktionstiefe,
3. betriebstypologische und branchengerechte Lösungen,
4. methodische Unterstützung durch Adaptionswerkzeuge und
5. flexible Anpassbarkeit.

Die Softwarebibliothek R/3 der SAP AG hat sich seit ihrer Markteinführung im Jahr 1992 weltweit eine Vormachtstellung erobert. Die Funktionalitäten in der Standardauslieferung haben sich bis zum aktuellen Release 4.6C stetig erhöht, und es werden außerdem zusätzliche Branchenlösungen angeboten, die spezielle Funktionen für bestimmte Branchen bereithalten. Diese sogenannten Industrial Solutions (IS), die von SAP-Systemhäusern entwickelt werden, existieren beispielsweise für öffentliche Unternehmen (Public Sector: IS-PS) oder Versorgungsunternehmen (Utilities: IS-U). Aufgrund dieser Tatsachen und da zudem eindeutig die Funktionsbedingungen einer Softwarebibliothek erfüllt werden, wurde die SPARTA-Methode auf Basis des R/3-Systems realisiert.

Um solche komplexen Lösungsbibliotheken auch für kleinere oder mittlere Unternehmen interessant zu machen, müssen Methoden und Werkzeuge bereitgestellt werden, um Voreinstellungen vornehmen zu können. Dadurch können in Abhängigkeit von unterschiedlichen Einflussgrößen einzelne Fachbereiche der Software bis zu einem relativ hohen Grad voreingestellt und vom Anwender sofort verwandt werden. Eine wesentliche Einflussgröße ist der Anwender selbst oder eine Gruppe von Anwendern, für die das vorkonfigurierte System konstruiert werden soll. Hierfür wurde ein **Klassifikationsschema** entwickelt, das es erlaubt, Anwender nach verschiedenen Kriterien zu klassifizieren.

Klassifikationskriterien für Anwender

Eine Klassifikation ist unabdingbar, um vorkonfigurierte Systeme für eine exakt definierte Zielgruppe entwickeln zu können. Die Zuordnung eines Unternehmens zu einer bestimmten Branche fällt sehr schwer, da Branchen zu eindimensional sind. Beispielsweise können unter die Branche „Automobilzulieferer" sowohl Serienfertiger als auch Prozessfertiger subsumiert werden,

2 Hufgard, A.: Betriebswirtschaftliche Softwarebibliotheken und Adaption. Vahlen-Verlag, München, 1994, S. 77f.

die sich aber wesentlich in den Anforderungen an eine Softwarelösung unterscheiden. Aus diesem Grund muss ein breiterer Ansatz gewählt werden, durch den Unternehmen feiner charakterisiert werden können.

Für die Zwecke der Vorkonfiguration wird daher in Anlehnung an die Marktforschung hier der Begriff **Anwendersegment** eingeführt, der eine neutrale Zielgruppe für vorkonfigurierte Systeme charakterisiert. Mit Hilfe dieses Begriffes lassen sich Anwender einer Softwarebibliothek beschreiben und jeweils auch klassifizieren. Dabei werden durch ein Anwendersegment Unternehmen auf Basis von betriebstypologischen Merkmalen mit entsprechenden Ausprägungen geclustert, die in einem **Klassifikationsschema** zusammengefasst sind.

4.1 Einsatzgebiet und Ziele vorkonfigurierter SAP-Systeme

Vorkonfiguration abgeleitet aus Standards und Normen

Die Vorkonfiguration eines Anwendersegments kann sich auf vorhandene **Standards** oder **Normen** gründen. Für Anwendersegmente muss nach gesetzlichen und institutionellen Normen sowie sonstigen Standards gesucht werden, damit sich das einzelne Unternehmen im vorkonfigurierten System anhand dieser Voreinstellungen wiedererkennen kann.

Die folgenden **Einflussfaktoren**, die für eine **Standardisierung** sprechen, bieten ein ideales Betätigungsfeld für die Vorkonfiguration[3]:

1. **Gesetzliche Vorschriften**: z. B. können durch das Handelsrecht, die Grundsätze ordnungsgemäßer Buchführung oder die Abgabenordnung die Funktionen innerhalb der Finanzbuchhaltung vereinheitlicht werden.

- **Internationale Normen**: z. B. tragen die verschiedenen ISO-Normen oder EDI-Formate als anerkannte Vorschriften zur Vereinheitlichung von Lösungen bei, die teilweise verpflichtend von den Unternehmen eingehalten werden müssen.

2. **Einheitliche Konzepte** der Betriebswirtschaftslehre: z. B. kann die Lieferplanabwicklung für Zulieferunternehmen klar determiniert werden oder es können unterschiedliche Kostenrechnungsverfahren vorgegeben werden.

[3] Hufgard, A.: Betriebswirtschaftliche Softwarebibliotheken und Adaption. Vahlen-Verlag, München, 1994, S. 11.

3. **Ähnlichkeit der Betriebstypen**: z. B. können Vorgaben für Unternehmen festgelegt werden, die zuvor einem bestimmten Betriebstyp zugeordnet wurden.

Sicherlich gibt es innerhalb der Standardisierung von Standardanwendungssoftware Grenzen, jedoch kann in vielen Fachbereichen in Abhängigkeit einer Zielgruppe davon Gebrauch gemacht werden. Allerdings muss der Anwender jederzeit in der Lage sein, aus verschiedenen standardisierten Lösungen zu wählen und bei Bedarf individuelle Anpassungen vorzunehmen. Es muss demnach gewährleistet sein, dass die Standardanwendungssoftware respektive das vorkonfigurierte System variabel angepasst und somit auf das jeweilige Unternehmen zugeschnitten werden kann.

Nutzen der Vorkonfiguration auf Kundenseite

Das Einsatzgebiet vorkonfigurierter Systeme sind vorwiegend **mittelständische Unternehmen**, da diese aufgrund eines relativ geringen Investitionsbudgets und geringer personeller Kapazität nach Alternativen suchen, ihre betriebliche Informationsverarbeitung zu gestalten. Hier kann die Vorkonfiguration einer betriebswirtschaftlichen Standardanwendungssoftware eine praktikable Lösung sein, durch die bereits typische Geschäftsprozesse voreingestellt sind. Dem Unternehmen steht ein voreingestellter, getesteter Mandant sofort bei Projektstart zur Verfügung und dadurch ist eine schnellere Umsetzung der eigenen individuellen Anforderungen möglich.

Dabei ist der Umfang bzw. Grad der Voreinstellung abhängig vom gewählten Anwendersegment, d. h. es kann eine unterschiedlich große Anzahl an vordefinierten Stammdaten oder Customizingeinstellungen pro vorkonfiguriertem System und pro selektiertem Fachbereich vorhanden sein. Durch die anwendersegmentspezifische Ausgestaltung und Anpassung der Standardsoftware kann ferner ein großer „**Wiedererkennungseffekt**" auf Anwenderseite erzielt werden.

In Abhängigkeit des Voreinstellungsgrades eröffnen sich dem einzelnen Unternehmen weitere Vorteile:

1. Reduzierung der Kosten und Implementierungszeiten,
2. Reduzierung des Einführungsrisikos durch (Anwendersegment-) Erfahrung,
3. ablauffähige und qualitätsgesicherte Geschäftsprozesse,
4. Anregungen durch Voreinstellungen zur Nutzung von Funktionalitäten sowie
5. detaillierte Dokumentation der verwendeten Einstellungen.

Durch die Vorkonfiguration von Standardsoftware kann die spezifische Branchensoftware ersetzt werden, da für das einzelne Unternehmen nur an wenigen Stellen „echte“ Branchenspezifika identifizierbar sind.

Zielsetzung SPARTA-Methode

Die SPARTA-Methode stellt die **betriebswirtschaftliche Vorkonfiguration** von Softwarebibliotheken in den Vordergrund, die rein technische Vorkonfiguration wird darin nicht betrachtet.

Die folgenden **Bedingungen** und **Voraussetzungen** müssen erfüllt werden, damit vorkonfigurierte Systeme gemäß der SPARTA-Methode konstruiert werden können:

1. Es muss eine **Zielgruppendefinition** für das vorkonfigurierte System erfolgen, damit der Funktionsumfang eingegrenzt bzw. genau zugeschnitten werden kann.
2. Ein Unternehmen muss anhand **nachvollziehbarer Klassifikationskriterien** einem bestimmten Anwendersegment zugeordnet werden können.
3. Für **ein Anwendersegment** wird **genau ein** vorkonfiguriertes System erstellt.
4. Ausgangsbasis kann nur eine **Softwarebibliothek** sein, da diese sich aufgrund der genannten Leistungsmerkmale am besten für die Zwecke der Vorkonfiguration eignet.
5. **Voreinstellungen** müssen für Stammdaten, betriebswirtschaftliche Profile, Geschäftsprozesse, Berichte sowie Formulare getätigt werden können.
6. Der Funktionsumfang eines vorkonfigurierten Systems muss **werkzeugunterstützt** bestimmt und dokumentiert werden können.
7. Der Anwender muss die Möglichkeit haben, seine **Anforderungen** mit dem Funktionsumfang des vorkonfigurierten Systems **abzugleichen**.
8. Das vorkonfigurierte System muss aufgrund veränderter Ausgangsbedingungen oder neuer Erkenntnisse jederzeit **dynamisch adaptierbar** sein.

Allgemein ist es das Ziel der SPARTA-Methode, vorkonfigurierte Systeme für definierte Anwendersegmente zu konstruieren. Als Synonyme für vorkonfigurierte Systeme werden auch die Begriffe „Master“ oder „Referenzsystem“ verwendet.

4.2 Entwicklung vorkonfigurierter SAP-Systeme

Im Folgenden werden die Schritte erläutert, die innerhalb des **Definitions**-, **Konfigurations**- und **Adaptionsprozesses** von vorkonfigurierten Systemen notwendig sind.

4.2.1 Definitionsprozess

Der Definitionsprozess eines vorkonfigurierten Systems bildet den Ausgangspunkt der SPARTA-Methode, innerhalb dessen die Anwendersegmente sowie deren Anforderungen identifiziert und definiert werden. Es handelt sich hierbei nicht um einen statischen Prozess, da sich durch neue Erfahrungen und Analysen im Zeitablauf Veränderungen ergeben werden, so dass der Definitionsprozess repetitiv durchlaufen werden muss.

Erfahrungswissen als Input

Zur Definition eines vorkonfigurierten Systems sind unterschiedliche Schritte notwendig. Es muss dabei sowohl auf die betriebswirtschaftliche Theorie als auch auf praxisbezogene Erfahrungen zurückgegriffen werden.

Durch bereits realisierte Implementierungen von Standardanwendungssoftware bei Unternehmen unterschiedlicher Branchenausrichtungen, steht bisweilen ein großes **Potential** an **branchen-** respektive **anwendersegmentspezifischem Wissen** zur Verfügung, das offengelegt werden muss. Zu diesem Zweck müssen erfahrene Berater ihr erworbenes Know-how aus entsprechenden Implementierungsprojekten einbringen, damit daraus **betriebswirtschaftlich fundierte und praxistaugliche Systeme** konstruiert werden können. Obwohl ein vorkonfiguriertes System auf Basis der Software R/3 aufgebaut werden soll, ist es nicht unbedingt erforderlich, ausschließlich auf Berater aus R/3-Implementierungsprojekten zurückzugreifen. Vielmehr sollte im Anforderungsprofil des Beraters auf **branchenkundiges, softwareunabhängiges Wissen** Wert gelegt werden.

Zumeist kann der Berater aus der Erfahrung anwendersegmentspezifisches Wissen vorweisen, jedoch liegen diese Informationen weder strukturiert noch systematisch in irgendeiner Art und Weise vor. Bestenfalls existieren Aufzeichnungen in schriftlicher oder elektronischer Form, die Projektergebnisse dokumentieren, oftmals ist das Wissen auch „nur“ in den Köpfen einzelner Berater vorhanden und nicht weiter aufgezeichnet. In beiden Fällen müssen die vorhandenen Informationen im Rahmen von Workshops zusammengetragen, diskutiert und analysiert werden.

Folgendes **Erfahrungswissen** kann als **Input** für den Definitionsprozess von vorkonfigurierten Systemen herangezogen werden:

1. typische betriebswirtschaftliche Lösungen eines Anwendersegments,
2. anwendersegmentspezifische Stammdatengerüste,
3. anwendersegmentspezifische Formulare und Berichte,
4. Projektdokumentationen,
5. Anforderungsanalysen,
6. Dokumentationen über erstellte Programme und
7. Dokumentationen über definierte Standardschnittstellen zu Fremdsystemen.

Ziel muss es sein, das, in welcher Form auch immer, vorhandene Wissen zur Abbildung anwendersegmentspezifischer Lösungen innerhalb einer Standardanwendungssoftware strukturiert, systematisch und somit nachvollziehbar abzulegen. Dadurch wird einerseits sichergestellt, dass einmal **identifizierte Lösungen** aufgrund der erstellten und abgelegten Dokumentationen in Folgeprojekten **wiederverwendet** werden können. Andererseits können vormals gemachte **Fehler** zukünftig **vermieden** werden. Für die Bestimmung von Zielgruppen, die anforderungshomogener als Branchen sind, wird im Folgenden erstmals auf das Erfahrungswissen zurückgegriffen. Bei der konkreten Anforderungsanalyse vorkonfigurierter Systeme, d. h. welche Funktionalitäten diese letztendlich beinhalten sollen, setzt sich der Rückgriff auf das Berater-Know-how fort.

Ableitung aus der Betriebstypologie

Im Gegensatz zu allen anderen Ansätzen werden vorkonfigurierte Systeme, die der SPARTA-Methode gemäß erstellt werden, **nicht für eine bestimmte Branche** definiert, da es schwierig ist, eine eindeutige Zuordnung eines Unternehmens zu einer Branche vorzunehmen. Es wird dabei auch in der Praxis von vorkonfigurierten *Branchensystemen* gesprochen, was im vorliegenden Ansatz bewusst vermieden wird. Deswegen muss der **Adressatenkreis** eines vorkonfigurierten Systems **enger gefasst** bzw. **subtiler definiert** werden. Zu diesem Zweck können **Anwendersegmente** auf Basis von **betriebstypologischen Merkmalen** mit entsprechenden Ausprägungen sehr detailliert charakterisiert und beschrieben werden.

Klassifikationsschema für Anwendersegmente

Anwendersegmente sollen dazu dienen, die zu untersuchenden Unternehmen klassifizieren bzw. in ein bestimmtes Cluster einordnen zu können. Um entsprechende Anwendersegmente identifizieren und definieren zu können, wird auf das von MEHLICH entwickelte **MEDEA-Instrumentarium**[4] zurückgegriffen, das auf betriebstypologischen Annahmen beruht. Dadurch wird es ermöglicht, Anwendersegmente auf Basis von **betriebstypenbezogenen Rastern** abzuleiten.

Betriebswirtschaftliche Raster

Zur **Klassifizierung** und **Charakterisierung** der einzelnen Anwendersegmente werden durch Abstraktion und Kategorisierung einzelner Erscheinungsformen der Unternehmensprozesse für die Softwarekomponenten zielgerichtet Merkmale erfasst sowie die anforderungsrelevanten Merkmalsausprägungen differenziert. Für das MEDEA-Instrumentarium wurden aus einer Reihe von Informationsquellen betriebswirtschaftliche Raster für unterschiedliche Fachbereiche konstruiert. Typische Beispiele finden sich bei den vorkonfigurierten Systemen im Abschnitt 0.

Rasterhypothesen für Anwendersegmente

Die betriebswirtschaftlichen Raster stellen die **Klassifikationskriterien** zur Verfügung, anhand derer Anwendersegmente eindeutig identifiziert, definiert und charakterisiert werden können. Im nächsten Schritt gilt es nun, eine empirische Einordnung bereits realisierter Implementierungsprojekte in die Raster vorzunehmen. Das anwendersegmentspezifische Wissen, das sich der Berater im Laufe der Zeit angeeignet hat, bildet die Grundlage für die Klassifizierung. Für jedes durchgeführte Projekt muss nun die **betriebswirtschaftliche Rasterung** durchgeführt werden, d. h. es werden diejenigen Merkmalsausprägungen von den Beratern selektiert, die auf das entsprechende Projekt zutreffen. Fehlende Raster können auch im Zuge der Einordnung identifiziert und ergänzt werden. Um eine aussagekräftige Einordnung zu erhalten, sollten mindestens zehn unterschiedliche Projekte pro Anwendersegment mit einbezogen werden.

Nach Auswertung der Rasterung kann die Charakterisierung des Anwendersegments durch Merkmale und entsprechende Ausprägungen festgelegt werden. Diese Charakterisierung wird im Folgenden **Rasterhypothese** genannt und repräsentiert die typischen Eigenschaften eines Anwendersegments.

---

[4] Mehlich, S.: Merkmalsorientierte Anforderungsnavigation zur Adaption betriebswirtschaftlicher Softwarebibliotheken. Unveröffentlichte Dissertation am Lehrstuhl für Betriebswirtschaftslehre und Wirtschaftsinformatik der Universität Würzburg, Würzburg 1998.

Die **Rasterhypothese** definiert sich dabei als Pfad durch die Merkmalsausprägungen. In Abhängigkeit des jeweiligen Merkmals können die ausgewählten Merkmalsausprägungen entweder zueinander additiv oder exklusiv sein. Pro vorkonfiguriertem System kann genau eine Rasterhypothese, die sich über verschiedene betriebswirtschaftliche Raster erstreckt, formuliert werden. Dies bedeutet im Umkehrschluss, dass für eine Rasterung genau ein vorkonfiguriertes System gebaut werden kann.

Abb. 4.1 Einordnung von Implementierungsprojekten zur Erstellung der Rasterhypothese

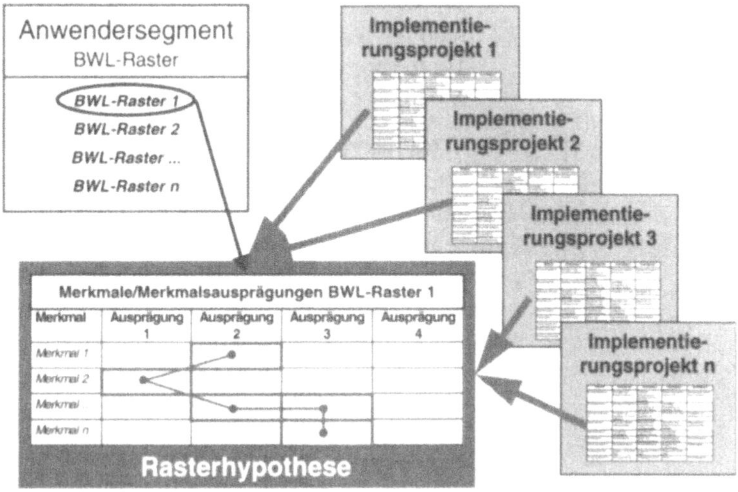

Diese induktive Formulierung von Rasterhypothesen auf Basis von Implementierungsprojekten beinhaltet zudem noch eine Bewertung der einzelnen Merkmalsausprägungen hinsichtlich ihrer Gültigkeit für das jeweilige Anwendersegment. Eine Merkmalsausprägung innerhalb eines betriebswirtschaftlichen Rasters kann folgendermaßen bewertet werden:

Bewertung der Merkmalsausprägungen in der Rasterhypothese

1. *Fixe* Bewertung:
   Merkmalsausprägungen, die **nahezu in jedem** untersuchten Projekt selektiert werden und als obligatorisch sowie typisch für das Anwendersegment eingestuft werden, werden mit 100 % *fix* gekennzeichnet, d. h. ein Anwender kann auch nur diesem Anwendersegment zugerechnet werden, falls er zumindest die *fix* bewerteten Ausprägungen erfüllt. Für das vorkonfigurierte System bedeutet dies im Umkehrschluss, dass es nach diesen Kriterien auch konfiguriert werden muss.

2. *Weiche* Bewertung:
   Merkmalsausprägungen, die **nicht in jedem** untersuchten Projekt selektiert werden, aber in den meisten Fällen typisch für das Anwendersegment sind, werden deswegen in die Rasterhypothese aufgenommen und erhalten eine *weiche* Bewertung. Das bedeutet, dass ein Anwender, auch wenn diese Merkmalsausprägung nicht auf ihn zutrifft, trotzdem zu diesem Anwendersegment gehören kann.

3. *Keine* Bewertung:
   Merkmalsausprägungen, die **nahezu in keinem** der untersuchten Projekte selektiert werden, sind nicht Bestandteil der Rasterhypothese, da sie als atypisch für das jeweilige Anwendersegment angesehen werden können.

Die **Rasterhypothese** kann somit zusammenfassend Merkmalsausprägungen beinhalten, die **zwingend** für einen Anwender zutreffen müssen, ansonsten kann dieser das vorkonfigurierte System nicht verwenden. Darüber hinaus gibt es Merkmalsausprägungen, die **nicht unbedingt übereinstimmen** müssen, aber doch **typisch** für das Anwendersegment und Bestandteil der Rasterhypothese sind. Die formulierte Rasterhypothese stellt zunächst eine Eröffnungslösung dar, die bei Bedarf während der repetitiven Phasen der SPARTA-Methode dynamisch angepasst werden kann.

Durch die Rasterhypothese kann schon im Vorfeld eines möglichen Implementierungsprojektes entschieden werden, ob ein vorkonfiguriertes System für einen Anwender überhaupt herangezogen werden kann, da es nach genau diesen Kriterien aufgebaut wurde. Der Feinabgleich „Anwenderanforderungen – vorkonfiguriertes System" wird anschließend mit Hilfe des wissensbasierten Analysewerkzeugs LIVE KIT Structure[5], das von der Siemens Business Services GmbH & Co. OHG in Kooperation mit der IBIS Prof. Thome GmbH entwickelt wurde, durchgeführt. Im Rahmen eines Workshops werden hierbei die Anforderungen des Kunden an das SAP-System anhand von Fragen abgeglichen. Auf Basis der gegebenen Antworten können im Anschluss umfangreiche Dokumentationen und ein reduzierter Einführungsleitfaden automatisch erzeugt werden.

---

5 http://www.siemens.de/sap/dienstleistungen/mt/services/implementation/anforderung.html und http://www.ibis-thome.de/products/livekit/index.html

4.2.1.1 Umsetzung im Anforderungsnavigator

Jedes vorkonfigurierte System zeichnet sich durch einen bestimmten Funktionalitätsumfang aus, so dass verschiedene Komponenten aus der Softwarebibliothek selektiert werden müssen, die dann letztendlich Bestandteil des vorkonfigurierten Systems werden. Um diese Softwarekomponenten und den daraus folgenden Funktionsumfang bestimmen zu können, wird das LIVE KIT Structure zunächst zur Unterstützung des Definitionsprozesses herangezogen.

Das LIVE KIT Structure bildet im ganzen den aktuellen Funktionsumfang des R/3-Systems über alle Fachbereiche hinweg ab, so dass die Auswahl mit Hilfe dieses Werkzeugs erfolgen kann. Die Umsetzung der Anforderungen an ein vorkonfiguriertes System kann in zwei Schritten erfolgen, die nachfolgend näher erläutert werden.

Vorlageprojektdefinition für Anwendersegmente

Nach der Identifikation von Anwendersegmenten durch die betriebswirtschaftlichen Raster wird nun zur Definition des Funktionsumfangs wiederum auf das Erfahrungswissen der Berater zurückgegriffen, das sie sich aus bereits realisierten Implementierungsprojekten innerhalb eines bestimmten Anwendersegments angeeignet haben. Zu diesem Zweck wird mit den Beratern ein LIVE KIT Structure-Workshop durchgeführt, während dessen Durchführung die benötigten Komponenten der Softwarebibliothek selektiert und die entsprechenden Fragen vorbeantwortet werden können. Zunächst wird in der Komponentenauswahl der Umfang des **Vorlageprojekts** respektive des vorkonfigurierten Systems festgelegt. Ziel dieser induktiven Vorgehensweise ist es, ein komplett vorbeantwortetes Projekt pro Anwendersegment zu definieren, das im Rahmen der Anforderungsanalyse beim Kunden als „Vorlage" verwendet werden kann.

Unter einem solchen Vorlageprojekt versteht man demnach einen bereits durchgeführten LIVE KIT Structure-Lauf, der vorbeantwortete Fragen und Profile enthält, die genau dem **Abbild des vorkonfigurierten Systems** entsprechen. Damit ist jederzeit auf einer sehr detaillierten Ebene ein Abgleich zwischen den Anforderungen des Kunden und dem vorkonfigurierten System für das Anwendersegment möglich. Anhand des LIVE KIT Structure können somit genau die **Einstellungen** und **betriebswirtschaftlichen Profile visualisiert** werden, die im vorkonfigurierten System vorgenommen bzw. hinterlegt wurden.

Klassifizierung der Fachbereiche und Komponenten

Zur Bestimmung des Umfangs des Vorlageprojektes bzw. vorkonfigurierten Systems erfolgt die Auswahl einzelner Anwendungskomponenten und der angebotenen Funktionalitäten innerhalb des LIVE KIT Structure. Grundsätzlich muss bei der Fachbereichs- und Komponentenauswahl eine Orientierung an der zuvor durchgeführten betriebswirtschaftlichen Rasterung vorgenommen werden, da durch die Rasterung das Anwendersegment eindeutig determiniert ist. Dabei gilt das „Standard-Optionen-Prinzip", so dass ein Vorlageprojekt sowohl obligatorische als auch optionale Fachbereiche und Komponenten (=Anwendungskomponenten) enthalten kann. Zudem muss nun eine **Klassifizierung der Anwendungskomponenten** hinsichtlich der **Verwendbarkeit** im vorkonfigurierten System vorgenommen werden. Diese Klassifikation ist notwendig, um Besonderheiten des Anwendersegments identifizieren zu können.

Bewertungskriterien für Anwendungskomponenten

In Anlehnung an das **Klassifikationsschema**, das bei den betriebswirtschaftlichen Rastern Verwendung fand, werden folgende **Bewertungskriterien** für Anwendungskomponenten eingeführt:

1. **Anwendersegmentspezifische Anwendungskomponenten:**
   Diese Anwendungskomponenten sind **Bestandteil** des vorkonfigurierten Systems und beinhalten **spezifische Einstellungen** für das Anwendersegment, z. B. Lieferplanabwicklung mit Abrufen innerhalb der „Automobil-Zulieferindustrie". Im Vorlageprojekt sind solche Komponenten *fix* enthalten und können nicht mehr deselektiert werden.
2. **Masterspezifische Anwendungskomponenten:**
   Diese Anwendungskomponenten sind auch **Bestandteil** des vorkonfigurierten Systems, jedoch werden dort **keine spezifischen Einstellungen** vorgenommen. Die Komponenten werden benötigt, um ein konsistentes System zu konfigurieren (z. B. Finanzbuchhaltung). Das Vorlageprojekt kann solche Komponenten entweder *fix* oder *empfohlen* enthalten. Der Einsatz einer *empfohlenen* Komponente ist für das Anwendersegment erfahrungsgemäß sinnvoll, eine Deselektion ist allerdings möglich.
3. **Masterunabhängige Anwendungskomponenten:**
   Diese Anwendungskomponenten sind **nicht Bestandteil** des vorkonfigurierten Systems, da es unbedeutend ist, ob der Anwender diese einsetzt oder darauf verzichtet (z. B. Personalbuchhaltung).

4. **Auszuschließende Anwendungskomponenten:**
Diese Anwendungskomponenten sind für das Anwendersegment **nicht relevant** und es kann davon ausgegangen werden, dass diese nicht zum Einsatz kommen (z. B. Produktionsplanung und -steuerung für öffentliche Verwaltungen). Für solche Komponenten ist zu entscheiden, ob diese generell im Vorlageprojekt *nicht* selektiert werden können oder ob dies nur *empfohlen* werden soll.

Die folgende Abbildung zeigt eine **vorbelegte Auswahl** von Anwendungskomponenten eines Vorlageprojektes aus dem öffentlichen Bereich im LIVE KIT Structure, wobei jeweils beispielhaft vorgenommene Klassifizierungen erklärt werden. Alle klassifizierten Komponenten werden durch die Symbole „ -‘ (für Selektion) bzw. „ +“ (für Ausschluss) hervorgehoben. Fixe Komponenten sind zusätzlich mit einem „+“ (fixe Selektion) bzw. „–“ (fixer Ausschluss), empfohlene Komponenten mit einem „›“ (empfohlene Selektion) gekennzeichnet. Handelt es sich um eine Komponente, deren Ausschluss empfohlen wird, erfolgt keine zusätzliche Kennzeichnung.

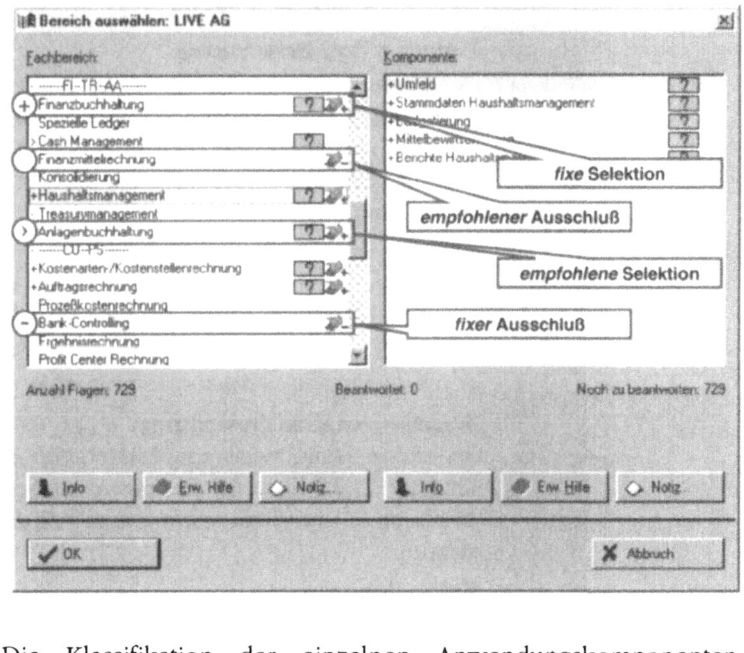

Abb. 4.2
Anwendungskomponentenauswahl Vorlageprojekt „Öffentliche Verwaltungen"

Die Klassifikation der einzelnen Anwendungskomponenten hängt entscheidend davon ab, in welchen Bereichen die Anwendersegmente ihre **Anwendungsschwerpunkte** besitzen.

4.2.1.2 Vorbeantwortung von Fragen und betriebswirtschaftlichen Lösungen

Durch die Auswahl der Anwendungskomponenten ist der Funktionsumfang des vorkonfigurierten Systems auf einer oberen Ebene grob determiniert worden. Im nächsten Schritt müssen nun die daraus resultierenden **Reduktions**- und **Zuordnungsfragen** entsprechend den typischen Anforderungen des Anwendersegments **vorbeantwortet** und **klassifiziert** werden, um damit sehr detailliert den Umfang der Voreinstellungen ermitteln zu können.

Bewertungskriterien für Fragen und betriebswirtschaftliche Profile

Es werden genau diejenigen Festlegungen getroffen, nach denen das vorkonfigurierte System anschließend zu konstruieren ist. Jede Frage und jedes betriebswirtschaftliche Profil (= Parameter) kann dabei folgendermaßen bewertet werden:

1. **Positive fixe Bewertung:**
   Der Parameter wird mit „Ja“ vorbeantwortet und erscheint innerhalb des Vorlageprojekts. Allerdings kann er vom Anwender nicht alternativ beantwortet werden, da dieser Sachverhalt kennzeichnend für das Anwendersegment ist. Die notwendigen Einstellungen zur Abbildung der Funktionalität werden im vorkonfigurierten System vorgenommen.
2. **Negative fixe Bewertung:**
   Der Parameter wird mit „Nein“ vorbeantwortet, da er für das Anwendersegment nicht von Bedeutung ist. Er wird deswegen im Vorlageprojekt ausgeblendet. Es wird niemals notwendig sein, diese Funktionalität im vorkonfigurierten System vorzusehen.
3. **Positive weiche Bewertung:**
   Bei dieser Bewertung handelt es sich um eine Empfehlung, den Parameter mit „Ja“ zu beantworten, da dies im Gesamtzusammenhang sinnvoll erscheint. Der Anwender kann die Frage aber jederzeit alternativ beantworten.
4. **Negative weiche Bewertung:**
   An dieser Stelle wird empfohlen, auf die Funktionalität zu verzichten, da diese für das Anwendersegment nicht relevant erscheint. Grundsätzlich kann aber von ihr Gebrauch gemacht werden.
5. **Keine Bewertung:**
   Parameter, die nicht bewertet werden können, haben keinen unmittelbaren Bezug auf das Anwendersegment, so dass hier keinerlei Aussage über die Verwendbarkeit der Funktionalität gemacht werden kann.

Die folgende Abbildung stellt die **Bestandteile** des vorkonfigurierten Systems und deren **Ablage und Dokumentation** im LIVE KIT Structure nochmals dar. Bei einer positiv weichen Bewertung von LIVE KIT Structure-Fragen muss im Einzelfall entschieden werden, ob die entsprechende Funktionalität Bestandteil des vorkonfigurierten Systems werden soll. Beispielsweise können Stammdatengerüste im Regelfall nur empfohlen werden, sollten aber zumindest als Beispieldaten enthalten sein.

Abb. 4.3
Bestandteile eines vorkonfigurierten Systems

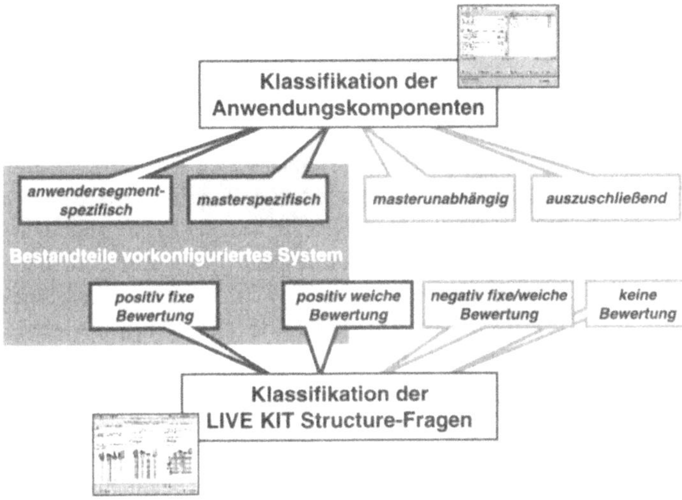

Das vorbeantwortete **Vorlageprojekt** entspricht nun genau dem **Abbild des vorkonfigurierten Systems**, wobei das LIVE KIT Structure durch verschiedene Anpassungsmöglichkeiten **anwendersegmentspezifisch** ausgestaltet werden kann. Im Zuge der Vorbeantwortung und Analyse des Vorlageprojektes können diesbezüglich spezifische Fragen und betriebswirtschaftliche Lösungen und daraus resultierende notwendige Anpassungen innerhalb des LIVE KIT Structure für das gewählte Anwendersegment identifiziert und dokumentiert werden. Die Möglichkeiten der Anpassung werden im Folgenden näher beschrieben.

4.2.1.3 Anwendersegmentspezifische Anpassungen

Der Anwender sollte sich so gut wie möglich mit den Inhalten und Lösungsalternativen, die ihm im Anforderungsnavigator angeboten werden, identifizieren können. Denn ein wesentliches Problem besteht darin, dem Anwender zu verdeutlichen, dass seine spezifischen Anforderungen – begründet durch die Zugehörigkeit zu einem bestimmten Anwendersegment – durch die

Softwarebibliothek abgedeckt werden können. Es genügt allerdings nicht, die technischen Möglichkeiten des Customizing oder der Schnittstellen zu erläutern, sondern es muss vielmehr die „**Sprache**" des Anwenders gesprochen werden. Dazu wird er mit **vertrauten Begriffen** und ablauffähigen, betriebswirtschaftlichen Lösungen konfrontiert, die typisch für das jeweilige Anwendersegment sind. Ziel ist es, eine **größtmögliche Identifikation** mit der Softwarebibliothek auf Anwenderseite zu erreichen. Mit Hilfe der Anpassungen können Spezifika des vorkonfigurierten Systems abgefragt bzw. evaluiert werden. Grundsätzlich sind die folgenden Anpassungen möglich:

Anpassungen im vordefinierten Rahmen

Anpassungen im vordefinierten Rahmen bestehen darin, vorhandene Fragen und Profile im LIVE KIT Structure textuell und graphisch an die Belange des Anwendersegments anzupassen, aber an der bestehenden Parameterstruktur und Regellogik nichts zu verändern. Hierzu werden zusätzliche anwendersegmentspezifische Lösungsbeispiele vorselektiert und erarbeitet, die auf den generellen Profilen der Softwarebibliothek basieren. Dadurch wird erreicht, dass die Zielgruppe spezifischer und in ihrer eigenen Begriffswelt angesprochen wird und somit in höherem Maße Antwortalternativen vorgeschlagen werden können. Es ist allerdings darauf zu achten, dass nur solche Fragen und Profile verändert bzw. ausgetauscht werden, die in der ursprünglichen Form keine Verwendung innerhalb des Anwendersegments finden werden.

Für Anwender öffentlicher Verwaltungen ist es beispielsweise besonders wichtig, dass eine **anwendersegmentspezifische Terminologie** gebraucht wird, da in diesem Segment eine Identifikation mit industriespezifischen Begriffen äußerst schwer fällt. Die folgende Abbildung zeigt ein Beispiel aus der Organisation der Finanzbuchhaltung. Zum einen wurde eine begriffliche Anpassung vorgenommen, indem der Begriff „Unternehmen" durch „Institution" ersetzt wurde. Zum anderen ist für den öffentlichen Sektor die dritte und vierte typische Lösung „Betriebsstätte" bzw. „Werk im Ausland" nicht relevant und deshalb entsprechend gekennzeichnet sowie nicht selektierbar.

Abb. 4.4
Fragenanpassung im Anforderungsnavigator

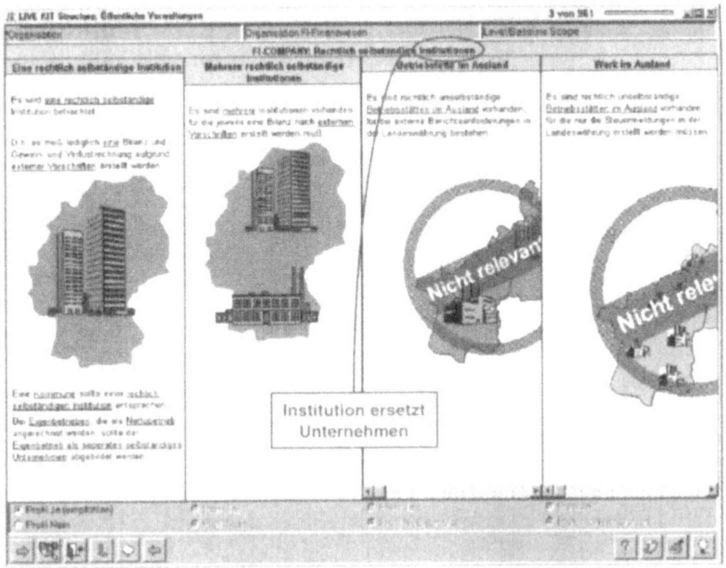

In den überwiegenden Fällen ist es ausreichend, vorhandene Fragen und Profile an die Anwendersegmentspezifika anzupassen. Dies ist dadurch begründet, dass die Softwarebibliothek einen **sehr großen Funktionalitätsumfang** besitzt, der entsprechend noch an die einzelnen Anforderungen aus den Anwendersegmenten angepasst werden muss und somit auch eine Anpassung des Anforderungsnavigators nach sich zieht. In Ausnahmefällen muss dieser um Spezifika ergänzt werden.

Ergänzung von zusätzlichen Komponenten

Um „echte" anwendersegmentspezifische Funktionalitäten abbilden zu können, kann es unter Umständen notwendig sein, zusätzliche Bereiche, Komponenten, Fragen sowie Profile zu ergänzen. Darüber hinaus können neue Regeln hinzukommen oder die bestehende Regellogik verändert werden. Durch diese Anpassungsmöglichkeit können beispielsweise Komponenten mit aufgenommen werden, die Funktionalitäten beinhalten, die speziell für das Anwendersegment von Bedeutung sind (z. B. EDI-Anbindung in der Kfz-Zulieferindustrie). Hier ist vor allem das Erfahrungswissen der Berater gefragt, da aus realisierten Implementierungsprojekten solche typischen betriebswirtschaftlichen Profile für das Anwendersegment abgeleitet werden können.

Zudem lassen sich dadurch auch **Fremdsysteme** in die R/3-Welt integrieren, die innerhalb des Anwendersegments vielfach anzutreffen sind (z. B. Kassenbuch in öffentlichen Verwaltungen).

So können eigene Fragen zu **Schnittstellen** definiert werden, wobei diese dann auch im vorkonfigurierten System vorbereitet werden können. Dies ist ein wesentlicher Aspekt, um die Akzeptanz und Verwendbarkeit des vorkonfigurierten Systems auf Anwenderseite zu erhöhen.

Abb. 4.5
Anwendersegment-spezifische Profile Kfz-Zulieferindustrie

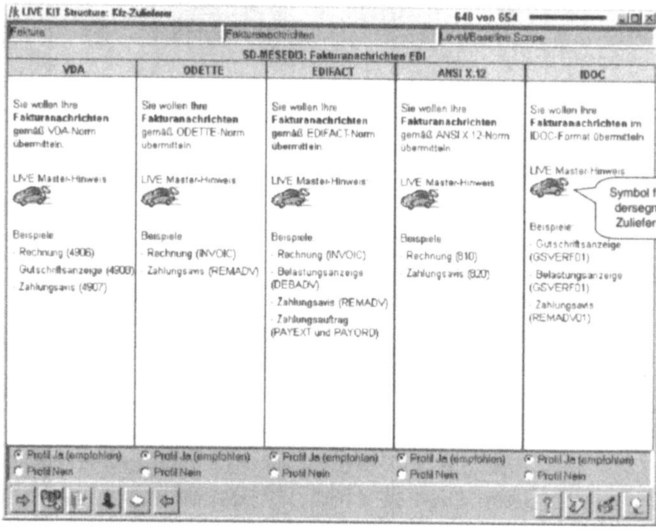

4.2.1.4 Dokumentation der definierten betriebswirtschaftlichen Lösungen

Dokumentationen der vorgenommenen Einstellungen von vorkonfigurierten Systemen werden in den momentan verfügbaren Ansätzen zumeist vernachlässigt oder es werden keine zur Verfügung gestellt. Doch gerade für vorkonfigurierte Systeme ist eine **strukturierte Dokumentation** notwendig, damit der Anwender jederzeit die Voreinstellungen nachvollziehen kann.

Die SPARTA-Methode stellt für **alle Anwendungsbereiche** eines vorkonfigurierten Systems für ein Anwendersegment Dokumentationen bereit:

1. Customizingdokumentationen und
2. Stammdatendokumentationen.

Die **Customizingdokumentation** beschreibt die vorgenommenen Systemeinstellungen innerhalb der selektierten Fachbereiche. Mit Hilfe des Einführungsleitfadens werden pro durchgeführter Customizing-Transaktion anhand von Screenshots, Kommentaren sowie in Tabellenform die Einstellungen dokumentiert. Dies ist gleichzeitig die Basis für die eigentliche Anwenderdokumentation, die letztendlich in manchen Bereichen ergänzt, reduziert oder modifiziert werden kann.

Stammdatendokumentationen sind für den Anwender notwendig, damit er entscheiden kann, ob die voreingestellten Stammdaten von ihm verwendet oder ob diese lediglich als Vorlage für die unternehmensindividuellen Daten gebraucht werden können.

4.2.2 Vorkonfigurationsprozess

Nach der Festlegung, aus welchen Bestandteilen das vorkonfigurierte System bestehen soll, kann es mit betriebswirtschaftlichen Inhalten gefüllt werden. Dabei werden die für das Anwendersegment identifizierten, typischen betriebswirtschaftlichen Lösungen und signifikanten Gemeinsamkeiten als „**de facto**"-Standard dem Anwender des entsprechenden Segments angeboten. Hierbei ist es von besonderer Bedeutung, die gewonnenen Ergebnisse detailliert zu dokumentieren, damit diese später wiederverwendet werden können.

„Backward-" und „Forward-Customizing"

Das konfigurierte Referenzsystem bildet die Grundlage für das System, das dem Anwender als **Eröffnungslösung** zur Verfügung gestellt werden kann. Somit ist sofort bei Projektstart ein voreingestelltes, ablauffähiges sowie getestetes System verfügbar, wodurch eine schnelle Umsetzung der Kundenanforderungen gemäß dem Continuous System Engineering (CSE)[6] ermöglicht wird. Eine **Adaption** des Masters ist im Regelfall notwendig, da das System nicht in allen Fachbereichen mit den Anforderungen des Unternehmens übereinstimmen wird. Einerseits kann es möglich sein, dass der Anwender Bestandteile des vorkonfigurierten Systems nicht benötigt, womit ein Zurücknehmen der Einstellungen oder **„backward"-Customizing** notwendig sein wird. Andererseits kann der Anwender zusätzliche masterunabhängige Softwarekomponenten selektieren oder den angebotenen Funktionsumfang erweitern. In diesem Fall muss das System ergänzt oder erweitert werden, so dass **„forward"-Customizing** erforderlich ist. Die verschiedenen Möglichkeiten der Anforderungsnavigation werden im Abschnitt 4.2.3 behandelt.

---

6 Thome, R.; Hufgard, A: Continuous System Engineering, Entdeckung der Standardsoftware als Organisator, Vogel-Verlag, Würzburg, 1996

Zunächst werden die verschiedenen Bestandteile vorkonfigurierter Systeme beschrieben, die in Abhängigkeit der untersuchten Anwendersegmente variieren können. Die Dokumentation der vorgenommenen Einstellungen bildet ein wichtiges bzw. nicht zu vernachlässigendes Element der SPARTA-Methode, welches die Wiederverwendbarkeit gewährleistet. Abschließend muss pro vorkonfiguriertem System entschieden werden, in welcher Form dem Anwender die Vorkonfiguration zur Verfügung gestellt werden soll. In Abhängigkeit des Umfangs der Voreinstellungen können entweder ein **eigener Mandant** oder **gekapselte Customizing-Objekte** angeboten werden.

4.2.2.1 Voreinstellungen des Anwendersegments

Nur durch die intensive Verwendung und Ausnutzung der **Konfigurations- und Adaptionsmöglichkeiten** der Softwarebibliothek R/3 wird es ermöglicht, die definierten Anforderungen pro Anwendersegment zu realisieren.

Der Umfang der möglichen Voreinstellungen für ein vorkonfiguriertes System ist immer abhängig vom betrachteten Anwendersegment. Gemäß der Charakterisierung innerhalb der betriebswirtschaftlichen Raster und den Festlegungen im Vorlageprojekt des LIVE KIT Structure (Fachbereichs-, Komponentenauswahl und Vorbeantwortung) kann das vorkonfigurierte System für das Anwendersegment „aufgebaut" werden.

Anbindung von Fremdsystemen

Ein zusätzliches Augenmerk muss auf die **Anbindung von Fremdsystemen** gelegt werden. Falls diese typischerweise im Anwendersegment eingesetzt werden, muss im vorkonfigurierten System eine entsprechende **„Standard"-Schnittstelle** vorgesehen werden, damit die Systeme weiterhin benutzt werden können. Beispielsweise ist für die Automobil-Zulieferindustrie die EDI-Anbindung zur Kommunikation mit ihren Kunden sehr wichtig. Ein anderes Beispiel für Fremdsystemanbindungen findet sich bei Versorgungsunternehmen. Für die Verbrauchserfassung werden von Stadtwerken eigene Softwaresysteme eingesetzt, welche die erfassten Daten an die Standardanwendungssoftware weitergeben. Das bedeutet zusammengefasst für das vorkonfigurierte System, dass für sehr spezielle und anwendersegmentspezifische Softwarelösungen, deren Funktionalität auf keinen Fall in der Standardanwendungssoftware abgebildet werden kann, die Anbindung dieser Lösungen über Schnittstellen vorgesehen werden muss.

Einbezug von SAP-Branchenlösungen

Vorhandene **Branchenlösungen** für ein Anwendersegment, die als **Add-Ons** zu den Funktionalitäten des R/3-Systems angeboten werden, müssen auch berücksichtigt werden, da diese teilweise Standardkomponenten der Softwarebibliothek ersetzen.

Bspw. beinhaltet die Branchenlösung für Banken (IS-B) der SAP AG eine Ergebnisrechnung, die speziell für Banken konzipiert wurde, so dass die Standard-Ergebnisrechnung obsolet wird. Das Zusatzpaket für öffentliche Verwaltungen (IS-PS) beinhaltet ein spezielles Haushaltsmanagement, das die Standardkomponente ablöst. Auch für solche Komponenten müssen Voreinstellungen vorgesehen werden, da es sich um Kernfunktionen der Anwendersegmente handelt.

4.2.2.2 Grundlegende Konventionen

Ein vorkonfiguriertes System baut auf dem von der SAP AG standardmäßig ausgelieferten **Mandanten 000** des R/3-Systems auf. Pro vorkonfiguriertem System, d. h. pro Anwendersegment, wird von diesem Mandanten eine Kopie erstellt, die für die Umsetzung der spezifischen Anforderungen zur Verfügung steht. Eigene physikalische R/3-Systeme sind nur notwendig, falls mandantenunabhängige Systemeinstellungen (z. B. innerhalb der Ergebnisrechnung) vorgenommen oder zusätzliche Branchenlösungen (z. B. IS-PS, IS-U) angeklinkt werden müssen.
Bei der Abbildung von Stammdaten und beim Vornehmen von Systemeinstellungen sollte generell auf sprechende Schlüssel verzichtet werden, da dadurch künftige Änderungen, hervorgerufen durch neue Anforderungen, erschwert werden. Eine Ausnahme können solche Voreinstellungen bilden, die durch (gesetzliche) Vorgaben oder Vorschriften für das Anwendersegment fixiert sind.

Organisationsstrukturen

Bevor mit der konkreten Systemeinstellung und der Abbildung der Stammdaten begonnen werden kann, müssen zunächst die **Organisationsstrukturen** und deren Zuordnungen erfolgt sein. Dabei sind die Organisationsstrukturen des vorkonfigurierten Systems möglichst **einfach zu gestalten**, d. h. es muss bei der Definition äußerst restriktiv vorgegangen werden. Jede weitere Organisationseinheit würde das Pflegen von abhängigen Stammdaten und Einstellungen nach sich ziehen. Im Regelfall reicht eine flache Organisationsstruktur aus (z. B. ein Buchungskreis mit einem Kostenrechnungskreis und einem Ergebnisbereich).

Vorkonfiguration von Stammdaten

Damit **Stammdaten** definiert werden können und Geschäftsprozesse ablauffähig sind, müssen **Nummernkreise** für die entsprechenden Fachbereiche eingerichtet werden. Hierbei muss zwischen Nummernkreisen unterschieden werden, die vom Anwender überwiegend angepasst werden (z. B. Nummernvergabe für Kreditoren, Debitoren oder Aufträge) und solchen, die nicht unbedingt einer Änderung bedürfen (z. B. Nummernkreise für Belege der Finanzbuchhaltung oder des Controlling). Beide Arten von Nummernkreisen müssen vorkonfiguriert werden, können allerdings vom Anwender jederzeit angepasst werden.

4.2.2.3 Stammdaten

Für Voreinstellungen von Stammdaten können vorwiegend nur **Vorschläge** zur späteren Realisierung gemacht werden, da diese im Regelfall **unternehmensspezifisch auszuprägen** sind. Dennoch können auch solche identifiziert und definiert werden, die vom Anwender ohne Anpassungen übernommen werden und somit den Erfassungsaufwand wesentlich verringern können.

Kategorien von Stammdaten

Für die SPARTA-Methode werden Stammdaten, die Bestandteile von vorkonfigurierten Systemen sein können, folgendermaßen kategorisiert:

1. **Anwendersegmentstammdaten**:
   Anwendersegmentspezifische Stammdaten können aufgrund gesetzlicher Vorgaben oder häufiger Verwendung innerhalb eines Anwendersegments vorgegeben werden. Diese sind hauptsächlich in den rechnungswesenorientierten Fachbereichen zu finden. Beispielsweise sind **Kontenpläne** bis zu einer bestimmten Ebene (Kontenklassen oder Kontengruppen) gemäß dem Kontenrahmen bindend und müssen genauso vom Unternehmen verwendet werden. Ergänzungen sind jederzeit möglich, wobei auch Bezug zu bereits definierten Konten genommen werden kann. Auch die Kostenstellennumerik kann teilweise festgelegt sein, so dass hier Vorarbeiten möglich sind.
2. **Beispielstammdaten**:
   Diese Stammdaten sind einerseits notwendig, um beispielhaft **Geschäftsprozessszenarien** im System aufzubauen. Andererseits können diese auch eine wichtige Hilfe für die Definition der unternehmensspezifischen Daten sein, indem sie als Vorlage herangezogen werden. Beispielsweise können Materialstämme, Debitoren oder Kreditoren angelegt sein, die als Basis der Anwenderdaten verwendet werden.

3. **Customizingstammdaten**:
   Damit Voreinstellungen überhaupt realisiert werden können, ist es in verschiedenen Fachbereichen unbedingt notwendig, dass Stammdaten vorhanden sind. Ohne diese können die **Tabelleneinträge nicht gesichert** werden. Beispiele hierfür finden sich innerhalb der Kontenfindung zwischen Materialwirtschaft und Finanzbuchhaltung oder bei Kalkulationsschemata innerhalb des Controlling. In beiden Fällen sind Sachkonten bzw. Kontierungsobjekte notwendig.

Das zentrale Element innerhalb der Stammdaten ist der **Kontenplan**, da er erhebliche Auswirkungen auf alle Stammdaten und Abläufe hat. Im Rahmen des Konfigurationsprozesses wird der Kontenplan pro Anwendersegment entweder als Kopie eines existierenden Kontenplans mit anschließender Definition spezifischer Konten oder komplett neu definiert. Für Versorgungsunternehmen wird beispielsweise der komplette „Gemeinschaftskontenrahmen für Versorgungs- und Verkehrsbetriebe (GKV)“ in das vorkonfigurierte System eingegeben. Dadurch wird es auch ermöglicht, definierte Kostenartengruppen oder Berichte einzurichten.

4.2.2.4 Betriebswirtschaftliche Profile

Betriebswirtschaftliche Profile sind typische, vorgefertigte und alternative Lösungen auf Basis der Softwarebibliothek R/3. Sie werden jeweils für ein bestimmtes betriebswirtschaftliches Szenario innerhalb eines Anwendersegments definiert. Ein Profil kann dabei eine oder mehrere Customizingeinstellungen in der Softwarebibliothek umfassen.

Typen betriebswirtschaftlicher Profile

Grundsätzlich müssen bei diesen Lösungsvorschlägen zwei Fälle unterschieden werden, die für die Vorkonfiguration von Bedeutung sind:

1. **Additive Profile:**
   Für ein bestimmtes Szenario werden alternative betriebswirtschaftliche Lösungen im vorkonfigurierten System hinterlegt. Im Rahmen der Anforderungsnavigation kann sich der Anwender für ein oder mehrere Profile entscheiden. Das **Customizing** der Profile **schließt** sich **nicht gegenseitig** aus und kann somit **parallel** vorgenommen werden.
2. **Exklusive Profile:**
   Von den angebotenen Lösungen kann für ein bestimmtes Szenario jeweils nur ein Profil herangezogen werden, da sich diese **gegenseitig ausschließen**. In der Regel besteht eine

Abhängigkeit zu grundlegenden Organisationseinheiten, d. h. pro Einheit kann nur eine bestimmte Systemeinstellung vorgenommen werden.

4.2.2.5 Geschäftsprozesse

Geschäftsprozesse beschreiben eine **realtypische Ablaufform** von abgeschlossenen betriebswirtschaftlichen Aufgaben. Mehrere Geschäftsprozesse, die betriebswirtschaftlich eine Einheit bilden, werden in einem Szenario zusammengefasst, das auch **fachbereichsübergreifend** und somit **integrativ gestaltet** sein kann. Pro Anwendersegment sind diese im vorkonfigurierten System in Abhängigkeit der selektierten und bewerteten Fachbereiche und Komponenten vorhanden. Damit ein konkreter Geschäftsablauf im R/3-System ablauffähig ist, sind folgende Voraussetzungen notwendig:

1. Stammdatengerüst:
   Die erforderlichen Stammdaten sind einzupflegen, wobei hier hauptsächlich auf Beispielstammdaten zurückgegriffen werden muss, da oftmals keine Anwendersegmentstammdaten in ausreichendem Umfang vorhanden sind.
2. Systemeinstellungen:
   Zunächst ist das „Grundcustomizing“ vorzunehmen, das grundlegende Einstellungen pro Fachbereich beinhaltet (z. B. Belegarten, Belegnummernkreise). Daran anschließend sind die notwendigen betriebswirtschaftlichen Profile für den entsprechenden Geschäftsprozess einzurichten.

Beispiele für betriebswirtschaftliche Szenarien und Geschäftsprozesse finden sich bei den jeweiligen Anwendersegmenten im Abschnitt 0.

4.2.2.6 Berichte und Formulare

Ein breites Betätigungsfeld für vorkonfigurierte Systeme eröffnet sich durch das **Berichts- und Formularwesen**. Die Softwarebibliothek R/3 stellt in der Standardauslieferung bereits eine umfangreiche Auswahl an Berichten und Formularen zur Verfügung. Allerdings kann es notwendig sein, aufgrund feststehender Anforderungen oder gesetzlicher Vorgaben zusätzliche anwendersegmentspezifische Berichte und Formulare zu definieren. Somit entsteht sukzessive eine Berichts- bzw. Formularbibliothek, die an das Anwendersegment angepasst ist.

Grundsätzlich sind zwei Vorgehensweisen für die Vorkonfiguration möglich, die im R/3-System durch Werkzeuge („Report Writer" bzw. „Report Painter") unterstützt werden:

1. Anpassung von Standard-Berichten und -Formularen:
   Ein Standard-Bericht oder -Formular kann herangezogen werden, jedoch sind **marginale Änderungen** für das jeweilige Anwendersegment notwendig. Beispielsweise können die Selektionsbedingungen beim Berichtsaufruf geändert werden, die eigentliche Berichtsstruktur bleibt allerdings bestehen.
2. Definition von neuen Berichten und Formularen:
   Neue Berichte und Formulare sind immer dann erforderlich, wenn relativ **fixe Vorgaben** bzw. **Anforderungen** für das Anwendersegment formuliert werden können. Dies schlägt sich in einer eigenen Zeilen- und Spaltenstruktur sowie festen Auswertungsobjekten und -größen bei Berichten und in einer individuellen Seitengestaltung bei Formularen nieder, die quasi als „Standard" vorgegeben werden können.

Durch die Verwendung von **Stammdatenintervallen** können Berichte umfangreich voreingestellt werden, ohne dass die Adaptionsmöglichkeit an die unternehmensindividuellen Anforderungen verloren geht. Die Anpassung beschränkt sich dann hauptsächlich auf die Ergänzung der Anwenderstammdaten bzw. die Zuordnung zu den Intervallen, die eigentliche Berichtsstruktur bleibt unverändert.

Abb. 4.6 Anwendersegmentspezifische Vorkonfiguration von Berichten

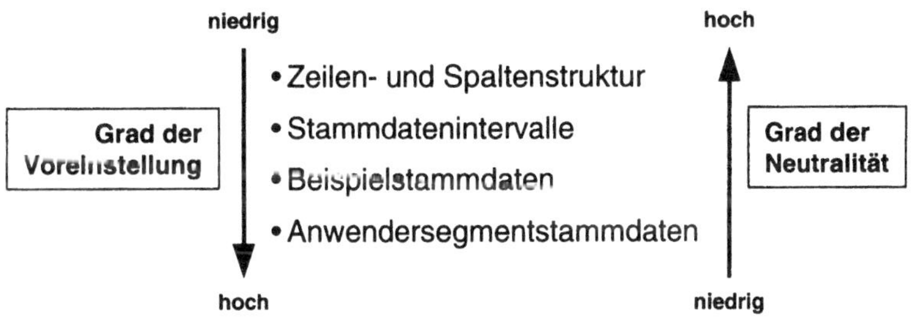

Zwischen dem Grad der Voreinstellung, d. h. in welchem Maße Berichte determiniert werden können, und dem Grad der Neutralität, d. h. inwieweit Anwendersegmentspezifika verwendet werden, besteht ein inverser Zusammenhang, der in der obigen Abbildung dargestellt ist. Es wird deutlich, dass die Stammdaten bei vorkonfigurierten Berichten eine wesentliche Rolle spielen.

4.2.2.7 Dokumentation der Voreinstellungen

Alle anwendersegment- und masterspezifischen Daten und Systemeinstellungen müssen im Detail dokumentiert werden. Dies ist eine zwingende Voraussetzung dafür, dass mit relativ geringem Aufwand sowie schnell eine Weiterentwicklung und Wartung der spezifischen Einstellungen erfolgen und der Anwender diese auch nachvollziehen kann. Ein Grundgerüst der Dokumentation liegt daher schon bei Projektstart vor und darauf aufbauend können die unternehmensindividuellen Ergänzungen im Laufe der Adaptionsphase des vorkonfigurierten Systems vorgenommen werden.

Projekt-Einführungsleitfaden

Den Ausgangspunkt des Konfigurationsprozesses bildet der reduzierte **Projekt- (Master-) Einführungsleitfaden**. Dieser kann nach der Vorlageprojektdefinition durch den LIVE KIT Structure automatisch im R/3-System erzeugt werden. Er enthält nur diejenigen Customizing-Aktivitäten, die für das vorkonfigurierte System des jeweiligen Anwendersegments zu bearbeiten sind. Der Einführungsleitfaden kann auf zwei unterschiedliche Arten zur Dokumentation der Voreinstellungen herangezogen werden:

1. externe Dokumentation in einem Word-Dokument sowie
2. interne Dokumentation im R/3-System.

Im ersten Fall ist der **Reduktionsbericht** die Dokumentationsbasis. Zu jeder darin enthaltenen Customizingaktivität muss detailliert beschrieben werden, welche Voreinstellungen getätigt wurden. Mit tabellarischen Übersichten (z. B. für Stammdatenlisten) oder mittels Screenshots kann die Dokumentation zusätzlich angereichert werden. Der komplette Reduktionsbericht dient gleichzeitig als Grundlage der eigentlichen Anwenderdokumentation. In der Implementierungsphase werden dazu Ergänzungen und Anpassungen hinsichtlich den individuellen Anforderungen des Anwenders vorgenommen. Die weitere Pflege nach Produktivstart kann durch den Anwender selbst erfolgen.

Informationen hinsichtlich der Vorkonfiguration werden additiv direkt im **reduzierten Projekt-Einführungsleitfaden** des R/3-Systems gepflegt. Dadurch kann nachvollzogen werden, welche anwendersegmentspezifischen Einstellungen im vorkonfigurierten System durchgeführt wurden. Dazu wird je relevanter Customizing-Aktivität ein Status gepflegt, wodurch die Unterschiede zur Standardauslieferung dokumentiert werden. Folgende Stati können vergeben werden:

3. Voreinstellungen vorhanden (bezieht sich auf einen übergeordneten Knoten im IMG, z. B. Controlling),
4. nur Informationsfunktion (keine Customizing-Transaktion, z. B. Dokumentation von unterschiedlichen Abgrenzungsverfahren),
5. „Always"-Aktivität, Prüfung im Anwenderprojekt notwendig (z. B. Nummernkreise),
6. Einstellungen sind vorhanden, Adaption aber notwendig (z. B. Bezeichnung von Organisationselementen),
7. betriebswirtschaftliche Profile sind vorhanden (z. B. Kostenumlage),
8. Stammdaten sind gepflegt, Ergänzungen aber möglich (z. B. Kontenplan) und
9. nicht relevant (Customizing-Aktivitäten sind immer im IMG enthalten, sind aber kein Bestandteil des vorkonfigurierten Systems, z. B. anwendungsübergreifende Komponenten).

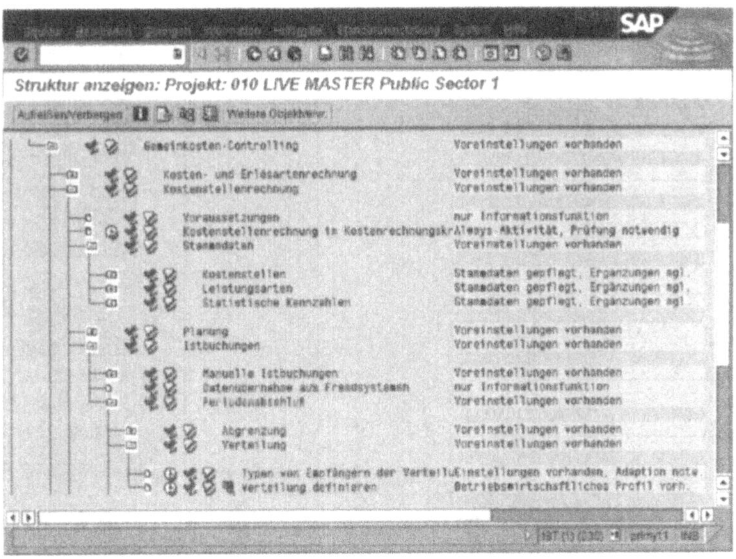

Abb. 4.7
Status im Einführungsleitfaden pro Customizing-Aktivität

Zusätzlich können **Notizen** gepflegt werden, die Hinweise zu spezifischen Einstellungen enthalten. Die detaillierte Dokumentation wird allerdings im oben erläuterten Reduktionsbericht vorgenommen.

Die Abbildung 4.7 zeigt unterschiedliche Stati im Einführungsleitfaden, denen Customizing-Aktivitäten zugeordnet wurden. Somit kann sich der Anwender einen schnellen Überblick über diejenigen Funktionalitäten verschaffen, die bereits voreingestellt sind. Je Anwendersegment wird genau ein Reduktionsbericht und ein Projekt-IMG erstellt werden.

Stammdatendokumentation

Die Stammdatendokumentationen eines vorkonfigurierten Systems bilden die Grundlage, um innerhalb der Adaptionsphase die unternehmensindividuellen Stammdaten einpflegen zu können. Die folgenden zwei Dokumentationsformen lassen sich hierbei unterscheiden:

- Customizingbericht Stammdaten und
- Stammdatenlisten.

Die **Customizingberichte** enthalten keine Stammdaten, sondern dokumentieren das notwendige Customizing, damit Stammdaten überhaupt erfasst werden können. Zu diesem Zweck werden Datenfelder im Hinblick auf die Eingabeeigenschaften ausgewertet.

Abb. 4.8 Stammdatenliste über Fremdprogrammaufruf im LIVE KIT Structure

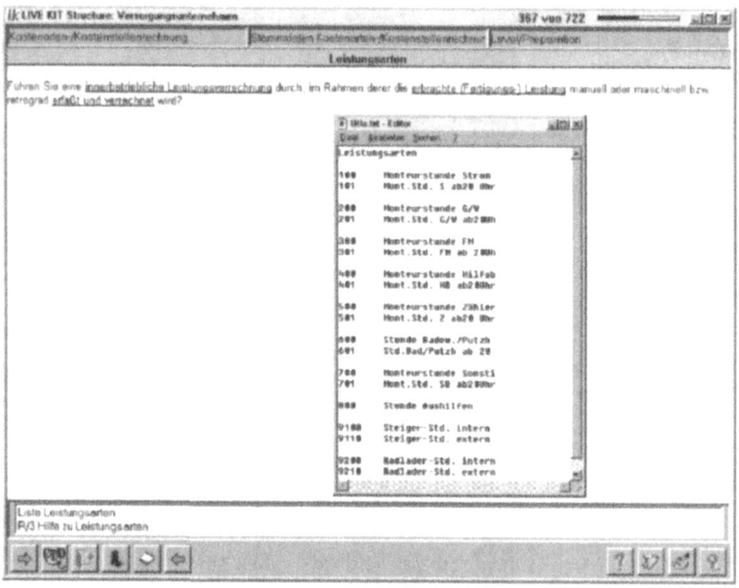

Die eigentlichen Stammdaten, die im vorkonfigurierten System enthalten sind, werden direkt im LIVE KIT Structure mittels eigener **Fremdprogrammaufrufe** dokumentiert. Somit kann dem Anwender schon während der Anforderungsanalyse das voreingestellte Stammdatengerüst visualisiert werden, so dass an dieser Stelle eine Entscheidung hinsichtlich der Verwendbarkeit getroffen werden kann.

4.2.2.8 Technische Ablagemöglichkeiten

Vor dem Hintergrund der technischen Ablage eines vorkonfigurierten Systems muss zwischen **mandantenunabhängigen** und **-abhängigen Einstellungen** unterschieden werden. Der Mandant dient als betriebswirtschaftlicher Organisationsbegriff des R/3-Systems der Abbildung einer organisatorisch und datentechnisch abgeschlossenen Einheit.

Abb. 4.9 Mandantenunabhängige und -abhängige Einstellungen

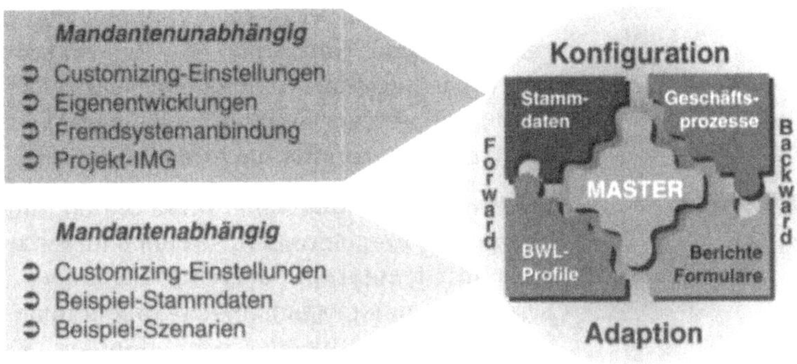

Grundsätzlich können in einem R/3-System Voreinstellungen für **verschiedene Anwendersegmente** abgelegt und verwaltet werden, für die jeweils ein eigener Mandant vorhanden ist. In diesem Fall ist ein zusätzlicher Mandant anzulegen, in dem nur die mandantenunabhängigen Einstellungen zentral vorgenommen werden dürfen. Dadurch soll in diesen speziellen Customizing-Bereichen eine Konsistenz zwischen den Anwendersegmenten gewährleistet werden.

Eigene Systeme sind aber unter folgenden Voraussetzungen zwingend notwendig, da es ansonsten zu Konflikten durch die Vorkonfiguration kommen kann:

1. unterschiedliches mandantenunabhängiges Customizing,
2. Einsatz von R/3-Branchenlösungen (IS-Komponenten) und
3. Schnittstellenkonflikte bei Fremdsystemanbindung.

Für den Transport der Voreinstellungen auf das Kundensystem sind zwei unterschiedliche Szenarien denkbar. Für ein Anwendersegment ist jeweils nach Abschluss der Definitions- und Vorkonfigurationsphase eine Konstruktionsentscheidung hinsichtlich eines dieser Szenarien vorzunehmen, die weitgehend vom Grad der Voreinstellung abhängig sein wird.

Folgende **Alternativen zur Ablage der Vorkonfiguration** können unterschieden werden:

- eigener Mandant für vorkonfiguriertes System oder
- Transportaufträge mit anwendersegmentspezifischen Systemeinstellungen.

Die Entscheidung kann erst nach dem Definitionsprozess getroffen werden, da der Funktionsumfang danach feststeht. Für Anwendersegmente, die mit einer IS-Komponente ausgestattet werden müssen (z. B. Banken), empfiehlt sich die erste Variante mit einem eigenen Mandanten, da die Vorkonfiguration in diesem Bereich im Regelfall umfangreich sein wird. Für Anwendersegmente mit Voreinstellungen in wenigen Fachbereichen kann der Einsatz des Transportwesens sinnvoller sein.

Master-System

Falls ein eigener Mandant vorkonfiguriert angeboten wird, gilt es den größten gemeinsamen Nenner innerhalb des Anwendersegments zu identifizieren. Die Einstellungen werden im „Master-System" in einem Mandanten vorgenommen, das als Ausgangsbasis für das Anwendersystem fungiert. Diese Art der Ablage macht allerdings nur dann Sinn, wenn eine größere Anzahl von Voreinstellungen für bestimmte Fachbereiche vorgenommen werden kann. Zusätzlich kann bei dieser Vorgehensweise noch von einer Art „Vererbungsprinzip" Gebrauch gemacht werden. Es können dann bestimmte Einstellungen bzw. Bereiche von einem zum anderen Anwendersegment vererbt werden, z. B. extern vorgegebene (gesetzliche) Anforderungen, die anwendersegmentunabhängig sind und somit in mehreren vorkonfigurierten Systemen zur Anwendung kommen können.

Im Rahmen eines Implementierungsprojektes wird nach einem LIVE KIT Structure-Workshop und entsprechender Definition der Anforderungen, eine Kopie des Mastermandanten erstellt und auf das Anwendersystem eingespielt. Nun müssen die gewonnenen Erkenntnisse umgesetzt werden, d. h. vorgesehene, aber vom Anwender nicht benötigte Customizingeinstellungen bzw. Funktionalitäten werden durch das „backward"-Customizing eliminiert. Zusätzliche nicht anwendersegmentspezifische und nicht masterspezifische Einstellungen ergänzen durch das „forward"-Customizing das anwenderindividuelle System.

Master-Objekte

Sind nur **wenige Systemeinstellungen** für das jeweilige Anwendersegment vorzunehmen, bietet es sich an, **Transportaufträge** mit den entsprechenden Einstellungen vorzubereiten. Dabei werden die Einstellungen zu Master-Objekten (in Form von

Business Configuration Sets) zusammengefasst, welche die abgeschlossene Systemeinstellung für einen bestimmten Geschäftsprozess oder Fachbereich beinhalten.

In solchen Fällen sind die Lösungen für das Anwendersegment zumeist flexibel, d. h. es konnten nur wenige „de facto"-Standards abgeleitet werden, so dass nur wenige Customizingeinstellungen innerhalb des Anwendersegments identisch sind.

In der Realisierungsphase werden die vom Anwender benötigten Master-Objekte auf dessen System transportiert. Auch hier kann es unter Umständen notwendig sein, an diesen Objekten noch Einstellungen zu verändern, damit die Anforderungen des Anwenders vollständig erfüllt werden können. Durch das „forward"-Customizing können die Einstellungen identisch zum Master-System individuell vervollständigt werden.

4.2.3 Adaptionsprozess

Der Anspruch der SPARTA-Methode ist es, dem einzelnen Unternehmen eines Anwendersegments ein vorkonfiguriertes System zur Verfügung zu stellen, das beliebig sowie durch den Einsatz von Werkzeugen an dessen Bedürfnisse angepasst werden kann. Nur unter dieser Voraussetzung wird ein solches System zum Einsatz kommen. Im Folgenden werden Möglichkeiten aufgezeigt, das vorkonfigurierte System an die anwenderspezifischen Bedürfnisse anzupassen.

Unternehmensindividuelle Adaption der Vorkonfiguration

Für einen klassischen LIVE KIT Structure-Workshop lassen sich unterschiedliche Einsatzszenarien unterscheiden. Das LIVE KIT Structure kann sowohl in der Pre-Sales-Phase, mit dem Ziel die Leistungsfähigkeit der Softwarebibliothek einzuschätzen und eine Aufwandsabschätzung für eine mögliche Einführung im Unternehmen zu erhalten, als auch in der Implementationsphase eingesetzt werden. Untersuchungsgegenstand der klassischen LIVE KIT Structure-Analyse ist dabei ein Unternehmen, das entweder die Einführung einer Softwarebibliothek plant oder bereits eine Eröffnungslösung benutzt, diese aber um zusätzliche Komponenten ergänzen möchte.

Zur Ermittlung der unternehmensindividuellen Anpassungen, die an einem vorkonfigurierten System durchzuführen sind, kommt in Abhängigkeit des Anwendersegments ein angepasster LIVE KIT Structure zum Einsatz. Diese Anforderungsanalyse bildet die Grundlage sowohl für eine geschäftsprozess- als auch berichtsorientierte Anforderungsnavigation mittels LIVE KIT Power beziehungsweise LIVE KIT Control.

4.2.3.1 Funktionsorientierte Anforderungsnavigation

Ausgangsbasis für eine Anforderungsnavigation anhand von LIVE KIT Structure ist eine vom Anwender beantwortete Profilcheckliste, in der allgemeine Informationen zum Unternehmen und Massendaten gesammelt werden. Diese enthält darüber hinaus die **betriebswirtschaftlichen Raster**, mittels derer der Anwender einem bestimmten Segment und somit einem Vorlageprojekt zugeordnet werden kann. Grundsätzlich kann diese Zuordnung erfolgen, wenn zumindest die als „fix" bewerteten Merkmalsausprägungen auf den Anwender zutreffen. Danach wird das passende Masterprojekt mit entsprechender Vorbeantwortung ausgewählt.

Jedes vorkonfigurierte System wird durch ein eigenes Masterprojekt im LIVE KIT Structure repräsentiert. Ein LIVE KIT Structure-Workshop auf Basis eines Masterprojektes zeichnet sich dadurch aus, dass ein Unternehmen seine Antworten mit denen des Masterprojektes abgleicht. Hierfür muss zunächst die Komponentenauswahl durchgeführt werden, wobei eine Änderung der vorgegebenen Selektion für alle außer den als „fix" eingestuften Komponenten möglich ist. Darauf aufbauend beginnt die Beantwortung der Fragen, die teilweise vorbelegt sind. Durch den Vergleich mit den typischen Anforderungen des Anwendersegments kann ein **Anforderungsbenchmarking** durchgeführt werden, d. h. das Unternehmen kann seine Anforderungen innerhalb des vorkonfigurierten Systems einordnen und seine Besonderheiten identifizieren. Somit erkennt der Anwender zum einen welche Voreinstellungen im vorkonfigurierten System getroffen wurden und zum anderen kann durch diesen Abgleich das notwendige „forward"- bzw. „backward"-Customizing für das Anwendersystem ermittelt werden.

Abb. 4.10
Selektion eines Vorlageprojektes für ein Anwendersegment

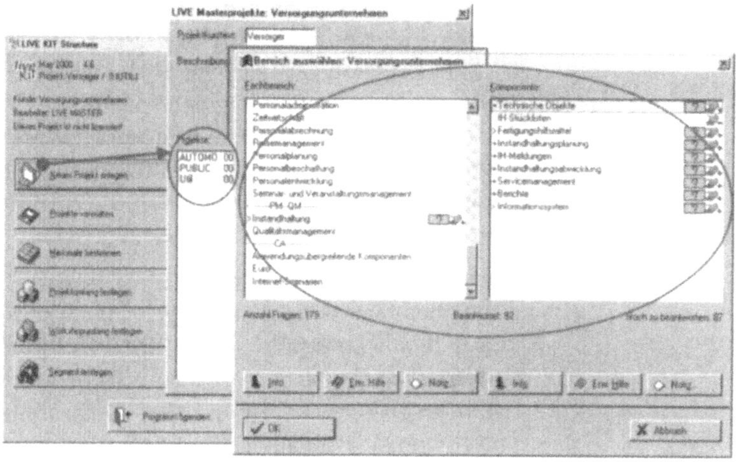

Liegen die Anforderungen des Unternehmens im Lösungsraum des Masterprojektes, d. h. weichen diese nicht grundlegend von denen des selektierten Anwendersegments ab, so kann das vorkonfigurierte System als **Eröffnungslösung** für das Unternehmen herangezogen werden.

Passt das Unternehmen nicht in ein vorgegebenes Raster, muss die Anforderungsanalyse ohne ein Masterprojekt durchgeführt werden. Oftmals sind auch **Misch- oder Hybridunternehmen** anzutreffen, welche unterschiedliche Unternehmenszweige in sich bergen. Diese Problematik kann durch geeignete Kombinationsmöglichkeiten sowie durch entsprechende Granularität der Voreinstellungen innerhalb der Softwarebibliothek gelöst werden.

Solche möglichen und betriebswirtschaftlich sinnvollen Überlappungen von verschiedenen Mastern müssen identifiziert werden, damit entsprechende Lösungen bereitgestellt werden können. Insbesondere muss es möglich sein, verschiedene Master zu aggregieren und eine definierte Schnittmenge als „neuen" Master anbieten zu können. Die Softwarebibliothek R/3 stellt hier sowohl auf der betriebswirtschaftlichen Anwendungsseite als auch bei den technischen Ablagemöglichkeiten die notwendigen Voraussetzungen und Instrumentarien zur Verfügung.

4.2.3.2 Geschäftsprozessorientierte Anforderungsnavigation

Zu jedem Masterprojekt im LIVE KIT Structure existiert auch ein entsprechendes **Modell im Prozessmodellierungswerkzeug** LIVE KIT Power[7]. Auf Basis des Fundamentalmodells wird jeweils ein anwendersegmentspezifisches Mastermodell automatisch aus den Vorgaben des Masterprojektes abgeleitet. Für die geschäftsprozessorientierte Anforderungsnavigation können somit prozessrelevante Informationen auf mehreren Ebenen problemorientiert und grafisch dargestellt werden.

Nach dem Abgleich der Anforderungen des einzelnen Unternehmens mit den Einstellungen im vorkonfigurierten System wird aus dem Mastermodell das **unternehmensspezifische Individualmodell** erstellt, das nur noch die für den Anwender relevanten Prozesselemente beinhaltet. Dieses Modell bildet die Grundlage weiterer Detailanalysen und Workshops.

Das Prozessmodellierungswerkzeug ist dabei in drei unterschiedliche **Monitore** aufgebaut[8]:

1. Schnittstellenmonitor,
2. Prozessbelegmonitor und
3. Arbeitsplatzmonitor.

Im **Schnittstellenmonitor** werden die verschiedenen Schnittstellen der einzelnen Unternehmensbereiche analysiert und dargestellt. Dabei kann es sich um Schnittstellen zu anderen Softwaresystemen, Integrationsschnittstellen zwischen Kernprozessen des R/3-Systems und um Office-Schnittstellen handeln.

Durch die beiden anderen vorhandenen Monitore können weitere Analysen durchgeführt werden. Im **Prozessbeleg-Monitor** werden für einen Kernprozess die zugehörigen Prozessbelege visualisiert und in ihrer logischen Reihenfolge gruppiert und verbunden. Anhand dieses Monitors können die Prozessketten auf Vollständigkeit überprüft werden und eventuell fehlende, für das Anwendersegment notwendige Prozessbelege identifiziert werden.

---

7 http:// www.siemens.de/sap/dienstleistungen/mt/services/implementation/prozess.html und
http:// www.ibis-thome.de/products/penelope/index.html

8 Vogelsang, E.: Geschäftsprozeßorientierte Adaptionsstrategie für betriebswirtschaftliche Softwarebibliotheken. Unveröffentlichte Dissertation am Lehrstuhl für Betriebswirtschaftslehre und Wirtschaftsinformatik der Universität Würzburg, Würzburg 1997.

Im **Arbeitsplatz-Monitor** wird keine prozess-, sondern eine rollenorientierte Sichtweise abgebildet. Jedem Arbeitsplatz sind die relevanten Funktionen, die Eingangs- und Ausgangsereignisse, wichtige Steuerdaten sowie die möglichen Nachrichten zugeordnet. Hier können Rückschlüsse auf mögliche anwendersegmentspezifische Arbeitsplätze gezogen werden, die andere Zuordnungen oder zusätzliche Funktionen aufweisen können.

4.2.3.3 Berichtsorientierte Anforderungsnavigation

In Abhängigkeit des jeweiligen Anwendersegments kann das vorkonfigurierte System mit einer unterschiedlich großen Anzahl an voreingestellten Berichten ausgestattet sein. Das LIVE KIT Control[9] kann hierfür als zusätzliches Werkzeug zur **berichtsorientierten Anforderungsnavigation** herangezogen werden. Er liefert mit seinen verschiedenen Monitoren ein Mastermodell, das mit den Standardberichten der R/3-Berichtsbibliothek sowie teilweise schon mit anwendersegmentspezifischen Berichten gefüllt sein kann.

Auf Basis der Informationen aus dem LIVE KIT Structure-Workshop wird das anwendersegmentspezifische Mastermodell soweit reduziert, dass in den Monitoren nur noch diejenigen Berichte beinhaltet sind, die im vorkonfigurierten System für das Anwendersegment vorgesehen wurden. Darüber hinaus ist jeder Bericht anhand betriebswirtschaftlich-methodischer Eigenschaften dokumentiert sowie durch Merkmale und Merkmalsausprägungen klassifiziert. Ein Screenshot oder der direkte Aufruf des Berichts im vorkonfigurierten R/3-System unterstützt zudem den Wiedererkennungseffekt auf Anwenderseite. Somit bilden die anwendersegmentspezifischen Monitore die Grundlage für die berichtsorientierte Anforderungsnavigation.

Mit Hilfe von **unternehmensindividuellen Monitoren**, die nach dem Abgleich der Anforderungen des Anwenders an das Berichtswesen zur Verfügung stehen, können die anwenderspezifischen Daten auf Konsistenz geprüft und Fehler im Rahmen der Adaption vermieden werden. Die Monitore dienen als Diskussionsgrundlage, um individuelle Anforderungen oder Ände-

9 http:// www.siemens.de/sap/dienstleistungen/mt/services/implementation/bericht.html und
http:// www.ibis-thome.de/products/mentor/index.html

rungswünsche an die vorhandenen Berichte aufzunehmen und zu dokumentieren[10].

In der folgenden Abbildung 4.11 sind die Möglichkeiten der **berichtsorientierten Anforderungsnavigation** zusammenfassend dargestellt:

Abb. 4.11 Berichtsorientierte Anforderungsnavigation

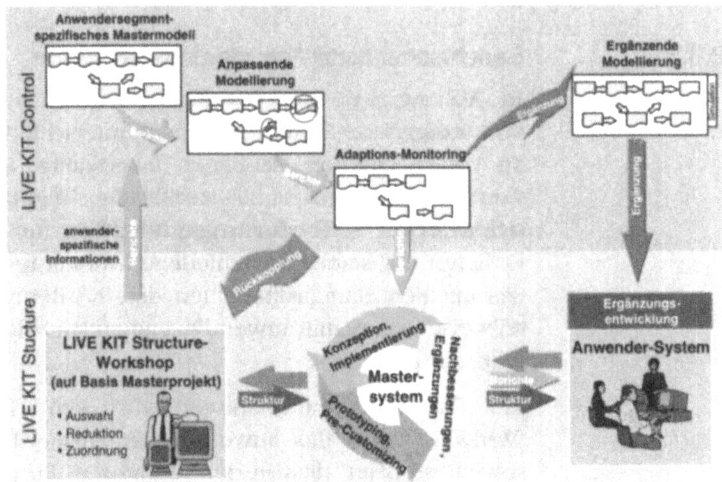

Somit können die im Rahmen der Anforderungsanalyse noch fehlenden Informationen hinsichtlich der eingesetzten Berichte beschafft und das vorkonfigurierte System entsprechend angepasst werden. Werden zusätzliche neue Berichte benötigt, die nicht in der Berichtsbibliothek des Anwendersegments enthalten sind, müssen diese als Ergänzungsentwicklung in das Anwender-System aufgenommen werden. Ferner ist zu überprüfen, inwieweit diese Berichte zukünftig als „Standard"-Berichte angeboten werden und folglich auch die Vorkonfiguration ergänzen können.

---

10 Wedlich, E.: Entscheidungsorientierte Adaptionsstrategie für Berichte einer Softwarebibliothek. Unveröffentlichte Dissertation am Lehrstuhl für Betriebswirtschaftslehre und Wirtschaftsinformatik der Universität Würzburg, Würzburg 1997, S. 174f.

4.2.4 Dynamische Auswertungen

Die anwendersegmentspezifischen sowie die Standard-Dokumentationen des LIVE KIT Structure bilden die Basis für die zu generierenden unternehmensindividuellen Berichte. Nach Abschluss der Definitions- sowie Konfigurationsphase werden diese Berichte automatisch für jedes vorkonfigurierte System erzeugt. Somit stehen diese als Ausgangspunkt der **Abweichungsanalyse** „Vorkonfiguriertes System – Anwenderanforderungen" bei einem einzelnen Unternehmen zur Verfügung. Darüber hinaus werden auch Kalkulationen automatisch erzeugt, anhand derer der Customizingaufwand pro vorkonfiguriertem System quantifiziert und das daraus resultierende Einsparpotential berechnet werden kann.

Delta-Analyse-Technik

Nach Beantwortung aller für das selektierte Anwendersegment relevanten Fragen und Profile im LIVE KIT Structure, können die Ergebnisse ausgewertet werden, um die Unterschiede und Abweichungen zum vorkonfigurierten System zu dokumentieren.

Eine spezielle Analysetechnik erlaubt es hierbei, die Delta-Ergebnisse eines Anwenderprojektes automatisch zu ermitteln. Zu diesem Zweck wird das Masterprojekt mit dem jeweiligen Anwenderprojekt verglichen und daraus die Abweichungen abgeleitet, d. h. es wird die aufgestellte Hypothese für das vorkonfigurierte System mit der individuellen Auswahl des Anwenders verglichen. Delta-Auswertungen existieren für alle Standard-Auswertungen des LIVE KIT Structure, wie bspw. die Delta-Zuordnungsdokumentationen.

Durch den Einsatz der **Delta-Analyse-Technik** werden einerseits diejenigen Anpassungen dokumentiert, die notwendig sind, um aus dem vorkonfigurierten System das anwenderindividuelle System zu erstellen. Andererseits können die in den Masterprojekten formulierten Hypothesen hinsichtlich den typischen Anforderungen eines Anwendersegments überprüft werden. Somit ist eine ständige Qualitätssicherung einfach möglich, da die Anwenderprojekte automatisch mit dem Masterprojekt verglichen werden können. Abweichungen können auf diese Weise frühzeitig identifiziert und analysiert werden, um im Bedarfsfall die Vorkonfiguration entsprechend anzupassen.

Tab. 4.1 Ausgewertete Delta-Zuordnungs-dokumentation

Zuordnungselemente und -profile zu Bereichen der Instandhaltung

Komponente	Element	Profil 1	Profil 2	Profil 3	Profil 4	Profil 5
Technische Objekte	*Nutzungsmöglichkeiten des PM-Moduls*	Technisches Anlainformationssystem	Abwicklung von schadensbedingter	Durchführung von geplanten Instandhaltungsaktivitäten	Projektbezogene Instandhaltung	Investitionsmanagement
Vorbeugende Instandhaltung	*Wartungsplanung*	Zeitabhängige Wartung	Leistungsabhängige Wartungsplanung mit Strategie	Leistungsabhängige Wartungsplanung mit Mehrfachzähler		

Legende:

Hypothese für vorkonfiguriertes System eines Anwendersegments: im Masterprojekt gewählt und nicht verändert	Im Masterproiekt ge- im aktuellen Projekt durch Anwender abgewählt	Im Masterprojekt nicht gewählt; im aktuellen Proiekt durch Anwender aber gewählt

Die erzeugten Auswertungen dienen wiederum als Grundlage der anwenderindividuellen Dokumentation, die während und nach der Implementierungsphase dynamisch adaptiert und ergänzt werden kann.

4.3 Beispiele vorkonfigurierter SAP-Systeme

Im Folgenden werden drei bereits existierende vorkonfigurierte Systeme (LIVE MASTER) kurz vorgestellt, die von der Siemens Business Services GmbH & Co. OHG in Kooperation mit der IBIS Prof. Thome GmbH entwickelt wurden und in Referenzprojekten bereits zum Einsatz kamen. Weitere LIVE MASTER für verschiedene Anwendersegmente sind darüber hinaus verfügbar[11].

4.3.1 Kfz-Zulieferindustrie

Möglichkeiten zur Vorkonfiguration sind für Kfz-Zulieferer hauptsächlich innerhalb des **Vertriebs** und der **Produktionsplanung** und **-steuerung** gegeben. Eine wesentliche Rolle spielen hierbei die Komponenten „Lieferpläne mit Abrufen" und der „Elektronische Handelsdatenaustausch", die sich im Fachbereich „Verkauf" befinden. Diese Komponenten ziehen anwendersegmentspezifische Einstellungen im vorkonfigurierten System nach sich.

11 http:// www.siemens.de/sap/dienstleistungen/mt/services/branchen/ index.html und http:// www.ibis-thome.de/branchenlösungen/index.html

Betriebswirtschaftliche Kennzeichen Kfz-Zulieferindustrie

Geschäftsprozesse innerhalb der Automobilindustrie werden zunehmend über Unternehmensgrenzen hinweg abgebildet, so dass die Automobilzulieferer immer enger mit den Automobilherstellern zusammenrücken werden. Dabei stellt der Zulieferer ein wesentliches Glied in der Wertschöpfungskette dar und muss schnell und flexibel auf die Anforderungen der Hersteller reagieren können. Unterstützung kann durch eine integrierte Standardsoftware erfolgen, die den Anforderungen des Zulieferers gemäß erst noch angepasst werden muss. Die Kfz-Zulieferindustrie bietet allerdings in den logistischen Bereichen großes Potential, um innerhalb dieses Anwendersegments Voreinstellungen des Systems vorzusehen.

Anzusiedeln ist der Kfz-Zulieferer zwischen einem **Lagerfertiger** und **Variantenfertiger**. Der Kunde wird oftmals direkt in die Produktentwicklung mit eingebunden. In Abhängigkeit des zu fertigenden Produkts werden die Vorgaben entweder vom Marketing oder direkt vom Kunden an die Konstruktion und Entwicklung weitergegeben. Bei kundenorientierter Variantenfertigung gestaltet sich die Angebotserstellung des Zulieferers aufwendig, da außer den technischen Spezifikationen auch die Lieferbedingungen festgeschrieben werden müssen. Der hohe Abstimmbedarf, sowohl zwischen Kunde und Lieferant als auch zwischen Vertrieb und Produktion, resultiert aus der Forderung nach fertigungssynchroner Anlieferung beim Kunden und den gängigen Rahmenverträgen.

Um das Anwendersegment „Kfz-Zulieferindustrie" genauer charakterisieren zu können, wurde für die **betriebswirtschaftlichen Raster** PPS, Beschaffung, Verkauf, Versand, Finanzbuchhaltung, Gemeinkosten-Controlling und Produktkosten-Controlling eine Rasterfahndung durchgeführt. Dabei wurden Implementierungsprojekte aus der Automobil-Zulieferindustrie in die betriebswirtschaftlichen Raster eingeordnet. Im Folgenden wird näher auf die **Rasterhypothese** für den **Verkauf** eingegangen.

Tab. 4.2
Rasterhypothese für den Verkauf "Kfz-Zulieferindustrie"

Merkmal	Ausprägung 1	Ausprägung 2	Ausprägung 3	Ausprägung 4	Ausprägung 5
Art des Verkaufsgutes	Standardmaterial (100%)	Chargenmaterial	Variantenmaterial	Einzelanfertigung	Dienstleistung
Art des Verkaufsvorganges	einfache Auftragsabwicklung	Auftragsabwicklung mit Angebotserstellung	Rahmenvertrag	Lieferplan (100%)	Serviceauftrag
Angebotserstellung	Katalog	Variantenkonfiguration	Ausschreibungsprojekt		
Preisbestimmung	Preisfindung nach Standardpreis (100%)	Preisfindung nach Variantenkonfiguration	Kosten- und Erlöskalkulation (optional)		
Kundenauftragsüberwachung und -steuerung	Auftragsverfolgung von Teilaufträgen	Abrufabwicklung (100%)	Montageauftrag	Projektmanagement	Servicemanagement
Auftragsklärung	logistisch	logistisch und technisch	logistisch, technisch und kaufmännisch		
Art der Bedarfsübergabe	Lagerverrechnung (100%)	Kundeneinzelauftrag	Projekt	Serviceauftrag	
Medium der Kundenanbindung	konventionell	EDI	Internet		
Faktura	Rechnung	Sammelrechnung	Fakturapläne	aufwandsgerechte Fakturierung	Gutschriftsverfahren

Dabei sind die mit 100 % klassifizierten und grau hinterlegten Ausprägungen diejenigen Bestandteile des vorkonfigurierten Systems, die auf den Anwender **unbedingt** zutreffen müssen, ansonsten kann dieser nicht dem Anwendersegment „Automobil-Zulieferindustrie“ zugerechnet werden. Nach obigem Bewertungsschema sind diese Ausprägungen als *fix* einzustufen. Die restlichen grau hinterlegten Ausprägungen sind charakteristisch für das Segment, aber nicht zwingend beim Anwender dieses Segments anzutreffen und erhalten deshalb eine *weiche* Bewertung.

Das Merkmal „Art des Verkaufsvorganges“ beschreibt die unterschiedlichen Kaufvertragsformen im Verkauf und deren Realisierung innerhalb der Softwarebibliothek. Innerhalb der Automobil-Zulieferindustrie wird generell mit **Lieferplänen** gearbeitet.

Darunter sind Rahmenverträge zu verstehen, bei denen zu bestimmten Terminen vereinbarte Materialmengen abgerufen werden. Somit wird das vorkonfigurierte System dementsprechend mit Lieferplänen eingerichtet sein.

Als Beispiel für ein Merkmal, bei dem keine Ausprägung mit 100 % klassifiziert wurde und somit nur *weich* bewertet wurde, wird das „Medium der Kundenanbindung" herausgegriffen. Die Art der Kommunikation zwischen Unternehmen und Kunde muss nicht zwingend über EDI abgewickelt werden. Die Kommunikation kann durchaus bei einigen Anwendern noch konventionell (z. B. Brief oder Fax) durchgeführt werden.

Betriebswirtschaftliche Szenarien und Geschäftsprozesse "Automotive Supplier"

Im LIVE MASTER „Automotive Supplier"[12] steht die Abwicklung der **logistischen Prozesse** im Vordergrund. Schwerpunkt dabei ist das **Seriengeschäft** vom Serienanlauf bis zum Serienauslauf. Aufgrund der Integration der Logistik in das Rechnungswesen werden Customizing-Einstellungen in FI und CO sowie FI-Stammdaten wie z. B. Kontenpläne in LIVE MASTER „Automotive Supplier" berücksichtigt.

Beispielhaft wird der Geschäftsprozess der Lieferplanabwicklung aufgezeigt, der im LIVE MASTER ablauffähig ist, d. h. die hierfür notwendigen Customizingeinstellungen wurden vorgenommen.

Abb. 4.12 Integrationsmodell Kfz-Zulieferindustrie

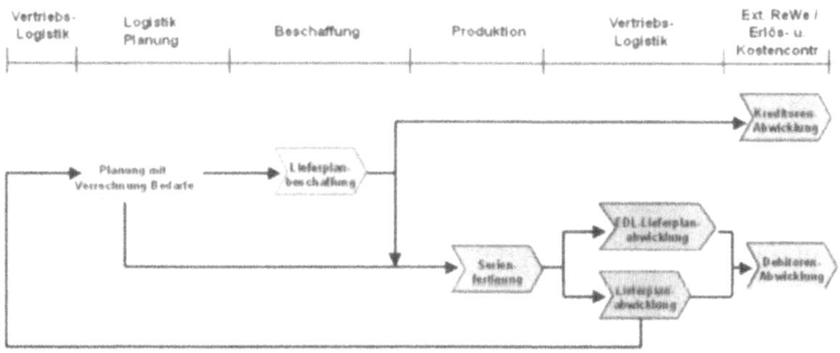

Szenario „Lieferplanabwicklung"

Das Szenario „Lieferplanabwicklung" umfasst die Abwicklungsformen Kundenlieferplanabwicklung mit Abrufen, EDL-Kundenlieferplanabwicklung und Lieferplan mit Auslieferungsauftrag (siehe folgende Abbildungen). Die Steuerung der unterschiedlichen Prozesse wird durch das Customizing verschiedener Belegarten erreicht.

12 http://www.siemens.de/sap/dienstleistungen/mt/services/branchen/Automotive/automotive.html

Abb. 4.13
Prozess Lieferplan-abwicklung

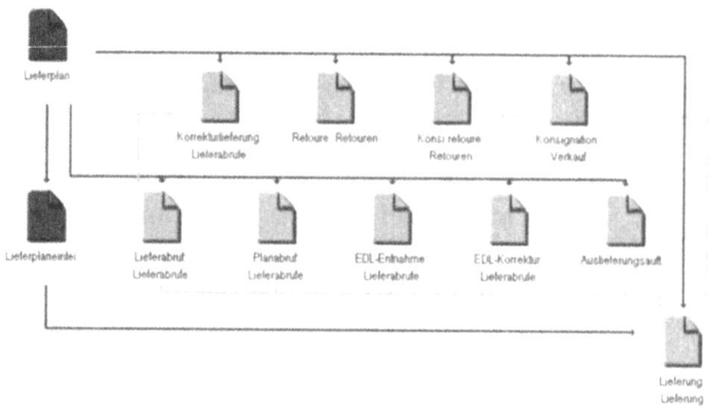

Abb. 4.14
Prozess Lieferabruf-abwicklung

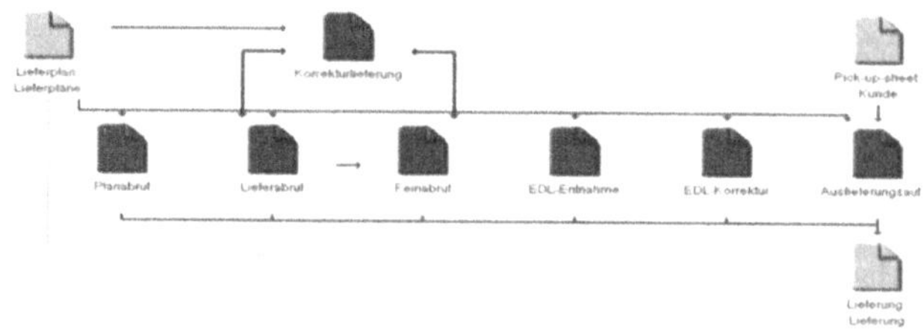

Der Prozess **„Kundenlieferplanabwicklung mit Abrufen"** umfasst folgende Teilschritte:

1. Anlage Lieferplan mit Verpackungsvorgabe.
2. Eingang Liefer-/Feinabruf über EDI.
3. Lieferungserstellung mit Verpackung.
4. Erstellen und Versenden von EDI-Lieferunterlagen.
5. Transportdisposition und -abwicklung mit Versenden Transportavis.
6. Fakturaerstellung über Fakturavorrat.
7. Eingang Gutschrift VDA 4908 über EDI-Ausgleichsrechnung VDA4908.

4.3.2 Versorgungswirtschaft

Die Versorgungswirtschaft beschäftigt sich vor allem mit der Instandhaltung von Geräten und Zählern beim Endverbraucher sowie von technischen Anlagen und Maschinen in den jeweiligen Betrieben. Die hierfür notwendigen Stammdaten werden innerhalb der Komponente „Technische Objekte" abgebildet, so dass diese zwingend ausgewählt wurde. Auch die Komponenten „Instandhaltungsplanung", „-meldungen" und „-abwicklung" sowie „Berichte" werden als anwendersegmentspezifisch eingestuft und müssen im vorkonfigurierten System enthalten sein. Die Komponenten des Rechnungswesens beinhalten hauptsächlich Voreinstellungen aufgrund gesetzlicher Vorschriften.

Betriebswirtschaftliche Kennzeichen Versorgungsunternehmen

Innerhalb der Versorgungswirtschaft vollzieht sich momentan ein Wandel vom Monopol in einem regulierten Versorgungsmarkt hin zur wettbewerbsorientierten Energie- und Dienstleistungswirtschaft. Der Markt, die Endverbraucher, der einzelne Kunde gewinnt an Bedeutung in einem zunehmend von Nachfrage und Wettbewerb bestimmten Energie- und Dienstleistungsgeschäft. Die Umsetzung dieser Entwicklung kann durch entsprechende Informationsverarbeitungssysteme unterstützt werden. Hierbei müssen jedoch landesspezifische, regionale und politische Rahmenbedingungen beachtet werden, die allerdings im Rahmen der Vorkonfiguration ein großes Potential an Voreinstellungen zur Verfügung stellen können.

Instandhaltung für Versorgungsunternehmen

Charakteristisch für das Kundensegment der Energieversorgung ist die hohe Bedeutung der Instandhaltung. Gesetzliche Rahmenbestimmungen und hohe Folgekosten bei Anlagenausfällen erhöhen den Stellenwert der Instandhaltung zusätzlich. Für die Verwaltung der technischen Anlagen bzw. Kundengeräte und die Massenabrechnung werden häufig externe Systeme eingesetzt. Stücklisten werden vorwiegend in Form von Strukturbeschreibungen und Ersatzteillisten abgelegt. Die Planung der einzelnen Maßnahmen orientiert sich überwiegend an zeitabhängigen Strategien, im Bereich der internen Anlagen sind aber auch leistungsabhängige Strategien denkbar. Die häufigsten Leistungsarten sind Reparaturen, Inspektionen, Wartungsmaßnahmen. Der Maßnahmenfortschritt wird über Zeit- und Materialrückmeldungen dokumentiert. Daneben werden nähere Informationen zu den durchgeführten Tätigkeiten über technische Rückmeldungen (IH-Meldungen) erfasst. Sehr spezifische Analysen (Kundenanalysen etc.) werden häufig über externe Auswertungssysteme durchgeführt. Innerhalb der Komponente Instandhaltung werden die Zähler bzw. Geräte und Hausanschlüsse verwaltet. Im folgenden wird näher auf die Rasterhypothese für die Instandhaltung eingegangen.

Tab. 4.3 Rasterhypothese für die Instandhaltung "Versorgungswirtschaft"

Merkmal	Ausprägung 1	Ausprägung 2	Ausprägung 3	Ausprägung 4
Organisation	zentrale Instandhaltung	dezentrale Instandhaltung	teilzentralisierte Instandhaltung	
Auftragsabwicklung	schadensbedingte Instandhaltung **(100%)**	planmäßige Instandhaltung **(100%)**	projektbezogene Instandhaltung	kundenbezogene Instandhaltung **(100%)**
Planmäßige Instandhaltung	Reparaturen **(100%)**	Inspektionen/Wartung **(100%)**	Investitionsmaßnahmen	
Rückmeldung	Zeitrückmeldung **(100%)**	Materialrückmeldung	technische Rückmeldungen	
Arbeitspläne	Instandhaltungsarbeitspläne (objektbezogen)	Instandhaltungsanleitungen (objektunabhängig)	konfigurierbare Instandhaltungsanleitungen	
Wartungsplanung	zeitabhängig	leistungsabhängig	Mischformen	
Stücklisten	Materialstücklisten	PM-Stücklisten		

Innerhalb des Merkmals „Auftragsabwicklung" steht die **kundenbezogene Instandhaltung** im Vordergrund, da der Kunde, d. h. der Endverbraucher, Energie- und Dienstleistungen der Versorgungsunternehmen in Anspruch nimmt. Aber auch die schadensbedingten und planmäßigen Instandhaltungsmaßnahmen werden in jedem Fall im Anwendersegment Versorgungswirtschaft anzutreffen sein, so dass diese beiden Ausprägungen auch zu 100 % klassifiziert wurden und Bestandteil des vorkonfigurierten Systems sind.

Nachdem mit Ausführungen von Instandhaltungsarbeiten begonnen wurde, können die beteiligten Mitarbeiter Rückmeldungen im System erfassen. Rückmeldungen hinsichtlich des Zeitaufwandes für eine Instandhaltungsmaßnahme stellen dabei das Minimum dar, das für Versorgungsunternehmen immer gelten muss. Nicht für jeden Versorger zutreffend und deshalb nur *weich* bewertet, wurden Material- und technische Rückmeldungen. Diese Rückmeldungsarten können bei Bedarf eingesetzt werden, sind aber nicht zwingend notwendig.

Rechnungswesen für Versorgungsunternehmen

Für Versorgungsunternehmen ist der Gemeinschaftskontenrahmen für Versorgungs- und Verkehrsunternehmen (GKV) ein geeignetes Ordnungssystem, das zum einen die besonderen Strukturen dieser Unternehmen und zum anderen auch kostenrechnerische Gesichtspunkte berücksichtigt. Grundsätzlich zielt die Kosten- und Leistungsrechnung auf das Betriebsergebnis der einzelnen Betriebsbereiche und auf deren Wirtschaftlichkeit ab. Dabei versteht man unter der Kosten- und Leistungsrechnung die Erfassung, Ordnung, Verrechnung und Auswertung von Kosten und Leistungen. Diese Aufgaben werden in R/3 in dem Modul CO-OM Gemeinkosten-Controlling gelöst. Im LIVE MASTER wurden, aufbauend auf der Finanzbuchhaltung, Einstellungen für die Kostenarten-, Kostenstellen- und Auftragsrechnung gemäß den Ausführungen zum GKV vorgenommen.

Betriebswirtschaftliche Szenarien und Geschäftsprozesse "Utilities"

Im LIVE Master „Utilities"[13] steht die Durchführung von **Instandhaltungsmaßnahmen** im Vordergrund. Schwerpunkt dabei ist die Abwicklung der **schadensbedingten IH-Tätigkeiten**, die durch Meldungen im System veranlasst werden. Die Integration der Materialwirtschaft zur Bereitstellung der nötigen Materialien stellt hierbei keine besondere Herausforderung dar und ist weitestgehend mit Standardbeschaffungsvorgängen zu vergleichen. Besonders umfangreiche Instandhaltungstätigkeiten werden häufig von Fremdfirmen durchgeführt. Aufgrund der Integration der Instandhaltung in das Rechnungswesen (Interne Leistungsverrechnung, Aktivierungsfähigkeit einzelner Maßnahmen) werden Customizing-Einstellungen in FI und CO sowie FI-Stammdaten, wie z. B. Kontenpläne im LIVE Master Utilities berücksichtigt.

Szenario „Instandhaltungsabwicklung"

Das Szenario „Instandhaltungsabwicklung" befasst sich mit dem Prozess der Durchführung einer IH-Maßnahme und umfasst folgende Teilschritte:

1. Anlegen eines IH-Auftrags mit Bezug zu einem technischen Objekt.
2. Freigabe des Auftrags mit Verfügbarkeitsprüfung des reservierten Materials.
3. Bei Fehlmaterial oder Nichtlagermaterial Materialbeschaffung über Bestellabwicklung (siehe Szenario Materialbeschaffung).
4. Zeitrückmeldung des Arbeitsfortschritts.
5. Gemeinkostenermittlung.
6. Abrechnung des Auftrags an den / die Empfänger.
7. Abschluss des IH-Auftrags.

---

13 http://www.siemens.de/sap/dienstleistungen/mt/services/branchen/Utilities/energie.html

Abb. 4.15
Ablauf „Instandhaltungsabwicklung“

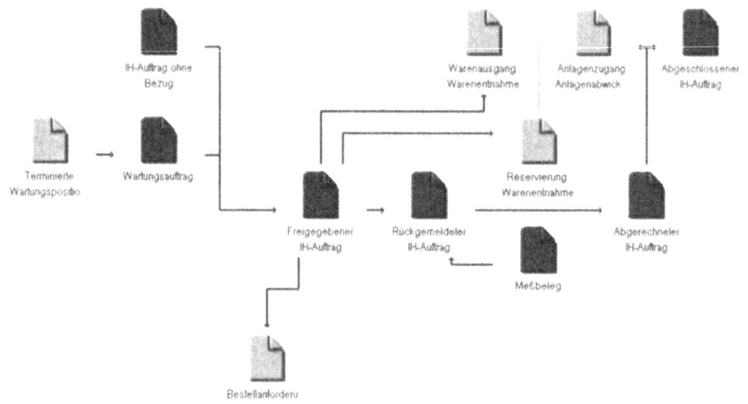

Der IH-Auftrag kann auch das Ergebnis einer Planterminierung im Rahmen der Wartungsplanung sein. Das System generiert dann automatisch zum fälligen Zeitpunkt einen IH-Auftrag, der dann analog zu obigem Szenario weiterbearbeitet wird.

Szenario „Materialbeschaffung zu Instandhaltungsauftrag“

Das Szenario „Materialbeschaffung zu IH-Auftrag“ umfasst den **Materialverbrauch von Nichtlagermaterial**, das zur Durchführung einer IH-Maßnahme benötigt wird. Dabei wird aus dem IH-Auftrag eine Bestellanforderung im Bereich des Einkaufs generiert. Aus dieser Bestellanforderung wird dann im nächsten Schritt eine Bestellung beim jeweiligen Lieferanten angelegt. Dem Wareneingang schließt sich die Rechnungsprüfung mit der Integration zur Finanzbuchhaltung an. Dieses Szenario stellt einen Teilprozess der Instandhaltungsabwicklung dar.

Abb. 4.16
Ablauf „Materialbeschaffung zu Instandhaltungsauftrag“

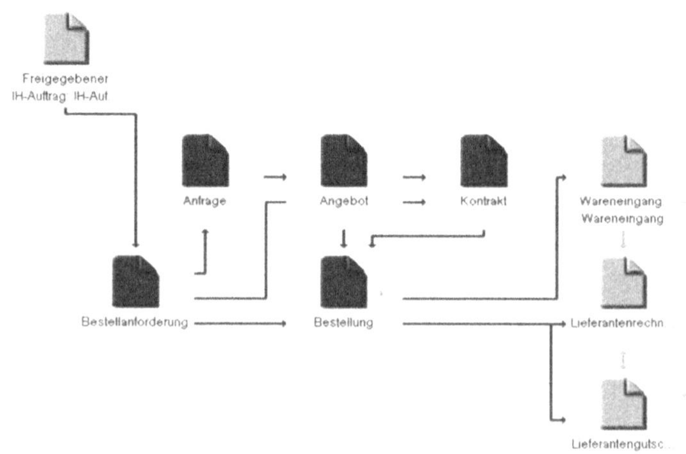

4.3.3 Öffentliche Verwaltungen

Die segmentspezifischen Anwendungskomponenten für den öffentlichen Sektor befinden sich innerhalb des Rechnungswesens. Der Fachbereich Haushaltsmanagement ist hier von zentraler Bedeutung, da dort die kamerale Einnahmen- und Ausgabenrechnung abgebildet wird sowie diejenigen Funktionalitäten zur Verfügung gestellt werden, die für die Haushaltserstellung und Budgetierung notwendig sind. Aber auch die Fachbereiche der Kosten- und Leistungsrechnung bieten Ansatzpunkte zur anwendersegmentspezifischen Vorkonfiguration.

Hinter öffentlichen Verwaltungen verbergen sich eine ganze Reihe von Anwendersegmenten, so dass hier nicht von *einem* Anwendersegment gesprochen werden kann, wie es beispielsweise bei den Kfz-Zulieferern der Fall ist. Es ist demnach nicht möglich, ein vorkonfiguriertes System zu entwickeln, sondern es müssen in Abhängigkeit der identifizierten Anwendersegmente mehrere Systeme konstruiert werden. Die SAP AG bietet für den „Public Sector" eine spezifische **Branchenlösung** an, subsumiert aber selbst unter diese Branche „internationale Institutionen, Bundes- und Landesregierungen, Kommunen, öffentliche Betriebe und Non-Profit Organisationen".

Betriebswirtschaftliche Kennzeichen Öffentliche Verwaltungen

Die Haushaltserstellung und -bewirtschaftung steht bei allen Organisationen des öffentlichen Bereiches im Vordergrund. Den Kernprozess stellt der Fluss von Geldmitteln vom Geldgeber über den Haushalt bis zu den Empfängern der mit den Einnahmen finanzierten Dienstleistungen dar. Die parallele Nutzung eines **doppikschen Finanzbuchhaltungssystems** neben der **kameralen Einnahmen- und Ausgabenrechnung** erlangt zunehmend an Bedeutung, um einen kaufmännischen Jahresabschluss und damit eine leistungsorientierte Beurteilung der Lage der Organisation zu gewährleisten.

Zur Identifikation der Anwendersegmente wird ein zusätzliches Raster verwendet, das zur Bestimmung des Anwendersegments aus dem öffentlichen Bereich herangezogen wird. Auf Basis dieses Rasters können folgende Anwendersegmente vorab eindeutig charakterisiert werden:

1. Landesbehörden,
2. Bundesbehörden,
3. Kommunen,
4. gesetzliche Krankenkassen,

5. Rentenversicherer,
6. Kirchen und
7. öffentliche Verwaltungen aus der Wissenschaft.

Die folgende Tabelle zeigt beispielhaft einen Ausschnitt aus der Rasterhypothese zur Charakterisierung des Anwendersegments „Kommune“.

Tab. 4.4 Rasterhypothese Anwendersegment „Kommune“

Merkmal	Ausprägung 1	Ausprägung 2	Ausprägung 3	Ausprägung 4	Ausprägung 5
Institution	**öffentliche Verwaltung (100%)**	öffentliches Unternehmen	Non-Profit Organisation		
Träger	Bund	**Land (100%)**	kommunale Gebietskörperschaft	Sonstige	
Rechtspersönlichkeit	mit Betriebe in öffentlich-rechtl. Gestaltung	mit Betriebe in privat-rechtl. Gestaltung	**ohne administrativ und wirtschaftlich unselbständig**	ohne administrativ und wirtschaftlich selbständig	
	als Abteilung der Verwaltung (Regiebetrieb)	als Sondervermögen nach §26 BHO	als autonome Wirtschaftskörperschaften	als kommunale Eigenbetriebe	
Rechtsgrundlagen	AktG, HGB	Eigenbetriebsgesetz, -verordnung	**BHO, LHO, GemHVO (100%)**	andere	
Zielsetzung	**Haushaltsausgleich (100%)**	Kostendeckung oder mäßiges Gewinnstreben	Zuschussbetrieb		
Funktionen	Wirtschaft	Wissenschaft, Kultur	**Soziales**	Versorgung, Entsorgung	Sonstiges
Finanzierung	**Bundesmittel**	**Landesmittel**	Projekt-/Drittmittel	Gebühren	
Leistungserbringer	**Beamte**	**Angestellte**	**Arbeiter**		
Leistungsempfänger	Bürger	öffentlicher Träger			

Die Anwendungsschwerpunkte öffentlicher Verwaltungen liegen in den Fachbereichen des Rechnungswesens. Zur Anwendung kommen die betriebswirtschaftlichen Raster für das öffentliche Rechnungswesen und für das Gemeinkosten-Controlling wobei hier als Synonym der Begriff „Kosten- und Leistungsrechnung" verwandt wird. Allerdings müssen **mehrere Rasterhypothesen** für die vorher festgelegten Anwendersegmente aus dem öffentlichen Sektor formuliert werden.

Betriebswirtschaftliche Szenarien und Geschäftsprozesse "Eigenbetriebe"

Im LIVE MASTER „Eigenbetriebe" (Public I)[14] steht die Abwicklung der finanztechnischen Prozesse im Vordergrund. Insbesondere die Integration des Haushaltsmanagements innerhalb des Rechnungswesens sowie zur Materialwirtschaft sind Schwerpunkte. Daneben erfolgt ein Gemeinkosten-Controlling auf Kostenstellen mit Obligo-Verwaltung. Verwaltungsprodukte können als Innenauftrag angelegt, überwacht und kontrolliert werden.

Szenario „Abwicklung Anlagenbeschaffung"

Das Szenario „Abwicklung Anlagenbeschaffung" umfasst die Erstellung einer Bestellung auf eine Anlage unter Berücksichtigung einer Freigabestrategie. Wird die Bestellung abgespeichert, findet eine Budgetverfügbarkeitsprüfung im Hintergrund statt, die eine mehrstufige Reaktion bei Budgetüberschreitung auslöst. Mit der Rechnungsprüfung wird die Anlage abschließend als Zugang durch Kauf in das Inventarverzeichnis aufgenommen, so dass eine integrierte Inventarisierung stattfindet.

Abb. 4.17
Ablauf „Abwicklung Anlagenbeschaffung"

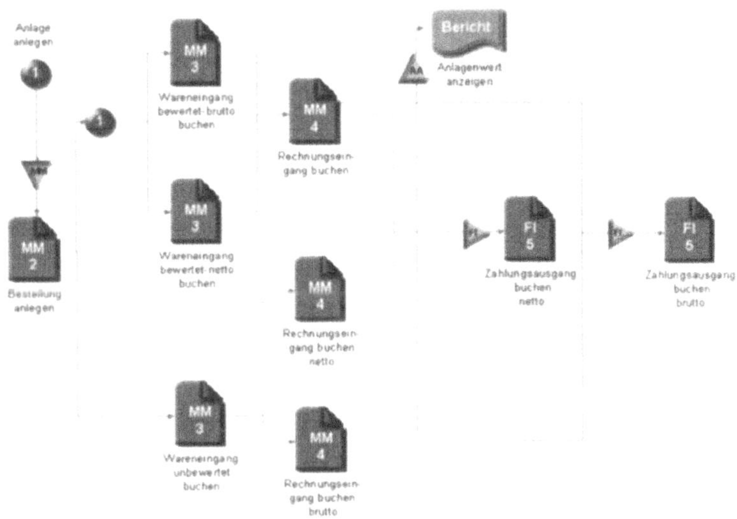

14 http://www.siemens.de/sap/dienstleistungen/mt/services/branchen/Public/institutionen.html

Dieser Prozess umfasst folgende Teilschritte (siehe obige Abbildung):

1. Anlegen einer Inventarnummer.
2. Anlegen Bestellung.
   Überprüfung der Budgetverfügbarkeit (Hintergrund) und Abarbeiten der Freigabestrategie.
3. Buchen des Wareneingangs.
4. Buchen des Rechnungseingangs.
5. Zahlungsausgang buchen.

Die **Haushaltsplanung** vollzieht sich ebenfalls als Prozess. In mehreren Budgetversionen können die zyklisch wiederkehrenden Veränderungen des Budgetansatzes festgehalten werden. Damit werden alle Zwischenschritte der Top-Down- und Bottom-up-Planung bis zum verabschiedeten Haushalt dokumentiert. Änderungen nach Verabschiedung werden über die Vorgänge Freigaben/Sperren, Nachtrag, Rücktrag, Umbuchung abgebildet und separat im Berichtswesen ausgewiesen.

Normalerweise findet die Mittelbewirtschaftung integriert über die Beschaffung, die Finanzbuchhaltung und das Haushaltsmanagement schrittweise statt. Im LIVE MASTER wird die Mittelbindung über eine Kreditorenrechnung hergestellt und die Zahlung des Beleges erfolgt von einem Kassenbeauftragten per automatischen Zahlungslauf. Somit ist die Trennung von Anordnung und Vollzug gewährleistet.

Szenario „Haushaltsplanung und -bewirtschaftung“

1. Anlegen einer Mittelvormerkung
   (Mittelreservierung, Mittelvorbindung, Mittelbindung).
2. Vorerfassung einer Kreditorenrechnung.
3. Freigabe zur Buchung der Kreditorenrechnung.
4. Erstellen einer Zahlungsvorschlagsliste mit automatischer Zahlungssperre.
5. Freigabe der Zahlungsvorschlagsliste und Durchführen des Zahlungslaufs.
6. Übernahme der gezahlten Posten in das Haushaltsmanagement.

4.4 Resümee und Praktikabilität

Zur Beantwortung der eingangs formulierten Frage hinsichtlich der Einsetzbarkeit und des Kundennutzens vorkonfigurierter Systeme können folgende Schlussfolgerungen gezogen werden:

1. **Zielgruppendefinition** für vorkonfigurierte Systeme:
   Der Einsatz betriebswirtschaftlicher Raster und daraus abgeleiteter Rasterhypothesen für ein Anwendersegment ermöglichen eine sehr genaue Zielgruppendefinition.
2. **Reproduzierbarkeit** der Vorkonfiguration:
   Die Visualisierung der Vorkonfiguration mit Hilfe des Anforderungsnavigators trägt im Wesentlichen dazu bei, dass die Akzeptanz und Identifikation des Anwenders mit dem eingestellten System gefördert wird.
3. **Qualitätsgesicherte** Prozesse:
   Geschäftsprozesse sind in Abhängigkeit des Anwendersegments vorkonfiguriert und stehen dem Anwender getestet und qualitätsgesichert zur Verfügung.
4. Dynamische **Adaptionsfähigkeit**:
   Der Anwender ist durch den Werkzeugeinsatz in der Lage, jederzeit das vorkonfigurierte System an seine individuellen Bedürfnisse anzupassen.
5. **Wirtschaftlicher** Nutzen:
   In Abhängigkeit des notwendigen „forward"- und „backward"-Customizing, d. h. inwieweit das vorkonfigurierte System zum jeweiligen Unternehmen passt, können die Implementierungszeiten und -kosten erheblich reduziert werden.
6. **Praktikabilität**:
   Vorkonfigurierte Systeme auf Basis der SPARTA-Methode sind für unterschiedliche Anwendersegmente verfügbar und kamen bereits vielfach in SAP-Implementierungsprojekten zum Einsatz[15].

Die vorkonfigurierten Systeme, die letztendlich auch die Basis von anwendersegmentspezifischen Modellfirmen mit Bewegungsdaten sein können, unterliegen einem **kontinuierlichen Entwicklungsprozess**, der die SPARTA-Methode auszeichnet. Dadurch können neue Funktionalitäten sowie Anforderungen frühzeitig berücksichtigt und identifiziert werden, wodurch die Praxisrelevanz der Methode jederzeit gewährleistet ist.

15 http:// www.siemens.de/sap/dienstleistungen/mt/services/branchen/index.html

Literaturverzeichnis

Bahmann, E./Wenzel, P.:
SAP Business Workflow zur Steuerung von Geschäftsprozessen. In: Wenzel, P. [Hrsg.]: Geschäftsprozeßoptimierung mit SAP-R/3, Vieweg-Verlag, Wiesbaden, 1995

Becker, J./ Vossen, G. [Hrsg.]:
Geschäftsprozeßmodellierung und Workflow-Management, Bonn, 1996

Buck-Emden, R./Galimow, J.:
Die Client/Server-Technologie des SAP-Systems R/3, Basis für betriebswirtschaftliche Standardanwendungen zum Rel. 3.x, 3. Aufl., Addison-Wesley-Verlag, Bonn, 1996

CDI [Hrsg.]:
SAP R/3 Einführung. Grundlagen, Anwendungen, Verlag Markt & Technik, München, 1996

CDI [Hrsg.]:
SAP R/3 Materialwirtschaft. Grundlagen, Anwendungen, Verlag Markt & Technik, München, 1996

Gronau, N.:
Management von Produktion und Logistik mit SAP R/3, München/Wien/Oldenburg, 1996

Hackstein, R.:
Produktionsplanung und -steuerung (PPS) - Ein Handbuch für die Betriebspraxis, VDI-Verlag, Düsseldorf, 1984

Hantusch, Th./Matzke, B./Perez, M.:
SAP R/3 im Internet, Globale Plattform für Handel, Vertrieb und Informationsmanagement, Addison-Wesley-Verlag, 2. Aufl., Bonn, 1998

Köhler-Frost [Hrsg.]
ELECTRONIC OFFICE SYSTEME, Workflow- u. Groupware-Anwendungen in der Praxis, Erich Schmidt-Verlag, Berlin, 1998

Pérez, M./ Hildebrand, A./Matzke, B./Zencke, P.:
Geschäftsprozesse im Internet mit SAP R/3, 2. Aufl., Addison-Wesley-Longman Verlag, Bonn, 1998

Siemens Informationssysteme AG/Thome, R. [Hrsg]:
R/3 Modellfirma, LIVE Produktions- und Vertriebs AG, Version 4.5B, Dokumentation, (CD), Würzburg, 1999

Keller, G./Teufel, T.:
SAP R/3 prozessorientiert einführen, Addison-Wesley-Verlag, Bonn, 1997

Roschmann, K.:
Fertigungssteuerung - Einführung und Überblick, Hanser Verlag, München, 1980

Scheer, A.-W.:
CIM - Der computergesteuerte Industriebetrieb, Springer-Verlag, Berlin/Heidelberg, 1987

Scheer, A.-W.:
Wirtschaftsinformatik; Referenzmodelle für industrielle Geschäftsprozesse, 4. Aufl., Berlin/Heidelberg, 1994

Strobel-Vogt, U.:
SAP Business Workflow® in der Logistik. Strategie und Implementierung in der Praxis, Vieweg-Verlag, Reihe „Edition Business Computing", Braunschweig/Wiesbaden, 1997

Strobel-Vogt, U.:
Erfolge mit SAP Business Workflow®. Strategie und Umsetzung in der konkreten Praxis, Vieweg-Verlag, Reihe „Edition Business Computing", Braunschweig/Wiesbaden, 1999

Wenzel, P. [Hrsg.]:
Betriebswirtschaftliche Anwendungen des integrierten Systems SAP R/3®, 3. Aufl., Vieweg-Verlag, Reihe „Edition Business Computing", Braunschweig/Wiesbaden, 1998

Wenzel, P. [Hrsg.]:
Business Computing mit SAP R/3®. Modellierung, Steuerung und Management betriebswirtschaftlich-integrierter Geschäftsprozesse, Vieweg-/Gabler-Verlag, Reihe „Edition Business Computing", Braunschweig/Wiesbaden, 1998

Wenzel, P. [Hrsg.]:
Geschäftsprozeßoptimierung mit SAP R/3®. Modellierung, Steuerung und Management betriebswirtschaftlich-integrierter Geschäftsprozesse, 2. Aufl., Vieweg-Verlag, Reihe „Edition Business Computing", Braunschweig/Wiesbaden, 1997

Wenzel, P. [Hrsg.]:
SAP® R/3®-Anwendungen in der Praxis. Anwendung und Steuerung betriebswirtschaftlich-integrierter Geschäftsprozesse mit ausgewählten R/3®-Modulen, Vieweg-Verlag, Reihe „Edition Business Computing", Braunschweig/Wiesbaden, 1997

Will, L./Hienger, Ch./Straßenburg, F./Himmer, R.:
Administration des SAP-Systems R/3, Leitfaden zur Systembetreuung und -optimierung, 2. Aufl., Addison-Wesley-Verlag, Bonn, 1996

Autorenverzeichnis

Die besondere Herausforderung im Studium, sich an ein Programmpaket der „Extraklasse" heranzuwagen, führte die **Studenten/innen des vierten und fünften Semesters Wirtschaftsinformatik** (Fachbereich Informatik) an der Fachhochschule Konstanz bis an die Grenze der Belastbarkeit. Neben ihrem 36-stündigen Wochenpensum an der FH „büffelten" viele von ihnen bis zu 50 Stunden zusätzlich für ihre Präsentationen und die schriftlichen Ausarbeitungen, die als Projekt-Vorlagen für dieses Buch dienten.

Daneben hat dankenswerterweise Herr **Oliver Schipp** von der IBIS Prof. Thome GmbH, Würzburg und dem Lehrstuhl für BWL und Wirtschaftsinformatik der Universität Würzburg, einen Beitrag (4. Kapitel „Vorkonfigurierte SAP-Systeme – LIVE MASTER") für dieses Werk geliefert.

Von den Studierenden des SS 1999 bis SS 2000 haben insgesamt 19 angehende Wirtschaftsinformatiker und ein Absolvent, Herr **Harald Harings**, an den jeweiligen Kapiteln mitgewirkt:

1 ■ Kapitel Materialwirtschaft

RALF LULAY
ANDREAS MÖßNER
RALF MUSCH
THOMAS RATHMANN

ZEHRA ATAY
WIEBKE BANG
HELENE DEIS
LILLI DIES
ZÜLFA IPEKLI

ELMAR ERHART
FRANK MAYER
MANFRED MERSCH
PHILIPP SCHWEIZER
ERHARD SOUKOP

2. Kapitel Fertigungswirtschaft

LUTZ MARIA BOSMEDIANO
JONATHAN FEUERSTEIN
SEBASTIAN HAGEN
BRITTA KOLB
OLGA OTTO

3. Kapitel Qualitätsmanagement

HARALD HARINGS (DIPL.-INF.)

4. Kapitel Vorkonfigurierte SAP-Systeme – LIVE MASTER

OLIVER SCHIPP (UNI WÜRZBURG)

Stichwortverzeichnis

A

B

L

M

N

O

P

U

V

W

Z

GPSR Compliance

The European Union's (EU) General Product Safety Regulation (GPSR) is a set of rules that requires consumer products to be safe and our obligations to ensure this.

If you have any concerns about our products, you can contact us on ProductSafety@springernature.com

In case Publisher is established outside the EU, the EU authorized representative is:

Springer Nature Customer Service Center GmbH
Europaplatz 3
69115 Heidelberg, Germany

Batch number: 10584556

Printed by Printforce, the Netherlands